高等学校自动化类专业系列教材

自动控制原理

主编　赵婧　解江　赵冲　张勐

西安电子科技大学出版社

内容简介

本书主要阐述了单输入、单输出线性定常系统中自动控制的基本理论及其应用。全书共分为6章，主要内容包括：绪论，控制系统的数学模型，线性系统的时域分析法，线性系统的根轨迹分析法，线性系统的频域分析法，线性系统校正。全书内容深入浅出，注重实际应用，各章节都附有较丰富的典型例题及其详解。

本书可作为应用型高等院校自动化、电气工程及其自动化、机械工程及其自动化、测控技术与仪器等相关本科专业的教材，也可供从事自动化技术工作的相关专业技术人员参考。

图书在版编目(CIP)数据

自动控制原理/赵婧等主编. —西安：西安电子科技大学出版社，2021.3

ISBN 978-7-5606-5913-8

Ⅰ.①自… Ⅱ.①赵… Ⅲ.①自动控制理论—高等学校—教材 Ⅳ.①TP13

中国版本图书馆CIP数据核字(2020)第228606号

策划编辑 刘玉芳

责任编辑 刘玉芳

出版发行 西安电子科技大学出版社(西安市太白南路2号)

电　　话 (029)88242885 88201467 　邮　　编 710071

网　　址 www.xduph.com 　电子邮箱 xdupfxb001@163.com

经　　销 新华书店

印刷单位 陕西精工印务有限公司

版　　次 2021年3月第1版 2021年3月第1次印刷

开　　本 787毫米×1092毫米 1/16 印 张 15.5

字　　数 364千字

印　　数 1～2000册

定　　价 40.00元

ISBN 978-7-5606-5913-8/TP

XDUP 6215001-1

如有印装问题可调换

前　言

“自动控制原理”是自动化及其相关专业的一门工程基础类课程。自动控制技术是工业现代化的基础和前提，广泛地应用于工农业生产、交通运输、航空航天及人们日常生活中。

本书是为应用型大学的自动化专业、电气工程及自动化专业及其相关专业的本科生编写的一本内容适度、实用性强的控制理论教材。为了能在较少的学时内，使学生较系统地掌握控制理论中最基本的理论和分析设计方法，并对一些新的理论和方法有初步的了解，本书结合应用型大学学生的特点，以够用、实用、能用及通俗易懂为原则，在内容的组织上，力求做到加强基础、突出重点、注重应用，在保证理论严密性的前提下，尽量删繁就简，避免过分的引申、扩充以及高深数学公式的推导，而通过丰富的例题帮助学生理解和掌握基本概念和分析方法。同时，为提高学生分析问题及解决问题的能力，本书设有一定数量的综合性例题及习题。

本书主要阐述了经典控制理论中的基本概念、基本原理、系统分析及设计方法，使学生建立线性反馈控制系统的基本概念，学会用时域法、根轨迹法及频率特性法来分析设计自动控制系统。全书共分 6 章，第 1 章介绍有关自动控制系统的基本知识；第 2 章介绍系统的数学模型，包括微分方程、传递函数、系统方框图等形式；第 3 章讨论一阶、二阶和高阶系统的时域分析，并介绍了用 MATLAB 进行瞬态响应分析的方法，劳斯稳定性判据和单位反馈控制系统中的稳态误差分析也在本章中做了介绍；第 4 章分析控制系统的根轨迹，提供了绘制根轨迹图的一般规则，并且介绍了用 MATLAB 绘制根轨迹图的方法；第 5 章介绍控制系统的频率响应分析方法，讨论了伯德图、极坐标图、奈奎斯特稳定性判据和闭环频率响应；第 6 章介绍控制系统的校正，主要介绍 PID 控制规律、串联相位超前校正、串联相位滞后校正及串联相位滞后-超前校正。本书的建议参考学时为 64 学时，其中理论 48 学时，实验 16 学时，实验教学建议在第 2～6 章开展。考虑到应用型大学本科教学的现状，为适应不同层次教学的需要，本书各章所述的各种基本分析方法尽可能做到相对独立，以便使用者能根据具体情况灵活选择。

本书由赵婧、解江、赵冲、张劼主编。第 1 章至第 3 章由西京学院赵婧编写；第 4 章由西京学院解江编写；第 5 章由西京学院赵冲编写；第 6 章由西京学院张劼编写。本书的出版得到了西京学院精品课程建设项目(项目编号：JPKC 201910)、教育部人文社会科学研究青年基金项目(项目编号：19XJC860006)的资助。在编写本书过程中得到了各级领导和同事的大力支持和帮助，他们对书稿的修改提出了不少宝贵的意见，在此致以深切的谢意！

本书在编写过程中参考了许多图书和资料，在此对其作者表示感谢！

由于时间仓促及编者水平有限，书中的一些不妥之处在所难免，恳请广大读者和同行专家批评指正，我们将不胜感激！

编　者

2020 年 10 月

目　录

第1章　绪　　论

【内容提要】

自动控制原理是自动化专业重要的理论基础，主要讲述自动控制系统的基本理论和分析、设计控制系统的基本方法。本章主要介绍自动控制系统的基本概念、基本原理和基本方法；开环控制和闭环控制过程；控制系统的类型，以及对控制系统的基本控制要求等内容。

【基本要求】

1. 正确理解自动控制的基本概念和控制方式。
2. 掌握负反馈的概念，能对开环控制和闭环控制过程进行简单分析。
3. 掌握闭环控制系统的基本组成和各环节的作用。
4. 正确理解自动控制系统性能的基本要求。
5. 了解控制系统的各种分类方法。

【教学建议】

本章的重点知识是开环控制与闭环控制的区别，以及闭环控制系统的基本原理和组成，要求学生理解控制系统性能的基本要求，会分析控制系统工作过程实例。建议学时数为4学时。

自动控制技术，是20世纪发展最快、影响最大的技术之一，也是21世纪最重要的高新技术之一，在现代工程和科学技术的众多领域中，自动控制技术都起着越来越重要的作用。

自动控制技术能在无人直接参与的情况下，高速度和高精度地自动完成对控制对象的运动控制，实现生产过程自动化，改善劳动条件，提高劳动生产率和经济效益，使人们从繁重的体力劳动和单调重复的脑力劳动中解放出来。如在军事装备上，自动控制技术大大地提高了武器装备的威力和精度；在航空航天探索方面，自动控制技术可缩短实验时间，建立地面站与航天飞船的监控、控制、故障诊断及通信；在日常生活中，自动控制技术使我们的生活更加便捷和高效。近十几年来，计算机技术的飞速发展和控制理论的发展使得自动控制技术所能完成的任务更加复杂，应用的领域也越来越广。可以说，自动控制理论的概念、方法和体系已经渗透到工业生产、军事、航空航天、农业、生物医学、交通运输、企业管理、日常生产和生活等广阔领域，并对各学科之间的相互渗透起到促进作用。在今天的社会中，自动化装置无处不在，对人类改造大自然、探索新能源、发展空间技术和促进人类文明进步具有十分重要的意义，并做出了巨大贡献。导弹能够准确地命中目标，人造卫星能按预定的轨道运行并始终保持正确的姿态，宇宙飞船能准确地在月球着陆并重返地球，中国自行设计、自主集成研制的蛟龙号载人潜水器最大下潜深度达到了7000多米，对于深海资源的开发和利用有重要意义，这些都是以应用高水平的自动控制技术为前提条件的。所以，很多工程技术人员都必须具备一定的自动控制理论知识，以便能够设计和使用自动控制系统。

自动控制原理主要讲述自动控制的基本理论和分析、设计控制系统的基本方法。控制原理包括经典控制理论和现代控制理论。经典控制理论在20世纪50年代已经发展成熟，它主要以传递函数为工具和基础，以时域、频域和根轨迹法为核心，研究单变量控制系统的分析和设计，至今在工程实践中仍得到广泛的应用。现代控制理论从1960年开始得到迅速发展，它以状态空间方法作为标志和基础，研究多变量控制系统与复杂系统的分析和设计，以满足军事、空间技术和复杂的工业领域对精度、重量、加速度和成本等方面的严格要求。本书主要介绍经典控制理论。

1.1　自动控制的基本概念

自动控制系统是指在没有人直接操作的情况下，通过控制器使一个装置(控制对象)自动地按照给定的规律运行，使被控对象中的物理量能在一定要求范围内按照某些给定的控制规律变化的系统。

自动控制系统是在人工控制系统的基础上发展起来的。以图1-1所示的系统为例，要求水箱中的液位保持恒定。在人工控制系统中，当出水量发生变化时，水箱中的液位会上下变动，操作人员通过眼睛观察液位计中液位的高低，然后再通过神经系统告诉大脑，大脑将其与要求的液位进行比较，如果当前液位高于要求值，则大脑发出控制命令，手动控制减小进水阀的开度或者关闭进水阀；如果当前液位低于要求值，则大脑发出控制命令，手动控制增大进水阀的开度，最终使水箱中的液位达到要求的高度。

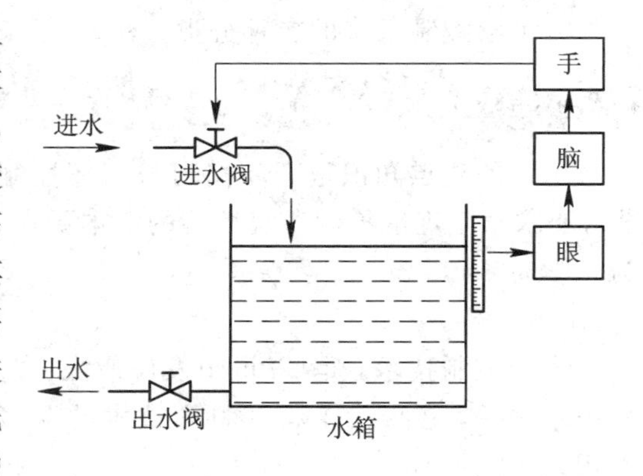

图1-1　水箱液位人工控制系统

在人工控制系统中，人的眼、脑和手分别起到了检测、运算和执行命令等3个作用，以保证水箱液位的恒定。而在自动控制系统中，利用控制装置代替人的眼、脑和手来完成水箱液位恒定的控制要求，那么自动控制系统是如何实现对这些物理量控制的呢?

自动控制系统主要由被控对象和自动控制装置组成，利用自动控制装置代替人直接参与。图1-2所示的是水箱液位自动控制系统，其要求保持液位恒定。其中，q_1为进水量，q_2为出水量，h为液位高度。为了控制好水箱液位，首先用压力传感器检测当前液位高度，并将检测值送入智能控制仪中与设定好的给定值进行比较，然后根据偏差信号的大小及方向发出控制信号，控制进水阀的开度，最终实现液位恒定的自动控制。

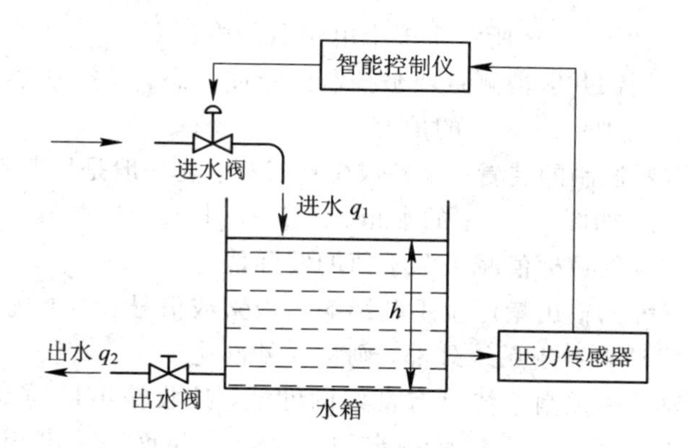

图 1-2 水箱液位自动控制系统

图 1-3 所示为炉温自动控制系统。在该系统中，炉温通过热电偶进行测量，热电偶可将炉温转换为电压 U_2。给定的炉温通过一个电压值 U_1 来反映，这一给定值还可以通过调节电位器的大小来改变。通过 U_1 与 U_2 的反向串接，就可以实现 $U_1-U_2=\Delta U$(温度的偏差信号)。ΔU 的大小反映了实测炉温与给定炉温的差别，它的正负决定了执行电动机的转向。ΔU 经过放大器放大后，控制执行电动机的转速和方向，并通过减速器拖动调压器的动触头。当温度偏高时，动触头向着减小加热电阻丝电流的方向运动，反之则向加大其电流的方向运动，直到温度接近给定值为止，即只有在 $\Delta U\approx 0$ 时，执行电动机才停转，从而完成所要求的控制任务。

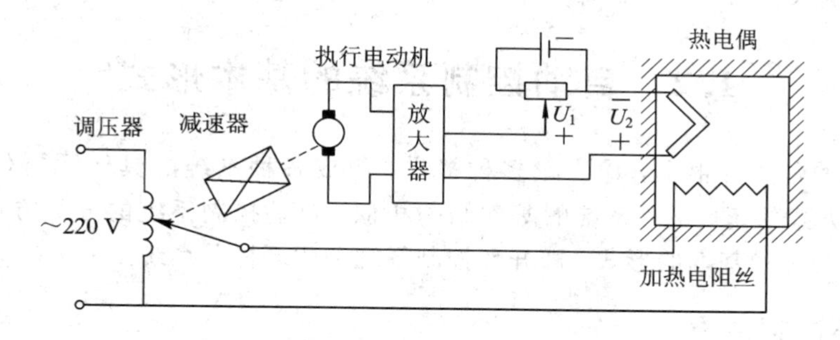

图 1-3 炉温自动控制系统

自动控制系统的一般结构框图如图 1-4 所示。

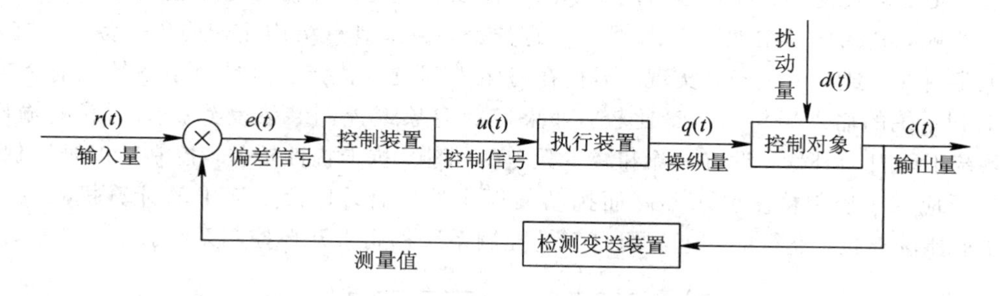

图 1-4 自动控制结构框图

下面介绍研究自动控制系统时常见的一些专用术语。

(1) 输入量(或参考输入量，也称给定量或控制量)：输出量的希望值，即目标值，是控制系统中的基本参数，如图 1-3 所示系统中电位器的电压 U_1。

(2) 输出量(也称被控量)：被测量或被控制的量或状态，是控制系统中最关键的参数，如图 1-2 中水箱的液位和图 1-3 中的炉温。

(3) 控制对象：需要控制的装置、设备或生产过程。它一般是控制系统的主体，其作用是完成一种特定的功能，如图 1-2 中的水箱、图 1-3 中的加热电阻丝等。

(4) 偏差量：控制量的目标值减去测量值的实际值。

(5) 扰动量：对系统的输出量产生不利影响的因素或信号。如果扰动来自于系统内部，称为内部扰动；如果扰动来自于系统外部，则称为外部扰动。

(6) 控制装置：为了使控制系统具有良好的性能，接收输出量的测量值，并与输入量进行比较，从而产生偏差信号，再按照一定的控制规律和算法发出相应的控制信号的装置。在人工水箱液位控制系统中起到相当于人“脑”的作用，用于比较、决策并发出控制命令，是自动控制系统中最关键、核心的组成部分。

(7) 检测变送装置(或传感器)：将输出量的实际数值转化为某种便于传送、符合规范、标准统一的信号或者测量输出量的装置。水箱液位自动控制系统中的压力传感器就是检测变送装置，它实时测出输出量的实际数值，并送出一个相应规范的、标准统一的信号作为输出量的测量值，相当于人工控制中的“眼”。

(8) 执行装置(或执行器)：用于接收控制装置输出的控制信号，并将其转变为一个能对输出量施加控制作用的装置。在水箱液位自动控制系统中的进水阀，相当于人工控制中的“手”，能依据大脑发出的控制命令来改变控制阀的流量大小。

1.2 自动控制系统的基本形式

控制系统的种类有很多，输出量多种多样，组成各种系统的具体元器件也有很大差异，但从控制方式的角度看，系统的基本结构相似。自动控制系统的分类方法有很多，根据有无反馈有两种最基本的形式，即开环控制系统和闭环控制系统。

1.2.1 开环控制系统

开环控制系统不存在反馈环节，组成系统的控制器和控制对象之间只有信号的前向通道，信号是单向传递的；没有输出端到输入端的反馈通道，即输出量不会对系统的控制作用产生影响，其结构框图如图 1-5 所示。这种控制方式具有结构比较简单，易于调整，所用的元器件少、成本低，容易实现，不存在稳定性问题等优点。但是由于系统没有将输出量反馈到系统的输入端与输入量比较，如果控制对象或控制装置受到扰动而影响输出量时，系统不能自动补偿，没有消除和减少误差的功能，抗干扰性较差，控制精度难以保证，因此广泛应用于控制精度要求不高而扰动又很小的场合。日常生活中的计算机磁盘驱动器、非智能洗衣机、非智能交通红绿灯等的控制系统都属于开环控制系统。

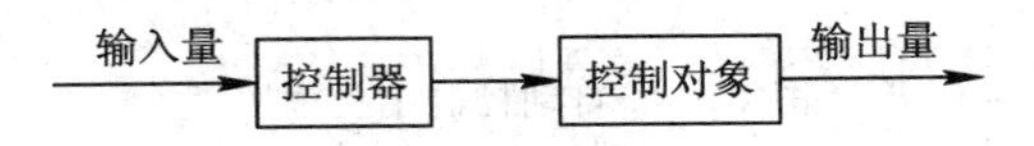

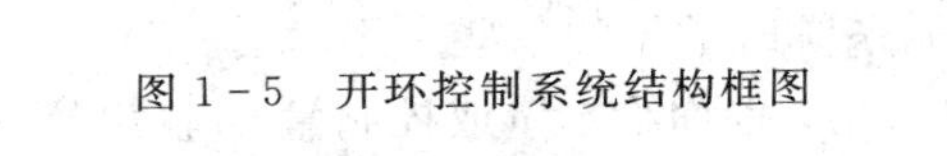

图 1-5 开环控制系统结构框图

图 1-6 为一开环控制系统，输入电压通过电动机控制机械轴的转角。输入电压 u_1 经过放大器后，其输出电压为 $u_2=k_1u_1$，式中，k_1 为放大器的放大系数。电压 u_2 加到电动机的力矩传感器上，如果忽略电动机控制绕组的电感，则电动机的输出力矩为 $M=k_2u_2=k_1k_2u_1$，式中，k_2 为电动机的系数。在电动机力矩的作用下，机械轴将产生转动，由于受到阻尼器强性摩擦和弹簧恢复力矩的作用最后停止在平衡位置上。此时，转角 θ 与力矩 M 的关系为 $\theta=k_tM=k_tk_1k_2u_1$，式中，k_t 为弹簧系数，该式表示输入电压和转角的关系，即表述了该系统输入与输出的关系。

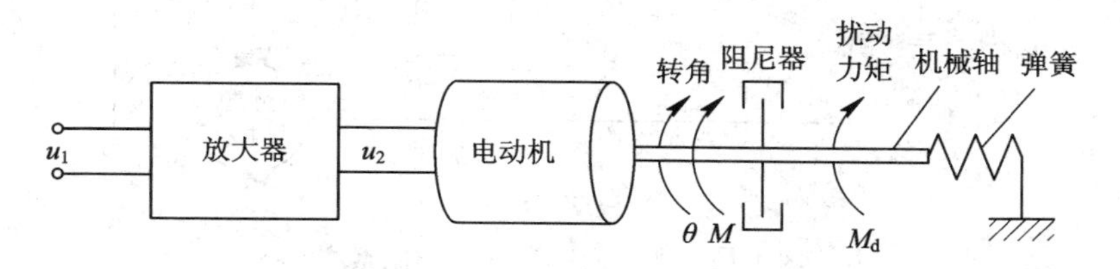

图 1-6　开环控制系统

如果该系统中的放大器、电动机和弹簧等都是线性的，即 k_1、k_2、k_t 都是常数，那么机械轴的转角就能准确地反映外加电压的大小，系统就没有误差；如果该系统中存在随机扰动，例如机械轴受到随机干扰力矩 M_d 的作用，那么机械轴的转角 $\theta=k_tk_1k_2u_1-k_tM_d$。由此可见，干扰将引起误差。显然，开环控制系统的抗干扰能力较差。

1.2.2　闭环控制系统

为了解决开环控制系统存在的问题，把系统的输出量通过检测变送装置反馈到它的输入端，并与参考输入量相比较，即系统的输出端和输入端之间存在反馈回路，输出量对系统的控制作用有直接影响，这种控制方式叫作反馈控制，也称闭环控制。闭环控制系统不仅有前向通道，而且还有反馈通道，若反馈信号与输入信号相减，称为负反馈；反之，若二者相加，则称为正反馈，但正反馈不能达到自动控制的目的，所以一般说的反馈控制都指的是负反馈。

闭环控制的实质是利用负反馈来减小偏差，具有自动修正控制量偏离输入的作用，能够很好地抑制各种干扰的影响，以达到精确控制的目的，如图 1-7 所示。闭环控制系统是一种最基本、最重要的控制系统，一些较为复杂的控制系统也是以它为基础，再加以改进、完善的。闭环控制系统的结构复杂，负反馈对一切外部或内部扰动都有抑制、克服作用，具有较高的控制精度，是一种被广泛应用的控制方式。但由于它必须在输出量偏离了输入量、产生了偏差后才能施加影响并起作用，最终使系统偏差不断变小，直至为零，所以控制具有延迟性。

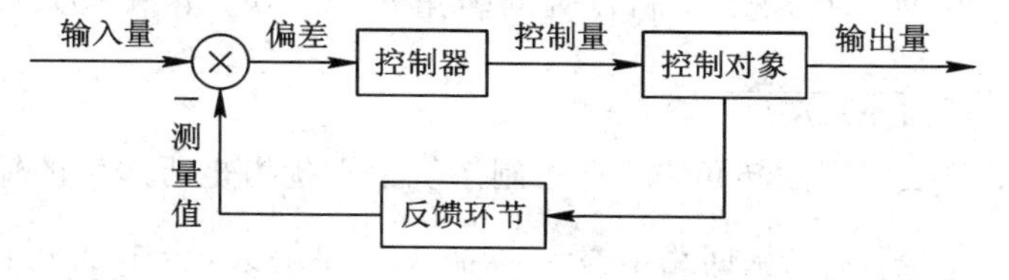

图 1-7　闭环控制系统框图

如图 1-8 所示的电动机转速闭环控制系统就能大大降低负载力矩对转速的影响。例如：负载加大，转速就会降低，通过反馈导致偏差增大，电动机电压就会升高，使得转速又会上升。

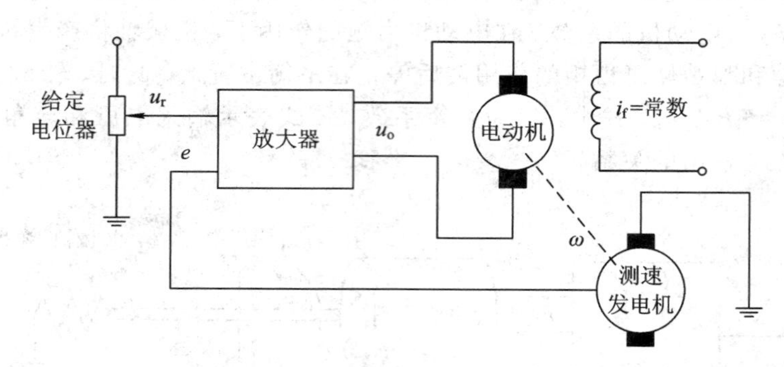

图 1-8 电动机转速闭环控制系统

闭环系统的作用是检测并纠正偏差，或者说是靠偏差进行控制。系统在工作过程中总会存在偏差，由于元器件的惯性(如负载的惯性)很容易引起振荡而使系统不稳定，因此精度和稳定性之间的矛盾是闭环控制系统要解决的主要矛盾。

在图 1-6 所示的开环控制系统中，在机械轴上安装一个电位计，用于测量输出转角的实际值。设电位计的反馈系数为 k_f，输出电压为 u_f，把反馈电压 u_f 和输入电压 u_1 按相反的极性串接起来加到放大器的输入端，这样就构成了反馈控制系统，如图 1-9 所示。

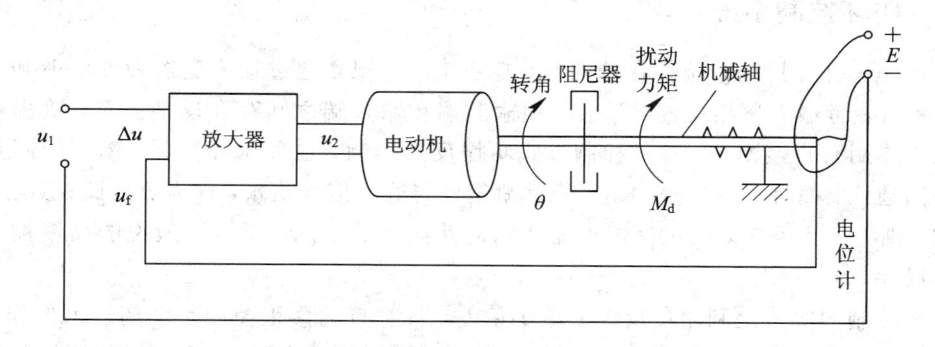

图 1-9 反馈控制系统

电位计输出电压为 $u_f=k_f\theta$；

放大器输入端电压为 $\Delta u=u_1-u_f$；

放大器输出端电压 $u_2=k_1(u_1-k_f\theta)$；

电动机的力矩为 $M=k_1k_2(u_1-k_f\theta)$，式中，k_2 为电动机系数。

在存在干扰力矩 M_d 的情况下，机械轴的转角 $\theta=k_1k_2k_t(u_1-k_f\theta)-k_tM_d$，变换此式，则 $\theta=\dfrac{k_1k_2k_t}{1+k_1k_2k_tk_f}u_1-\dfrac{k_t}{1+k_1k_2k_tk_f}M_d$。

比较开环和闭环控制下的转角，闭环控制系统中干扰力矩所产生的输出量偏离仅是开环控制系统的$\dfrac{1}{1+k_1k_2k_tk_f}$。如果回路增益 $1+k_1k_2k_tk_f$ 足够大，干扰力矩将使输出角度的偏差变得很小。显然，闭环控制系统比开环控制系统的抗干扰能力强。

在干扰力矩 $M_d=0$ 时，闭环控制系统的输入/输出关系为 $\theta=\frac{k_1k_2k_t}{1+k_1k_2k_tk_f}u_1$。当控制系统前向通道的某个元件的放大系数发生变化时，总的放大系数变化为 $\Delta k_1k_2k_t$，则其相对变化为 $\frac{\Delta k_1k_2k_t}{k_1k_2k_t}$。再通过简单的微分运算可得出输出量的相应变化量为 $\frac{\Delta\theta}{\theta}=\frac{1}{1+k_1k_2k_tk_f}\times\frac{\Delta k_1k_2k_t}{k_1k_2k_t}$。可见，当前向通道元件的放大系数发生变化时，闭环控制系统引起的输出误差仅是开环控制系统的 $\frac{1}{1+k_1k_2k_tk_f}$。因此，在闭环控制系统中，对前向通道元件的精度要求不高，这样就可以用成本较低的元件构成精确的控制系统。如果回路增益 $1+k_1k_2k_tk_f$ 远远大于1，则 $\theta=\frac{k_1k_2k_t}{1+k_1k_2k_tk_f}u_1$ 可简化成 $\theta=\frac{1}{k_f}u_1$，显然，闭环控制系统的输入/输出特性仅由反馈元件决定。这也表明前向通道的元件精度对控制系统的精度几乎没有影响，则可推导出关系式 $\frac{\Delta\theta}{\theta}=\frac{\Delta k_f}{k_f}$，由此可见，反馈元件的不稳定将直接导致输出误差，如果 k_f 变化10%，那么控制系统的输出误差就是10%，这个结论和开环控制系统是一致的，因此，在构成闭环控制系统时，要特别注意挑选反馈元件，因为它决定了系统的精度。

1.2.3　闭环控制系统的组成

控制系统中除控制对象以外的元器件称为控制元件。根据控制元件在系统中的功能，可分成执行元件、放大元件、测量元件、补偿元件四大类。

1. 执行元件

执行元件的功能是直接带动控制对象改变输出量。例如，机电控制系统中的各种电动机，液压控制系统中的液压缸、液压电动机，温度控制系统中的加热器等都属于执行元件。执行元件有时也被归入控制对象中。

2. 放大元件

放大元件的功能是将微弱信号放大，使信号具有足够大的幅值或功率。放大元件又分为前置放大器和功率放大器两类。前置放大器的功率并不大，靠近系统的输入(前)端，一般用于放大微弱的输入信号。功率放大器输出的功率大，输出的信号可直接带动执行元件运转和动作。例如由功率晶体管组成的功率放大器能够同时输出足够大的电压和电流，直接带动直流电动机转动。

3. 测量元件

测量元件的功能是将一种物理量检测出来，然后按照某种规律转换成容易处理和使用的另一种物理量输出。热敏电阻、热电偶、温度变送器、流量变送器、测速发电机、电位器、光电码盘、旋转变压器和感应同步器等元器件，包括它们的信号处理电路都属于测量元件。测量元件的精度直接影响到系统的精度，所以高精度的系统必须采用高精度的测量元件(包括可靠的电路)。

4. 补偿元件

由上述三大类元件与控制对象组成的系统往往不能满足技术要求，为了保证系统能正常工作(稳定)并提高性能，控制系统中还需要有补偿元件，又称为校正元件。最常见的补偿有串联补偿和反馈补偿，如图 1-10 所示。

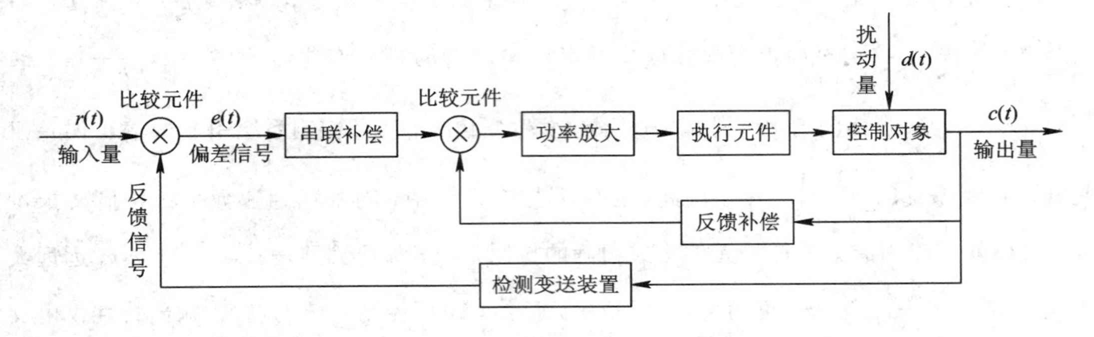

图 1-10　带补偿控制系统的典型功能框图

从系统框图看，控制系统中还有比较元件，但比较元件一般不是一个单独的实际元件，如电子放大器就具有比较元件的功能，有些测量元件也包含比较元件的功能。

1.3　自动控制系统的分类

自动控制系统的类型很多，它们的结构和功能各不相同。为了研究方便，可以将自动控制系统按照一定的原则分成各种类型。

1. 根据系统输入量的变化规律分类

根据系统输入量的变化规律，自动控制系统分为恒值调节系统、程序控制系统和随动系统。

(1) 恒值调节系统。恒值调节系统的任务是保持输出量为一个给定的常值，分析的重点在于克服扰动对输出量的影响。当然，恒值调节系统的输入量不是一成不变的，有时需要将输出量从一个常值调整到另一个常值，此时系统反应的灵敏性(惯性)必然会对系统的性能产生影响，但由于改变输入量不是频繁发生的，所以惯性的问题在这里不是主要矛盾。例如，稳压电源系统、炉温控制系统等都是恒值调节系统。

(2) 程序控制系统。当输入量为已知给定的时间函数时，称为程序控制系统。近年来，由于微处理器的发展，更多的数字程序控制系统得到了应用。

(3) 随动系统。随动系统的输入量是时间的未知函数，即输入量的变化规律事先无法确定，因此，在设计随动系统时，要求输出量能够准确、快速地复现输入量，分析重点在于如何克服系统的惯性，使之能随着跟踪信号灵活地变动，此时，抗干扰问题降为次要矛盾。例如，雷达高射炮的角度控制系统必须使火炮随时跟踪敌方飞行器，而敌方飞行器的位置既是时刻变化的，又是不能预知的。

2. 根据系统特性分类

根据系统的特性，自动控制系统可分为线性系统和非线性系统。

线性系统是由线性元件组成的系统，其输入/输出关系满足齐次性和叠加性。所谓叠加性，是指当有几路输入信号同时作用于系统时，系统的总响应(输出)等于每个信号单独作用所产生的响应之和。所谓齐次性，是指当输入信号乘以某一倍数作用于系统时，系统响应也在原基础上放大同一倍数。线性系统比较容易实现和处理，是比较成熟的一类系统。

非线性系统的组成元件中至少有一个或多个非线性元件，其输入/输出关系呈非线性关系，例如饱和特性、死区特性、继电特性等，不满足叠加定理。非线性系统普遍存在，对于非线性程度不严重的情形，可先利用各种线性化手段进行线性近似，再利用线性系统的理论与方法进行分析。对于非线性程度严重的情形，必须应用非线性理论进行分析。

从数学模型来看，凡是用线性方程(线性微分方程、线性差分方程或线性代数方程等)描述的系统，称为线性系统。而用非线性方程描述的系统称为非线性系统。

线性系统具有许多良好的性质，处理线性系统的数学工具也相对较成熟，因此相对于非线性系统，线性系统的控制理论已相当完善。应当指出，绝对的线性系统在自然界和工程实际中是不存在的，严格来说实际系统都有一定的非线性，但有些系统非线性程度不高，可近似看作线性系统来处理，即使是一般的非线性系统，通常也可以在其工作点附近进行线性化，在一定范围内将它当作线性系统来处理。

3. 根据系统参数随时间变化分类

根据系统是否含有参数随时间变化的元件，自动控制系统分为定常系统和时变系统两大类。

(1) 定常系统：又称为时不变系统，其特点是系统的自身性质不随时间而变化。系统的响应只与输入信号的形状和系统本身的特性有关，而与输入信号的初始时刻无关。

(2) 时变系统：系统中含有时变元件，其数学模型中某些参数随时间而变化。系统的响应不仅与输入信号和系统本身的特性有关，而且还与输入信号的初始时刻有关，时变系统的分析比定常系统要困难得多。例如：航天卫星是一个时变对象，在飞行的各阶段，由于燃料的不断减少，其质量随时间而变化。

除个别地方特别说明外，本书主要介绍定常系统的控制理论。一方面是因为目前定常系统的控制理论比时变系统的控制理论成熟；另一方面，虽然严格来说实际系统都具有时变的特性，但对于大多数工业系统而言，其参数随时间变化并不明显，通常可以当作定常系统来处理。

4. 根据系统中传递的信号的特点分类

根据系统中传递的信号的特点，自动控制系统可分为连续(时间)系统和离散(时间)系统。

(1) 连续系统：系统中各部分的信号均是时间变量的连续函数，描述它的数学模型是微分方程。

(2) 离散系统：系统中某处或多处的信号为脉冲序列或数码的形式，这些信号在时间上是离散的，描述它的数学模型是差分方程。

除了上述分类之外，按控制对象的种类，自动控制系统还可以分为机械系统、电气系统、液压系统和生物系统等，在此不再一一列举。

1.4 自动控制系统的基本要求

理想情况下，自动控制系统的输出量和输入量相等，没有偏差，而且不受干扰的影响。

而在实际系统中，其组成包含电磁、机电、液压、机械等元件，它们存在着储能元件，使系统的输出滞后于输入。自动控制系统的目的不同，其要求也往往不一样，但自动控制原理是研究各类控制系统共同规律的一门课程，对控制系统有一个基本、共同的要求，一般可归结为稳定性、快速性和准确性。

1. 稳定性

稳定性是指系统受到扰动作用或给定值发生变化时，其动态过程的振荡倾向和系统能够重新恢复平衡状态的能力。由于系统存在着惯性，当系统各个参数配合不当时，有可能引起系统的振荡而失去工作能力，因此对于任何自动控制系统，首要条件是系统必须稳定，只有系统稳定，才能正常工作。

当系统受到扰动或输入量发生变化时，输出量就会偏离输入量。如果系统结构和各元件参数配合不当，则系统输出量与输入量不能同步，控制过程不会立即完成，而是有一定的延迟，但经过系统的自身调节，系统能回到或接近原来的输入量，这样的系统就是稳定的系统；否则，系统不能回到或接近原来的输入量，这样的系统就是不稳定的系统。

闭环控制系统在输入量单位阶跃函数作用下的过渡过程曲线如图 1-11 所示，系统过渡过程曲线是衰减振荡的，最终趋于新的稳态，如图 1-11(a)所示，系统为稳定系统，这样的系统能正常工作。

若系统的过渡过程曲线是发散的，即输出量偏离输入量越来越大，则系统为不稳定系统，如图 1-11(b)所示，这样的系统就不能正常工作。

若系统的过渡过程曲线是等幅振荡的，则系统处于稳定与不稳定之间的临界状态，称为临界稳定系统，如图 1-11(c)所示，这样的系统也不能正常工作。

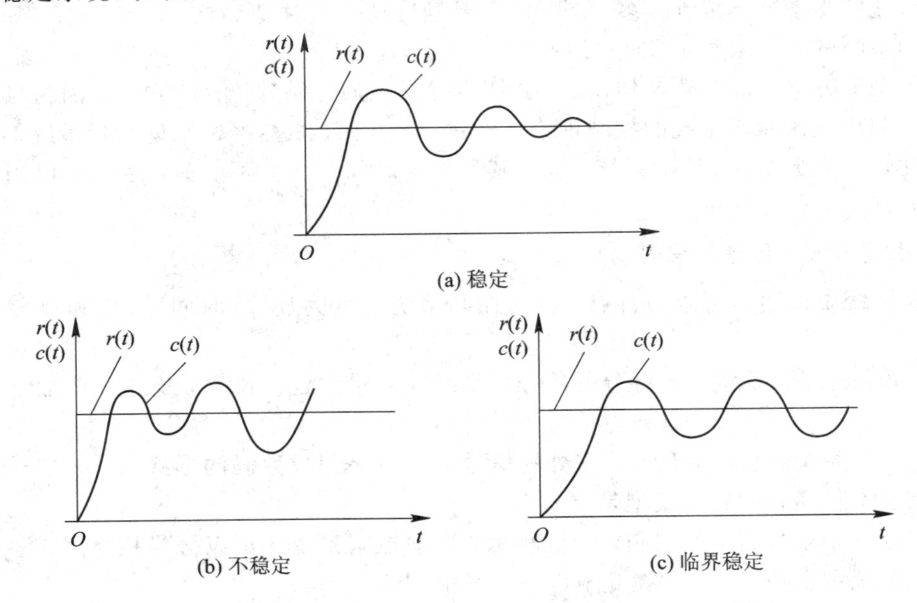

图 1-11　闭环控制系统在单位阶跃函数作用下的过渡过程曲线

2. 快速性

快速性是指当系统输出量与输入量之间产生偏差时，消除这种偏差的快速程度。快速性是在系统稳定的前提下提出的，它通过动态过渡过程时间的长短来表示，过渡过程时间越短，则快速性就越好；反之，过渡过程时间越长，则快速性就越不好。

3. 准确性

准确性是指在调整过程结束后输出量与输入量之间的偏差(e_{ss})，它反映了系统的稳态精度，如图 1-12 所示。

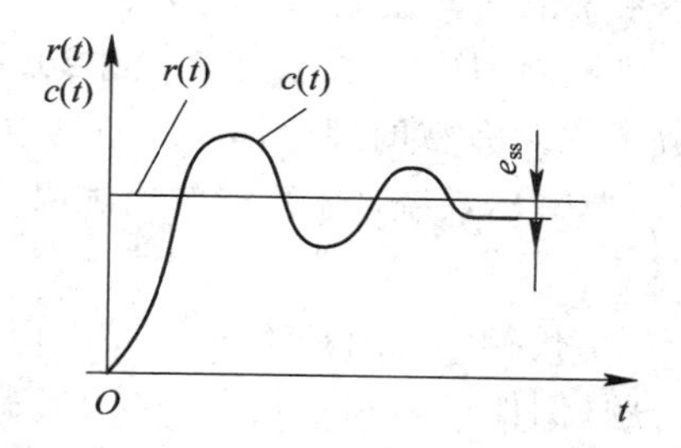

图 1-12 控制系统的准确性

稳定性、快速性和准确性往往是互相制约的。在设计与调试的过程中，若过分强调某方面的性能，则可能会使其他方面的性能受到影响。

1.5 自动控制理论的发展

自动控制理论是在人类改造自然的生产实践活动中孕育、产生，并随着社会生产和科学技术的进步而不断发展、完善起来的。早在古代，劳动人民就凭借生产实践中积累的丰富经验和对反馈概念的直观认识，发明了许多闪烁着控制理论的杰作。

第一次工业革命促进了自动控制技术的飞速发展，1788 年，由詹姆斯·瓦特发明的蒸汽机离心调速器是一个最著名的例子。他在蒸汽机上使用了离心调速器，解决了蒸汽机的速度控制问题，引起了人们对控制技术的重视。蒸汽机在某些条件下，转速会发生振荡，这个现象引起了一些学者的兴趣。1868 年，英国物理学家麦克斯威尔根据力学原理，用常系数线性微分方程描述了调速器—蒸汽机—负荷系统，并得出简单的代数判据，圆满地解决了稳速问题，开辟了用数学方法研究控制系统的途径。此后，英国数学家劳斯和德国数学家赫尔维茨分别在 1877 年和 1895 年独立地建立了直接根据代数方程的系数判别系统稳定性的准则，这就是劳斯-赫尔维茨判据。用此判据设计系统，可以保证系统的稳定性，并具有满意的控制精度。这些方法奠定了经典控制理论中时域分析法的基础。

1932 年，美国物理学家奈奎斯特研究了长距离电话线信号传输中出现的失真问题，运用复变函数理论建立了以频率特性为基础的稳定性判据，奠定了频率响应法的基础，它对于分析、设计单变量系统非常有效。设计者只需要根据系统的开环频率特性，就能够判别闭环系统的稳定性并给出稳定裕量，同时又能非常直观地表示出系统的主要参数，即开环增益与闭环系统稳定性的关系。频率响应法圆满地解决了单变量系统的设计问题，在此基础上，伯德于 1945 年发明了用图解法来分析和综合反馈控制系统的方法，并将其应用于控制工程中，这就形成了控制理论中用于分析和设计控制系统的频域分析法。

第二次世界大战推动了自动控制理论和实践的快速发展。飞机、火炮、舰船快速精确的控制，雷达跟踪和导弹制导技术发展之快令人惊奇。战后，随着这些新理论及实践成果的公布，控制理论出现了蓬勃发展的新阶段。

1948 年，美国科学家伊万斯提出了根据系统参数变化时特征方程的根变化的轨迹来研究控制系统的根轨迹理论，创建了用微分方程模型来分析系统性能的整套方法，为分析系统性能随系统参数变化的规律性提供了有力工具，被广泛应用于反馈控制系统的分析、设计中。以传递函数作为描述系统的数学模型，以时域分析法、根轨迹法和频域分析法为主要分析设计工具，构成了经典控制理论的基本框架。到 20 世纪 50 年代，经典控制理论发展到相当成熟的地步，形成了相对完整的理论体系。经典控制理论研究的对象基本上是以线性定常系统为主的单输入/单输出系统，还不能解决如时变参数问题，多变量、强耦合等复杂的控制问题。

20 世纪 50 年代中期至 60 年代初，空间技术的发展迫切要求解决更复杂的多变量系统、非线性系统的最优控制问题(例如火箭和宇航器的导航、跟踪和着陆过程中的高精度、低消耗控制等)。俄国数学家李雅普诺夫 1892 年创立的稳定性理论被引用到控制中。1956 年，苏联科学家庞特里亚金提出极大值原理。同年，美国数学家贝尔曼创立了动态规划。极大值原理和动态规划为解决最优控制问题提供了理论工具。1959 年美国数学家卡尔曼提出了著名的卡尔曼滤波器，1960 年又提出了系统的能控性和能观测性问题。到 20 世纪 60 年代初，一套以状态方程作为描述系统的数学模型，以最优控制和卡尔曼滤波器为核心的控制系统分析、设计的新原理和新方法基本确定，现代控制理论应运而生。

现代控制理论主要利用计算机作为系统建模、分析、设计以及控制的手段，适用于多变量、非线性、时变系统，在航空、航天、制导与控制中创造了辉煌的成就，使人类迈向宇宙的梦想变为现实。为了解决现代控制理论在工业生产过程中所遇到的控制对象精确状态空间模型不易建立，最优性能指标难以构造，最优控制器往往过于复杂等问题，科学家们不懈努力，不断提出一些新的控制方法和理论。

至今，现代控制理论又有了巨大发展，并形成了若干分支，例如线性系统理论、最优控制理论、动态系统辨识、自适应控制、大系统理论、模糊控制、预测控制、容错控制、鲁棒控制、非线性控制和复杂系统控制等，大大地扩展了控制理论的研究范围。同时，控制理论还在向更深、更广阔的领域发展。

1.6　本课程的任务

自动控制原理是研究自动控制基础理论规律的一门工程技术科学，本课程研究的两大任务为系统分析和系统设计。

(1) 对于一个具体的控制系统，从理论上对它的动态性能和稳态精度进行定性分析和定量计算，这类问题叫作系统分析，即分析系统的稳定性、振荡倾向、快速性、准确性，及其系统结构、参数的关系。系统分析的目的是了解和认识已有的系统，并为系统设计打下基础。

(2) 系统设计是指根据系统性能的要求，合理地设计校正装置，使系统的性能能全面地满足技术上的要求。即在给出控制对象及其技术指标要求的情况下，构造一个满足技术指标要求的控制系统，或改造那些未能达到要求的系统。

小结与要求

本章要求掌握自动控制系统的基本知识，熟练绘制自动控制系统的原理框图。

(1) 自动控制：是指在没有人直接参与的情况下，利用控制装置对生产过程或设备的某个参数进行控制，使之按照预定的规律运行。

(2) 自动控制系统的组成：控制对象、检测变送装置、控制装置与执行装置(或执行器)四大部分。

(3) 自动控制系统的两种最基本的形式：开环控制和闭环控制。

(4) 对一个自动控制系统的基本要求为稳定性、准确性、快速性。

习 题

1-1 举例说明自动控制系统的组成，画出控制系统的原理方框图。

1-2 开环及闭环控制的特点是什么？试举出几个日常生活中开环和闭环控制的例子。

1-3 在下列过程中，哪些是开环控制？哪些是闭环控制？为什么？

(1) 人驾驶汽车；(2) 自调器调节室温；(3) 给浴缸放热水；(4) 投掷手榴弹；

(5) 空调器的温度调节；(6) 汽车刹车防抱死系统。

1-4 控制系统按输入量变化规律分为哪几种？各有什么特点？

1-5 用框图说明反馈控制系统的组成、特点和工作原理。

1-6 自动控制系统的基本要求是什么？

1-7 水箱液位自动控制系统如图1-13所示。工艺要求水槽中的液位高度恒定，试画出液位控制系统的原理方框图，说明输出量、输入量及可能的扰动量各是什么？分析工作过程，并说明系统属于哪类控制系统。其中 q_1 为进水量，q_2 为出水量，h 为液位高度。

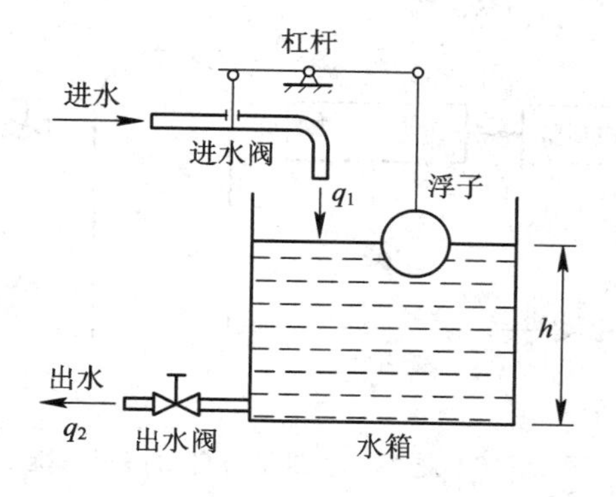

图1-13 题1-7图水箱液位自动控制系统

1-8 电热炉温度自动控制系统如图1-14所示，要求炉温恒定，试画出温度控制系统的原理框图，说明输出量、输入量及可能的扰动量各是什么？分析工作过程，并说明系统属于哪类控制系统。

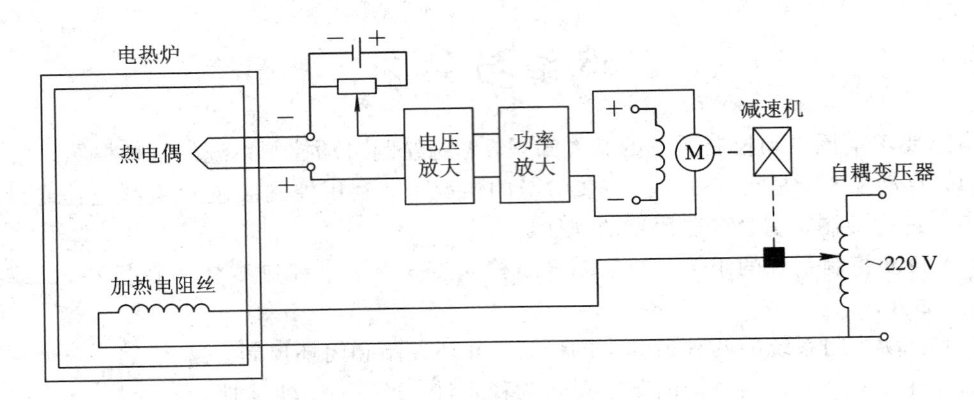

图 1-14　题 1-8 图电热炉温度自动控制系统

1-9　仓库大门自动控制系统如图 1-15 所示，试说明自动大门开启和关闭的工作原理，并画出控制系统的原理方框图。

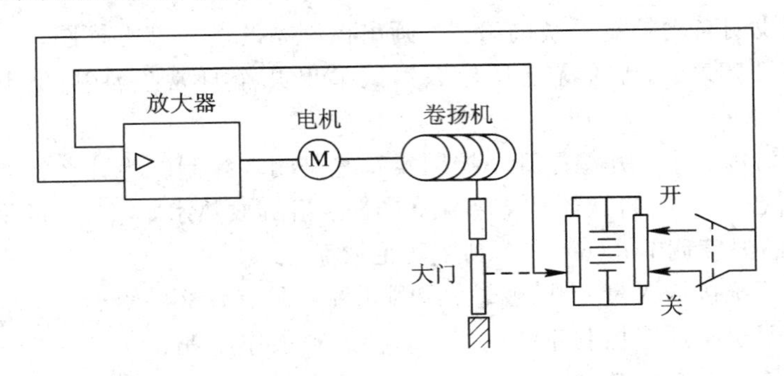

图 1-15　题 1-9 图仓库大门自动控制系统

1-10　压力自动控制系统如图 1-16 所示。工艺要求储罐的压力恒定。试画出控制系统的原理方框图，说明输出量、输入量及可能的扰动量各是什么？分析工作过程，并说明系统属于哪类控制系统。

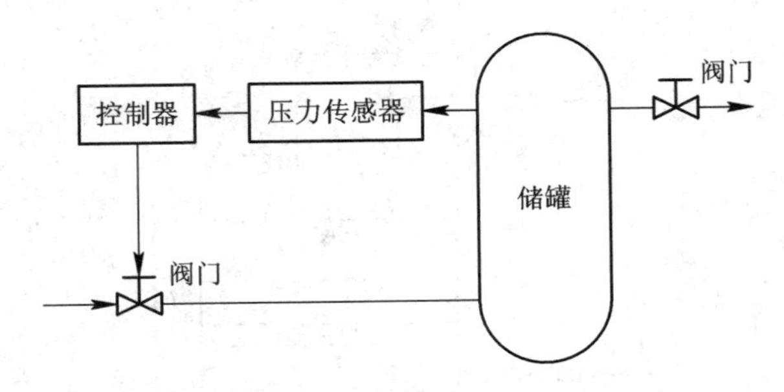

图 1-16　题 1-10 图压力自动控制系统

第 2 章　控制系统的数学模型

【内容提要】

在自动控制系统的分析和设计中，首先要建立系统的数学模型。控制系统的数学模型是描述系统内部物理量之间关系的数学表达式。本章主要介绍时域中常用的数学模型、微分方程，复数域中常用的模型传递函数、框图和信号流图的建立及化简。

【基本要求】

1. 掌握电气系统及机械系统中微分方程的建立方法。
2. 掌握传递函数的概念。
3. 掌握典型环节的数学模型。
4. 了解方框图的概念及绘制方法，掌握方框图的等效变换和化简。
5. 了解信号流图的基本概念、常用术语，掌握 Mason 公式。
6. 了解 MATLAB 软件在数学模型中的应用。

【教学建议】

本章的重点是熟练掌握电气系统和机械系统中微分方程的建立方法；传递函数的基本概念及其与微分方程的相互转换；示意图、传递函数、方框图及信号流图之间的转换、化简及分析，它们是对控制系统进行分析及设计的基础。建议学时数为 10～12 学时。

2.1　概　　述

人们常将描述系统工作状态的各物理量随时间变化的规律用数学表达式或图形表示出来，称为系统的数学模型。为了从理论上对控制系统进行定性分析和定量计算，首要工作就是建立控制系统的数学模型。

由于控制系统的种类各异，故描述系统的数学模型亦有不同的分类。本章涉及的数学模型主要是线性的、非时变的确定性模型，即线性定常系统数学模型。

任何元件或系统实际上都是很复杂的，难以对它们做出精确、全面的描述，必须进行简化或理想化，简化后的元件或系统称为该元件或系统的物理模型。但简化是有条件的，要根据问题的性质和求解的要求来确定出合理的物理模型。

数学模型表达了不同系统的共性，许多表面上完全不同的系统(如机械、电气、液压系统)却具有完全相同的数学模型。研究系统主要是指研究系统所对应的数学模型，以数学模型为基础，分析并综合系统的各项性能，而不再涉及实际系统的物理性质和具体特点。

建立控制系统数学模型的方法有解析法和实验法。解析法是对系统各部分的运动机理进行分析，根据它们所依据的物理、化学规律分别列写出相应的运动方程，例如，电学中的基尔霍夫定律、力学中的牛顿定律等。实验法是人为地给系统施加某种测试信号，记录其输出响应，并用适当的数学模型去逼近，从而得到能够描述系统性能的数学模型，又称为系统辨识。与模型有关的因素很多，在建立模型时不可能也不必把一些非主要因素都囊括进去而使模型过于复杂，应根据实际，建立关于系统某一方面属性的描述。在自动控制系统中，数学模型有多种形式，时域中常用的数学模型有微分方程、差分方程和状态方程，频域中有频率特性，复频域中有传递函数，还有方框图、信号流图、根轨迹图、伯德图等多种图形化模型。本章主要讨论线性定常系统的微分方程、传递函数、系统图形三种数学模型。

2.2 微分方程

微分方程是描述自动控制系统动态特性最基本的方法。一个完整的控制系统通常是由若干元器件或环节以一定方式连接而成的，它可以是由一个环节组成的小系统，也可以是由多个环节组成的大系统。对系统中每个具体的元器件或环节按照其运动规律可以比较容易地列出其微分方程，然后将这些微分方程联立起来，可以求出整个系统的微分方程。列写系统微分方程是时域分析中最基本的数学模型。建立标准微分方程的一般步骤如下：

(1) 根据要求确定系统(或环节)的输入量和输出量。

(2) 建立初始微分方程组。根据系统所遵循的规律引入中间变量，列写出每个环节(元件)的初始微分方程组。例如电路中的基尔霍夫定律。

(3) 消去中间变量，将微分方程标准化。消去微分方程组中的中间变量，将与输出量有关的各项按导数项降幂的顺序放在等号的左边，将与输入量有关的各项按导数项降幂的顺序放在等号右边，写出标准微分方程。

n 阶常系数微分方程的标准形式为

$$a_n \frac{\mathrm{d}^n}{\mathrm{d}t^n}c(t) + a_{n-1} \frac{\mathrm{d}^{n-1}}{\mathrm{d}t^{n-1}}c(t) + \cdots + a_1 \frac{\mathrm{d}}{\mathrm{d}t}c(t) + a_0 c(t)$$

$$= b_m \frac{\mathrm{d}^m}{\mathrm{d}t^m}r(t) + b_{m-1} \frac{\mathrm{d}^{m-1}}{\mathrm{d}t^{m-1}}r(t) + \cdots + b_1 \frac{\mathrm{d}}{\mathrm{d}t}r(t) + b_0 r(t)$$

式中，$c(t)$为输出量；$r(t)$为输入量；a_n，…，a_0，b_m，…，b_0 为由系统结构和参数决定的常系数。

方程等号的左边表示系统(或环节)的输出量，等号的右边表示系统(或环节)的输入量，方程两边各项均按导数项降幂的顺序排列。

2.2.1 电气系统微分方程

电气系统的基本元件是电阻、电容、电感以及运算放大器等元器件，而建立数学模型的基本定律是基尔霍夫电流定律和基尔霍夫电压定律等。

例 2-1 列写出图 2-1 所示的 RC 电路的微分方程。其中 u_i 为输入量，u_o为输出量。

解 (1) 确定 u_i 为输入量，u_o 为输出量。

(2) 建立初始微分方程组。根据电路中的基尔霍夫定律引入中间变量 i，有

$$u_i = iR + u_o \quad (2-1)$$

$$i = C\frac{\mathrm{d}u_o}{\mathrm{d}t} \quad (2-2)$$

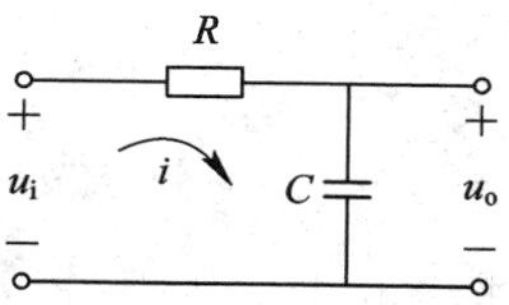

图 2-1　RC 电路

(3) 消去中间变量，将微分方程标准化。消去中间变量 i，将式(2-2)代入式(2-1)得

$$u_i = RC\frac{\mathrm{d}u_o}{\mathrm{d}t} + u_o \quad (2-3)$$

将式(2-3)整理成标准微分方程，得

$$RC\frac{\mathrm{d}u_o}{\mathrm{d}t} + u_o = u_i$$

例 2-2　列写出图 2-2 所示的 RLC 电路的微分方程。其中 u_i 为输入量，u_o 为输出量。

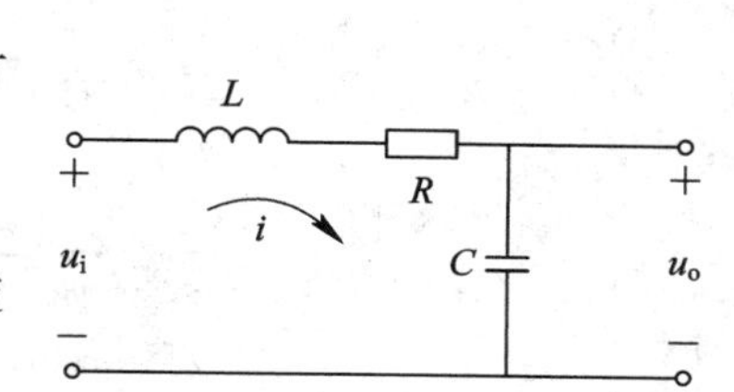

图 2-2　RLC 电路

解　(1) 确定 u_i 为输入量，u_o 为输出量。

(2) 建立初始微分方程组。根据电路中的基尔霍夫定律引入中间变量 i，有

$$u_i = iR + L\frac{\mathrm{d}i}{\mathrm{d}t} + u_o \quad (2-4)$$

$$i = C\frac{\mathrm{d}u_o}{\mathrm{d}t} \quad (2-5)$$

(3) 消去中间变量，将微分方程标准化。消去中间变量 i，将式(2-5)代入式(2-4)得

$$u_i = RC\frac{\mathrm{d}u_o}{\mathrm{d}t} + LC\frac{\mathrm{d}^2 u_o}{\mathrm{d}t^2} + u_o \quad (2-6)$$

将式(2-6)整理成标准微分方程，得

$$LC\frac{\mathrm{d}^2 u_o}{\mathrm{d}t^2} + RC\frac{\mathrm{d}u_o}{\mathrm{d}t} + u_o = u_i$$

例 2-3　列写出如图 2-3 所示的 RC 电路的微分方程。其中 u_i 为输入量，u_o 为输出量。

解　(1) 确定 u_i 为输入量，u_o 为输出量。

(2) 建立初始微分方程组。根据电路中的基尔霍夫定律引入中间变量 i、i_1、i_2，有

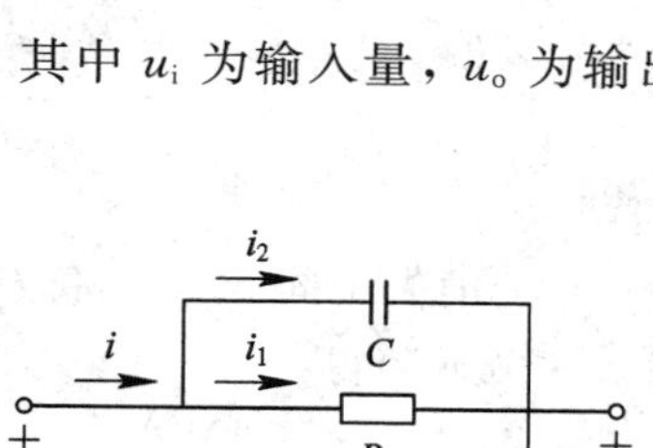

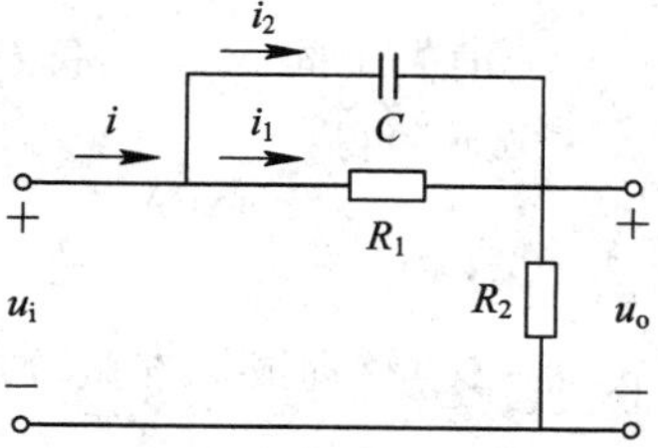

图 2-3　RC 电路

$$R_1 i_1 = \frac{1}{C}\int i_2 \mathrm{d}t$$

$$i = i_1 + i_2$$

$$u_o = R_2 i$$

$$u_i = R_1 i_1 + u_o$$

(3) 消去中间变量，将微分方程标准化。

$$R_1 i_1 = \frac{1}{C}\int i_2 \mathrm{d}t \Rightarrow i_2 = R_1 C\frac{\mathrm{d}i_1}{\mathrm{d}t}$$

$$u_i = R_1 i_1 + u_o \Rightarrow i_1 = \frac{u_i - u_o}{R_1}$$

$$i = i_1 + i_2 = \frac{u_i - u_o}{R_1} + R_1 C \frac{di_1}{dt}$$

$$u_o = R_2 i = R_2 \left[\frac{u_i - u_o}{R_1} + C \frac{d(u_i - u_o)}{dt} \right]$$

整理成标准微分方程得

$$R_1 R_2 C \frac{du_o}{dt} + (R_1 + R_2) u_o = R_1 R_2 C \frac{du_i}{dt} + R_2 u_i$$

例 2-4 列写出图 2-4 所示的运算放大器的微分方程。其中 u_i 为输入量，u_o 为输出量。

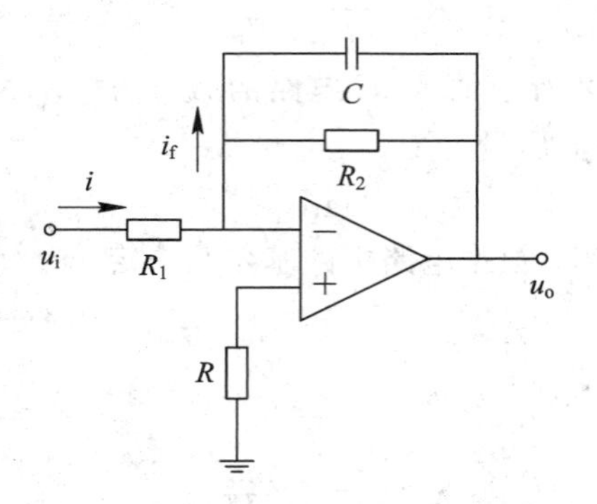

图 2-4 运算放大器电路

解 (1) 确定 u_i 为输入量，u_o 为输出量。

(2) 建立初始微分方程组。根据运算放大器虚短和虚断的概念，以及电路中的基尔霍夫定律引入中间变量 i_1、i_f，有

$$i_1 = i_f \tag{2-7}$$

$$i_1 = \frac{u_i - 0}{R_1} \tag{2-8}$$

$$i_f = \frac{0 - u_o}{R_2} + C \frac{d(0 - u_o)}{dt} \tag{2-9}$$

(3) 消去中间变量，将微分方程标准化。消去中间变量 i_1、i_f，将式(2-9)、式(2-8)代入式(2-7)得

$$\frac{u_i - 0}{R_1} = \frac{0 - u_o}{R_2} + C \frac{d(0 - u_o)}{dt} \tag{2-10}$$

将式(2-10)整理成标准微分方程得

$$R_1 R_2 C \frac{du_o}{dt} + R_1 u_o = - R_2 u_i$$

2.2.2 机械系统微分方程

机械系统中常用的基本器件是重物、弹簧及阻尼器等。阻尼器是一种产生黏性摩擦或阻尼的装置，它由活塞和充满油液的缸体组成，活塞和缸体之间的任何相对运动都受到油液的阻滞，因为油液必须从活塞的一端经过活塞周围的间隙流到活塞的另一端。阻尼器主要用来吸收系统的能量，被阻尼器吸收的能量转变为热量散失掉，而阻尼器本身不储存任

何动能或位能。一般阻尼器的摩擦力与位移的导数成正比，如当弹簧为线性弹簧时，弹力与位移成正比。

例 2－5　设有一个由弹簧、物体和阻尼器组成的机械系统如图 2－5 所示，设外作用力 $F(t)$ 为输入量，位移 $y(t)$ 为输出量，列写机械系统的位移微分方程。

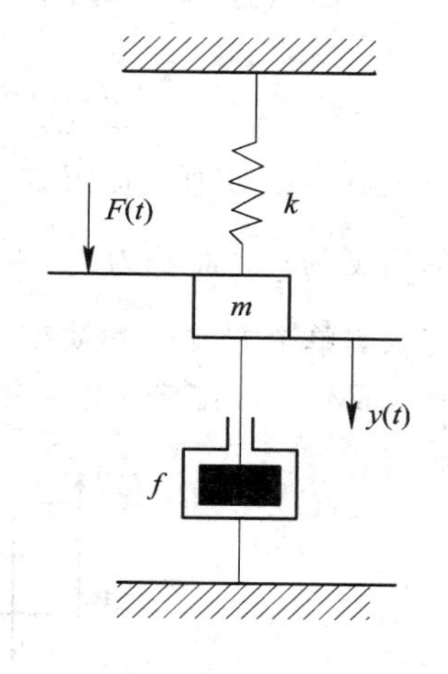

图 2－5　弹簧-质量-阻尼器系统

解　根据牛顿第二定律可得

$$m\frac{\mathrm{d}^2y(t)}{\mathrm{d}t^2}=F(t)-F_B(t)-F_K(t)$$

式中，m 为物体的质量；$F_B(t)$ 为阻尼器黏性阻力；$F_K(t)$ 为弹簧的弹性力。

$F_B(t)$ 与物体运动速度成正比，即 $F_B(t)=f\frac{\mathrm{d}y(t)}{\mathrm{d}t}$；$F_K(t)$ 与物体的位移成正比，即 $F_K(t)=ky(t)$。其中，f 为阻尼系数，k 为弹性系数，将其代入微分方程中得

$$m\frac{\mathrm{d}^2y(t)}{\mathrm{d}t^2}=F(t)-f\frac{\mathrm{d}y(t)}{\mathrm{d}t}-ky(t)$$

化为标准型得

$$m\frac{\mathrm{d}^2y(t)}{\mathrm{d}t^2}+f\frac{\mathrm{d}y(t)}{\mathrm{d}t}+ky(t)=F(t)$$

2.3　拉普拉斯变换与反变换

许多时间域的函数通过线性变换的方法在变换域中表示有时更为简捷、方便，例如常用的拉普拉斯变换(简称拉氏变换)就是其中的一种。

2.3.1　拉普拉斯变换的基本概念

已知时域函数为 $f(t)$，如果满足相应的收敛条件，可以定义其拉氏变换为

$$F(s)=\int_0^{\infty}f(t)\mathrm{e}^{-st}\mathrm{d}t$$

式中，$f(t)$ 称为变换原函数，$F(s)$ 称为变换象函数，变量 s 为复变量，表示为 $s=\sigma+\mathrm{j}\omega$。因为 $F(s)$ 是复变量 s 的函数，所以 $F(s)$ 是复变函数。拉氏变换还可表示为

$$L[f(t)]=F(s)=\int_0^{\infty}f(t)\mathrm{e}^{-st}\mathrm{d}t$$

2.3.2　常用信号的拉普拉斯变换

1. 单位脉冲信号

理想单位脉冲信号的数学表达式

$$\delta(t)=\begin{cases}0 & t\neq 0\\ \infty & t=0\end{cases}$$

可表示在 $\varepsilon \to 0$ 时的极限情况，即在 $t=0$ 时无穷大脉冲。

$$L[\delta(t)] = \lim_{\varepsilon \to 0} \int_0^{\varepsilon} \delta(t) e^{-st} dt = \lim_{\varepsilon \to 0} \left[\frac{1}{\varepsilon} \cdot \frac{-e^{-st}}{s} \right] \Bigg|_0^{\varepsilon} = \lim_{\varepsilon \to 0} \frac{1}{\varepsilon s} (1 - e^{-\varepsilon s})$$

$$= \lim_{\varepsilon \to 0} \frac{1}{\varepsilon s} \left[1 - \left(1 - \frac{\varepsilon s}{1!} + \frac{\varepsilon^2 s^2}{2!} - \cdots \right) \right] = 1$$

单位脉冲函数通过极限方法得到。设单个方波脉冲如图 2-6 所示，脉冲的宽度为 ε，脉冲的高度为 $\frac{1}{\varepsilon}$，面积为 1。当保持面积不变，方波脉冲的宽度 ε 趋于无穷小时，高度 $\frac{1}{\varepsilon}$ 趋于无穷大，单个方波脉冲演变成理想的单位脉冲函数。在坐标图上经常将单位脉冲函数 $\delta(t)$ 表示成单位高度带有箭头的线段。

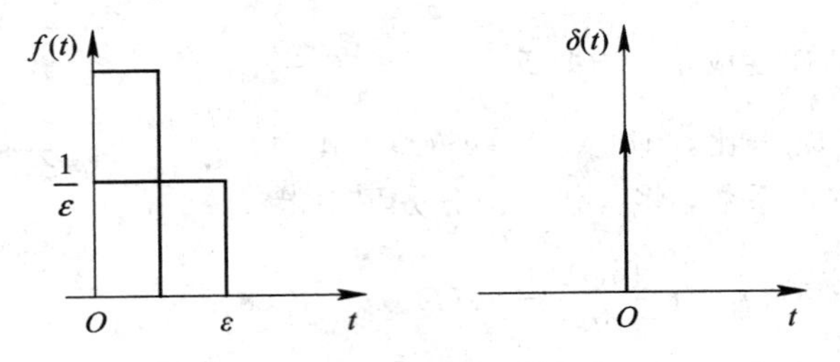

图 2-6　单位脉冲函数图

2. 单位阶跃信号

单位阶跃信号为 $f(t)=1(t)$，数学表示为

$$f(t) = \begin{cases} 0 & t < 0 \\ 1 & t \geqslant 0 \end{cases}$$

由拉氏变换的定义式，求得拉氏变换为

$$L[1(t)] = \int_0^{\infty} 1(t) e^{-st} dt$$

$$= -\frac{1}{s} \cdot e^{-st} \Big|_0^{\infty} = \frac{1}{s}$$

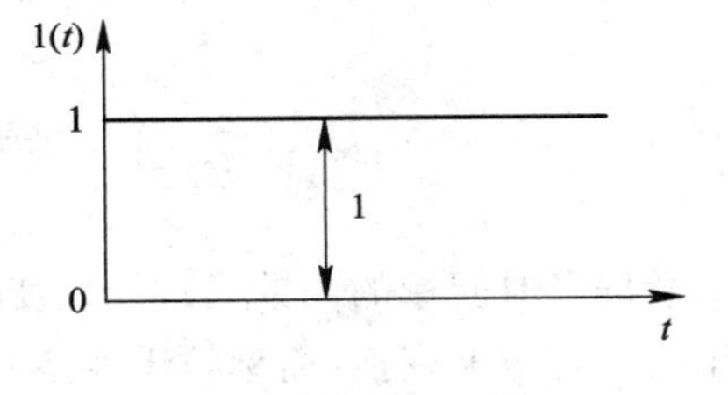

图 2-7　单位阶跃函数图

单位阶跃函数如图 2-7 所示。

3. 单位斜坡信号

单位斜坡信号数学表示为 $f(t)=t$，由拉氏变换的定义式，求得拉氏变换为

$$L[f(t)] = \int_0^{\infty} t e^{-st} dt$$

$$= -\frac{t}{s} \cdot e^{-st} \Big|_0^{\infty} - \int_0^{\infty} \frac{e^{-st}}{-s} dt$$

$$= -\frac{1}{s^2} e^{-st} \Big|_0^{\infty}$$

$$= \frac{1}{s^2}$$

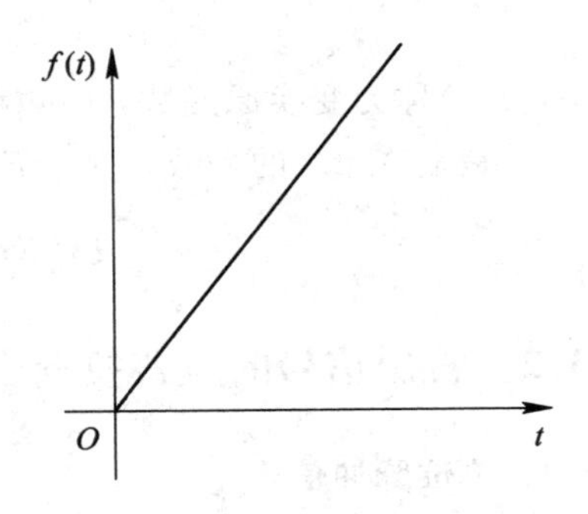

图 2-8　单位斜坡函数图

单位斜坡函数如图 2-8 所示。

4. 指数信号

指数信号数学表示为 $f(t)=\mathrm{e}^{-at}$，$a>0$，由拉氏变换的定义式，求得拉氏变换为

$$L[f(t)]=\int_0^{\infty}\mathrm{e}^{-at}\mathrm{e}^{-st}\mathrm{d}t=-\frac{1}{s+a}\cdot\mathrm{e}^{-(s+a)t}\Big|_0^{\infty}=\frac{1}{s+a}$$

当 $f(t)=\mathrm{e}^{at}$，$a>0$ 时，$L[f(t)]=\dfrac{1}{s-a}$。

5. 正弦、余弦信号

正弦、余弦信号的拉氏变换可以利用指数信号的拉氏变换求得。

正弦信号数学表示为 $f(t)=\sin\omega t$，由欧拉公式可知 $\sin\omega t=\dfrac{\mathrm{e}^{\mathrm{j}\omega t}-\mathrm{e}^{-\mathrm{j}\omega t}}{2\mathrm{j}}$。

由拉氏变换的定义式，求得拉氏变换为

$$L[f(t)]=\int_0^{\infty}\frac{\mathrm{e}^{\mathrm{j}\omega t}-\mathrm{e}^{-\mathrm{j}\omega t}}{2\mathrm{j}}\mathrm{e}^{-st}\mathrm{d}t=\frac{1}{2\mathrm{j}}\int_0^{\infty}(\mathrm{e}^{\mathrm{j}\omega t}-\mathrm{e}^{-\mathrm{j}\omega t})\mathrm{e}^{-st}\mathrm{d}t$$

$$=\frac{1}{2\mathrm{j}}\left(\frac{1}{s-\mathrm{j}\omega}-\frac{1}{s+\mathrm{j}\omega}\right)=\frac{\omega}{s^2+\omega^2}$$

当 $f(t)=\cos\omega t$ 时，余弦信号的拉氏变换为

$$L[f(t)]=\frac{s}{s^2+\omega^2}$$

表 2－1 为常用函数的拉氏变换表。

表 2－1　常用函数的拉氏变换表

序号	原函数 $f(t)$，$t>0$	象函数 $F(s)=L[f(t)]$
1	$\delta(t)$	1
2	$1(t)$	$\dfrac{1}{s}$
3	t	$\dfrac{1}{s^2}$
4	t^n	$\dfrac{n!}{s^{n+1}}$
5	e^{-at}	$\dfrac{1}{s+a}$
6	$t\mathrm{e}^{-at}$	$\dfrac{1}{(s+a)^2}$
7	$t^n\mathrm{e}^{-at}$	$\dfrac{n!}{(s+a)^{n+1}}$
8	$\sin\omega t$	$\dfrac{\omega}{s^2+\omega^2}$
9	$\cos\omega t$	$\dfrac{s}{s^2+\omega^2}$
10	$\mathrm{e}^{-at}\sin\omega t\cos\omega t$	$\dfrac{\omega}{(s+a)^2+\omega^2}$
11	$\mathrm{e}^{-at}\cos\omega t$	$\dfrac{s+a}{(s+a)^2+\omega^2}$

2.3.3 拉普拉斯变换的定理

1. 比例定理

函数与常数乘积的拉氏变换等于常数乘以函数的拉氏变换，即

$$L[Af(t)]=AL[f(t)]$$

式中 A 为常数。

2. 叠加定理

两函数之和的拉氏变换等于单个函数拉氏变换之和，即

$$L[f_1(t)+f_2(t)]=L[f_1(t)]+L[f_2(t)]$$

一般情况下有

$$L[Af_1(t)+Bf_2(t)]=AL[f_1(t)]+BL[f_2(t)]$$

式中 A、B 为常数。

3. 延迟定理

若函数 $f(t)$的拉氏变换为 $F(s)$，则

$$L[f(t-\tau)]=\mathrm{e}^{-\tau s}F(s)$$

信号 $f(t)$与它在时间轴上的平移信号 $f(t-\tau)$的关系如图 2-9 所示。延迟定理说明了时间域的平移变换在复数域有相对应的衰减变换。

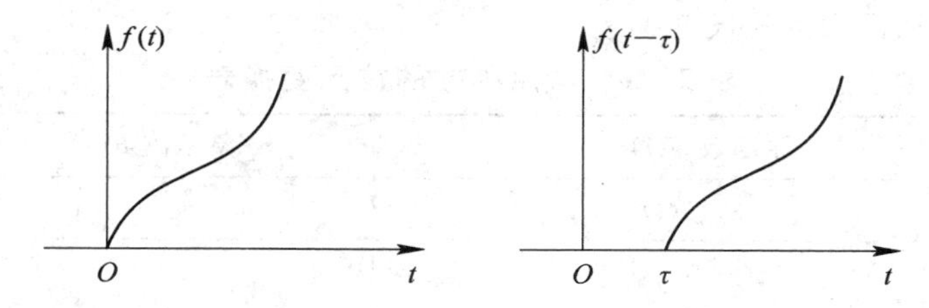

图 2-9　信号的时间延迟

4. 位移定理

若函数 $f(t)$的拉氏变换为 $F(s)$，则

$$L[\mathrm{e}^{\mp at}f(t)]=F(s\pm a)$$

该定理说明了时间信号 $f(t)$在时间域的指数衰减，其拉氏变换在变换域就成为坐标平移。当时间函数带有指数项因子时，利用拉氏变换的位移定理可以简化其拉氏变换的求取计算。

位移定理与延迟定理也表明了时间域与变换域的对偶关系。

5. 微分定理

若函数 $f(t)$的拉氏变换为 $F(s)$，且 $f(t)$的各阶导数存在，则 $f(t)$各阶导数的拉氏变换为

$$L\left[\frac{\mathrm{d}}{\mathrm{d}t}f(t)\right]=sF(s)-f(0)$$

$$L\left[\frac{\mathrm{d}^2}{\mathrm{d}t^2}f(t)\right]=s^2F(s)-sf(0)-f'(0)$$

$$\vdots$$

$$L\left[\frac{d^n}{dt^n}f(t)\right]=s^nF(s)-s^{n-1}f(0)-s^{n-2}f'(0)-\cdots-f^{n-1}(0)$$

当所有的初值(各阶导数的初值)均为零时，即 $f(0)=f'(0)=\cdots=f^{(n-1)}(0)=0$，则

$$L\left[\frac{d}{dt}f(t)\right]=sF(s)$$

$$L\left[\frac{d^2}{dt^2}f(t)\right]=s^2F(s)$$

$$\vdots$$

$$L\left[\frac{d^n}{dt^n}f(t)\right]=s^nF(s)$$

6. 积分定理

若函数 $f(t)$的拉氏变换为 $F(s)$，且 $f(t)$的各阶导数存在，则 $f(t)$各阶导数的拉氏变换为

$$L[\int f(t)dt]=\frac{1}{s}F(s)+\frac{1}{s}f^{-1}(0)$$

式中，$f^{-1}(0)=\int f(t)dt\Big|_{t=0}$ 为函数 $f(t)$ 在 $t=0$ 时刻的积分值。

当所有的初值(各重积分的初值)均为零时，即

$$\int f(t)dt\Big|_{t=0}=\iint f(t)\,(dt)^2\,\Big|_{t=0}=\cdots=\int\cdots\int f(t)(dt)^{(n-1)}\,\Big|_{t=0}=0$$

则

$$L[\int f(t)dt]=\frac{1}{s}F(s)$$

$$L[\iint f(t)dt]=\frac{1}{s^2}F(s)$$

$$\vdots$$

$$L[\int\cdots\int f(t)\,(dt)^n]=\frac{1}{s^n}F(s)$$

上式表明：在零初始条件下，原函数的 n 重积分的拉氏变换等于其象函数除以 s^n。

7. 初值定理

若函数 $f(t)$的拉氏变换为 $F(s)$，且$\lim\limits_{s\to\infty}sF(s)$存在，则

$$\lim_{t\to 0}f(t)=\lim_{s\to\infty}sF(s)$$

8. 终值定理

若函数 $f(t)$的拉氏变换为 $F(s)$，且$\lim\limits_{s\to 0}sF(s)$存在，则

$$\lim_{t\to\infty}f(t)=\lim_{s\to 0}sF(s)$$

9. 卷积定理

若时域函数 $f_1(t)$、$f_2(t)$分别有拉氏变换 $F_1(s)$、$F_2(s)$，时域函数的卷积分为 $\int_0^t f_1(t-\tau)f_2(\tau)d\tau$，也可表示为 $f_1(t)*f_2(t)$，则其拉氏变换为

$$L\left[\int_0^t f_1(t-\tau)f_2(\tau)\mathrm{d}\tau\right]=L[f_1(t)*f_2(t)]=F_1(s)\cdot F_2(s)$$

这表明时域函数卷积分在变换域成为变换域函数的乘积。时域函数在变换域中表示有两个优点：一是简化了函数，例如指数函数和正、余弦函数都是时域中的超越函数，在变换域中以有理函数表示；二是简化了运算，如时域函数的卷积分在变换域中成为变换域函数的乘积。

2.3.4 拉普拉斯反变换

拉氏变换将时域函数 $f(t)$变换为复变函数 $F(s)$，相应地，它的逆运算可以将复变函数 $F(s)$变换回原时域函数 $f(t)$。拉氏变换的逆运算称为拉普拉斯反变换，简称拉氏反变换。由复变函数积分理论，拉氏反变换的计算公式为

$$f(t)=L^{-1}[F(s)]=\frac{1}{2\pi\mathrm{j}}\int_{c-\mathrm{j}\omega}^{c+\mathrm{j}\omega}F(s)\mathrm{e}^{st}\,\mathrm{d}s$$

上式是复变函数的积分，计算复杂，一般很少采用，因此已知 $F(s)$求 $f(t)$时，通常采用的方法是部分分式法。由于工程中常见的时间信号 $f(t)$的拉氏变换都是 s 的有理分式，因此，可以将 $F(s)$分解为一系列的有理分式 $F_i(s)$之和，然后利用拉氏变换表确定出所有有理分式项 $F_i(s)$所对应的时域函数 $f_i(t)$，合成时域函数 $f(t)$。上述过程遵循的是拉氏变换的线性定理。拉氏变换 $F(s)$通常为 s 的有理分式，可以表示为

$$F(s)=\frac{B(s)}{A(s)}=\frac{b_m s^m+b_{m-1}s^{m-1}+\cdots+b_1 s+b_0}{s^n+a_{n-1}s^{n-1}+\cdots+a_1 s+a_0}$$

式中，系数 b_m，b_{m-1}，…，b_0 和 a_{n-1}，a_{n-2}，…，a_0 均为实数，m，n 为正整数且 $n\geqslant m$。

在复变函数理论中，分母多项式所对应的方程 $A(s)=0$，其所有的解 s_i，$i=1,2,\cdots,n$ 称为 $F(s)$的极点。当 s_i 全部为单根时，$F(s)$还可以表示为

$$\begin{aligned}F(s)&=\frac{B(s)}{(s-s_1)(s-s_2)\cdots(s-s_n)}\\&=\frac{a_1}{(s-s_1)}+\frac{a_2}{(s-s_2)}+\cdots+\frac{a_n}{(s-s_n)}\\&=F_1(s)+F_2(s)+\cdots+F_n(s)\end{aligned}$$

1. $A(s)=0$ 全部为单根

$F(s)$可以分解为

$$F(s)=\frac{a_1}{(s-s_1)}+\frac{a_2}{(s-s_2)}+\cdots+\frac{a_n}{(s-s_n)}$$

其中，$a_i=[F(s)(s-s_i)]|_{s=s_i}$，$i=1$，2，…，$n$ 为复变函数 $F(s)$对于极点 $s=s_i$ 的留数，则拉氏反变换为 $f(t)=\sum\limits_{i=1}^{n}a_i\mathrm{e}^{s_i t}$。

例 2-6 已知 $F(s)=\dfrac{s+1}{s^2+5s+6}$，求拉氏反变换 $f(t)$。

解 将 $F(s)$分解为部分分式 $F(s)=\dfrac{s+1}{s^2+5s+6}=\dfrac{s+1}{(s+2)(s+3)}=\dfrac{C_1}{(s+2)}+\dfrac{C_2}{(s+3)}$，则极点分别为 $s_1=-2$，$s_2=-3$，有

$$C_1 = [F(s)(s+2)]\big|_{s=-2} = \left[\frac{s+1}{(s+2)(s+3)}(s+2)\right]\Bigg|_{s=-2} = -1$$

$$C_2 = [F(s)(s+3)]\big|_{s=-3} = \left[\frac{s+1}{(s+2)(s+3)}(s+3)\right]\Bigg|_{s=-3} = 2$$

得分解式为 $F(s)=\dfrac{-1}{(s+2)}+\dfrac{2}{(s+3)}$，则拉氏反变换为

$$f(t) = L^{-1}[F(s)] = L^{-1}\left[\frac{-1}{(s+2)}+\frac{2}{(s+3)}\right] = -\mathrm{e}^{-2t}+2\mathrm{e}^{-3t}$$

2. $A(s)=0$ 有重根

只考虑一个单根时，设 s_1 为单根，s_2 为 m 重根，$m+1=n$，则 $F(s)$可以展开为

$$F(s) = \frac{C_1}{(s-s_1)}+\left[\frac{C_{2m}}{(s-s_2)^m}+\frac{C_{2(m-1)}}{(s-s_2)^{m-1}}+\cdots+\frac{C_{22}}{(s-s_2)^2}+\frac{a_{21}}{(s-s_n)}\right]$$

式中，单根 s_1 对应的系数 C_1 求法同上面单根，重根 s_2 对应的系数 C_{2i}求法如下：

$$C_{2m} = [F(s)\,(s-s_2)^m]\big|_{s=s_2}$$

$$C_{2(m-1)} = \frac{\mathrm{d}}{\mathrm{d}s}[F(s)(s-s_2)^m]\big|_{s=s_2}$$

$$\vdots$$

$$C_{21} = \frac{1}{(m-1)!}\frac{\mathrm{d}^{(m-1)}}{\mathrm{d}s^{(m-1)}}[F(s)\,(s-s_2)^m]\big|_{s=s_2}$$

因为 $L^{-1}\left[\dfrac{1}{(s-s_2)^m}\right]=\dfrac{1}{(m-1)!}t^{(m-1)}\mathrm{e}^{s_2t}$，所以拉氏反变换为

$$f(t) = C_1\mathrm{e}^{s_1t}+\left[\frac{C_{2m}}{(m-1)!}t^{(m-1)}\mathrm{e}^{s_2t}+\frac{C_{2(m-1)}}{(m-2)!}t^{(m-2)}\mathrm{e}^{s_2t}+\cdots+C_{22}t\mathrm{e}^{s_2t}+C_{21}\mathrm{e}^{s_2t}\right]$$

例 2-7　已知 $F(s)=\dfrac{s+2}{s(s+3)(s+1)^2}$，求拉氏反变换 $f(t)$。

解　将 $F(s)$分解为部分分式 $F(s)=\dfrac{s+2}{s(s+3)(s+1)^2}=\dfrac{C_1}{s}+\dfrac{C_2}{s+2}+\left[\dfrac{C_{32}}{(s+1)^2}+\dfrac{C_{31}}{s+1}\right]$，则极点分别为单根 $s_1=0$，$s_2=-3$，重根 $s_3=-1$。

$$C_1 = [F(s)s]\big|_{s=0} = \left[\frac{s+2}{s(s+3)\,(s+1)^2}s\right]\Bigg|_{s=0} = \frac{2}{3}$$

$$C_2 = [F(s)(s+3)]\big|_{s=-3} = \left[\frac{s+2}{s(s+3)\,(s+1)^2}(s+3)\right]\Bigg|_{s=-3} = \frac{1}{12}$$

$$C_{32} = [F(s)\,(s+1)^2]\big|_{s=-1} = \left[\frac{s+2}{s(s+3)\,(s+1)^2}\,(s+1)^2\right]\Bigg|_{s=-1} = -\frac{1}{2}$$

$$C_{31} = \frac{\mathrm{d}}{\mathrm{d}s}[F(s)\,(s+1)^2]\big|_{s=-1} = \frac{\mathrm{d}}{\mathrm{d}s}\left[\frac{s+2}{s(s+3)\,(s+1)^2}\,(s+1)^2\right]\Bigg|_{s=-1} = -\frac{3}{4}$$

得分解式为 $F(s)=\dfrac{s+2}{s(s+3)(s+1)^2}=\dfrac{2}{3}\dfrac{1}{s}+\dfrac{1}{12}\dfrac{1}{s+3}+\left[-\dfrac{1}{2}\dfrac{1}{(s+1)^2}-\dfrac{3}{4}\dfrac{1}{s+1}\right]$，则拉氏反变换为

$$f(t) = L^{-1}[F(s)] = \frac{2}{3}\cdot 1(t)+\frac{1}{12}\mathrm{e}^{-3t}-\frac{1}{2}t\mathrm{e}^{-t}-\frac{3}{4}\mathrm{e}^{-t}$$

2.4 传递函数

微分方程是在时域中描述系统动态性能的数学模型，在给定外作用和初始条件下，解微分方程可以得到系统的输出响应，但一般情况下，这种求解只限于低阶微分方程，高阶微分方程的求解就比较困难，而且即使能求解，也不便于分析系统的结构和参数对其动态过程的影响。在控制工程中，有时并不需要精确地求出系统微分方程式的解，或作出它的输出响应曲线，这就需要寻求更方便的数学描述方法来了解系统是否稳定，及其在动态过程中的主要特征，并能判别某些参数的改变或校正装置的加入对系统性能的影响等问题。

传递函数是在用拉氏变换求解线性常微分方程的过程中引申出来的概念。拉普拉斯变换可以将时域系统内的微分、积分等运算简化为代数运算，用拉氏变换法求解线性系统的微分方程时，就可以得到控制系统在复数域的数学模型——传递函数，此时系统在时域内微分方程的描述就转化为复数域内传递函数的描述。

利用传递函数不必求解微分方程就可以研究系统的输出响应和系统的结构、参数对其动态过程的影响，因而使分析问题大大简化。另外，还可以把对系统性能的要求转化为对传递函数的要求，从而使设计问题容易实现，因此，在对单变量线性定常系统的研究过程中，传递函数是经典控制理论中重要的数学模型。

2.4.1 传递函数的基本概念

线性定常系统的传递函数是在零初始条件下，系统输出量与输入量的拉氏变换之比，记为

$$G(s)=\frac{C(s)}{R(s)}$$

线性定常系统的传递函数结构如图 2－10 所示，图中箭头表示信号的传递方向，$R(s)$为输入量 $r(t)$的拉普拉斯变换，$C(s)$为输出量 $c(t)$的拉普拉斯变换。输入量经传递函数后得到了输出量，它反映了系统对输入量的传递特性，也反映了系统输出量是如何受输入量影响的。

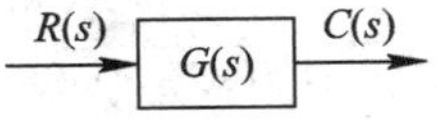

$R(s)$ → $G(s)$ → $C(s)$

图 2－10 传递函数结构图

2.4.2 传递函数的性质

（1）传递函数是由系统微分方程在零初始条件下经过拉普拉斯变换引出的，所以传递函数只适用于线性定常系统，而不适用于非线性或时变系统。

（2）传递函数只取决于系统本身的结构和参数，反映了系统的固有特性，与系统输入量的大小、形式无关。

（3）传递函数表示了系统特定的输出量与输入量之间的关系，因此对于同一系统，不同的输出量对同一个输入量之间的传递函数是不同的。服从不同物理规律的系统可以有相同的传递函数，正如一些不同的物理现象可以用形式相同的微分方程描述一样，故它不能

反映系统的物理结构和性质。

(4) 传递函数具有正、负号。当输入量与输出量的变化方向相同时，对应的传递函数具有“正”号；当输入量与输出量的变化方向相反时，对应的传递函数具有“负”号，如图 2-11 所示。

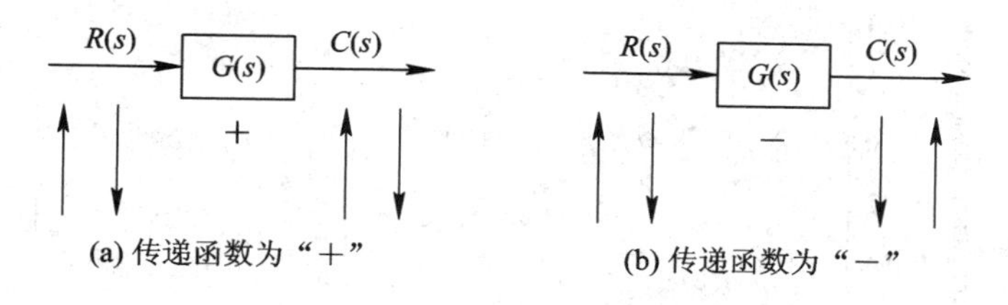

图 2-11　传递函数的正负号图

(5) 传递函数是 s 的有理分式，分母多项式称为系统的特征多项式。一个实际的(即物理上可以实现的)线性集总参数对象，总有分子的阶次 m 小于或等于分母的阶次 n，此时称为 n 阶系统。

2.4.3　传递函数的几种表示形式

1. 传递函数的有理分式形式(多项式形式)

传递函数的多项式形式一般表示为

$$G(s)=\frac{C(s)}{R(s)}=\frac{b_m s^m+b_{m-1}s^{m-1}+\cdots+b_1 s+b_0}{a_n s^n+a_{n-1}s^{n-1}+\cdots+a_1 s+a_0}$$

它是复变量 s 的有理分式函数。对于实际的物理系统，多项式的所有系数为实数，而且其分母多项式 s 的最高阶次 n 总是大于或等于其分子多项式 s 的最高阶次 m，即 $n\geqslant m$，相应的系统称为 n 阶系统。传递函数的分母多项式为

$$D(s)=a_n s^n+a_{n-1}s^{n-1}+\cdots+a_1 s+a_0=0$$

称为系统的特征方程，$D(s)=0$ 的根称为系统的特征根或极点。

2. 传递函数的零极点形式

将传递函数的分子、分母多项式变为首一多项式，然后在复数范围内进行因式分解，得到传递函数零极点的一般形式为

$$G(s)=\frac{C(s)}{R(s)}=\frac{b_m}{a_n}\times\frac{Q(s)}{P(s)}=K_g\frac{\prod_{i=1}^{m}(s-z_i)}{\prod_{j=1}^{n}(s-p_j)}$$

式中，z_1，z_2，…，z_m 为分子多项式 $Q(s)$ 的根，称为传递函数的零点；p_1，p_2，…，p_n 为分母多项式 $P(s)$ 的根，称为传递函数的极点；$K_g=\frac{b_m}{a_n}$ 为系统的根轨迹增益。传递函数的零、极点可以是实数，也可以是共轭复数。系统零、极点的分布决定了系统的特征，因此，将零、极点标在复平面上，可以得到传递函数的零、极点分布图，进而分析系统的特性，其中零点用“○”表示，极点用“×”表示。例如，$G(s)=\frac{s+3}{(s+4)(s^2+3s+2)}$ 的零、极点分布图如图 2-12 所示。

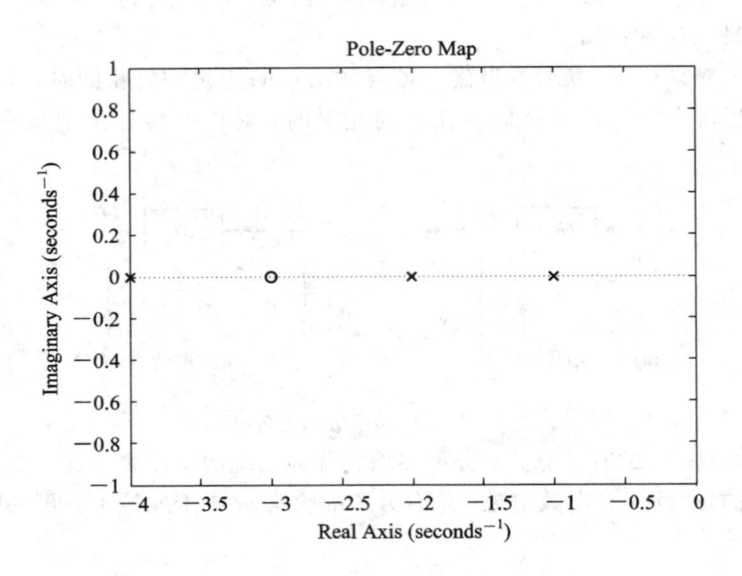

图 2-12　零、极点分布图

3. 传递函数的时间常数形式

将传递函数的分子、分母多项式变为首一多项式，然后在复数范围内进行因式分解，得到传递函数时间常数的表示形式为

$$G(s)=\frac{K}{s^{\nu}}\times\frac{\prod_{i=1}^{m_1}(\tau_i s+1)\prod_{k=1}^{m_2}(\tau_k^2 s^2+2\xi_k\tau_k s+1)}{\prod_{j=1}^{n_1}(T_j s+1)\prod_{l=1}^{n_2}(T_l^2 s^2+2\xi_l T_l+1)}$$

式中，$m_1+2m_2=m$，$\nu+n_1+n_2=n\geqslant m$，$K=\dfrac{b_0}{a_0}$，τ_i 及 τ_k 为分子各因子的时间常数，T_j 及 T_l 为分母各因子的时间常数，ν 为含积分环节的个数，K 为系统的放大系数或增益。例如，

$G(s)=\dfrac{s+3}{(s+4)(s^2+3s+2)}$的时间常数形式为 $G(s)=\dfrac{3(\frac{1}{3}s+1)}{8(\frac{1}{4}s+1)(\frac{1}{2}s^2+\frac{3}{2}s+1)}$。

2.4.4　典型环节的传递函数

组成自动控制系统的各个基本环节，称为自动控制系统的典型环节。不管元件是机械式、电气式、热力式、气力式、液力式或其他形式，抛开具体结构和物理特点，只要它们的数学模型一样，就认为它们是同一种基本环节。通常接触到的自动控制系统都可以看成由这些典型环节组合而成。不同的物理系统可属于同一典型环节，同一物理系统也可能成为不同的典型环节。从数学模型来分类，典型环节主要有比例环节、惯性环节、积分环节、理想微分环节、一阶微分环节、振荡环节、纯滞后环节等。

1. 比例环节

凡是输出信号与输入信号成正比，输出不失真、不延时、成比例地复现输入信号的变化的环节称为比例环节，亦称为放大环节。

比例环节的时域方程为 $c(t)=Kr(t)$，$t\geqslant 0$，对应的传递函数为 $G(s)=K$。式中，K 为比例系数或放大系数。

常见的无弹性变形的杠杆、分压器、理想放大器、传动齿轮减速器、测速发电机电压与转速的关系，都可以认为是比例环节。但是也应指出，完全理想的比例环节实际上是不存在的。

图 2-13(a)、(b)分别是比例环节的单位阶跃响应曲线和方框图。由图 2-13(a)可知，比例环节的输出 $c(t)$ 对于输入 $r(t)$ 的响应及时、不失真，其输出幅值的大小取决于比例系数 K 值，动态特性很好。图 2-13(c)是理想运算放大器作为比例环节的一个实例，$G(s)=u_o/u_i=-R_2/R_1$。

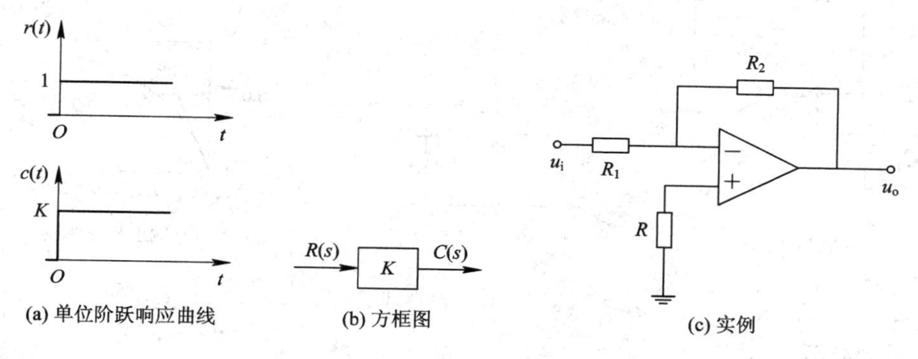

图 2-13　比例环节

电位器的输出电压与角度偏转也可近似地视为比例环节，如图 2-14 所示。

特征方程为

$$\begin{aligned} u(t) &= K_1[\theta_1(t)-\theta_2(t)] \\ &= K_1\Delta\theta(t) \end{aligned}$$

其中，K_1 是单个电位器的传递函数；$\Delta\theta(t)=\theta_1(t)-\theta_2(t)$ 是两个电位器电刷角位移之差，称为误差角。传递函数为 $G(s)\dfrac{U(s)}{\Delta\theta(s)}=K_1$。

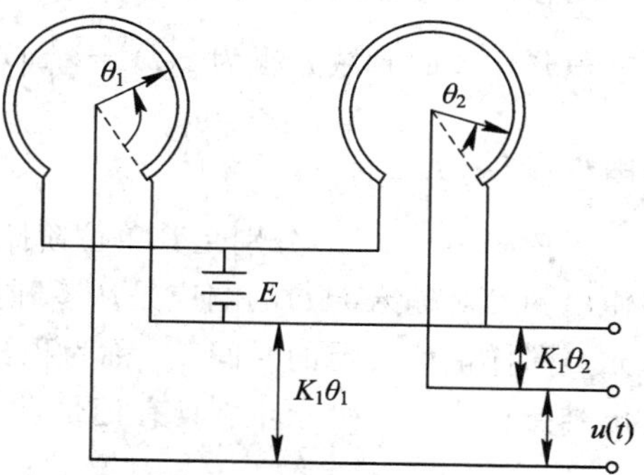

图 2-14　电位器

2. 惯性环节

惯性环节的特点是其输出量延缓地反映输入量的变化规律。

惯性环节的时域方程为 $T\dfrac{\mathrm{d}c(t)}{\mathrm{d}t}+c(t)=r(t)$，式中，$T$ 为惯性时间常数。对应的传递函数为 $G(s)=\dfrac{1}{Ts+1}$。

惯性环节的输出将按指数曲线上升。惯性环节在实际中是比较常见的，图 2-15(a)和(b)所示的两个电路都是惯性环节，此外，如电热炉、测温用的热电偶、发电机等均属惯性环节。图 2-15(c)是惯性环节的输出响应曲线，惯性环节的输出 $c(t)$ 对于输入 $r(t)$ 的响应较慢，但最后 $c(\infty)$ 的幅值与 $r(t)$ 相同。$c(t)$ 的响应速度 $\dfrac{\mathrm{d}c(t)}{\mathrm{d}t}$ 在起始时刻最大，以后慢慢减

少，直至为零。用 $c(t)$ 以起始速度 $\left.\frac{\mathrm{d}c(t)}{\mathrm{d}t}\right|_{t=0}$ 到 $c(\infty)$ 时所需的时间 T 来表示 $c(t)$ 响应过程的快慢，称为时间常数。显然，T 越小，$c(t)$ 达到 $c(\infty)$ 的过渡过程越快。当 T 很小时，惯性环节就变成了比例环节。

图 2-15(a)的传递函数为 $G(s)=\frac{u_o}{u_i}=-\frac{R_2}{R_1}\frac{1}{R_2Cs+1}$，图 2-15(b)的传递函数为 $G(s)=\frac{u_o}{u_i}=\frac{1}{RCs+1}$。

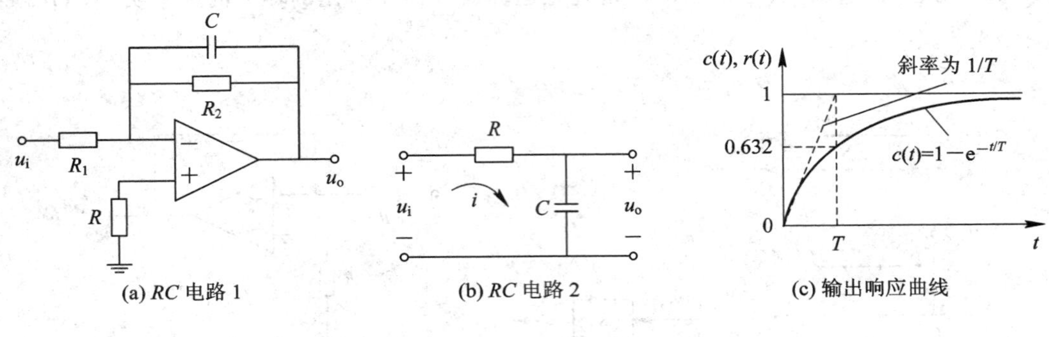

图 2-15　惯性环节

3. 积分环节

理想积分环节的输出信号正比于输入信号对时间的积分。

积分环节的时域方程为 $c(t)=\frac{1}{T}\int r(t)\mathrm{d}t$，$t\geqslant 0$，式中，$T$ 为积分时间常数。对应的传递函数为 $G(s)=\frac{1}{Ts}$。

图 2-16(a)、(b)分别是其单位阶跃响应曲线和方框图。由图 2-16(a)可知，积分环节的输出 $c(t)$ 对输入 $r(t)$ 的响应是从零开始慢慢直线上升的，其响应速度不变。使 $c(t)$ 达到与 $r(t)$ 同样幅值所需的时间 T，称为积分环节的时间常数。当输入突然消失，积分停止，而输出维持不变，故积分环节具有记忆功能。$c(t)$ 在初始阶段的响应比较缓慢，动态特性较差。图 2-16(c)所示为理想运算放大器组成的积分调节器，$G(s)=\frac{u_o}{u_i}=-\frac{1}{RCs}$。

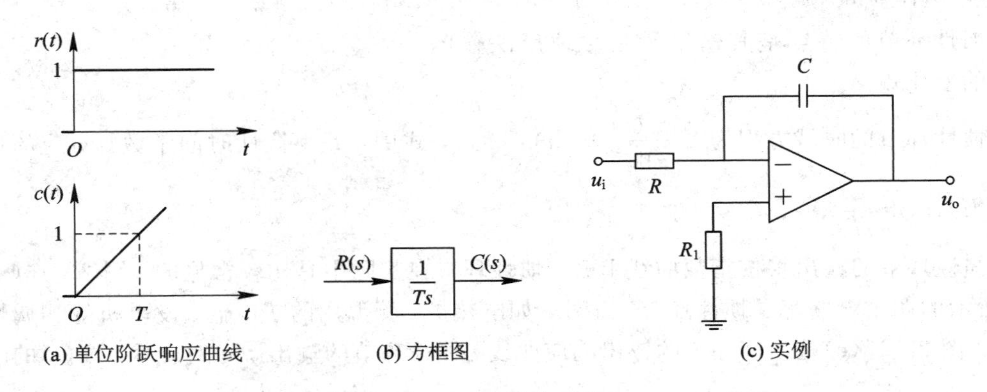

图 2-16　积分环节

图 2－17 为直流电动机，在忽略其惯性的情况下，输出角速度与电枢电压成正比，即 $U=C_e\omega$，从而使输出转角和电枢电压之间呈现积分关系 $U=C_e\dfrac{\mathrm{d}\theta}{\mathrm{d}t}$，传递函数为 $G(s)=\dfrac{\theta(s)}{U(s)}=\dfrac{1}{C_e s}$。

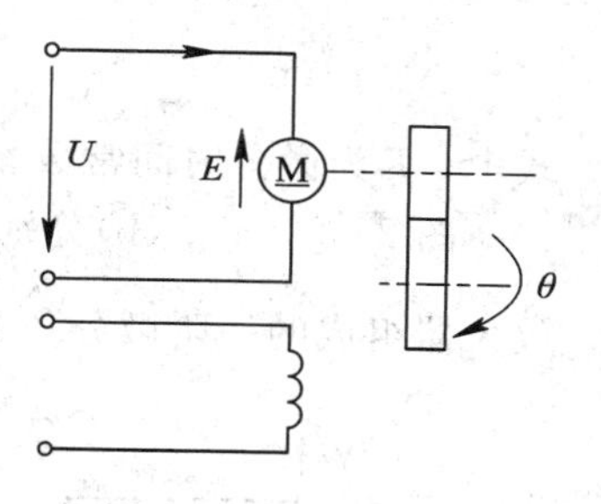

图 2－17　直流电动机

4. 理想微分环节

理想微分环节，其输出与输入信号对时间的微分成正比。

理想微分环节的时域方程为

$$c(t)=T\frac{\mathrm{d}r(t)}{\mathrm{d}t}$$

式中，T 为微分时间常数。对应的传递函数为 $G(s)=Ts$。

图 2－18(a)、(b)分别是其单位阶跃响应曲线和方框图。由图 2－18(a)可知，理想微分环节的输出 $c(t)$ 对阶跃输入 $r(t)$ 的响应在 $t=0$ 的瞬间立即跳升到∞，然后又立即回跳到零，即是一面积(强度)为 T、宽度为零、幅值为无穷大的理想脉冲。其传递函数正好与积分环节互为倒数，T 是微分时间。图 2－18(c)所示为理想微分运算放大器的实例，这时 $r(t)=u_i$，$c(t)=u_o$，$T=RC$。实际上实现理想微分环节是很困难的。

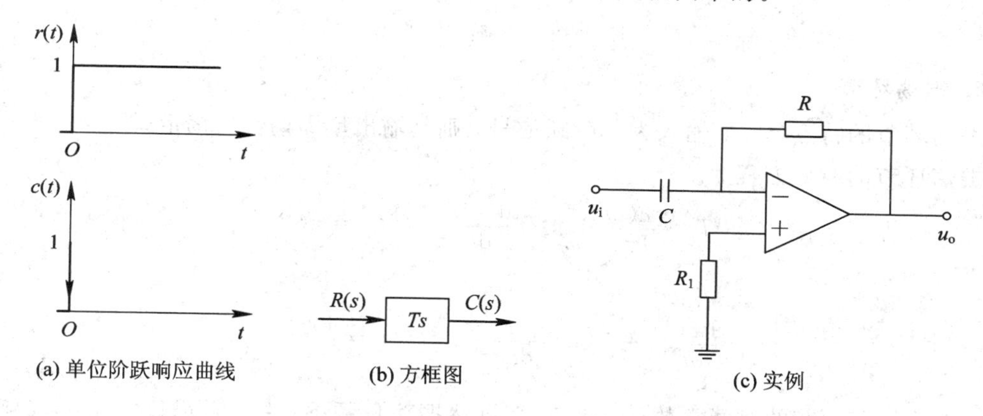

(a) 单位阶跃响应曲线　(b) 方框图　(c) 实例

图 2－18　理想微分环节

例 2－8　系统电路图如图 2－19 所示，求其输入与输出间的传递函数。

解　根据基尔霍夫定律有

$$\frac{U_i(s)}{R+\dfrac{1}{Cs}}=\frac{U_o(s)}{R}$$

$$\frac{U_o(s)}{U_i(s)}=\frac{RCs}{RCs+1}$$

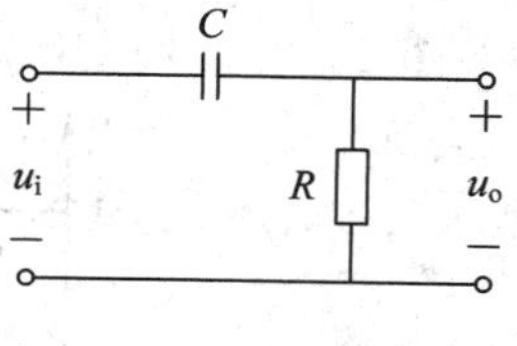

图 2－19　RC 电路

由上式可知，该电路不是一个理想微分环节，而是相当于一个微分环节与一个惯性环节的串联组合，具有这种形式传递函数的环节，称为实用微分环节。实际上，微分环节总是有惯性的，纯微分环节只是数学上的假设。当这个电路中的 $T=RC\ll 1$ 时，就可近似认为 $G(s)\approx Ts$。

5. 一阶微分环节

一阶微分环节的时域方程为

$$c(t) = T\frac{\mathrm{d}r(t)}{\mathrm{d}t} + r(t)$$

式中，T 为微分时间常数。对应的传递函数为 $G(s)=Ts+1$。

图 2-20(a)、(b)分别是其单位阶跃响应曲线和方框图。图 2-20(c)所示为理想运算放大器组成的一阶微分环节的实例，$G(s)=\frac{u_o}{u_i}=-\frac{R_2}{R_1}(R_1Cs+1)$。

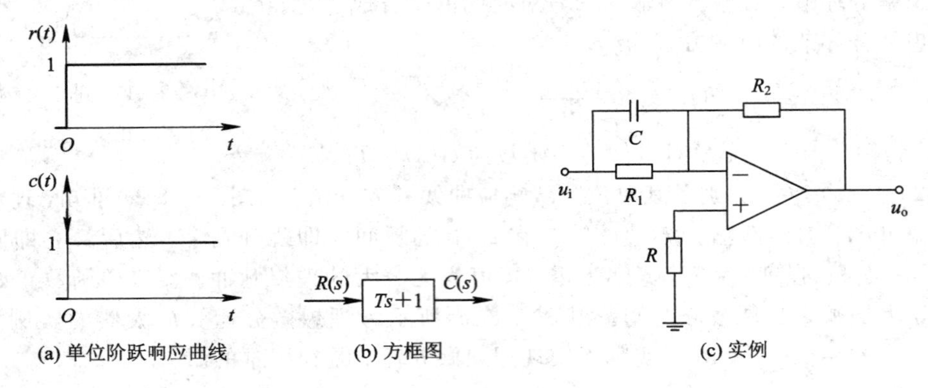

图 2-20　一阶微分环节

6. 振荡环节

振荡环节的特点是，如输入为一阶跃信号，则其输出呈周期性振荡形式。

振荡环节的时域方程为

$$T^2\frac{\mathrm{d}^2c(t)}{\mathrm{d}t^2} + 2\xi T\frac{\mathrm{d}c(t)}{\mathrm{d}t} + c(t) = r(t)$$

或者

$$\frac{\mathrm{d}^2c(t)}{\mathrm{d}t^2} + 2\xi\omega_n\frac{\mathrm{d}c(t)}{\mathrm{d}t} + \omega_n^2c(t) = \omega_n^2r(t)$$

式中，T 为振荡环节的时间常数；$\omega_n=\frac{1}{T}$ 为自然振荡角频率；ξ 为阻尼比，且 $0<\xi<1$ 且 $T\omega_n=1$。对应的传递函数为$G(s)=\frac{1}{T^2s^2+2\xi Ts+1}$，或者 $G(s)=\frac{\omega_n^2}{s^2+2\xi\omega_ns+\omega_n^2}$。

图 2-21(a)、(b)分别是其单位阶跃响应曲线和方框图。

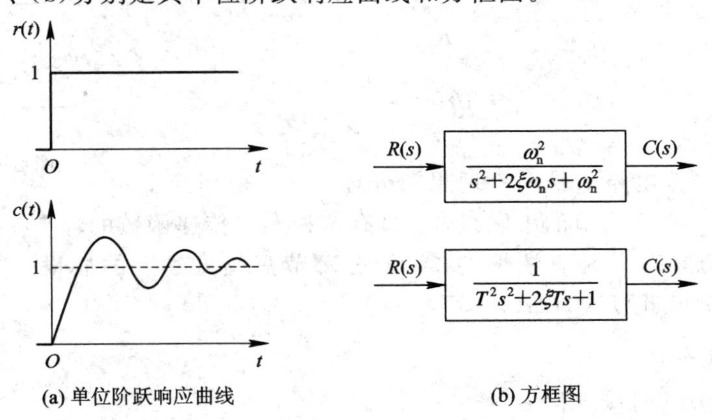

图 2-21　振荡环节

7. 纯滞后环节

纯滞后环节是加入输入信号后，其输出端要经过一段时间才能复现输入信号的环节。

纯滞后环节的时域方程为

$$c(t) = r(t-\tau)$$

式中，τ 为滞后时间。对应的传递函数为$G(s)=\mathrm{e}^{-\tau s}$。

图 2-22(a)、(b)分别是其单位阶跃响应曲线和方框图。

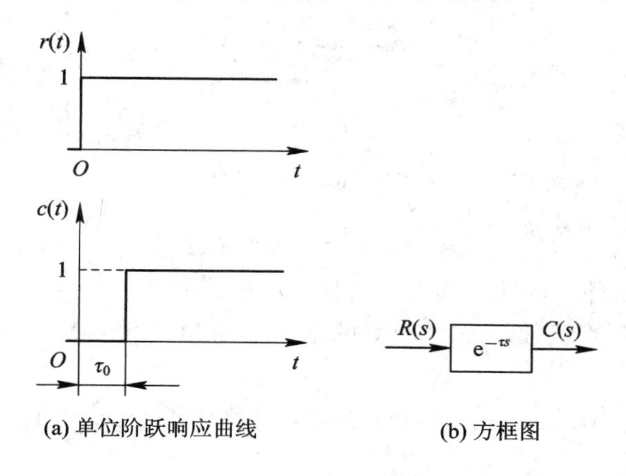

图 2-22　纯滞后环节

对于某个具体的物理部件，其输入、输出物理量不同，则表示该部件的传递函数性质可能不同。例如测速发电机，当输入为转角 φ，输出为电压时，则测速发电机为微分环节；当输入为角速度 $\omega=\dfrac{\mathrm{d}\varphi}{\mathrm{d}t}$ 时，则为比例环节。又如机械减速器，当它的输入与输出为相同的物理量时，机械减速器为比例环节；当输入为角速度或转速，输出为转角时，则为积分环节。

2.5　系统的方框图及简化

在求取系统的传递函数时，需要消去系统中所有的中间变量，这是一项较为烦琐的工作。消元后，由于仅剩下系统的输入(或扰动)和输出两个变量，因而无法反映系统中信息的传递过程，而采用方框图表示的控制系统，不仅简明地表示了系统中各环节间的关系和信号的传递过程，且能较方便地求得系统的传递函数。方框图既适用于线性控制系统，也适用于非线性控制系统。方框图实质上是系统原理图与数学描述二者的结合，方框图可以直观地表示系统输出、输入和中间变量传递过程的关系，既补充了原理图中所需的定量描述，又赋予了纯数学描述的物理意义；既可以根据方框图进行数学运算，又可以通过方框图直观地了解系统中信号的流动特点、各元件的相互关系以及在系统中所起的作用。它作为一种数学模型，在运算过程中有更方便、更形象直观的优点，因此得到了较广泛的应用。

在自动控制系统的原理框图中，把每个环节的传递函数分别填入相应的框中，对应的量由时间域 t 变为复数域 s，就得到了系统的方框图。它具有简明、形象、直观、运算方便的优点，在分析和设计系统中经常用到。

2.5.1　方框图的组成和绘制

方框图是由一些符号、方框、表示输入/输出方向的通路和箭头，以及表示信号之间关系的综合点组成。在引入传递函数后，可以把环节的传递函数标在框图的方块里，并把输入量和输出量用拉氏变换表示，这时 $C(s)=G(s)R(s)$ 的关系可以在框图中体现出来，如图 2-23 所示。

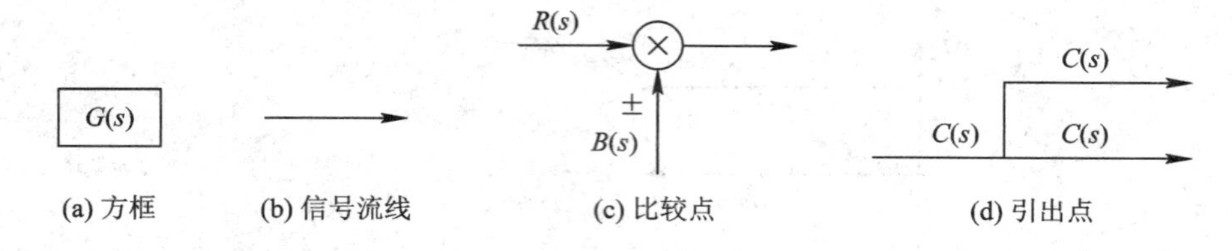

图 2-23　方框图的组成

方框：表示元件或环节的输入量、输出量之间的函数关系。

信号流线：带箭头的线段，表示环节的输入、输出信号，箭头方向表示信号的传递方向。

比较点：表示求两个及以上信号的代数和，又称为综合点，"＋"表示相加，"－"表示相减，"＋"可省略不写。

引出点：信号引出的位置，又称为分支点。从同一点引出的信号在数值和性质上是完全相同的。

绘制方框图的步骤如下：

(1) 确定系统(或环节)的输入量与输出量，根据所遵循的规律，从输入端开始，依次列写出系统中各元件或环节的标准微分方程组。

(2) 对标准微分方程组进行拉普拉斯变换，得到相应的变换方程组和传递函数。

(3) 根据标准变换方程组，从输入端开始，依次绘出各元件或环节方框图，并标出其输入量和输出量，箭头表示信号的传递方向，方框左侧为输入量，右侧为输出量，输出量等于输入量乘以传递函数。

(4) 根据信号的传递方向及关系连接同名信号线，并把系统的输入量置于系统框图的最左端，输出量置于最右端，绘得系统的方框图。

例 2-9　已知 RC 电路如图 2-24 所示。其中 u_i 为输入量，u_o 为输出量，试绘制该系统的方框图。

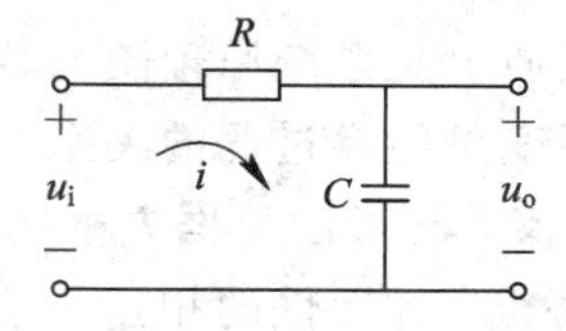

图 2-24　RC 电路

解　(1) u_i 为输入量，u_o 为输出量，根据电路中的基尔霍夫定律引入中间变量 i，有

$$u_i = iR + u_o$$

$$i = C\frac{\mathrm{d}u_o}{\mathrm{d}t}$$

（2）对以上微分方程组进行拉普拉斯变换，得以下变换方程组，即

$$I(s) = \frac{1}{R}[U_i(s) - U_o(s)]$$

$$U_o(s) = \frac{1}{Cs}I(s)$$

（3）从输入端开始，依次画出各元件的方框图，如图2-25(a)所示。

（4）连接同名信号线，最后连接成动态结构图，如图2-25(b)所示。

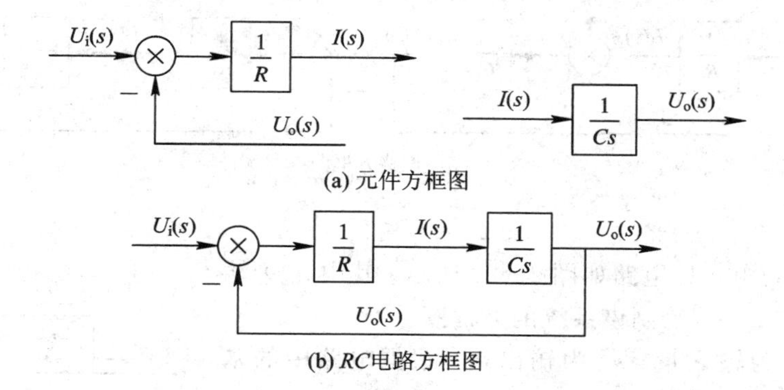

图2-25　例2-9图

例2-10　已知RC电路如图2-26所示。其中u_i为输入量，u_o为输出量，试绘制该系统的方框图。

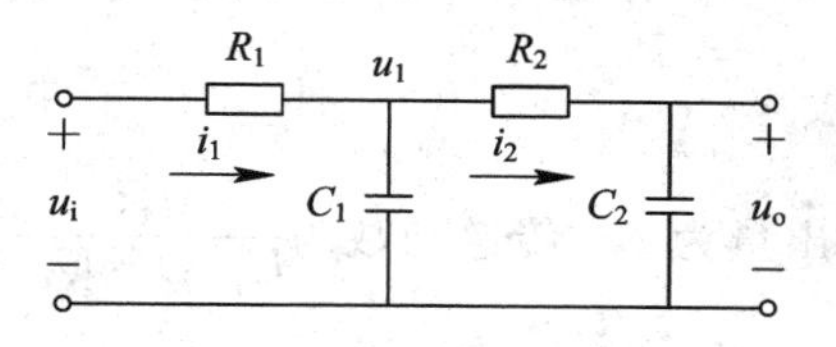

图2-26　RC电路

解　（1）u_i为输入量，u_o为输出量，根据电路中的基尔霍夫定律引入中间变量i_1、u_1、i_2，依次写出其标准微分方程，即

$$\begin{cases} i_1 = \dfrac{u_i - u_1}{R_1} \\ u_1 = \dfrac{1}{C_1}\displaystyle\int (i_1 - i_2)\mathrm{d}t \end{cases}; \quad \begin{cases} i_2 = \dfrac{u_1 - u_o}{R_2} \\ u_o = \dfrac{1}{C_2}\displaystyle\int i_2 \mathrm{d}t \end{cases}$$

（2）对以上标准微分方程组进行拉普拉斯变换，得以下变换方程组，即

$$\begin{cases} I_1(s) = \dfrac{1}{R_1}[U_i(s) - U_1(s)] \\ U_1(s) = \dfrac{1}{C_1 s}[I_1(s) - I_2(s)] \end{cases}; \quad \begin{cases} I_2(s) = \dfrac{1}{R_2}[U_1(s) - U_o(s)] \\ U_o(s) = \dfrac{1}{C_2 s}I_2(s) \end{cases}$$

（3）从输入端开始，依次画出各元件的方框图，如图2-27(a)所示。

（4）连接同名信号线，最后连接成动态结构图，如图2-27(b)所示。

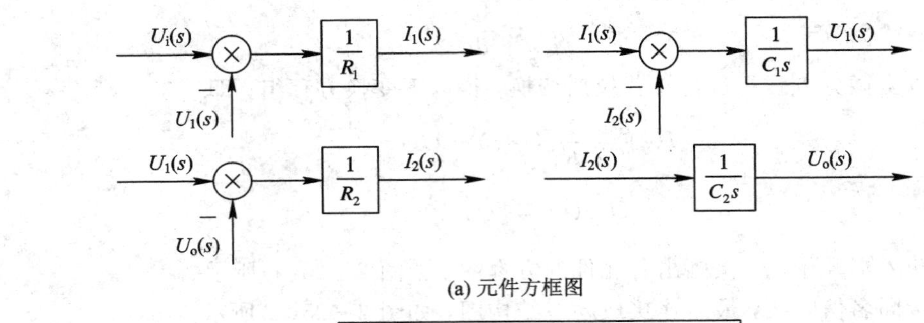

(a) 元件方框图

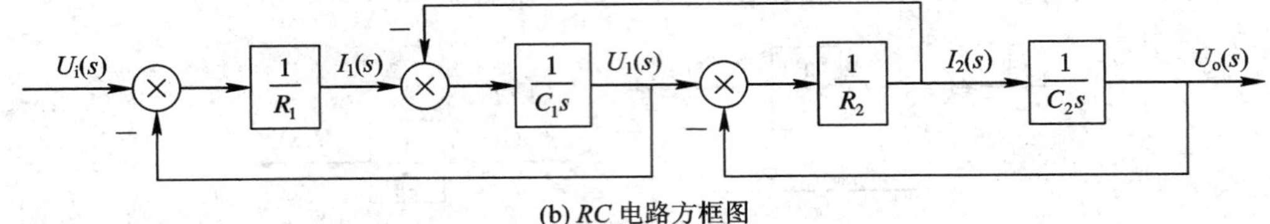

(b) *RC* 电路方框图

图 2-27　例 2-10 图

例 2-11　已知 *RC* 电路如图 2-28 所示。其中 u_i 为输入量，u_o 为输出量，试绘制该系统的方框图。

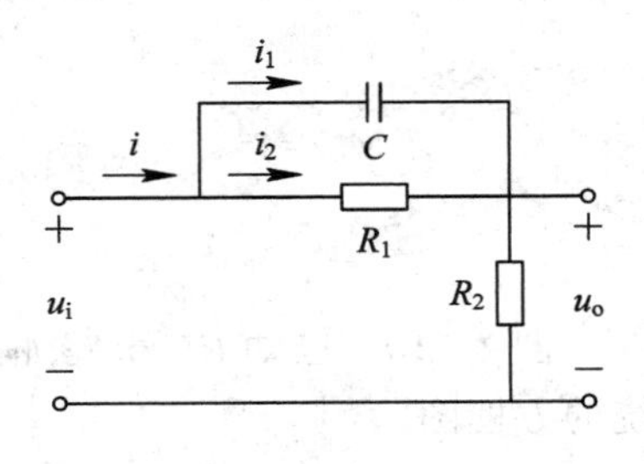

图 2-28　*RC* 电路图

解　(1) u_i 为输入量，u_o 为输出量，根据电路中的基尔霍夫定律引入中间变量 i_1、i_2，根据信号传递过程，按元件将系统划分为 3 个环节，即 R_1、C、R_2，确定各个环节的输入量和输出量，求出各环节的传递函数。

C 输入量为 u_i-u_o，输出量为 i_1，传递函数为 $\frac{I_1(s)}{U_i(s)-U_o(s)}=Cs$。

R_1 输入量为 u_i-u_o，输出量为 i_2，传递函数为 $\frac{I_2(s)}{U_i(s)-U_o(s)}=\frac{1}{R_1}$。

R_2 输入量为 i，输出量为 u_o，传递函数为 $\frac{U_o(s)}{I_1(s)+I_2(s)}=R_2$。

(3) 作出各环节的方框图，并连接同名信号线，最后连线成方框图，如图 2-29 所示。

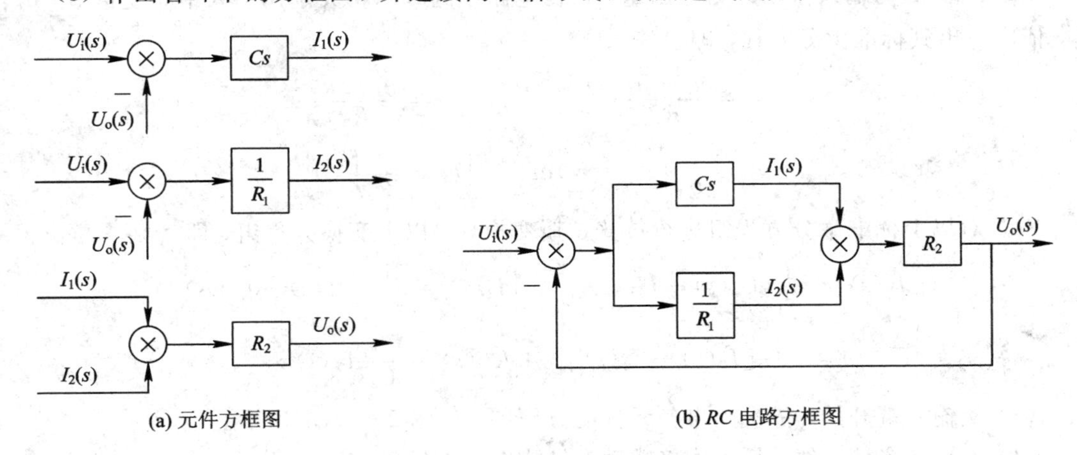

(a) 元件方框图　　(b) *RC* 电路方框图

图 2-29　例 2-11 图

2.5.2　方框图的基本连接方式

方框图的基本连接方式有三种，即串联、并联、反馈。任何复杂系统的方框图都是由这三种基本连接方式组合而成的。

1. 串联

在控制系统中，几个环节按照信号传递方向首尾连在一起，前一个方框的输出作为后一个方框的输入，这种连接方式称为串联连接。如图 2－30 所示为两个环节串联，其传递函数为

$$G(s)=\frac{C(s)}{R(s)}=\frac{C(s)}{U(s)}\frac{U(s)}{R(s)}=G_2(s)G_1(s)$$

若传递函数为 $G_1(s)$，$G_2(s)$，$G_3(s)$，…，$G_n(s)$等 n 个环节相串联，其等效传递函数为

$$G(s)=\prod_{i=1}^{n}G_i(s)$$

即串联连接环节的等效传递函数为各环节传递函数之积。

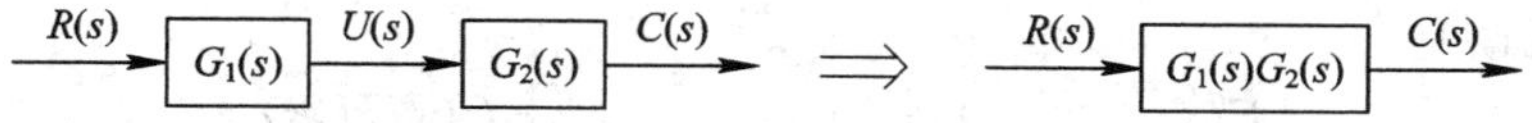

图 2－30　两个环节串联的等效变换

2. 并联

两个或多个方框的输入量相同，总的输出信号等于各方框输出信号的代数和，这种连接方式称为并联连接。如图 2－31 所示为两个环节并联，其传递函数为

$$G(s)=\frac{C(s)}{R(s)}=\frac{C_1(s)\pm C_2(s)}{R(s)}=G_1(s)\pm G_2(s)$$

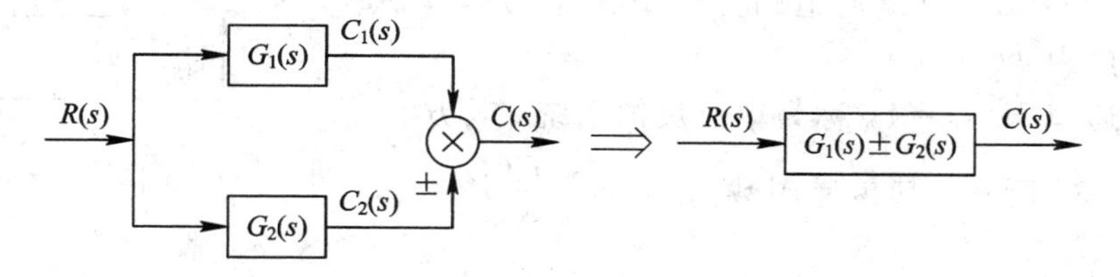

图 2－31　两个环节并联的等效变换

若传递函数为 $G_1(s)$，$G_2(s)$，$G_3(s)$，…，$G_n(s)$等 n 个环节相并联，其等效传递函数为

$$G(s)=\sum_{i=1}^{n}G_i(s)$$

即并联连接环节的等效传递函数为各环节传递函数之和。

3. 反馈

输出 $C(s)$经过一个反馈环节 $H(s)$与输入 $R(s)$相减(相加)再作用到 $G(s)$环节，这种连接方式叫作负反馈(正反馈)连接，如图 2－32 所示为反馈连接。

根据信号之间的关系，由图 2－32 可知：

$$C(s)=G(s)E(s) \tag{2-11}$$

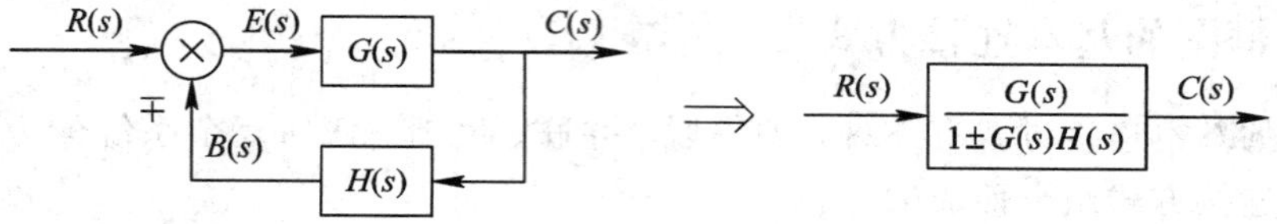

图 2-32　反馈连接的等效变换图

$$B(s)=H(s)C(s) \tag{2-12}$$

当为负反馈时，有

$$E(s)=R(s)-B(s)=R(s)-H(s)C(s) \tag{2-13}$$

将式(2-13)代入式(2-11)，有

$$C(s)=E(s)G(s)=[R(s)-C(s)H(s)]G(s)$$

整理得

$$[1+G(s)H(s)]C(s)=G(s)R(s)$$

$$\Phi(s)=\frac{C(s)}{R(s)}=\frac{G(s)}{1+G(s)H(s)}$$

当为正反馈时，有

$$E(s)=R(s)+B(s)=R(s)+C(s)H(s) \tag{2-14}$$

整理得

$$\Phi(s)=\frac{C(s)}{R(s)}=\frac{G(s)}{1-G(s)H(s)}$$

反馈系统传递函数通式为

$$\Phi(s)=\frac{C(s)}{R(s)}=\frac{G(s)}{1\pm G(s)H(s)}$$

式中，“＋”对应负反馈；“－”对应正反馈。前向通道的传递函数为 $G(s)$，反馈通道的传递函数为 $H(s)$，闭环传递函数为 $\Phi(s)$。

若反馈通道 $H(s)=1$，称为单位反馈系统，其方框图如图 2-33 所示，其传递函数为 $\Phi(s)=\frac{C(s)}{R(s)}=\frac{G(s)}{1\pm G(s)}$。

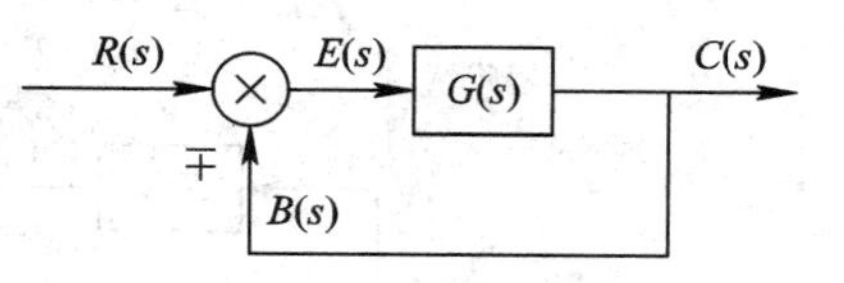

图 2-33　单位反馈系统方框图

例 2-12　系统方框图如图 2-34 所示，求传递函数$\frac{U_o(s)}{U_i(s)}$。

解　由系统方框图可知，Cs 和 $1/R_1$ 并联，其等效变换如图 2-35(a)所示，$Cs+1/R_1$ 和 R_2 串联，其等效变换如图 2-35(b)所示，最后是一个负反馈，等效变换如图 2-35(c)所示。

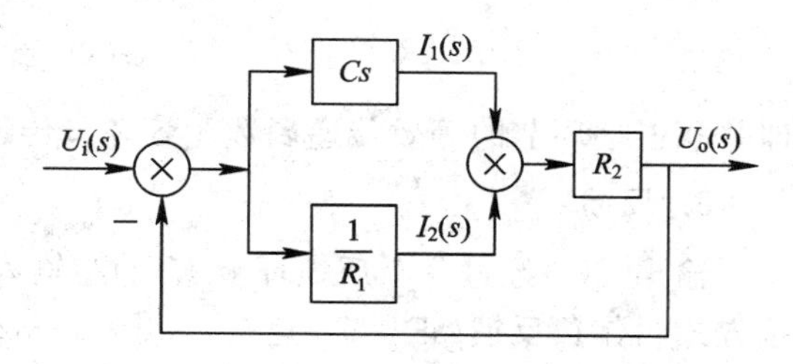

图 2-34　例 2-12 图

系统传递函数为

$$\frac{U_o(s)}{U_i(s)}=\frac{R_2(R_1Cs+1)}{R_1R_2Cs+R_1+R_2}$$

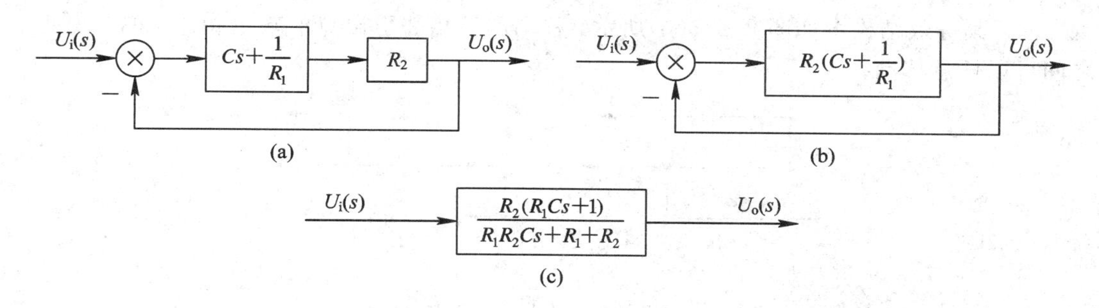

图 2-35　例 2-12 化简后系统方框图

例 2-13　系统结构图如图 2-36 所示，求传递函数$\frac{U_o(s)}{U_i(s)}$。

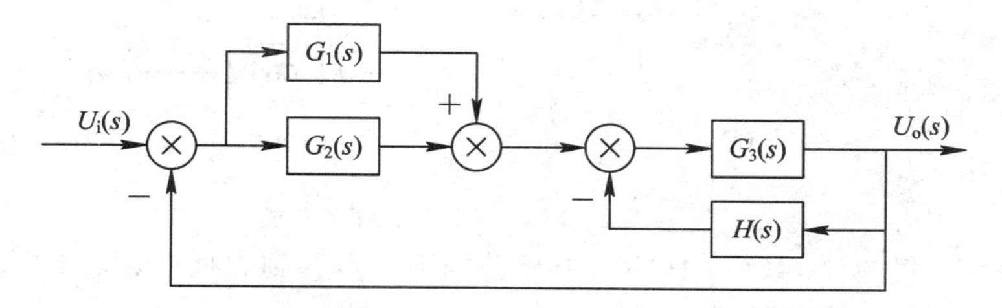

图 2-36　例 2-13 图

解　由系统结构图可知，$G_1(s)$和 $G_2(s)$并联，$G_3(s)$和 $H(s)$为反馈，其等效变换如图 2-37(a)所示。单位负反馈等效变换如图 2-37(b)所示，其系统传递函数为

$$\frac{U_o(s)}{U_i(s)}=\frac{G_1(s)G_3(s)+G_2(s)G_3(s)}{1+G_1(s)G_3(s)+G_2(s)G_3(s)+G_3(s)H(s)}$$

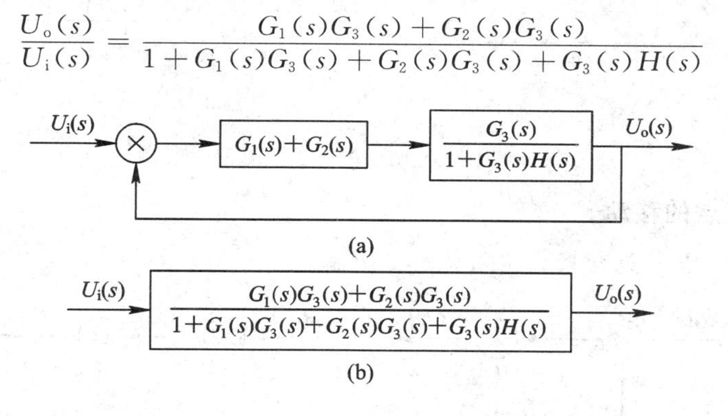

图 2-37　等效变换系统方框图

2.5.3　方框图等效变换

上节讲述了绘制方框图的方法，求出系统的方框图以后，为了对系统进行进一步的研究和计算，需将复杂的方框图通过等效变换进行化简。绘制方框图的目的是为了求出系统的传递函数，方框图的等效变换是求传递函数的常用方法。

等效变换的原则是变换前后，系统中各信号(变量)间的数学关系保持不变。

1. 连续引出点的移动

连续引出点可以任意交换，如图 2-38 所示。将图 2-38(a)所示的两个引出点交换位置之后，其等效结构图如图 2-38(b)所示。移动前后相邻引出点的输出相同，说明引出点之间可以任意移动。

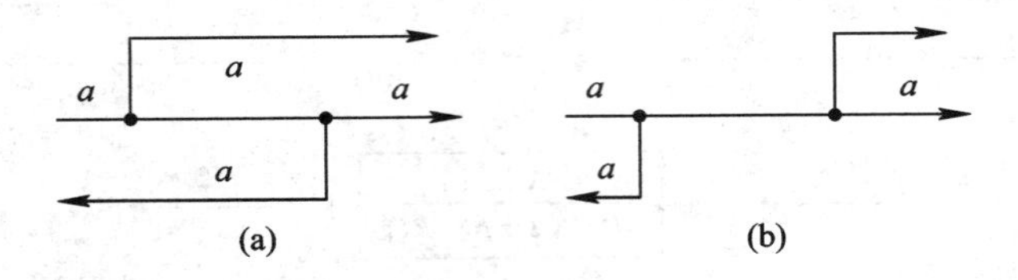

图 2-38　引出点之间的移动

引出点前移，将图 2-39(a)中 $G(s)$方框后的引出点移到方框前，需要在被移动的通道串上 $G(s)$方框，其等效结构如图 2-39(b)所示。

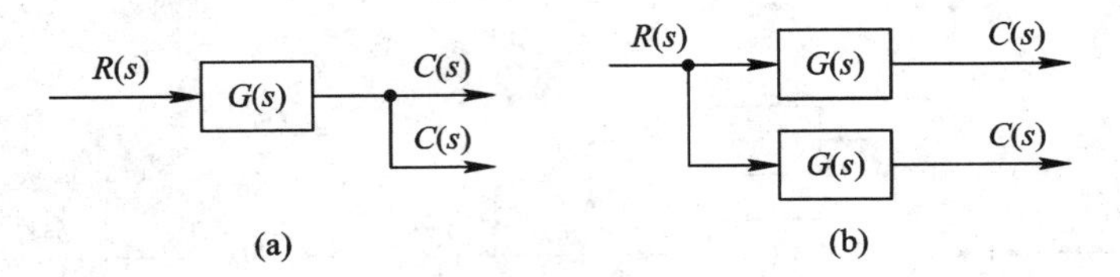

图 2-39　引出点前移

引出点后移，将图 2-40(a)中 $G(s)$方框前的引出点移到方框后，需要在被移动的通道串联上 $1/G(s)$方框，其等效结构如图 2-40(b)所示。

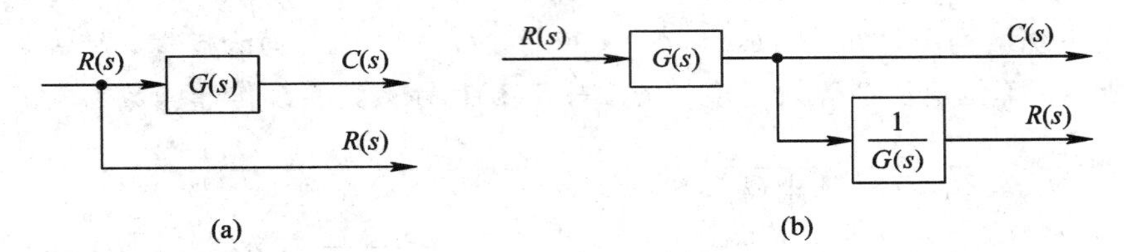

图 2-40　引出点后移

2. 连续比较点的移动

连续比较点可以任意交换，如图 2-41 所示。

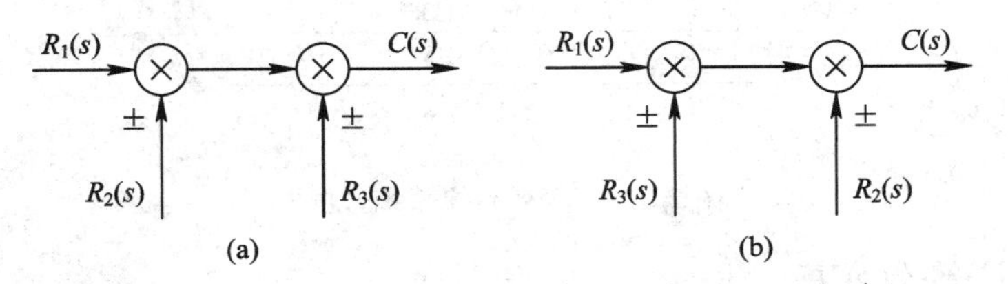

图 2-41　比较点之间的移动

将图 2-41(a)所示的两个比较点交换位置之后，其等效结构图如图 2-41(b)所示。移动前，有 $C(s)=R_1(s)\pm R_2(s)\pm R_3(s)$；移动后，有 $C(s)=R_1(s)\pm R_3(s)\pm R_2(s)$。移动前后的输出相同，这说明比较点之间可以任意移动。

注意：比较点和引出点之间不能移动。

比较点前移，将图 2-42(a)中 $G(s)$方框后的比较点移到方框前，需要在被移动的通道串联上 $1/G(s)$方框，其等效结构如图 2-42(b)所示。

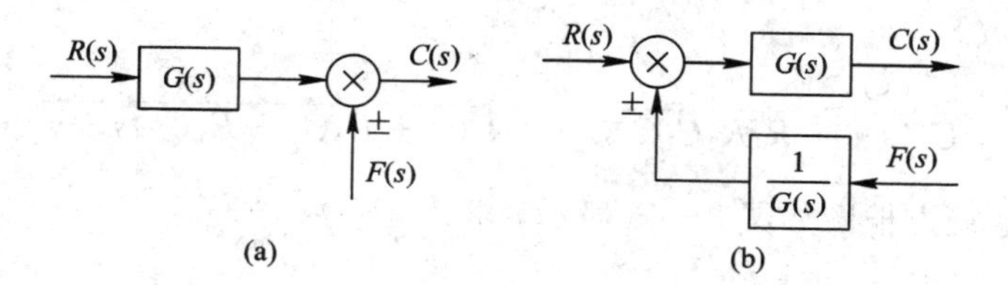

图 2-42　比较点前移

比较点后移，将图 2-43(a)中 $G(s)$方框前的比较点移到方框后，需要在被移动的通道串联上 $G(s)$方框，其等效结构如图 2-43(b)所示。

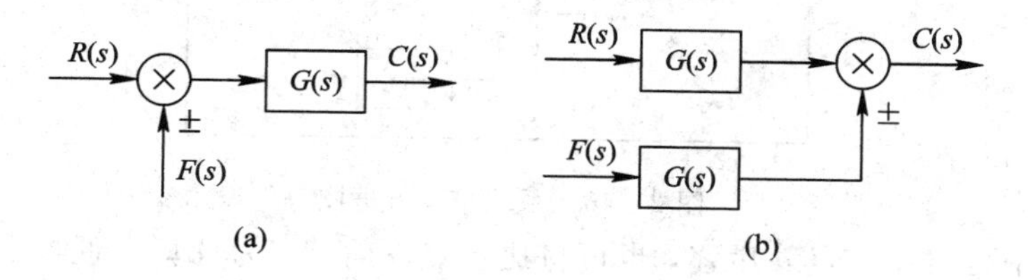

图 2-43　比较点后移

化简的方法是：首先移动比较点和引出点，消除交叉连接，使方框图变成独立的回路，其次进行串联、并联和反馈的等效变换，最后得到系统的传递函数。

例 2-14　系统结构图如图 2-44 所示，试求两级 RC 滤波网络的传递函数$\dfrac{U_o(s)}{U_i(s)}$。

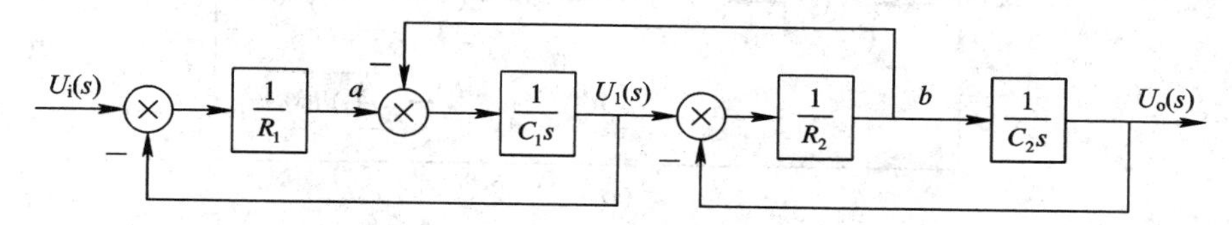

图 2-44　系统结构方框图

解　首先将比较点 a 前移，引出点 b 后移，等效电路如图 2-45 所示。

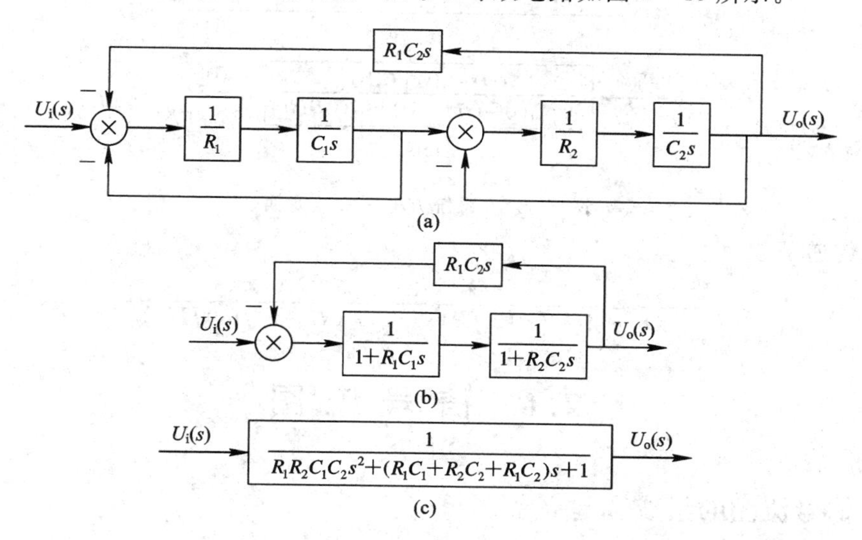

图 2-45　两级 RC 滤波电路方框图等效变换

系统传递函数为

$$\frac{U_o(s)}{U_i(s)}=\frac{1}{R_1R_2C_1C_2s^2+(R_1C_1+R_2C_2+R_1C_2)s+1}$$

例 2－15　系统方框图如图 2－46 所示，求传递函数$\dfrac{U_o(s)}{U_i(s)}$。

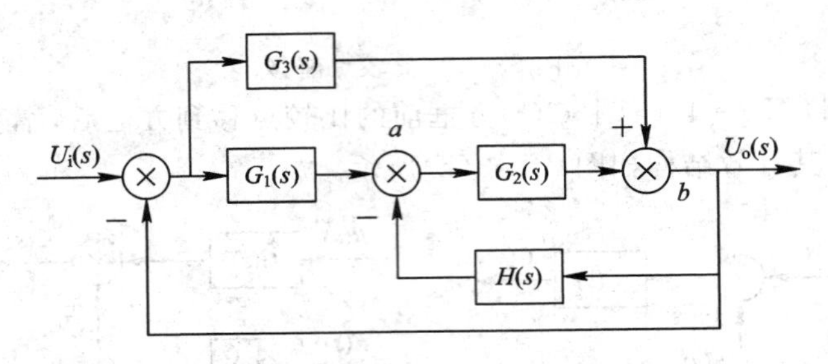

图 2－46　系统结构方框图

解　本题中可将比较点 a 后移，也可将比较点 b 前移，为计算方便本题将比较点 a 后移，并且交换 a、b 位置，其等效电路如图 2－47(a)所示。图 2－47(a)中，前一个方框为并联，后一个方框为反馈，其等效电路如图 2－47(b)、(c)所示。

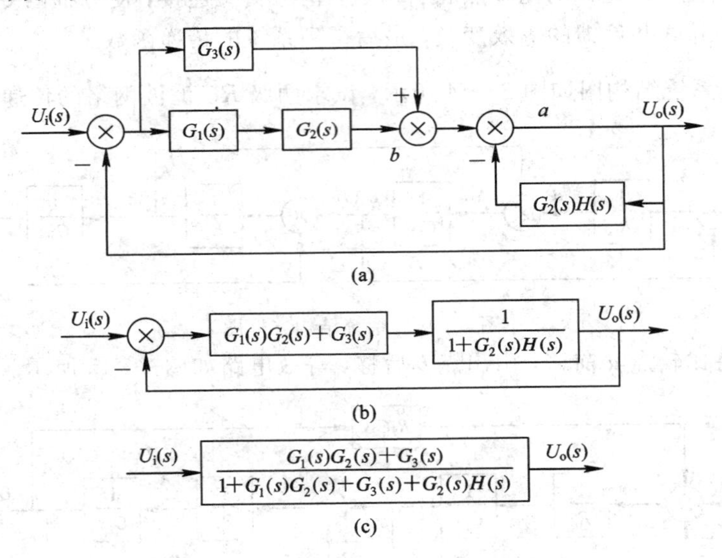

图 2－47　系统方框图等效变换

系统传递函数为

$$\frac{U_o(s)}{U_i(s)}=\frac{G_1(s)G_2(s)+G_3(s)}{1+G_1(s)G_2(s)+G_3(s)+G_2(s)H(s)}$$

2.6　信 号 流 图

2.6.1　信号流图的组成和建立

对于一些复杂的系统，利用动态结构图的等效变换求传递函数不是很方便，这时可采用另外一种图形表示方法——信号流图来表示线性方程组。

信号流图源于梅逊(Mason)利用图示法来描述一个或一组线性代数方程式，是由节点和支路组成的一种信号传递网络。一个简单的系统描述方程为

$$x_2 = ax_1$$

式中：x_1 为输入信号，x_2 为输出信号，a 为两个变量之间的传递函数。

该方程的信号流图如图 2-48 所示。图中的圆圈称为节点，用来表示系统的变量或信号。连接节点的有向线段称为支路，图中的箭头表示信号传递的方向，传递函数 a 标注在支路上面。

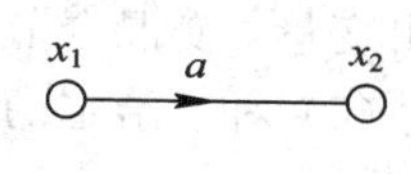

图 2-48　信号流图

图 2-49 是由 5 个节点和 7 条支路组成的信号流图，图中 5 个节点分别代表 x_1、x_2、x_3、x_4 和 x_5 等 5 个变量，每条支路的增益分别为 1、a、b、c、d、e、f。由图可写出系统方程组为

$$\begin{cases} x_2 = x_1 + fx_5 \\ x_3 = ax_2 + dx_3 \\ x_4 = ex_2 + bx_3 \\ x_5 = cx_4 \end{cases}$$

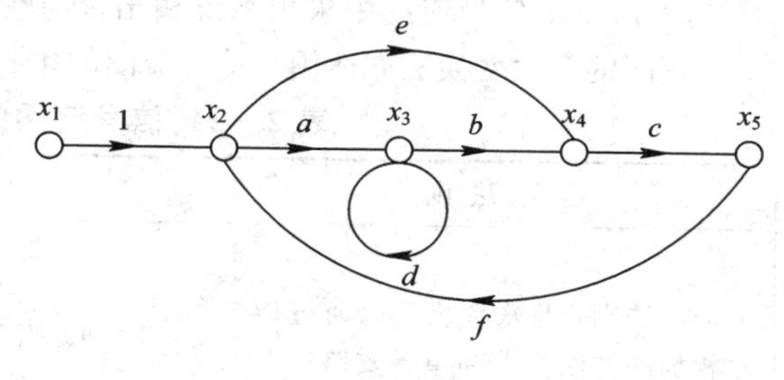

图 2-49　系统信号流图

2.6.2　信号流图中的常用术语

为了讨论信号流图的构成和绘制方法，下面介绍信号流图中的一些常用术语。

(1) 前向通道：指从输入量开始，沿着箭头方向直到输出量的信号传递通道。前向通道中每个方框内的传递函数乘积为前向通道传递函数。如图 2-49 所示共有 2 条前线通道：一条是 $x_1 \to x_2 \to x_3 \to x_4 \to x_5$，其前向通道总传递函数为 $p_1 = abc$；另一条是 $x_1 \to x_2 \to x_4 \to x_5$，其前向通道总传递函数为 $p_2 = ec$。

(2) 反馈通道：指输出量重新送到输入端的信号传递通道。反馈通道中每个方框内的传递函数乘积为反馈通道传递函数。

(3) 回路：指从一变量开始，沿着箭头方向又重新回到这一变量的传递通道。回路传递函数指每一个回路前向通道与反馈通道传递函数的乘积，并且包含表示反馈极性的正、负号。图 2-49 中共有 2 条回路：一条是 $x_2 \to x_3 \to x_4 \to x_5 \to x_2$，其回路增益为 $L_1 = abcf$；另一条是 $x_3 \to x_3$ 的自回路，其回路增益为 $L_2 = d$。

(4) 不接触回路：指如果一个信号流图有多个回路，各回路之间没有任何公共节点。

注意：前向通道、反馈通道、回路中不能有重复路径。

(5) 源节点(或输入节点)：指只有输出支路而没有输入支路的节点，一般表示系统的输入变量。图 2-49 中的x_1 就是源节点。

(6) 汇节点(或输出节点)：指只有输入支路而没有输出支路的节点，一般表示系统的输出变量。图 2-48 中的x_2 就是汇节点。

(7) 混合节点：指既有输入支路又有输出支路的节点。图 2-49 中的 x_2、x_3、x_4 和 x_5 就是混合节点。

2.6.3　信号流图的性质

(1) 信号流图只适用于线性系统，其所依据的方程式一定为因果函数形式的代数方程。

（2）节点标志系统的变量。一般节点自左向右顺序设置，并依次表示系统中各变量的原因和结果的关系。某个节点变量表示所有流向该节点的信号之和，而从同一节点流向各支路的信号均用该节点变量表示。

（3）信号在支路上沿箭头单向传递，后一节点变量依赖于前一节点变量，而没有相反关系。

（4）在混合节点上，增加一条具有单位增益的支路，可以从信号流图中分离出系统的输出变量，变混合节点为汇节点。

（5）对于给定的系统，其信号流图不唯一。

2.6.4　信号流图的化简规则

为了从系统信号流图中求出系统输出量与输入量之间的传递函数，需对信号流图进行化简，方框图的等效变换法亦适用于信号流图的化简，表 2－2 列出了信号流图的基本化简规则。

表 2－2　信号流图的基本化简规则

运 算 法 则	信 号 流 图
加法法则：并联系统可以通过传输相加的方法合并为单一支路	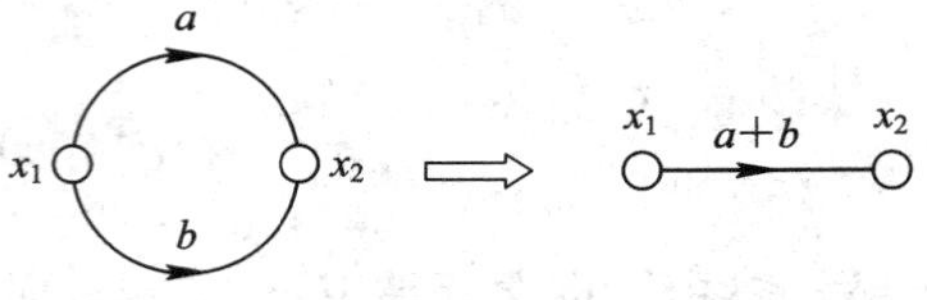 x_1, a, b, x_2 ⇒ x_1 $a+b$ x_2
乘法法则：串联支路的总传递函数等于所有支路传递函数的乘积	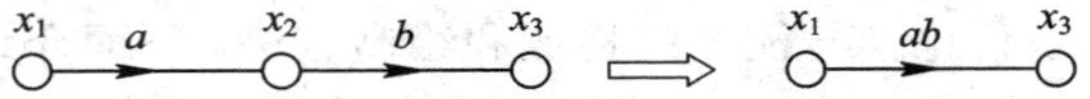 x_1 a x_2 b x_3 ⇒ x_1 ab x_3
分配法则：支路移动后，新支路的传递函数等于被移动支路的传递函数乘以被消去节点至新支路节点的传递函数	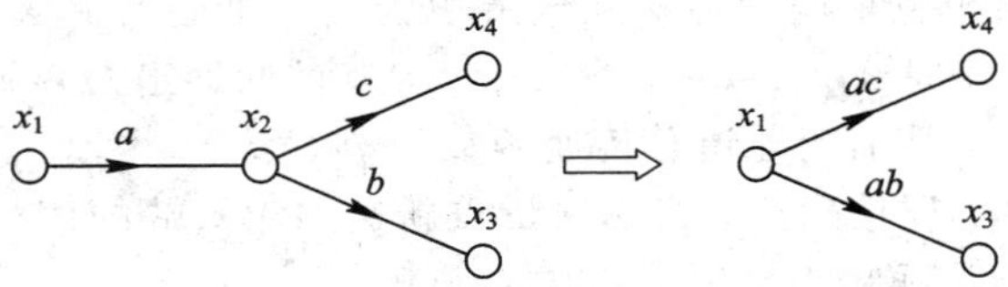 x_1 a x_2, c x_4, b x_3 ⇒ x_1, ac x_4, ab x_3
自回环化简法则	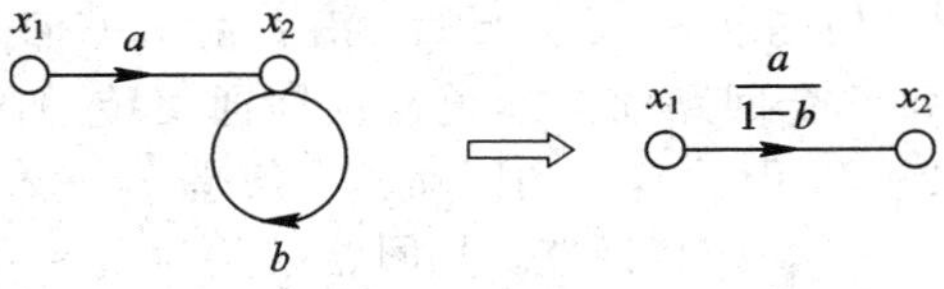 x_1 a x_2, b ⇒ x_1 $\frac{a}{1-b}$ x_2
反馈回环化简法则	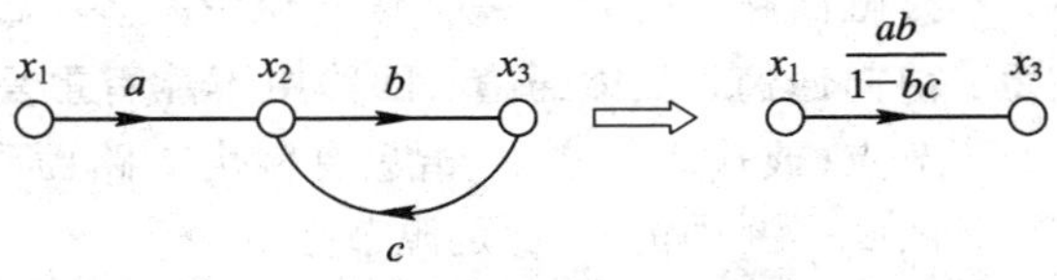 x_1 a x_2 b x_3, c ⇒ x_1 $\frac{ab}{1-bc}$ x_3

2.6.5　框图及相应的信号流图的转换

框图和信号流图都可以用来表示系统，两者之间可以相互转换，在转换过程中应注意以下几点：

（1）在转换中，信号流动的方向及正、负号不能改变；

（2）在框图中先是“比较点”后是“分支点”的地方，在信号流图中应画成一个“混合节点”，如图2-50所示。

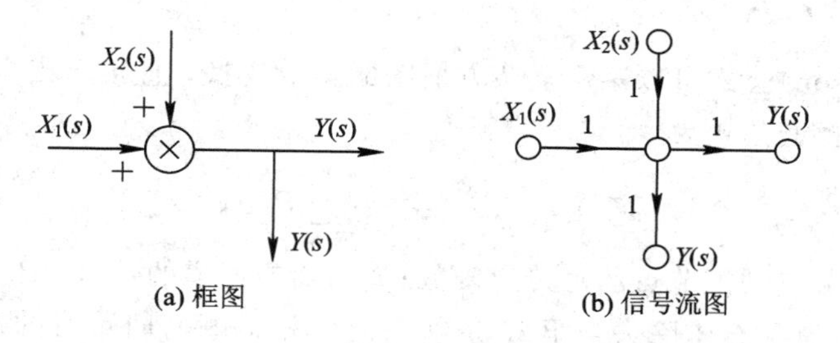

图2-50　比较点在前、分支点在后的混合节点转换图

（3）在框图中先是“分支点”后是“比较点”的地方，在信号流图中“比较点”和“分支点”之间增加一条传递函数为1的支路，如图2-51所示。

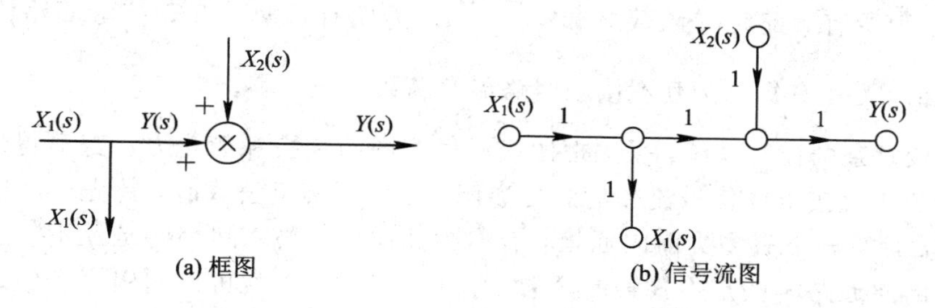

图2-51　分支点在前、比较点在后的混合节点转换图

（4）框图中两个“比较点”之间，在信号流图中有时要增加一条传递函数为1的支路，以避免出现环路的接触。

（5）在框图中，若输入信号与反馈信号相叠加，在信号流图中应在输入节点与此“比较点”之间增加一条传输函数为1的支路。

（6）在框图中，若有输出信号输出时，可以在信号流图最后的混合节点上引出一条传输函数为1的支路。

图2-52画出了一些常见系统的框图和对应的信号流图。

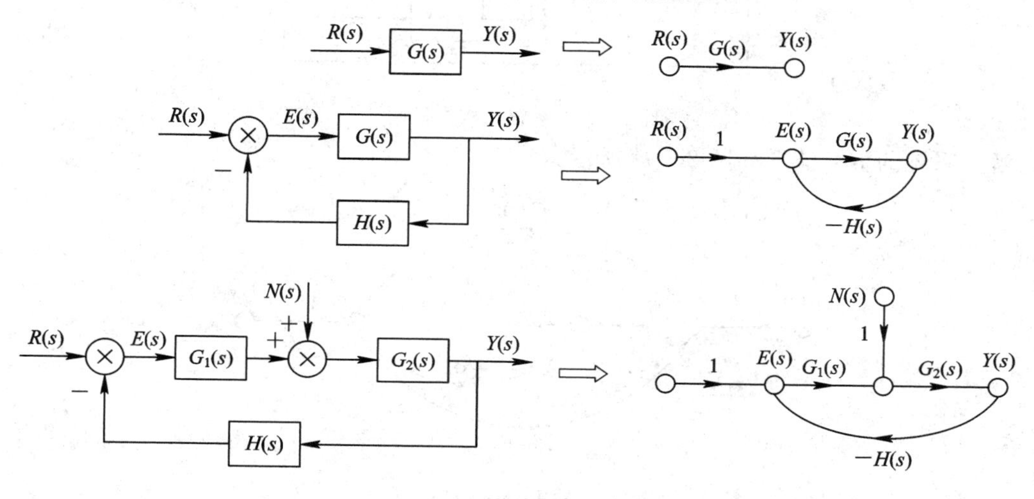

图2-52　常见系统的框图和对应的信号流图

2.6.6 梅逊增益公式

利用梅逊(Mason)公式可以避免复杂方框图的等效变换，直接求出方框图描述的控制系统的传递函数。梅逊公式为

$$\Phi(s)=\frac{C(s)}{R(s)}=\frac{1}{\Delta}\sum_{K=1}^{n}P_K\Delta_K$$

式中：$\Phi(s)$为从源节点到汇节点的总传递函数；n 为前向通道的数目；P_K 为第 K 条前向通道的传递函数；Δ_K 为在 Δ 中除去与第 K 条前向通路相接触的回路后的剩余部分，Δ 为系统的特征式，Δ_K 称为第 K 条前向通道的余子式。

$$\Delta=1-\sum_{a}L_a+\sum_{bc}L_bL_c-\sum_{def}L_dL_eL_f+\cdots$$

式中：$\sum\limits_{a}L_a$ 为所有回路传递函数之和；$\sum\limits_{bc}L_bL_c$ 为所有每两个互不接触回路传递函数之和；$\sum\limits_{def}L_dL_eL_f$ 为所有每三个互不接触回路传递函数乘积之和。

对于比较复杂的控制系统，采用框图或信号流图的变换和简化方法都显得烦琐时，可以根据梅逊公式直接求取信号流图的总传递函数。应用梅逊公式时，首先要画出系统的信号流图，然后计算一下有多少前向通道，有多少回路，回路之间哪些是互不接触的，以及回路与每条前向通路哪些是不接触的，这些情况弄清楚了，就可以利用梅逊公式得到系统的总传递函数。

例 2-16　已知系统结构方框图如图 2-53 所示，用梅逊公式求传递函数$\dfrac{U_o(s)}{U_i(s)}$。

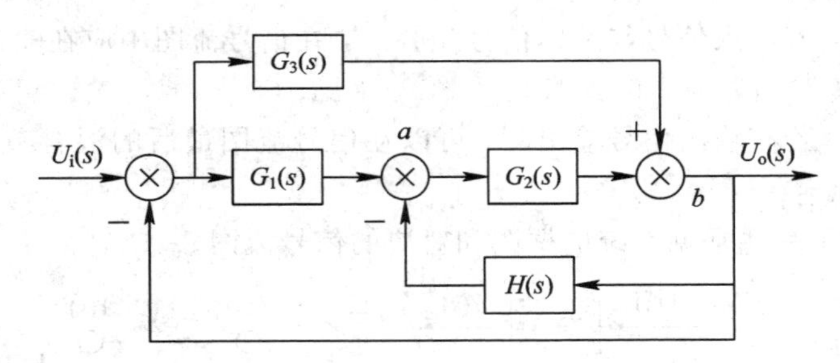

图 2-53　系统结构方框图

解　系统的信号流图如图 2-54 所示。

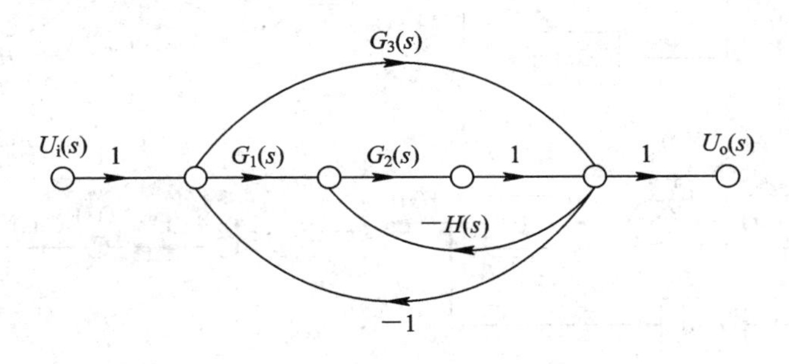

图 2-54　系统信号流图

(1) 方框图中有 3 个回路，即

$$L_1 = -G_2(s)H(s)$$
$$L_2 = -G_1(s)G_2(s)$$
$$L_3 = -G_3(s)$$
$$\sum_a L_a = L_1 + L_2 + L_3$$

图中无两两互不接触回路，则

$$\sum_{bc} L_b L_c = 0$$

$$\Delta = 1 - \sum_a L_a = 1 - (L_1 + L_2 + L_3)$$
$$= 1 + (G_2(s)H(s) + G_1(s)G_2(s) + G_3(s))$$

(2) 由 $U_i(s)$到 $U_o(s)$的前向通道有两条。

$$P_1 = G_1(s)G_2(s)$$

前向通路与所有回路相接触，$\Delta_1 = 1$。

$$P_2 = G_3(s)$$

前向通路与所有回路相接触，$\Delta_2 = 1$。

(3) 根据梅逊公式，求得传递函数为

$$\frac{U_o(s)}{U_i(s)} = \frac{1}{\Delta}(P_1\Delta_1 + P_2\Delta_2)$$
$$= \frac{G_1(s)G_2(s) + G_3(s)}{1 + [G_2(s)H(s) + G_1(s)G_2(s) + G_3(s)]}$$

例 2-17　已知系统结构方框图如图 2-55 所示，用梅逊公式求传递函数$\frac{U_o(s)}{U_i(s)}$。

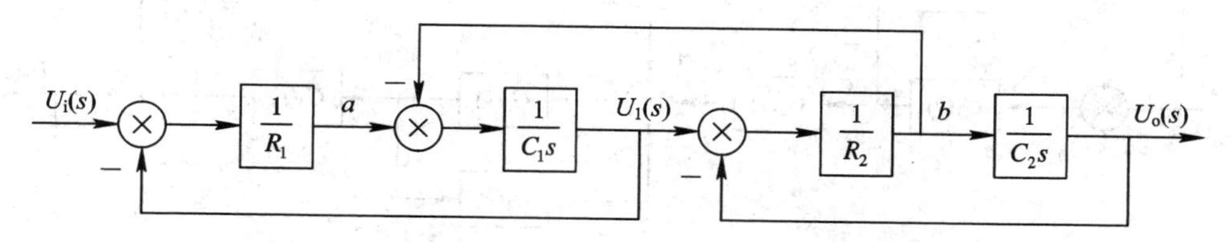

图 2-55　系统结构方框图

解　系统的信号流图如图 2-56 所示。

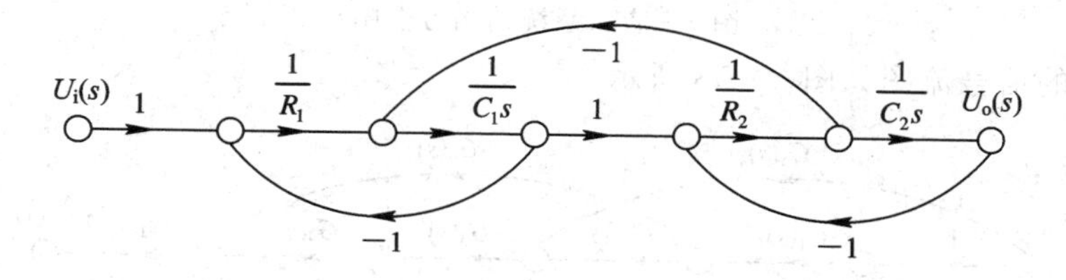

图 2-56　系统信号流图

(1) 方框图中有 3 个回路，即

$$L_1 = -\frac{1}{R_1C_1s},\quad L_2 = -\frac{1}{R_2C_1s},\quad L_3 = -\frac{1}{R_2C_2s}$$

$$\sum_{a} L_a = L_1 + L_2 + L_3$$

图中两两互不接触回路是 L_1 与 L_3，有 $\sum_{bc} L_b L_c = L_1 L_3 = \frac{1}{R_1 C_1 s}\frac{1}{R_2 C_2 s}$。

图中无 3 个互不接触回路，即

$$\sum_{def} L_d L_e L_f = 0$$

$$\Delta = 1 - \sum_{a} L_a + \sum_{bc} L_b L_c = 1 - (L_1 + L_2 + L_3) + L_1 L_3$$

$$= 1 + \left(\frac{1}{R_1 C_1 s} + \frac{1}{R_2 C_1 s} + \frac{1}{R_2 C_2 s}\right) + \frac{1}{R_1 C_1 R_2 C_2 s^2}$$

(2) 由 $U_i(s)$ 到 $U_o(s)$ 的前向通道有一条，则 $P_1 = \frac{1}{R_1 C_1 R_2 C_2 s^2}$，前向通路与所有回路相接触，$\Delta_1 = 1$。

(3) 根据梅逊公式，求得传递函数为

$$\frac{U_o(s)}{U_i(s)} = \frac{1}{\Delta} P_1 \Delta_1 = \frac{\frac{1}{R_1 C_1 R_2 C_2 s^2}}{1 + \left(\frac{1}{R_1 C_1 s} + \frac{1}{R_2 C_1 s} + \frac{1}{R_2 C_2 s}\right) + \frac{1}{R_1 C_1 R_2 C_2 s^2}}$$

$$= \frac{1}{R_1 C_1 R_2 C_2 s^2 + R_2 C_2 s + R_1 C_1 s + R_1 C_2 s}$$

例 2-18　已知系统结构方框图如图 2-57 所示，用梅逊公式求传递函数 $\frac{U_o(s)}{U_i(s)}$。

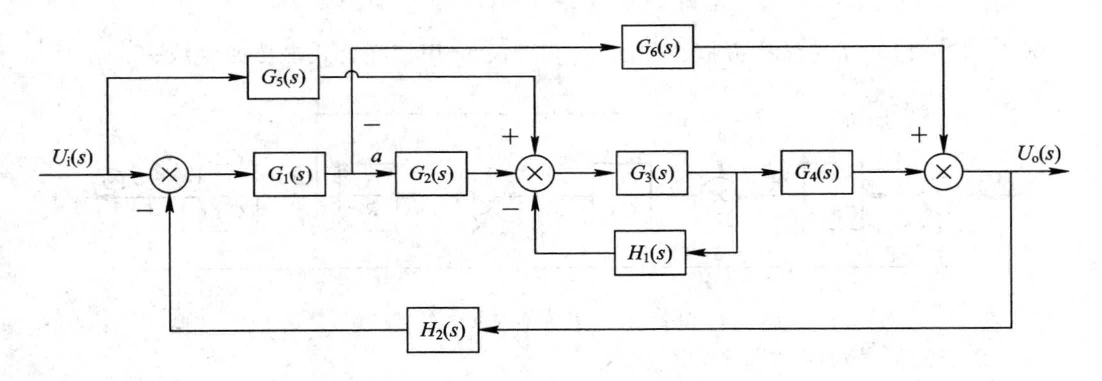

图 2-57　系统结构方框图

解　系统的信号流图如图 2-58 所示。

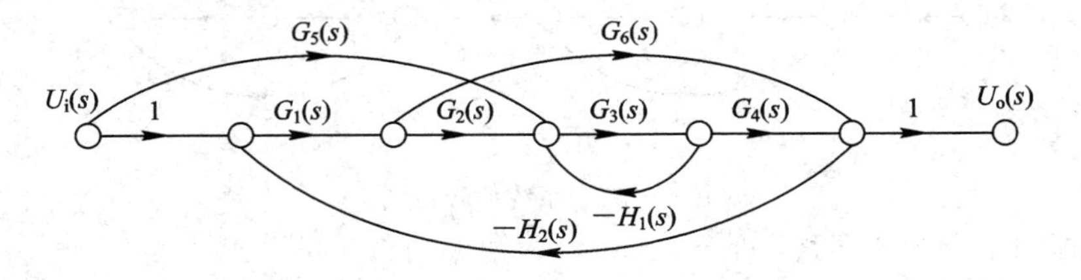

图 2-58　系统信号流图

(1) 方框图中有 3 个回路，即

$$L_1 = -G_3(s)H_1(s)$$
$$L_2 = -G_1(s)G_2(s)G_3(s)G_4(s)H_2(s)$$
$$L_3 = -G_1(s)G_6(s)H_2(s)$$
$$\sum_a L_a = L_1 + L_2 + L_3$$

图中无两两互不接触回路，则

$$\sum_{bc} L_b L_c = L_1 L_3 = G_3(s)H_1(s)G_1(s)G_6(s)H_2(s)$$

图中无 3 个互不接触回路，即

$$\sum_{def} L_d L_e L_f = 0$$

$$\begin{aligned}\Delta &= 1 - \sum_a L_a + \sum_{bc} L_b L_c = 1 - (L_1 + L_2 + L_3) + L_1 L_3 \\ &= 1 + (G_3(s)H_1(s) + G_1(s)G_2(s)G_3(s)G_4(s)H_2(s) + G_1(s)G_6(s)H_2(s)) + \\ &\quad G_1(s)G_3(s)G_6(s)H_1(s)H_2(s)\end{aligned}$$

(2) 由 $U_i(s)$ 到 $U_o(s)$ 的前向通道有 3 条。

$P_1 = G_1(s)G_2(s)G_3(s)G_4(s)$，$P_1$ 前向通路与所有回路相接触，$\Delta_1 = 1$。

$P_2 = G_1(s)G_6(s)$，P_2 前向通路与 L_1 回路不相接触，$\Delta_2 = 1 - L_1 = 1 + G_3(s)H_1(s)$。

$P_3 = G_5(s)G_3(s)G_4(s)$，P_3 前向通路与所有回路相接触，$\Delta_3 = 1$。

(3) 根据梅逊公式，求得传递函数为

$$\begin{aligned}\frac{U_o(s)}{U_i(s)} &= \frac{1}{\Delta}(P_1\Delta_1 + P_2\Delta_2 + P_3\Delta_3) \\ &= \frac{G_1(s)G_2(s)G_3(s)G_4(s) + G_1(s)G_6(s) + G_1(s)G_6(s)G_3(s)H_1(s) + G_5(s)G_3(s)G_4(s)}{1 + (G_3(s)H_1(s) + G_1(s)G_2(s)G_3(s)G_4(s)H_2(s) + G_1(s)G_6(s)H_2(s)) + G_1(s)G_3(s)G_6(s)H_1(s)H_2(s)}\end{aligned}$$

2.7　扰动作用下系统闭环传递函数

控制系统一般受到两类信号的作用，常称为外作用信号：一类是输入信号 $r(t)$；另一类是各种扰动信号 $d(t)$。输入信号 $r(t)$ 加在控制装置的输入端；扰动信号 $d(t)$ 一般作用在控制对象上，但也可能出现在其他元件上，甚至夹杂在输入信号中。一个系统往往有多个扰动信号，一般只考虑其中主要的扰动信号。闭环控制系统的典型结构方框图如图 2 - 59 所示。在控制系统中，影响系统输出的因素不仅有输入信号 $r(t)$，还有扰动信号 $d(t)$，因此在研究系统被控量 $c(t)$ 的变化规律时，需要同时考虑 $r(t)$ 和 $d(t)$ 对系统的影响。

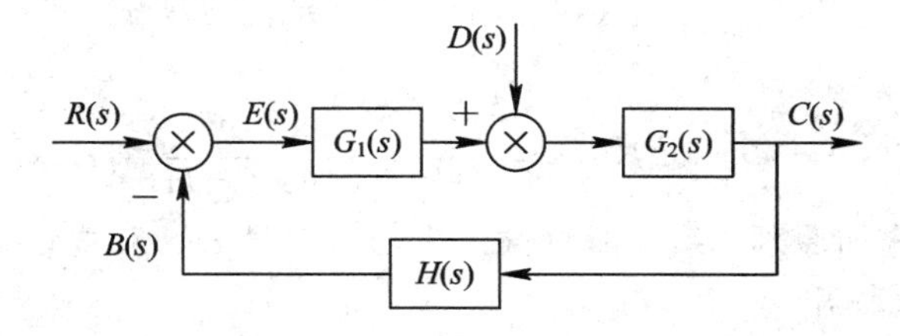

图 2 - 59　闭环控制系统的典型结构方框图

1. 闭环控制系统的开环传递函数

将反馈环节 $H(s)$ 的输出端切断，断开系统的反馈通道，反馈信号 $B(s)$ 与输入信号 $R(s)$ 的比值称为闭环系统的开环传递函数。

闭环控制系统的开环传递函数等于前向通道的传递函数与反馈通道的传递函数的乘积，一般用 $G_k(s)$ 表示，即

$$G_k(s)=\frac{B(s)}{E(s)}=G_1(s)G_2(s)H(s)$$

2. 给定信号 $r(t)$ 作用下的闭环传递函数

由于只考虑 $r(t)$ 的作用，可设扰动信号 $d(t)=0$，则图 2-59 可化简为图 2-60。

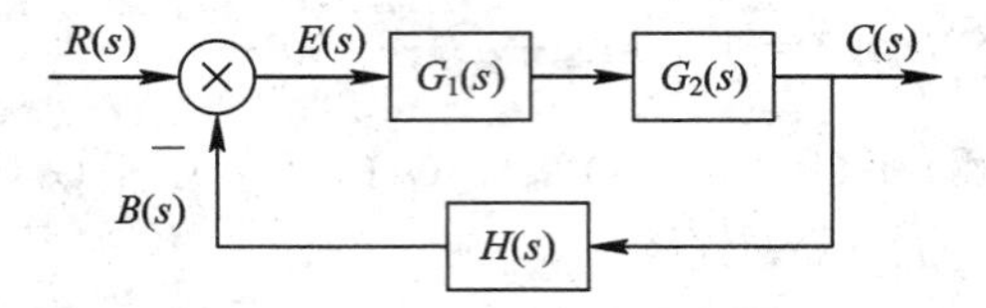

图 2-60　只考虑 $r(t)$ 作用的系统结构方框图

$r(t)$ 作用下的闭环传递函数为

$$\Phi_{\text{eer}}(s)=\frac{C(s)}{R(s)}=\frac{G_1(s)G_2(s)}{1+G_1(s)G_2(s)H(s)}$$

其输出量为

$$\begin{aligned}C(s)&=\Phi_{\text{eer}}(s)R(s)\\&=\frac{G_1(s)G_2(s)}{1+G_1(s)G_2(s)H(s)}R(s)\end{aligned}$$

3. 扰动信号 $d(t)$ 作用下的闭环传递函数

由于只考虑 $d(t)$ 的作用，可设输出信号 $r(t)=0$，则图 2-59 可化简为图 2-61。

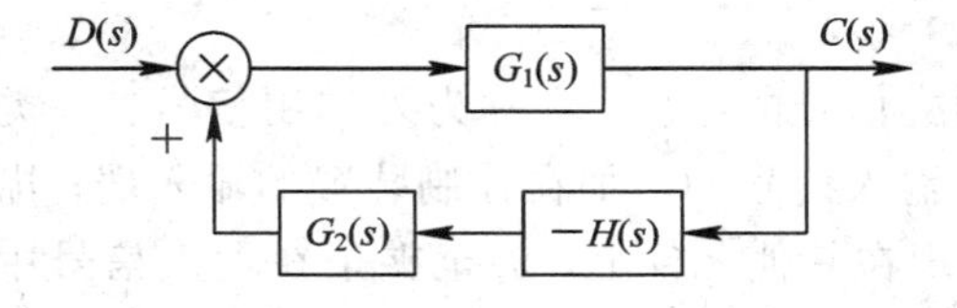

图 2-61　只考虑 $d(t)$ 作用的系统结构方框图

$d(t)$ 作用下的闭环传递函数为

$$\Phi_{\text{eed}}(s)=\frac{C(s)}{D(s)}=\frac{G_2(s)}{1+G_1(s)G_2(s)H(s)}$$

其输出量为

$$C(s)=\Phi_{\text{eed}}(s)D(s)=\frac{G_2(s)}{1+G_1(s)G_2(s)H(s)}D(s)$$

根据线性系统的叠加原理，系统的总输出为给定信号 $r(t)$ 和扰动信号 $d(t)$ 引起的输出的总和，得到系统的总输出为

$$\begin{aligned}C(s)&=\Phi_{\text{eer}}(s)R(s)+\Phi_{\text{eed}}(s)D(s)\\&=\frac{G_1(s)G_2(s)}{1+G_1(s)G_2(s)H(s)}R(s)+\frac{G_2(s)}{1+G_1(s)G_2(s)H(s)}D(s)\end{aligned}$$

2.8　用 MATLAB 建立控制系统数学模型

目前 MATLAB(Matrix Laboratory)软件已经成为控制领域最常用的计算与仿真工具之一。它是一种基于矩阵数学和工程计算的系统，用于分析和设计控制系统的软件。控制系统设计的第一步是建立系统模型。一个确定的线性系统的信号和传递函数的模型可以用两种不同的数学形式来表述：一种方法是对系统应用拉普拉斯变换得到其以 s 多项式之比来表示的传递函数的多项式模型；另一种方法是用其传递函数的零点、极点和增益来描述系统的零极点模型。

1. 传递函数多项式模型

单输入单输出线性系统的传递函数为

$$G(s)=\frac{C(s)}{R(s)}=\frac{b_m s^m+b_{m-1}s^{m-1}+\cdots+b_1 s+b_0}{a_n s^n+a_{n-1}s^{n-1}+\cdots+a_1 s+a_0},\ n\geqslant m$$

$G(s)$分子多项式的根称为系统的零点，分母多项式的根称为系统的极点。令分母多项式等于零，得系统的特征方程为

$$D(s)=a_n s^n+a_{n-1}s^{n-1}+\cdots+a_1 s+a_0=0$$

因传递函数是多项式之比，MATLAB 中多项式用向量表示，行向量元素依次为降幂排列的多项式各个项的系数。例如：多项式 $P(s)=s^4+3s^2+6s+4$，其输入为

```
>>P=[1 0 3 6 4]
```

注意：s^3 项的系数为零，输入时要按照 s 从高次幂到低次幂前面的系数依次输入，若某次幂没有则补零，不能不写。

MATLAB 中多项式乘法函数的调用格式为

```
C=conv(A, B)
```

式中，A 和 B 分别表示一个多项式，C 为 A 和 B 的乘积多项式。

例 2-19　$A(s)=s+1$，$B(s)=10s^2+20s+2$，求 $C(s)=A(s)B(s)$。

```
>>A=[1 1]
>>B=[10 20 2]
>>C=conv(A, B)
C=10  30  22  2
```

即得出 $C(s)$多项式为 $C(s)=10s^3+30s^2+22s+2$。

MATLAB 中多项式乘法函数允许多级嵌套使用，例如 $P(s)=6(s+3)(s+1)(s+2)$：

```
>>C=6 * conv([1, 3], conv([1, 1], [1, 2]))
```

系统的传递函数多项式的调用格式为

```
sys=tf(num, den)
```

式中，num 为分子多项式系数，den 为分母多项式系数。

例 2-20　$G(s)=\dfrac{(s+2)(s^2+s+3)}{s^2(s+5)(s^3+3s^2+6s+4)}$ 模型建立程序可由下列语句输入。

```
>>num= conv([1, 2], [1, 1, 3])
>>den= conv([1, 0, 0], conv([1, 5], [1, 3, 6, 4]))
>>G= tf(num, den)
```

Continuous－time transfer function

$$G=\frac{s\wedge 3+3s\wedge 2+5s+6}{s\wedge 6+8s\wedge 5+21s\wedge 4+34s\wedge 3+20s\wedge 2}$$

2. 传递函数零极点模型

MATLAB 中提供多项式的求根函数为 roots( )，其调用格式为 roots(p)，式中，p 为多项式。

例 2－21　多项式 $P(s)=2s^4+5s^2+6s+4$，可由如下语句求出根。

```
>>P=[2 0 5 6 4]
>>w=roots(P)
w =
     0.5783 + 1.6975i
     0.5783 - 1.6975i
    -0.5783 + 0.5362i
    -0.5783 - 0.5362i
```

若已知多项式的特征根，可调用 MATLAB 中的 poly( )函数来求得多项式降幂排列时各项的系数。

```
>>P= poly(w)
P= 1.0000    -0.0000    2.5000    3.0000    2.0000
```

利用 polyval( )函数求取给定变量值时多项式的值，其调用格式为

```
polyval(p, a)
```

其中，p 为多项式，a 为给定变量值。

例 2－22　求 $P(s)=(s^3+5s^2+6s+4)(s+3)$在 $s=-2$ 时的值。

```
>>p= conv([1, 5, 6, 4], [1, 3])
>>v=polyval(p, -2)
v =4
```

系统的传递函数零极点的调用格式为

```
sys=zpk(z, p, k)
```

式中，z 为传递函数的零点，p 为传递函数的极点，z 为传递函数的增益。

例 2－23　系统传递函数的零极点模型为 $G(s)=\frac{5(s+0.4)}{(s+1)(s+5)}$，模型建立程序可由下列语句输入。

```
>>z= -0.4
>>p=[-1; -5]
>>k=5
>>G= zpk(z, p, k)
Continuous-time zero/pole/gain model
```

$$G=\frac{5(s+0.4)}{(s+1)(s+5)}$$

传递函数在复平面上的零、极点图，采用 pzmap( )函数来完成，零点用“○”表示，极点用“×”表示，调用格式为[p, z]＝pzmap(num, den)，返回零、极点的值或 pzmap(num, den)画出零极点分布图。

例 2-24　系统传递函数为 $G(s)=\dfrac{(s+2)(s^2+s+3)}{s^2(s+5)(s^3+3s^2+6s+4)}$，画出零极点分布图。

```
>>num= conv([1, 2], [1, 1, 3])
>>den= conv([1, 0, 0], conv([1, 5], [1, 3, 6, 4]))
>>G= tf(num, den)
>>pzmap(num, den)
p = 0.0000 + 0.0000i
    0.0000 + 0.0000i
   -5.0000 + 0.0000i
   -1.0000 + 1.7321i
   -1.0000 - 1.7321i
   -1.0000 + 0.0000i
z = -2.0000 + 0.0000i
   -0.5000 + 1.6583i
   -0.5000 - 1.6583i
```

系统零极点分布图如图 2-62 所示。

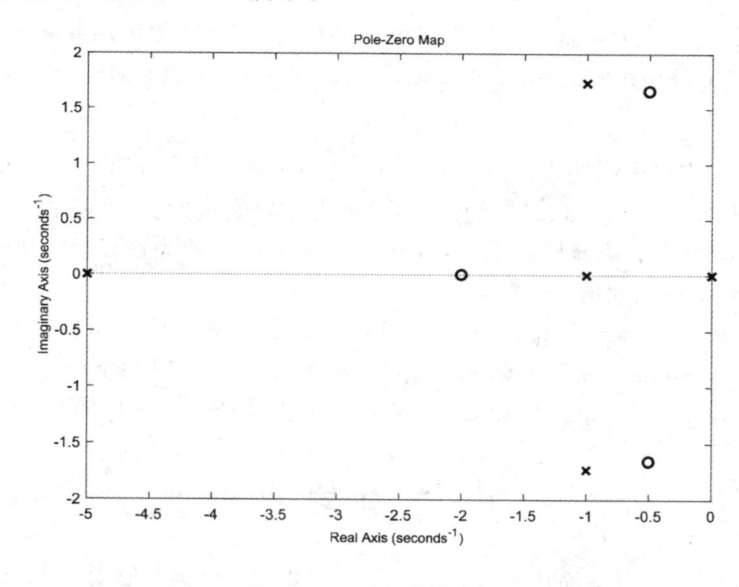

图 2-62　零极点分布图

3. 多项式模型和零极点模型的相互转换

零、极点表示形式是通过分别对原系统传递函数的分子和分母进行因式分解得到的。MATLAB 控制系统工具箱提供了零极点模型与时间常数模型之间的转换函数，其调用格式分别为

[z, p, k]=tf2zp(num, den)　将传递函数模型转换成零、极点表示形式；

[num, den]=zp2tf(z, p, k)　将零、极点表示形式转换成传递函数模型；

例 2-25　$G(s)=\dfrac{s^2+8s+3}{4s^3+2s^2+7s+9}$，用 MATLAB 语句表示。

```
>>num= [1, 8, 3]
```

```
>>den= [4, 2, 7, 9]
>>[z, p, k]=tf2zp(num, den)
>>G= zpk (z, p, k)
z = -7.6056
    -0.3944
p = 0.2500 + 1.4790i
    0.2500 - 1.4790i
    -1.0000 + 0.0000i
k = 0.2500
```

变换后系统的零极点模型为 $G(s)=\dfrac{0.25(s+7.606)(s+0.3944)}{(s+1)(s^2-0.5s+2.25)}$。

4. 串联

若传递函数为 $G_1(s)$、$G_2(s)$两个环节串联，在 MATLAB 中可用串联函数 series()来求 $G_1(s)G_2(s)$，其调用格式为[num, den]=series(num1, den1, num2, den2)。

5. 并联

若传递函数为 $G_1(s)$、$G_2(s)$两个环节并联，在 MATLAB 中可用并联函数 parallel()来求 $G_1(s)+G_2(s)$，其调用格式为[num, den]=parallel(num1, den1, num2, den2)。

6. 反馈

在 MATLAB 中可用反馈函数 feedback()，其调用格式为[num, den]=feedback(numg, deng, numh, denh, sign)，式中，numg、deng 为前向通道的分子及分母项系数；numh、denh 为反馈通道的分子及分母项系数，sign 为反馈极性，若为正反馈，其值为 1；若为负反馈，其值为-1；不填此值时，默认为负反馈。

MATLAB 中可用 series、parallel、feedback 来化简多回路方框图。对于单位反馈系统，可通过调用 cloop( )函数来求闭环传递函数，其调用格式为[numB, denB]=cloop(num, den, sign)，式中，num、den 为前向通道的分子及分母项系数。

小 结 与 要 求

(1) 系统的数学模型是描述其动、静态特性的数学表达式，它是对系统进行分析研究的基本依据。用解析法建立系统的数学模型，必须深入了解系统及其元件的工作原理，然后根据基本的物理、化学等定律写出它们的运动方程。在列写各元件的运动方程时，要舍去一些次要因素，并对可以线性化的非线性特性进行线性化处理，以使所求元件和系统的数学模型既简单又有一定的精度。

(2) 在零初始条件下，系统(或元件)输出量与输入量的拉氏变换之比叫作传递函数。传递函数一般为 s 的有理分式，它和微分方程式一样能反映系统的固有特性。显然，传递函数只与系统的结构、参数有关，而与外施信号的大小和形式无关。

(3) 框图和信号流图是控制系统的两种图形表示法，它们都能直观地反映系统中信号传递与变换的特征。熟悉框图的等效变换，能较快地求得系统的传递函数。熟练使用梅逊公式求取系统传递函数。

习　　题

2-1　什么是数学模型？常用的数学模型有哪些？

2-2　传递函数的定义是什么？

2-3　典型环节有哪些？其传递函数分别是什么？

2-4　求图2-63所示电路的标准微分方程，并求出传递函数。图中 u_i 为输入量，u_o 为输出量。

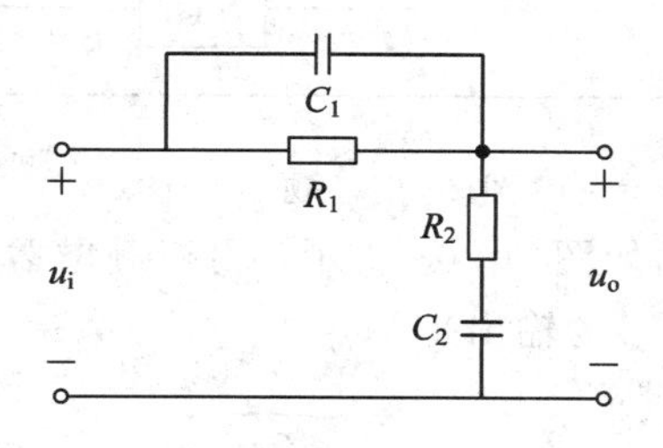

图2-63　题2-4图

2-5　求图2-64所示电路的标准微分方程，并求出传递函数。图中 u_i 为输入量，u_o 为输出量。

2-6　求图2-65所示电路的标准微分方程，并求出传递函数。图中 u_i 为输入量，u_o 为输出量。

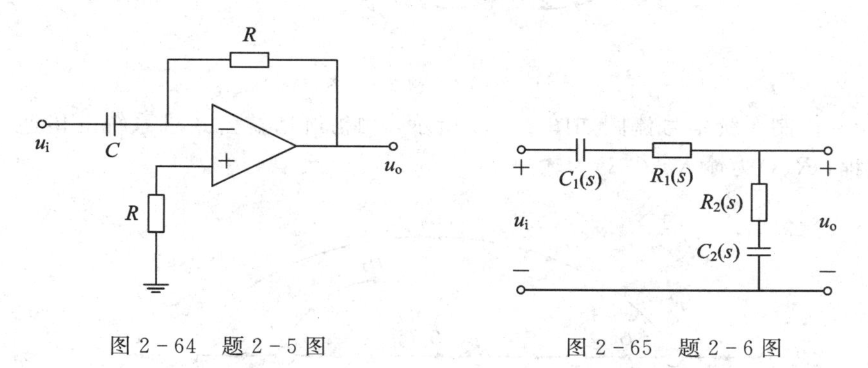

图2-64　题2-5图　　　　图2-65　题2-6图

2-7　化简图2-66中的系统方框图，并求出传递函数$\dfrac{C(s)}{R(s)}$。

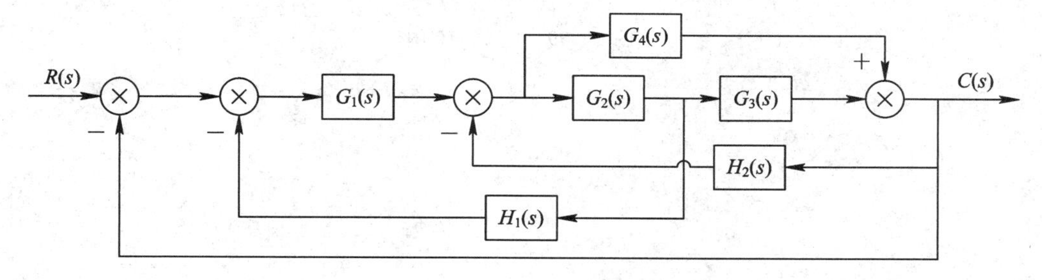

图2-66　题2-7图

2-8　化简图 2-67 中的系统方框图，并求出传递函数$\frac{C(s)}{R(s)}$。

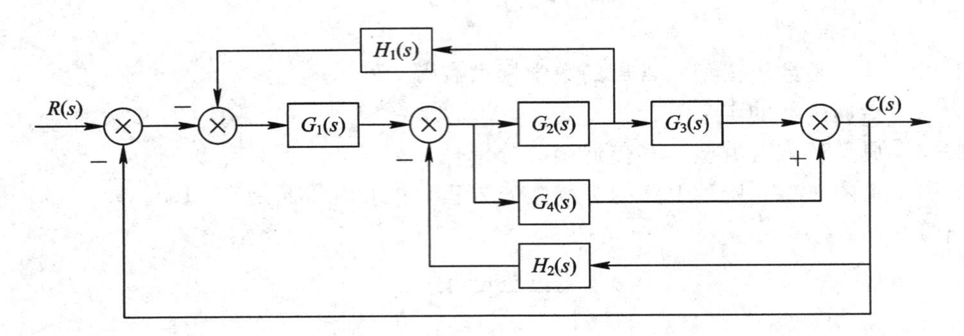

图 2-67　题 2-8 图

2-9　控制系统信号流图如图 2-68 所示，用梅逊增益公式求系统的传递函数(要求有求解过程，$R(s)$为输入，$C(s)$为输出)。

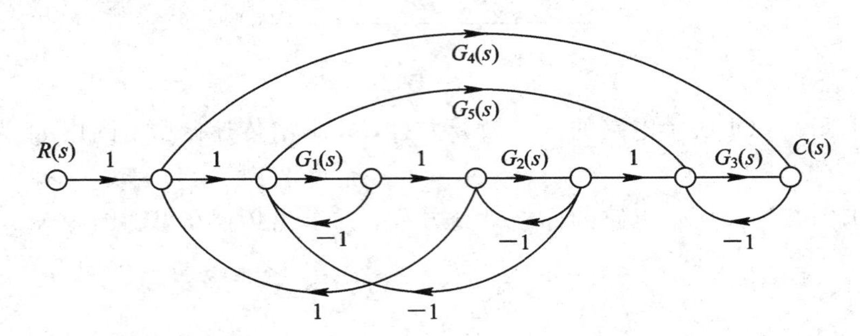

图 2-68　题 2-9 图

2-10　控制系统信号流图如图 2-69 所示，用梅逊增益公式求系统的传递函数(要求有求解过程，$R(s)$为输入，$C(s)$为输出)。

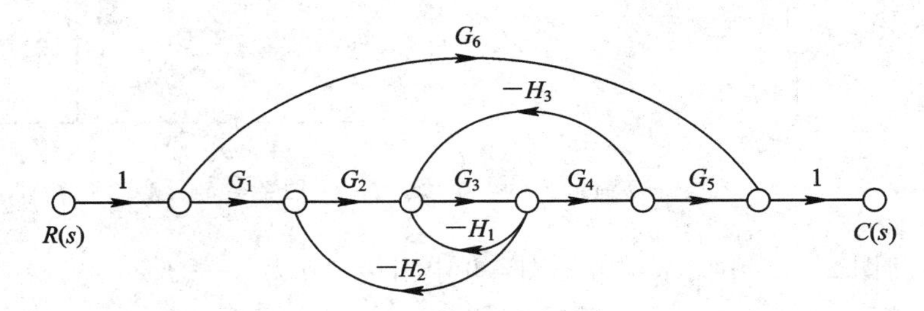

图 2-69　题 2-10 图

第 3 章　线性系统的时域分析法

【内容提要】

时域分析法是在建立控制系统的数学模型后，对系统外加一给定输入信号，通过研究系统的时间响应来评价系统的性能。本章主要介绍时域中线性控制系统的稳定性、动态性能和稳态性能，分别研究了线性控制系统时间响应的性能指标，一阶、二阶及高阶系统的时域分析，线性控制系统的稳定性及其代数判据，稳态误差的计算，以及减小或消除稳态误差的方法。

【基本要求】

1. 了解常用的典型信号。
2. 掌握一阶系统的数学模型、典型时域响应特点及瞬态性能指标分析。
3. 掌握二阶系统的数学模型、典型时域响应特点及瞬态性能指标分析。
4. 了解高阶系统的数学模型及时域性能指标分析。
5. 掌握系统稳定性定义及劳斯稳定性判据的应用。
6. 掌握稳态误差的定义及计算方法，了解扰动输入作用下稳态误差的计算。
7. 了解 MATLAB 软件在时域分析中的应用。

【教学建议】

本章的重点是熟练掌握稳定性定义及其判据，稳态误差的计算，一阶系统、二阶欠阻尼系统的动态性能指标分析。建议学时数为 10～14 学时。

3.1　概　　述

数学模型建立之后，就要在数学模型的基础上，采取不同的方法来分析系统的动态性能和稳态性能。经典控制理论中常用的控制系统分析法有时域分析法、根轨迹分析法和频域分析法。本章主要在时域中研究系统运动规律，这在数学上表现为微分方程的时间解，又称系统的时域分析法。时域分析法是一种最基本的分析法，具有直观、准确的优点。

通过系统的时域分析，可以研究系统运动过程中的动态性能和稳态性能以及评价它们的依据。另外，只有稳定的系统，对于其动态性能和稳态性能的研究才是有意义的，所以，本章讨论了系统的稳定性，并给出了代数稳定性判据。

通过系统的数学描述，得到如图 3－1 所示的系统方框图。系统方框图用传递函数$G(s)$来描述，在输入信号 $R(s)$的作用下，得到系统输出 $C(s)$。

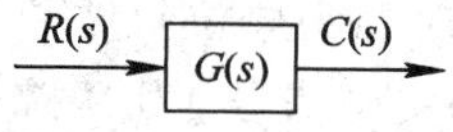

$R(s)$ → $G(s)$ → $C(s)$

图 3－1　系统方框图

3.1.1　典型输入信号及其拉普拉斯变换

一个稳定的控制系统对输入信号的时域响应由两部分组成：瞬态响应和稳态响应。瞬态响应描述系统的动态性能，而稳态响应则反映系统的稳态程度，两者都是控制系统的重要性能要求，因此，在设计系统时必须同时满足。为了求解系统的时间响应，必须了解输入信号的解析表达式，然而，在一般情况下，控制系统的外加输入信号因具有随机性而无法预先确定。例如，在防空火炮系统中，敌机的位置和速度无法事先预料，这使得火炮控制系统的输入信号具有了随机性，从而给系统的性能要求以及分析和设计工作带来了困难。但是在系统分析时，常采用一些典型信号来考查系统的运动，这些函数便于数学分析及实验研究，且不失一般性，还可由此推知其他更为复杂的输入情况下的系统性能，因此，我们需要选择若干典型输入信号。在用实验法分析系统性能时，这些典型输入信号也可作为基本测试信号。常用的典型输入信号有如下几种。

1. 阶跃信号

阶跃信号的变化形式是一种瞬间突变且长时间持续作用的形式，如图 3-2 所示。

其数学表达式为：$r(t)=\begin{cases}0 & t<0\\ R_0 & t\geqslant 0\end{cases}$

其相应的拉普拉斯变换为 $R(s)=\dfrac{R_0}{s}$，式中 R_0 为一常量。当 $R_0=1$ 时称为单位阶跃函数，代表前后两种状态突变，并用符号 $1(t)$来表示。单位阶跃信号是用于考查系统对于恒值信号跟踪能力的实验信号。对于过程控制中的恒值控制系统，为了使系统具有良好的抗干扰能力，通常采用阶跃函数作为典型信号。因为阶跃干扰被认为是最不利的情况，若系统在这种干扰输入下的动态和稳态响应都能满足性能指标的要求，则在实际干扰作用下的时间响应将满足要求，对于随动系统相当于加一个突变的给定位置信号。对于温度调节系统、液位调节系统及工作状态突然改变或者突然受到恒定输入作用的控制系统，都可采用阶跃函数作为典型输入信号。

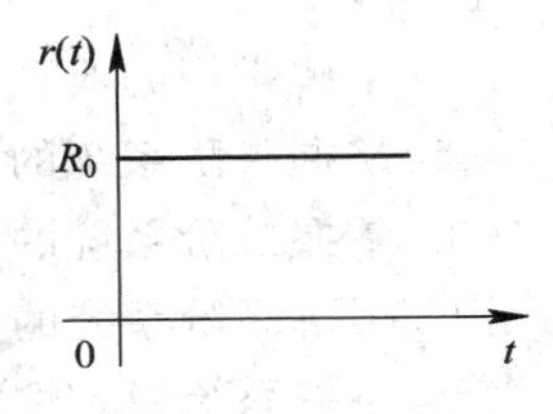

图 3-2　阶跃信号图

2. 斜坡信号

斜坡信号表示由零值开始随时间 t 作线性增长的信号，如图 3-3 所示。

其数学表达式为：$r(t)=\begin{cases}0 & t<0\\ v_0 t & t\geqslant 0\end{cases}$

由于这种函数的一阶导数为常量 v_0，故斜坡函数又称为等速度输入函数，它等于阶跃函数对时间的积分，而它对时间的导数为阶跃函数。

相应的拉普拉斯变换为 $R(s)=\dfrac{v_0}{s^2}$，式中 v_0 为一常量。当 $v_0=1$ 时称为单位斜坡函数，代表匀速信号。单位斜坡信号是考查系统对等速率信号跟踪能力的实验信号。如跟踪通信卫星的天线控制系统，以及输入信号随时间恒速变化的控制系统，斜坡函数是比较典型的输入信号。

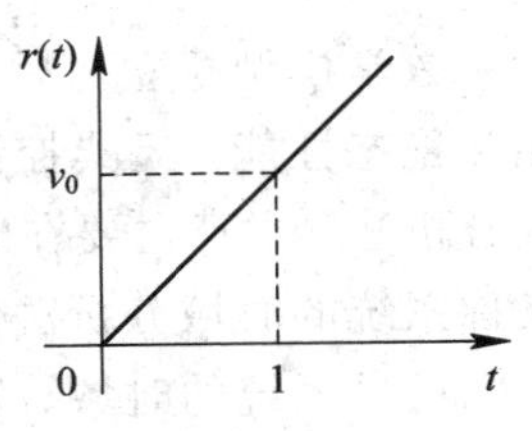

图 3-3　斜坡信号图

3. 抛物线信号

抛物线信号表示由零值开始随时间等加速度增长的信号，如图 3-4 所示。

其数学表达式为：$r(t)=\begin{cases}0 & t<0\\ \frac{1}{2}a_0t^2 & t\geqslant 0\end{cases}$

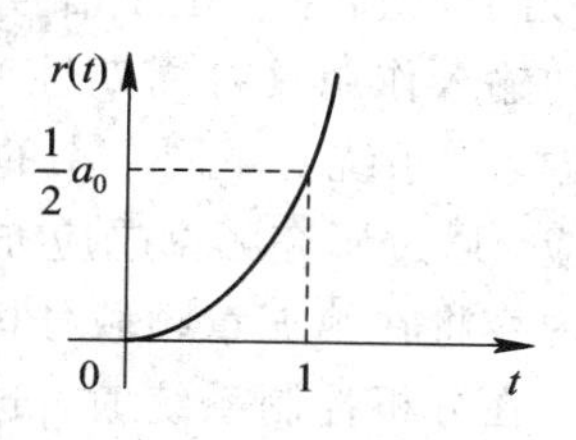

图 3-4　抛物线信号图

其相应的拉普拉斯变换为 $R(s)=\frac{a_0}{s^3}$，式中 a_0 为一常量。当 $a_0=1$ 时称为单位抛物线函数。单位加速度信号是考查系统机动跟踪能力的实验信号，其中的常系数取 $\frac{1}{2}$，是为了使其拉普拉斯变换中的常系数为单位值。如宇宙飞船控制系统可采用加速度函数作为输入信号。

4. 脉冲信号

脉冲信号表示一个持续时间极短的信号，如图 3-5 所示。

其数学表达式为：$r(t)=\begin{cases}0 & t<0,\ t>\varepsilon\\ \frac{H}{\varepsilon} & 0\leqslant t\leqslant\varepsilon\end{cases}$

如果 $H=1$，$\varepsilon\to 0$ 则称为理想单位脉冲传递函数，用符号 $\delta(t)$ 表示，如图 3-6 所示。显然，$\delta(t)$ 所描述的脉冲信号实际上是无法获得的，在工程实践中，当 ε 远小于控制对象的时间常数时，这种单位窄脉冲信号就可以近似地当作 $\delta(t)$ 函数。

其数学表达式为 $r(t)=\begin{cases}0 & t\neq 0\\ \infty & t=0\end{cases}$，且脉冲面积为 $\int_{-\infty}^{+\infty}\delta(t)=1$，相应的拉普拉斯变换为 $R(s)=1$。

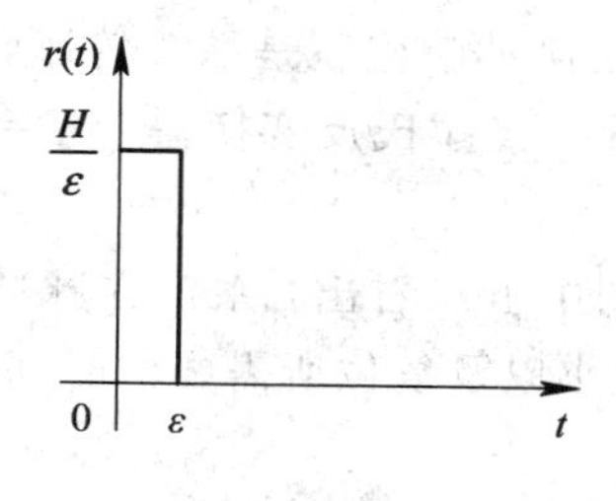

图 3-5　脉冲信号图

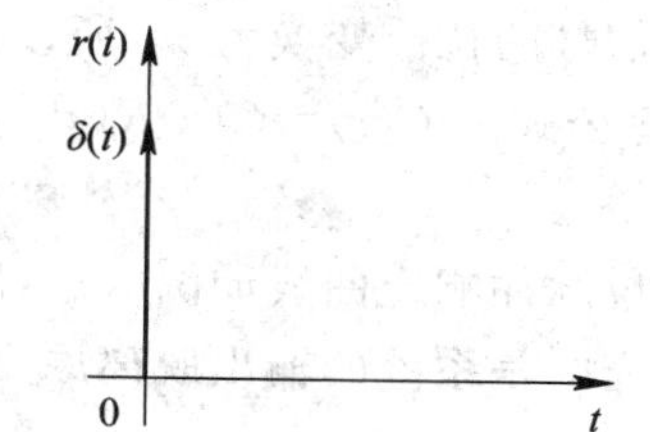

图 3-6　单位理想脉冲信号图

单位脉冲信号用于考查系统在脉冲扰动后的复位运动，系统在脉冲扰动瞬间之后，对系统的作用就变为零，但是瞬间加至系统的能量使得系统以何种方式运动是考查的目的。当控制系统的输入信号是冲击输入量时，可采用脉冲函数。

5. 正弦函数信号

正弦函数信号主要用于求取系统的频率响应，据此分析和设计系统。

其数学表达式为：$r(t)=\begin{cases}0 & t<0\\ A\sin\omega t & t\geqslant 0\end{cases}$

相应的拉普拉斯变换为 $R(s)=\frac{A\omega}{s^2+\omega^2}$，式中 A 为正弦信号的幅值，ω 为正弦信号的角频率。如图 3-7 所示，当系统的输入作用具有周期性变化时，可选择正弦函数作为典型输入。系统对不同频率的正弦输入信号的响应，称为频率响应，通过研究频率响应亦可获得关于系统性能的信息，相关内容将在第五章频域分析法中进行介绍。

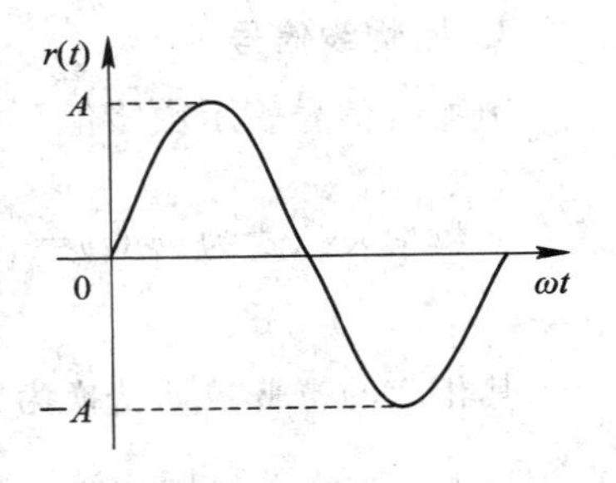

图 3-7　正弦信号图

在分析控制系统时，选用哪一个输入信号作为系统的实验信号，应视所研究系统的实际输入信号而定。如果系统的输入信号是一个突变的量，或工作处在最不利的情况，且主要考查系统对于定值信号的保持能力，则常常以单位阶跃信号作为典型的实验信号；如果系统的输入信号是随时间线性增长的函数，比如地面雷达跟踪空中的机动目标时，无论是俯仰角的变化还是方位角的变化，都可以近似为等速率变化规律，则应选斜坡信号，符合系统的实际工作情况；如果系统的输入信号是一个瞬时冲击的函数，主要考查系统的调节能力时，则选脉冲信号最为合适。在考查船舶自动驾驶系统，或者战车炮塔在车体行进中的自稳系统的能力时，由于海浪起伏特性与地面颠簸特性接近于正弦信号，这时采用正弦信号，或者至少采用加速度信号来考查系统的二阶跟踪能力才更为合理。

3.1.2　系统的一般响应及其相互关系

系统的一般响应就是系统在上述标准实验信号输入作用下的响应特性，即系统的输出特性。根据选用的是何种实验信号，则称其为何种响应，如系统的脉冲响应、阶跃响应等。系统传递函数用 $G(s)$ 来描述，在输入信号 $R(s)$ 的作用下，得到系统输出 $C(s)$。系统的一般响应有如下几种。

1. 单位脉冲响应

单位脉冲信号的拉氏变换为 1，所以系统的单位脉冲响应就是系统传递函数 $G(s)$ 的拉氏反变换。计算公式为 $C(s)=G(s)R(s)\big|_{R(s)=1}=G(s)$，经拉氏反变换得 $c(t)=L^{-1}[C(s)]=L^{-1}[G(s)]$。

系统的单位脉冲响应曲线如图 3-8 所示。从图中可以看出，系统在脉冲扰动作用下，需要考查和研究的是系统的输出脱离原始位置的大小以及复位所需要的时间。

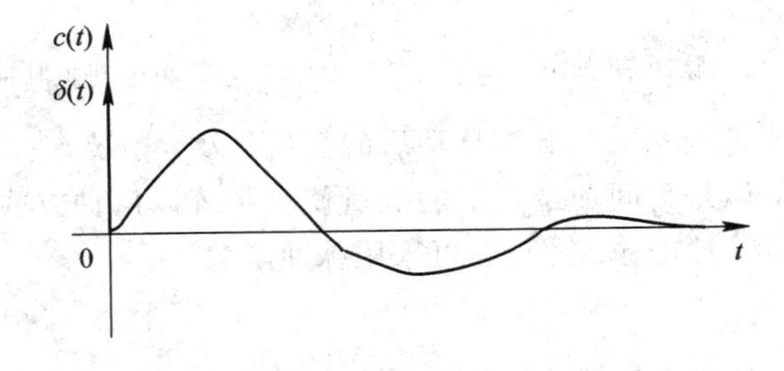

图 3-8　系统的单位脉冲响应曲线

2. 单位阶跃响应

单位阶跃信号的拉氏变换为$\frac{1}{s}$。计算公式为$C(s)=G(s)R(s)\Big|_{R(s)=\frac{1}{s}}=\frac{G(s)}{s}$，经拉氏反变换得$c(t)=L^{-1}[C(s)]=L^{-1}\left[\frac{G(s)}{s}\right]$。

系统的单位阶跃响应曲线如图 3－9 所示。由图中的响应曲线可以看出，系统是否具有位置跟踪能力，即系统的输出能否到达希望的预定值；如果系统可以进行位置跟踪，则可得系统输出的性能如何，即在跟踪预定值的过程中，超调量的大小和到达稳态值所需时间的快慢，超调量的大小展现在坐标平面的纵轴方向上，而响应速度的快慢则展现在横轴方向上。系统的阶跃响应在系统时域分析中是比较重要的响应特性，除了可以用来确定系统的位置跟踪能力之外，还可以间接地确定系统其他响应的特性。这一点也可以从下面各种时域响应之间的关系叙述中得到。

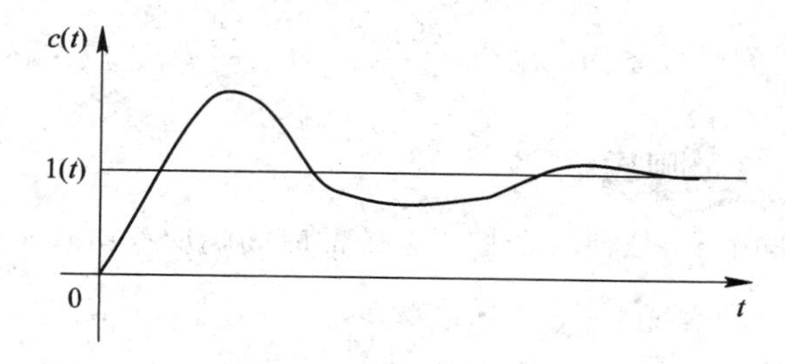

图 3－9　系统的单位阶跃响应曲线

3. 单位斜坡响应

单位斜坡信号的拉氏变换为$\frac{1}{s^2}$。计算公式为$C(s)=G(s)R(s)\Big|_{R(s)=\frac{1}{s^2}}=\frac{G(s)}{s^2}$，经拉氏反变换得$c(t)=L^{-1}[C(s)]=L^{-1}\left[\frac{G(s)}{s^2}\right]$。

系统的单位斜坡响应曲线如图 3－10 所示。从图中可以看到，除了前面讨论的超调量大小和响应速度之外，还展示了系统的另外一种性能——稳态误差。通过斜坡响应可以研究系统在什么条件下产生稳态误差，如何减小或者去克服它，从而满足期望的要求。

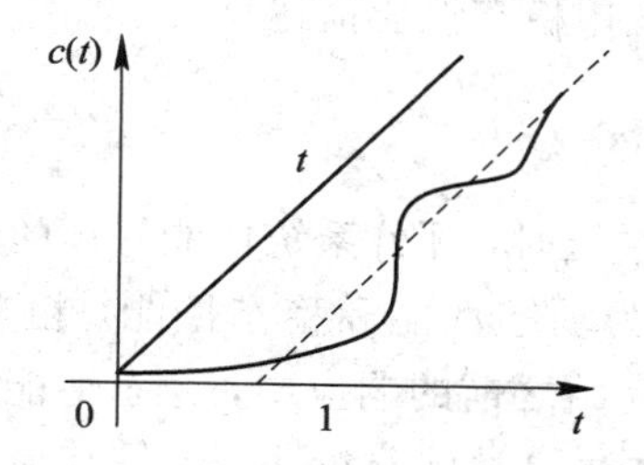

图 3－10　系统的单位斜坡响应曲线

前面叙述的系统各种响应之间是有一定的关系的，利用这种关系，在求出系统的一种响应之后，就可以得到系统的其他响应。

因为单位阶跃信号为$f(t)=1(t)$，它的导数是单位脉冲信号，即$\frac{\mathrm{d}}{\mathrm{d}t}[1(t)]=\delta(t)$，单位

阶跃信号对时间的积分就是单位斜坡信号，即$\int 1(t)\mathrm{d}t=t$。

所以，系统的上述三种响应在时域中是逐级微分或逐级积分的关系，在变换域中就是相差一个 s 算子或者 s 逆算子的关系。

综上，如果已知系统的阶跃响应为

$$c_{\text{阶跃}}(t)=L^{-1}[C_{\text{阶跃}}(s)]=L^{-1}\left[\frac{G(s)}{s}\right]$$

由拉氏变换的微分定理可以得到系统的脉冲响应为

$$c_{\text{脉冲}}(t)=\frac{\mathrm{d}}{\mathrm{d}t}[c_{\text{阶跃}}(t)]=L^{-1}[s\cdot C_{\text{阶跃}}(s)]=L^{-1}\left[s\cdot\frac{G(s)}{s}\right]=L^{-1}[G(s)]$$

由拉氏变换的积分定理可以得到系统的斜坡响应为

$$c_{\text{斜坡}}(t)=\int c_{\text{阶跃}}(t)\mathrm{d}t=L^{-1}\left[\frac{1}{s}\cdot C_{\text{阶跃}}(s)\right]=L^{-1}\left[\frac{1}{s}\cdot\frac{G(s)}{s}\right]=L^{-1}\left[\frac{1}{s^2}\cdot G(s)\right]$$

系统的三种响应之间的关系为 $c_{\text{脉冲}}(t)\underset{\text{微分}}{\overset{\text{积分}}{\rightleftharpoons}}c_{\text{阶跃}}(t)\underset{\text{微分}}{\overset{\text{积分}}{\rightleftharpoons}}c_{\text{斜坡}}(t)$。

3.1.3　瞬态响应和稳态响应

在典型输入信号作用下，任何一个控制系统的时间响应都由瞬态过程与稳态过程两部分组成。

1. 瞬态过程

瞬态过程又称过渡过程或动态过程，指系统在典型输入信号作用下，系统输出量从初始状态到最终状态的响应过程。根据系统结构和参数选择情况，瞬态过程表现为衰减、发散或等幅振荡形式。由于系统具有惯性及外界扰动的存在，一般输出不能完全复现输入量的变化。显然，一个实际可运行的控制系统，其瞬态过程必须是衰减的，系统才是稳定的。瞬态过程除提供系统稳定性的信息外，还可提供响应速度等信息。

2. 稳态过程

稳态过程又称为稳态响应，指系统在典型输入信号作用下，当时间 t 趋于无穷时，系统输出量的表现方式。稳态过程表征系统输出量最终复现输入量的程度，提供系统有关稳态误差的信息。系统的控制精度用稳态性能描述。

3.1.4　控制系统的性能指标

性能指标是分析一个控制系统时，评价系统性能好坏的标准。

系统性能的描述又可以分为动态性能和稳态性能。粗略地说，系统的全部响应过程中，动态性能表现在过渡过程完结之前的响应中，稳态性能表现在过渡过程完结之后的响应中。在系统分析中，不管是本章的时域分析法，还是其他的系统分析方法，都是紧密地围绕系统的性能指标来分析控制系统的。

为了准确地描述系统的稳定性、准确性和快速性三个方面的性能，定义了反映稳、准、快三个方面性能的指标。常用的性能指标是根据典型系统的单位阶跃响应定义的，典型系统的阶跃响应曲线与性能指标如图 3－11 所示。

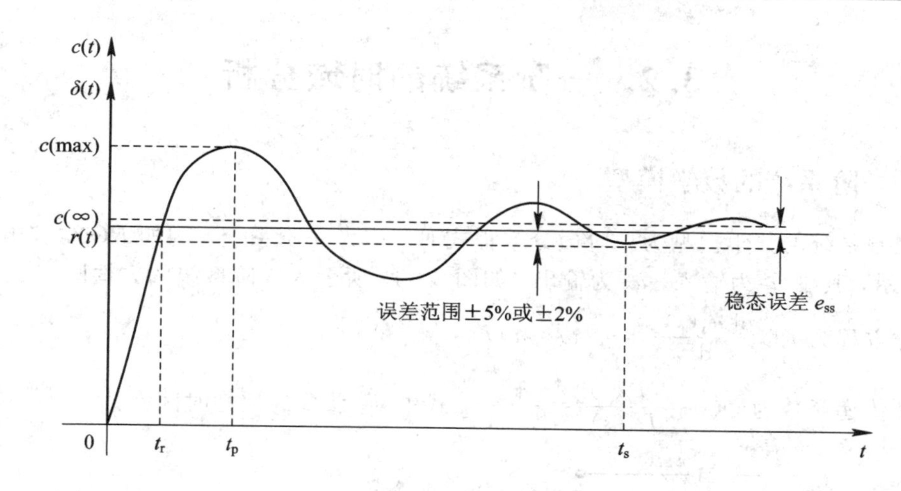

图3-11　典型系统的阶跃响应曲线与性能指标

1. 动态性能指标

(1) 上升时间 t_r。对于有振荡的系统，上升时间一般指系统输出响应从零开始第一次上升到稳态值所需的时间。对于无振荡的系统，上升时间是指输出响应从稳态值10%上升到稳态值90%所需的时间。上升时间越短，响应速度越快。

(2) 峰值时间 t_p。峰值时间是指系统输出响应从零开始超过其稳态值达到第一个峰值所需的时间。

(3) 调节时间 t_s。当系统输出响应完全进入其新稳态值的±5%(或±2%)误差范围内而不再越出此范围时，就认为过渡过程结束。因此，调节时间 t_s 就是从零开始到系统输出响应进入并保持在其新稳态值的±5%(或±2%)误差范围内所需的最短时间。调节时间 t_s 越小，系统快速性越好。

(4) 超调量 $\sigma\%$。超调量是指在过渡过程曲线上，系统输出响应的最大值 c_{max} 与其稳态值 $c(\infty)$ 之差与稳态值之比的百分数，即 $\sigma\%=\frac{c_{max}-c(\infty)}{c(\infty)}\times 100\%$。它反映了系统过渡过程的相对平稳性，$\sigma\%$ 越小，系统的相对平稳性越好。

系统的动态特征基本用上述动态性能指标都可以体现，但是只有简单的一阶、二阶系统可以精确求出这些性能指标的解析表达式，而高阶系统要求出这些指标的精确表达式较为困难。

2. 稳态性能指标

稳态误差 e_{ss} 是指当时间 t 趋于无穷时，系统期望值与实际输出的最终稳态值之间的差值。误差的数学表达式为 $e(t)=r(t)-c(t)$，系统的稳态误差为 $e_{ss}=\lim\limits_{t\to\infty}e(t)$，$e_{ss}$ 越小说明系统稳态精度越高，系统准确性越好。

从上述系统阶跃响应的性能指标可以看出，各个指标反映了系统的快速性。其中，上升时间 t_r、峰值时间 t_p 反映了系统的初始快速性，而调节时间 t_s 反映了系统的总体快速性。另外两个指标是对系统跟踪能力的描述：超调量 $\sigma\%$ 描述了系统的平稳性，稳态误差 e_{ss} 描述了系统的准确性。

3.2 一阶系统的时域分析

3.2.1 一阶系统的数学模型

当控制系统的数学模型为一阶微分方程式时，称为一阶系统。例如 RC 滤波电路如图 3-12 所示，其中 u_i 为输入，u_o 为输出。如图 3-13 所示为一阶系统的方框图。

微分方程为 $RC\dfrac{\mathrm{d}[u_o(t)]}{\mathrm{d}t}+u_o(t)=u_i(t)$。

闭环传递函数为 $\Phi(s)=\dfrac{U_o(s)}{U_i(s)}=\dfrac{1}{Ts+1}$，式中 $T=RC$ 为惯性时间常数。

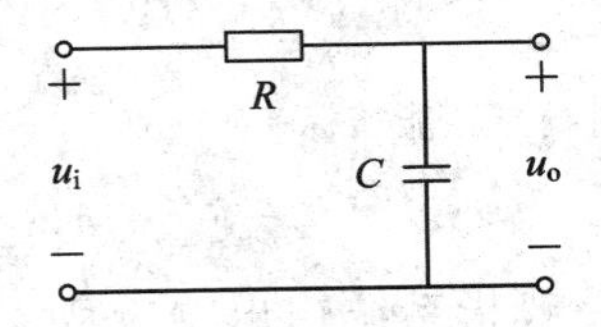

图 3-12 一阶 RC 滤波电路

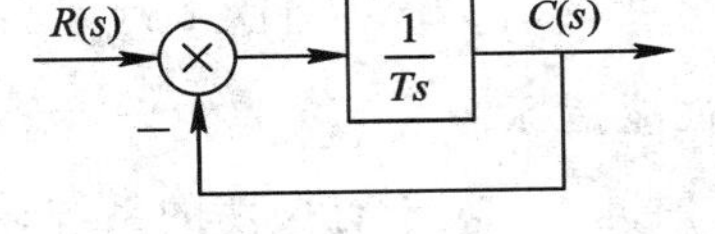

图 3-13 一阶系统的方框图

3.2.2 一阶系统的单位脉冲响应

系统在单位脉冲信号作用下的输出响应称为单位脉冲响应，设输入 $R(s)=1$，则输出量为

$$C(s)=\Phi(s)R(s)=\frac{1}{Ts+1}=\frac{\frac{1}{T}}{s+\frac{1}{T}}$$

经拉氏反变换后，单位脉冲响应为

$$c(t)=\frac{1}{T}\mathrm{e}^{-\frac{t}{T}} \qquad t>0$$

单位脉冲响应曲线如图 3-14 所示。由响应曲线可以看出，响应曲线是单调递减的，时间常数 T 反映了系统响应过程的快速性。T 越小，起始下降的速度越大，快速性越好。当 $t=0$ 时，响应为最大值：$c_{\max}(t)=c(0)=\dfrac{1}{T}\cdot\mathrm{e}^{-\frac{t}{T}}\Big|_{t=0}=\dfrac{1}{T}$；当 $t=\infty$时，曲线的幅值衰

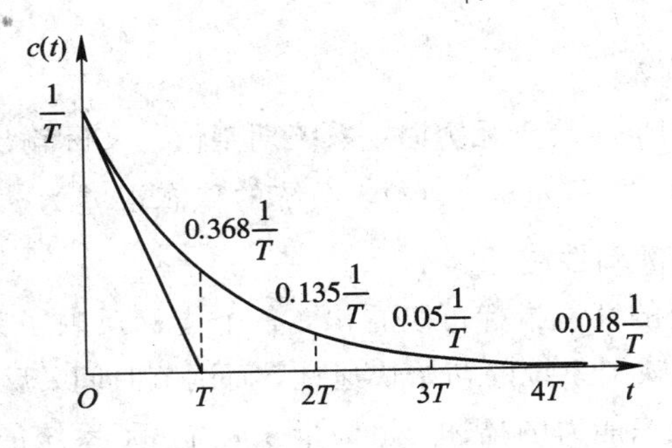

图 3-14 一阶系统的单位脉冲响应曲线

误差带宽度为±2%时，$t_s=4T=4\times0.05=0.2$ s。

闭环传递函数分子上的值 10 是放大系数，与调节时间的大小无关。

当反馈系数为 K_f 时，系统的闭环传递函数为

$$\Phi(s)=\frac{\frac{50}{s}}{1+\frac{50}{s}\times K_f}=\frac{\frac{1}{K_f}}{\frac{1}{50K_f}s+1}$$

又 $T=\frac{1}{50K_f}$，根据题意调节时间 $t_s\leqslant0.5$ s，误差带宽度为±5%时，$t_s=3T=3\times\frac{1}{50K_f}\leqslant 0.5\ \text{s}\Rightarrow K_f\geqslant0.12$ s；误差带宽度为±2%时，$t_s=4T=4\times\frac{1}{50K_f}\leqslant0.5\ \text{s}\Rightarrow K_f\geqslant0.16$ s。

3.2.4　一阶系统的单位斜坡响应

系统在单位斜坡信号($r(t)=t$)作用下的输出响应称为单位斜坡响应。设输入 $R(s)=\frac{1}{s^2}$，则输出量为

$$C(s)=\Phi(s)R(s)=\frac{1}{Ts+1}\frac{1}{s^2}=\frac{1}{s^2}-\frac{T}{s}+\frac{T}{s+\frac{1}{T}}$$

经拉氏反变换后，单位斜坡响应为

$$c(t)=t-T+Te^{-\frac{t}{T}}\qquad t>0$$

响应表达式由以下三项组成：

第一项是信号跟踪项，即跟踪的输入信号；

第二项为常数值，等于系统的时间常数 T；

第三项为指数衰减项，随着时间的增长该项趋于零。

所以，后两项构成一阶系统对于斜坡信号的跟踪误差，其中第二项为常值误差，第三项为过渡误差。一阶系统在单位斜坡函数输入下的响应曲线如图 3-19 所示。由图 3-19 可知，其误差为

$$\begin{aligned}e(t)&=r(t)-c(t)\\&=t-(t-T+Te^{-\frac{t}{T}})\\&=T-Te^{-\frac{t}{T}}\end{aligned}$$

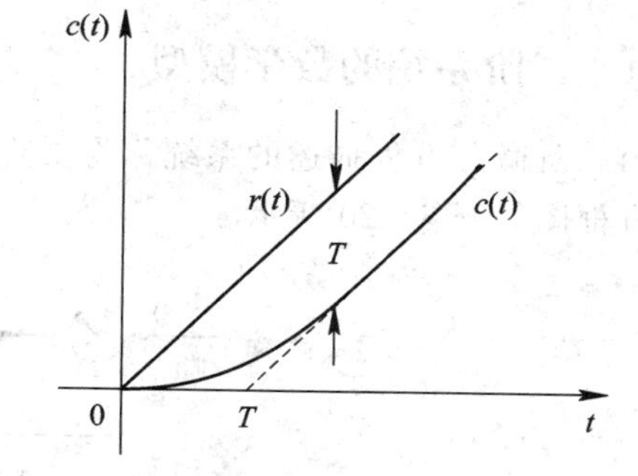

图 3-19　一阶系统的单位斜坡响应曲线

当时间 $t\to\infty$时，$e(\infty)=T$，故当输入为单位斜坡函数时，一阶系统的稳态误差为 T。可见，时间常数 T 越小，该系统的稳态误差越小。一阶系统可以跟踪斜坡信号，但是只能实现有差跟踪，可以通过减小时间常数来减小差值，但是不能消除它。

因为没有超调 $\sigma\%=0$，所以相对平稳性较好。

系统的动态性能指标主要是调节时间 t_s。从响应曲线可知：

$t=3T$ 时，$c(t)=0.95$，故 $t_s=3T$(按±5%误差带)；

$t=4T$ 时，$c(t)=0.982$，故 $t_s=4T$(按±2%误差带)。

综上所述，一阶系统只有一个系统特征参数，也就是时间常数 T。一阶系统在脉冲扰动作用下可以实现自动调节，将扰动的影响尽快地衰减。一阶系统可以跟踪阶跃信号，使系统的输出在调节时间内到达稳态值；一阶系统也可以跟踪斜坡信号，实现有差跟踪，但是不能消除跟踪误差。在阶跃响应曲线中，输出量和输入量之间的位置误差随时间而减小，最后趋于零，而在初始状态下位置误差最大，响应曲线的初始斜率也最大。在斜坡响应曲线中，输出量和输入量之间的位置误差随时间而增大，最后趋于常值 T。

3.2.5　一阶系统的单位加速度响应

设系统的输入信号为单位加速度函数，则输入 $R(s)=\frac{1}{s^3}$，单位加速度响应为

$$c(t)=\frac{1}{2}t^2-Tt+T^2\left(1-\mathrm{e}^{-\frac{t}{T}}\right)\qquad t>0$$

因此，系统的跟踪误差为

$$e(t)=r(t)-c(t)=Tt-T^2\left(1-\mathrm{e}^{-\frac{t}{T}}\right)\qquad t>0$$

上式表明，跟踪误差随时间推移而增大直至无限大，因此，一阶系统不能实现对加速度函数的跟踪。

3.3　二阶系统的时域分析

可以用二阶线性常系数微分方程描述的系统称为二阶线性定常系统。电学、力学系统中的许多系统都是二阶系统，即使是高阶系统，在简化系统分析的情况下也有许多可以近似为二阶系统来进行分析，因此，二阶系统的性能分析在自动控制系统分析中有非常重要的地位。

3.3.1　二阶系统的数学模型

由二阶微分方程描述的系统称为二阶系统，如 RLC 电路就是二阶系统的实例。二阶系统的方框图如图 3-20 所示。

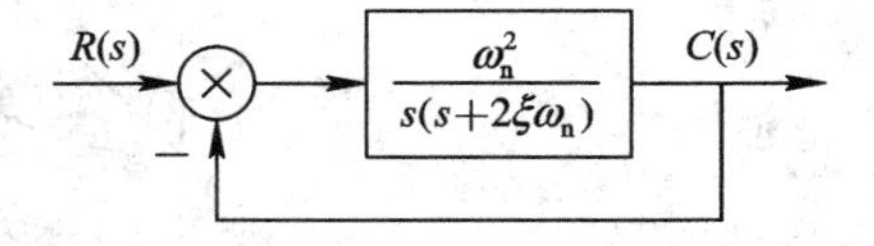

图 3-20　二阶系统的方框图

其闭环传递函数为

$$\Phi(s)=\frac{C(s)}{R(s)}=\frac{\omega_n^2}{s^2+2\xi\omega_n s+\omega_n^2}$$

式中，ξ 为阻尼比；ω_n 为无阻尼自然振荡频率。

二阶系统的动态特性可以用 ξ 和 ω_n 这两个参数加以描述。

闭环传递函数的分母多项式等于零的代数方程称为二阶系统的闭环特征方程，即

$s^2+2\xi\omega_n s+\omega_n^2=0$。闭环特征方程的两个根称为二阶系统的特征根，即 $s_{1,2}=-\xi\omega_n\pm\omega_n\sqrt{\xi^2-1}$。

上述二阶系统的特征根表达式中，随着阻尼比 ξ 的不同取值，特征根有不同类型的值，或者说特征根分布在 s 平面上不同的位置，共有以下五种情况。

(1) $\xi>1$ 时，特征根为一对不相等的负实根，位于 s 平面的负实轴上，使得系统的响应表现为过阻尼。

(2) $\xi=1$ 时，特征根为一对相等的负实根，也位于 s 平面的负实轴上，系统的响应表现为临界阻尼。

(3) $0<\xi<1$ 时，特征根为一对带有负实部的共轭复数根，位于 s 平面的左半平面上，使得系统的响应表现为欠阻尼。

(4) $\xi=0$ 时，特征根为一对纯虚根，位于 s 平面的虚轴上，系统的响应表现为无阻尼。

(5) $\xi<0$ 时，特征根位于 s 平面的右半平面上，系统的响应是发散的。

阻尼比取不同值时，其特征根在 s 平面上的不同位置，如图 3-21 所示。

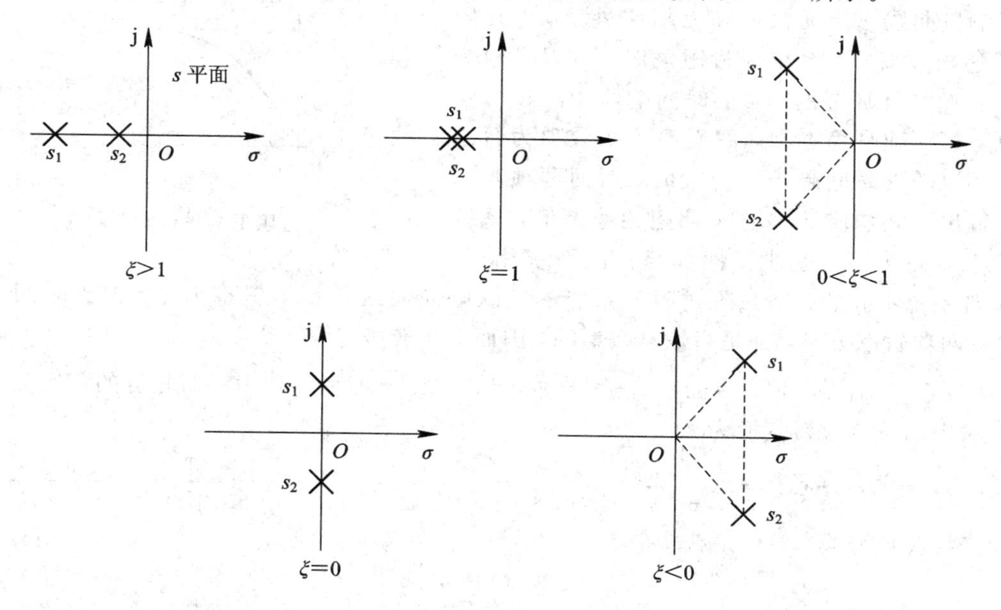

图 3-21 阻尼比不同取值的特征根在 s 平面上的位置图

RLC 电路如图 3-22 所示，系统的传递函数为

$$\Phi(s)=\frac{U_o(s)}{U_i(s)}=\frac{1}{LCs^2+RCs+1}=\frac{\frac{1}{LC}}{s^2+\frac{R}{L}s+\frac{1}{LC}}$$

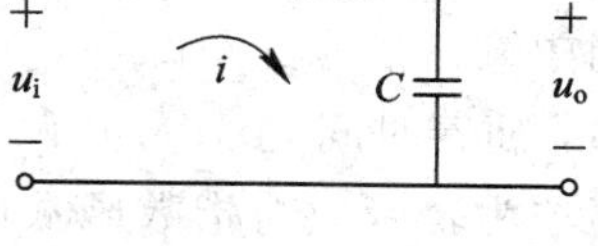

则 $\omega_n=\frac{1}{LC}$，$2\xi\omega_n=\frac{R}{L}$。

图 3-22 RLC 电路图

3.3.2 二阶系统的单位阶跃响应

二阶系统的输入信号为单位阶跃信号时，便产生系统的时间响应 $c(t)$。当阻尼比 ξ 取不同值的时候，由于二阶系统的特征根在 s 平面上的位置不同，因此二阶系统的时间响应

$c(t)$也就不同。

$$C(s)=\Phi(s)R(s)=\frac{\omega_n^2}{s^2+2\xi\omega_n s+\omega_n^2}\frac{1}{s}$$

由 $s^2+2\xi\omega_n s+\omega_n^2=0$，可求得两个特征根为 $s_{1,2}=-\xi\omega_n\pm\omega_n\sqrt{\xi^2-1}$。

根据 ξ 的不同取值，分为以下四种情况。

(1) $\xi>1$ 过阻尼。特征根 $s_{1,2}=-\xi\omega_n\pm\omega_n\sqrt{\xi^2-1}$ 为两个不相等的负实数根。

输出的拉普拉斯变换为

$$C(s)=\Phi(s)R(s)=\frac{1}{s}+\frac{C_1}{s-s_1}+\frac{C_2}{s-s_2}$$

式中，C_1、C_2 为待定系数。

经拉氏反变换后，单位阶跃响应为

$$c(t)=1+C_1\mathrm{e}^{s_1t}+C_2\mathrm{e}^{s_2t}\qquad t\geqslant 0$$

过阻尼的单位阶跃响应曲线如图 3-23 所示，响应曲线输出无振荡和无超调量。从上述闭环传递函数来看，系统为过阻尼时，可以等效为两个一阶惯性环节的串联，时间响应由三项分量组成，第一项是稳态项，后面两项指数项为暂态项，所以随着时间趋于无穷大时，后面两项趋于零，输出时间响应 $c(t)$ 趋于期望的稳态值，系统的稳态误差为零，上述特性都与一阶系统相似。与一阶系统不同的是，二阶过阻尼系统的阶跃响应曲线的初始斜率为零，输出时间响应 $c(t)$ 有两项暂态分量，都是指数衰减型的，因而上升较慢。

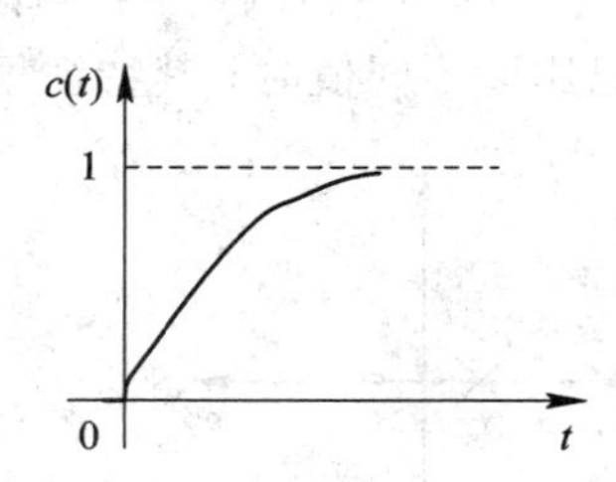

图 3-23 过阻尼的单位阶跃响应曲线图

(2) $\xi=1$ 临界阻尼。特征根 $s_{1,2}=-\xi\omega_n\pm\omega_n\sqrt{\xi^2-1}=-\omega_n$ 为一对相等的负实数根。

输出的拉普拉斯变换为

$$C(s)=\Phi(s)R(s)=\frac{\omega_n^2}{s^2+2\omega_n s+\omega_n^2}\frac{1}{s}=\frac{\omega_n^2}{(s+\omega_n)^2}\frac{1}{s}=\frac{1}{s}-\frac{1}{s+\omega_n}-\frac{\omega_n}{(s+\omega_n)^2}$$

经拉氏反变换，单位阶跃响应为

$$c(t)=1-\mathrm{e}^{-\omega_n t}(1+\omega_n t)\qquad t\geqslant 0$$

临界阻尼的单位阶跃响应曲线如图 3-24 所示，响应曲线输出无振荡和无超调量。时间响应由三项分量组成，第一项是稳态项，也就是对于期望输入信号的跟踪项，后面两项指数项为暂态项，随着时间趋于无穷大时，第二项趋于零，第三项为幂函数与指数函数的乘积，因为指数函数的变化率大于幂函数的变化率，所以随着时间趋于无穷大时，第三项也趋于零，系统的稳态误差为零。上述特性也与一阶系统相似，但是与过阻尼响应相比，调节时间要短一些，快速性要好一些。

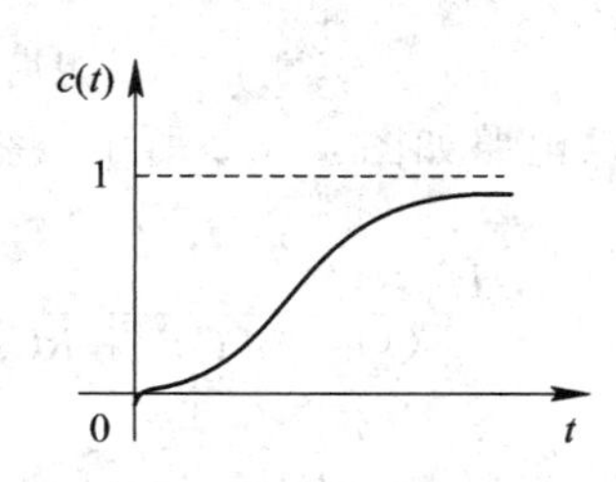

图 3-24 临界阻尼的单位阶跃响应曲线图

(3) $0<\xi<1$ 欠阻尼。特征根 $s_{1,2}=-\xi\omega_n\pm\omega_n\sqrt{\xi^2-1}=-\xi\omega_n\pm \mathrm{j}\omega_n\sqrt{1-\xi^2}$ 为一对带

负实部的共轭复数根，阻尼振荡频率为 $\omega_d=\omega_n\sqrt{1-\xi^2}$。两个特征根在 s 平面上的位置以及与系统特征参数 ξ 和 ω_n 的关系如图 3-25 所示。

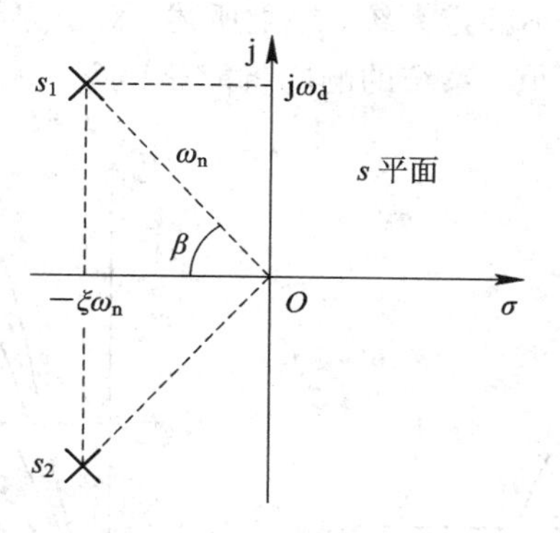

图 3-25　二阶欠阻尼系统的特征根在 s 平面上的位置图

输出的拉普拉斯变换为

$$C(s)=\Phi(s)R(s)=\frac{\omega_n^2}{s^2+2\xi\omega_n s+\omega_n^2}\frac{1}{s}=\frac{1}{s}-\frac{s+\xi\omega_n}{(s+\xi\omega_n)^2+\omega_d^2}-\frac{\xi\omega_n}{(s+\xi\omega_n)^2+\omega_d^2}$$

经拉氏反变换，单位阶跃响应为

$$c(t)=1-e^{-\xi\omega_n t}\left(\cos\omega_d t+\frac{\xi}{\sqrt{1-\xi^2}}\sin\omega_d t\right)=1-\frac{e^{-\xi\omega_n t}}{\sqrt{1-\xi^2}}\sin(\omega_d t+\beta)\qquad t\geqslant 0$$

其中，阻尼角 $\beta=\arctan\dfrac{\sqrt{1-\xi^2}}{\xi}=\arccos\xi$。

欠阻尼的单位阶跃响应曲线如图 3-26 所示，系统的响应曲线输出为衰减振荡型，系统有超调量。

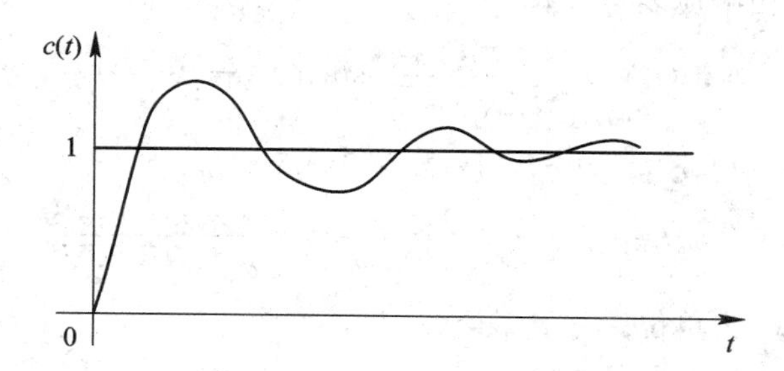

图 3-26　欠阻尼的单位阶跃响应曲线图

(4) $\xi=0$ 无阻尼。特征根 $s_{1,2}=-\xi\omega_n\pm\omega_n\sqrt{\xi^2-1}=\pm j\omega_n$ 为一对纯虚数根。

输出的拉普拉斯变换为

$$C(s)=\Phi(s)R(s)=\frac{\omega_n^2}{s^2+\omega_n^2}\frac{1}{s}=\frac{1}{s}-\frac{s}{s^2+\omega_n^2}$$

经拉氏反变换，单位阶跃响应为

$$c(t)=1-\cos\omega_n t\qquad t\geqslant 0$$

其中，$\beta=\arccos\xi$。

无阻尼的单位阶跃响应曲线如图 3-27 所示，响应曲线输出为等幅振荡。

图 3-28 所示为取不同 ξ 值时对应的单位阶跃响应曲线。ξ 值越大，系统的平稳性越好，超调量越小。ξ 值越小，输出响应振荡越强，振荡频率越高。当 $\xi=0$ 时，系统输出为等幅振荡，不能正常工作，属于不稳定系统。综上所述，对于欠阻尼系统，因为系统响应的快速性较好，如果选择合理的 ξ 值，系统的响应将能获得令人满意的效果。

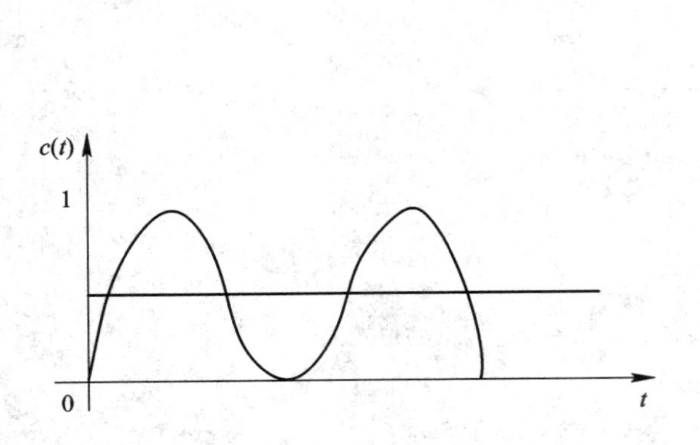

图 3-27 欠阻尼的单位阶跃响应曲线

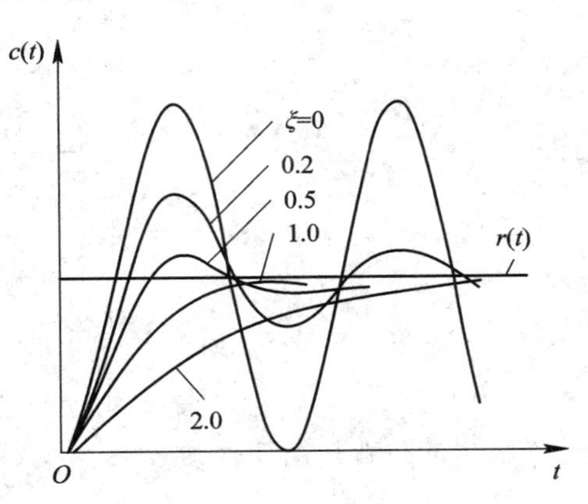

图 3-28 不同 ξ 值对应的单位阶跃响应曲线图

3.3.3 二阶系统的瞬态性能指标

二阶欠阻尼系统的阶跃响应，有可能兼顾快速性与平稳性而表现出较好的系统性能，因此，本小节主要对欠阻尼二阶系统的性能指标进行讨论和计算。

1. 上升时间 t_r

根据 t_r 的定义，由响应表达式有

$$c(t_r)=1-\frac{e^{-\xi\omega_n t_r}}{\sqrt{1-\xi^2}}\sin(\omega_d t_r+\beta)=1$$

因为 $e^{-\xi\omega_n t_r}\neq 0$，所以 $\sin(\omega_d t_r+\beta)=0$ 时，等式才成立。

$$\omega_d t_r+\beta=\pi\Rightarrow t_r=\frac{\pi-\beta}{\omega_d}=\frac{\pi-\arccos\xi}{\omega_n\sqrt{1-\xi^2}}$$

式中，β 角以弧度(rad)为单位。

2. 峰值时间 t_p

根据 t_p 的定义，可采用求极值的方法来求取，在响应达到最大值时有

$$\frac{d}{dt}[c(t)]\big|_{t=t_p}=0$$

$$\frac{d}{dt}\left[1-\frac{e^{-\xi\omega_n t}}{\sqrt{1-\xi^2}}\sin(\omega_d t+\beta)\right]\Bigg|_{t=t_p}=0$$

$$\frac{\omega_n e^{-\xi\omega_n t_p}}{\sqrt{1-\xi^2}}\sin\omega_d t_p=0$$

$$\sin\omega_d t_p=0$$

$$\omega_d t_p=k\pi$$

在第一周期为最大值时，$k=1$，有 $\omega_{\mathrm{d}}t_{\mathrm{p}}=\pi$，则

$$t_{\mathrm{p}}=\frac{\pi}{\omega_{\mathrm{d}}}=\frac{\pi}{\omega_n\sqrt{1-\xi^2}}$$

3. 超调量 $\sigma\%$

将 $t_{\mathrm{p}}=\dfrac{\pi}{\omega_{\mathrm{d}}}$ 代入欠阻尼二阶系统单位阶跃响应表达式 $c(t)=1-\dfrac{\mathrm{e}^{-\xi\omega_{\mathrm{n}}t}}{\sqrt{1-\xi^2}}\sin(\omega_{\mathrm{d}}t+\beta)$ $(t\geqslant0)$，求得

$$c(t_{\mathrm{p}})=1-\frac{\mathrm{e}^{-\xi\omega_{\mathrm{n}}t}}{\sqrt{1-\xi^2}}\sin(\omega_{\mathrm{d}}t+\beta)\bigg|_{t_{\mathrm{p}}=\frac{\pi}{\omega_{\mathrm{d}}}},\quad t\geqslant0$$

$$c(t_{\mathrm{p}})=1-\frac{\mathrm{e}^{-\frac{\xi\pi}{\sqrt{1-\xi^2}}}}{\sqrt{1-\xi^2}}\sin(\pi+\beta),\ (t\geqslant0)$$

因为 $\sin(\pi+\beta)=-\sin\beta=-\sqrt{1-\xi^2}$，代入上式得 $c(t_{\mathrm{p}})=1+\mathrm{e}^{-\frac{\xi\pi}{\sqrt{1-\xi^2}}}\ (t\geqslant0)$。

根据定义式 $\sigma\%=\dfrac{c(t_{\mathrm{p}})-c(\infty)}{c(\infty)}\times100\%$，有 $c(\infty)=c(t)|_{t=\infty}=1$，则

$$\sigma\%=\mathrm{e}^{-\frac{\pi\xi}{\sqrt{1-\xi^2}}}\times100\%$$

所以超调量 $\sigma\%$ 是阻尼比 ξ 的函数，两者的关系曲线是单调递减的，且与 ω_{n} 无关。由于函数关系比较复杂，常常利用图 3－29 所示的关系估算两者之间的关系，横轴为阻尼比 ξ，纵轴为超调量 $\sigma\%$，阻尼比越大，超调量越小，反之亦然。

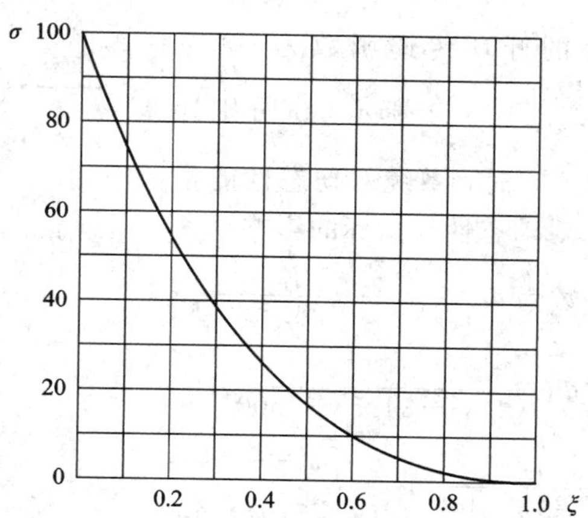

图 3－29　超调量与阻尼比关系曲线图

4. 调整时间 t_{s}

在计算调节时间 t_{s} 时，由于时间响应曲线 $c(t)$ 是衰减振荡型的，因此只考虑正弦项的峰-峰值时，可以得到响应曲线的包络线。包络线是趋于稳态值的，因此在确定的误差带宽度下，就可以得到调节时间 t_{s} 的值。由于时间响应表达式为 $c(t)=1-\dfrac{\mathrm{e}^{-\xi\omega_{\mathrm{n}}t}}{\sqrt{1-\xi^2}}\sin(\omega_{\mathrm{d}}t+\beta)$，是个正弦函数，其峰-峰值为 1，即 $\max|\sin(\omega_{\mathrm{d}}t+\beta)|=1$，所以包络线为 $c_{\text{包络线}}(t)=1\pm\dfrac{\mathrm{e}^{-\xi\omega_{\mathrm{n}}t}}{\sqrt{1-\xi^2}}$。衰减振荡曲线的包络线如图 3－30 所示。

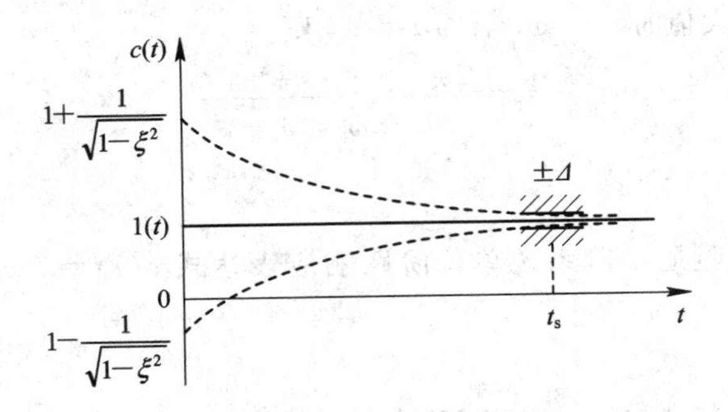

图 3-30　衰减振荡曲线的包络线图

仿照一阶系统分析，定义指数项的时间常数为 $T=\dfrac{1}{\xi\omega_n}$，依照一阶系统调节时间的计算公式可以近似估算二阶欠阻尼系统的调节时间，求取调整时间可用近似公式，即

$$t_s=\frac{3}{\xi\omega_n}\ (\pm 5\%\ \text{误差带})$$

$$t_s=\frac{4}{\xi\omega_n}\ (\pm 2\%\ \text{误差带})$$

当阻尼比 ξ 在 0.7 附近时，调节时间会有最小值，所以，ξ 取值应大于 0.5。通常首先依据超调量的要求来确定阻尼比 ξ，这时，调节时间的大小就由无阻尼振荡频率来决定，ω_n 越大，t_s 越小。可以证明，当 ξ 的最佳取值为 0.707 时，不仅过渡时间短，响应快速，而且超调量也很小。

例 3-3　已知系统的开环传递函数为 $G(s)=\dfrac{K}{s(s+34.5)}$，系统的结构如图 3-31 所示，试分别计算 $K=7500$、1000、150 和 67.5 时，系统的动态性能指标 t_r、t_p、t_s、$\sigma\%$，并讨论 K 对动态性能指标的影响。

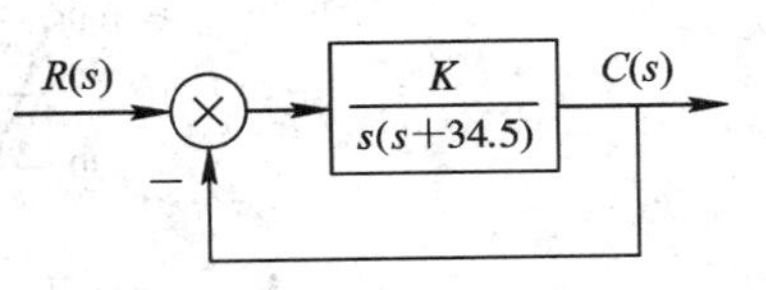

图 3-31　例 3-3 系统方框图

解　系统闭环传递函数为 $\Phi(s)=\dfrac{K}{s(s+34.5)+K}$。

(1) 当 $K=7500$ 时，$\Phi(s)=\dfrac{7500}{s^2+34.5s+7500}$。

由 $\Phi(s)=\dfrac{C(s)}{R(s)}=\dfrac{\omega_n^2}{s^2+2\xi\omega_n s+\omega_n^2}$，有 $\begin{cases}\omega_n^2=7500\\2\xi\omega_n=34.5\end{cases}$，求得 $\begin{cases}\omega_n=86.6\ \text{rad/s}\\\xi=0.2\end{cases}$，则

$$t_r=\frac{\pi-\beta}{\omega_d}=\frac{\pi-\arccos\xi}{\omega_n\sqrt{1-\xi^2}}=0.02\ \text{s}$$

$$t_p=\frac{\pi}{\omega_d}=\frac{\pi}{\omega_n\sqrt{1-\xi^2}}=0.037\ \text{s}$$

$$t_s=\frac{3}{\xi\omega_n}=0.17\ \text{s}\ (\pm 5\%\ \text{误差带})$$

$$t_s=\frac{4}{\xi\omega_n}=0.23\ \text{s}\ (\pm 2\%\ \text{误差带})$$

$$\sigma\%=e^{-\frac{\pi\xi}{\sqrt{1-\xi^2}}}\times 100\%=52.7\%$$

(2) 当 $K=1000$ 时，$\Phi(s)=\dfrac{1000}{s^2+34.5s+1000}$。

由 $\Phi(s)=\dfrac{C(s)}{R(s)}=\dfrac{\omega_n^2}{s^2+2\xi\omega_n s+\omega_n^2}$，有 $\begin{cases}\omega_n^2=1000\\2\xi\omega_n=34.5\end{cases}$，求得 $\begin{cases}\omega_n=31.6\text{rad/s}\\\xi=0.545\end{cases}$，则

$$t_r=\frac{\pi-\beta}{\omega_d}=\frac{\pi-\arccos\xi}{\omega_n\sqrt{1-\xi^2}}=0.08\ \text{s}$$

$$t_p=\frac{\pi}{\omega_d}=\frac{\pi}{\omega_n\sqrt{1-\xi^2}}=0.12\ \text{s}$$

$$t_s=\frac{3}{\xi\omega_n}=0.17\ \text{s}\ (\pm5\%\ \text{误差带})$$

$$t_s=\frac{4}{\xi\omega_n}=0.23\ \text{s}\ (\pm2\%\ \text{误差带})$$

$$\sigma\%=e^{-\frac{\pi\xi}{\sqrt{1-\xi^2}}}\times100\%=13\%$$

上面性能指标的变化中，调节时间基本不变，但是随着 K 值的增大，超调量却增大了许多倍，严重地影响了系统的平稳性。关于系统的平稳性，除了幅值大小之外，调节时间 t_s 之内的振荡次数也是评价平稳性好坏的一个因素。

(3) 当 $K=150$ 时，$\Phi(s)=\dfrac{150}{s^2+34.5s+150}$。

由 $\Phi(s)=\dfrac{C(s)}{R(s)}=\dfrac{\omega_n^2}{s^2+2\xi\omega_n s+\omega_n^2}$，有 $\begin{cases}\omega_n^2=150\\2\xi\omega_n=34.5\end{cases}$，求得 $\begin{cases}\omega_n=12.25\\\xi=1.41\end{cases}$，则系统处于过阻尼状态，无超调量。

$$\Phi(s)=\frac{150}{s^2+34.5s+150}=\frac{150}{(s+5.1)(s+29.4)}=\frac{150}{\left(\frac{1}{5.1}s+1\right)\left(\frac{1}{29.4}s+1\right)}$$

$$T_1=\frac{1}{5.1}=0.196,\ T_2=\frac{1}{29.4}=0.034$$

$$t_s=3T_1=0.588(\pm5\%\ \text{误差带})$$

$$t_s=4T_1=0.784(\pm2\%\ \text{误差带})$$

$$\sigma\%=0$$

(4) 当 $K=67.5$ 时，$\Phi(s)=\dfrac{67.5}{s^2+34.5s+67.5}$。

由 $\Phi(s)=\dfrac{C(s)}{R(s)}=\dfrac{\omega_n^2}{s^2+2\xi\omega_n s+\omega_n^2}$，有 $\begin{cases}\omega_n^2=67.5\\2\xi\omega_n=34.5\end{cases}$，求得 $\begin{cases}\omega_n=8.22\text{rad/s}\\\xi=2.1\end{cases}$，则系统处于过阻尼状态，无超调量，曲线上升很慢。

$$\Phi(s)=\frac{67.5}{s^2+34.5s+67.5}=\frac{67.5}{(s+2.14)(s+31.54)}=\frac{67.5}{\left(\frac{1}{2.14}s+1\right)\left(\frac{1}{31.54}s+1\right)}$$

$$T_1=\frac{1}{2.08}=0.481,\ T_2=\frac{1}{32.42}=0.031$$

$$t_s=3T_1=1.443\ \text{s}$$

$$\sigma\%=0$$

由以上计算可知，与欠阻尼情况相比，过阻尼状态的响应约慢了 8 倍，开环放大系数 K 越小，ξ 越大，ω_n 越小，ε 越大，$\sigma\%$越小，t_p 越大，因此前置放大器放大倍数的大小对系统动态性能的影响是比较大的。

例 3-4　系统的方框图如图 3-32 所示，在单位阶跃函数输入下，欲使系统的最大超调量等于 20%，峰值时间 $t_p=1$ s，试确定参数 K_1 和 K_2 的数值，并求系统的上升时间 t_r 和调节时间 t_s。

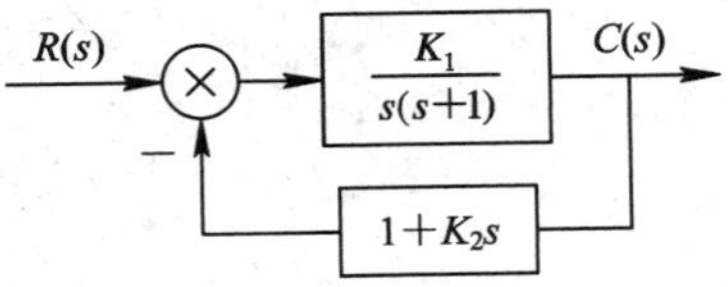

图 3-32　例 3-4 系统方框图

解　由 $\sigma\%=\mathrm{e}^{-\frac{\pi\xi}{\sqrt{1-\xi^2}}}\times 100\%=20\%$，得 $\xi=0.456$。

由 $t_p=\dfrac{\pi}{\omega_d}=\dfrac{\pi}{\omega_n\sqrt{1-\xi^2}}=1$，得 $\omega_n=\dfrac{\pi}{t_p\sqrt{1-\xi^2}}=3.53$ rad/s。

系统闭环传递函数为

$$\Phi(s)=\frac{K_1}{s^2+(1+K_1K_2)s+K_1}=\frac{\omega_n^2}{s^2+2\xi\omega_n s+\omega_n^2}$$

由 $\begin{cases}\omega_n^2=K_1\\ 2\xi\omega_n=1+K_1K_2\end{cases}$，求得 $\begin{cases}K_1=12.5\\ K_2=0.178\end{cases}$，则

$$t_r=\frac{\pi-\beta}{\omega_d}=\frac{\pi-\arccos\xi}{\omega_n\sqrt{1-\xi^2}}=\frac{\pi-1.1}{3.14}=0.65\ \text{s}$$

$$t_s=\frac{3}{\xi\omega_n}=1.86\ \text{s}\ (\pm 5\%\ \text{误差带})$$

$$t_s=\frac{4}{\xi\omega_n}=2.48\ \text{s}\ (\pm 2\%\ \text{误差带})$$

3.3.4　二阶系统的单位脉冲响应

当理想的单位脉冲函数作为输入信号时，二阶系统输出响应称为单位脉冲响应。二阶系统的开环传递函数为 $G(s)=\dfrac{\omega_n^2}{s(s+2\xi\omega_n)}$，闭环传递函数为 $\Phi(s)=\dfrac{\omega_n^2}{s^2+2\xi\omega_n s+\omega_n^2}$，因为单位脉冲函数为 $r(t)=\delta(t)$，其拉氏变换为 $R(s)=1$。所以，二阶系统的单位脉冲响应就是系统闭环传递函数的拉氏反变换，即

$$c_{\text{脉冲}}(t)=L^{-1}\left[\frac{\omega_n^2}{s^2+2\xi\omega_n s+\omega_n^2}\right]$$

或者已知系统的单位阶跃响应后，将其对时间求一次导数求得：

$$c_{\text{脉冲}}(t)=\frac{\mathrm{d}}{\mathrm{d}t}[c_{\text{阶跃}}(t)]$$

阻尼比不同情况下的时间响应表达式如下：

(1) 无阻尼 $\xi=0$ 时，$c_{\text{脉冲}}(t)=\omega_n\sin\omega_n t$。

(2) 欠阻尼 $0<\xi<1$ 时，$c_{\text{脉冲}}(t)=\dfrac{\omega_n \mathrm{e}^{-\xi\omega_n t_p}}{\sqrt{1-\xi^2}}\sin\omega_d t$，其中阻尼振荡频率为 $\omega_d=\omega_n\sqrt{1-\xi^2}$。

(3) 临界阻尼 $\xi=1$ 时，$c_{\text{脉冲}}(t)=\omega_n^2 t\mathrm{e}^{-\omega_n t}$。

(4) 过阻尼 $\xi>1$ 时，$c_{\text{脉冲}}(t)=\dfrac{\omega_n}{2\sqrt{\xi^2-1}}\left[\mathrm{e}^{-(\xi-\sqrt{\xi^2-1})\omega_n t}-\mathrm{e}^{-(\xi+\sqrt{\xi^2-1})\omega_n t}\right]$。

不同阻尼比的响应曲线如图 3-33 所示。在四种响应曲线中，无阻尼曲线为等幅振荡，不能起调节作用。过阻尼曲线与临界阻尼曲线随着时间的增长衰减到零，且幅值为单一符号，这种特性在许多工程应用中都有实例，例如水位控制没有负值情况。欠阻尼曲线在合理地选择系统特征参数情况下，既没有过大的失调幅值，又可以尽快地衰减到允许误差之内，从而表现出良好的调节特性。

由于单位脉冲响应可以从单位阶跃响应对时间求一次导数得到，故两种响应的相位相差 90°，将两条曲线画在一起，如图 3-34 所示。

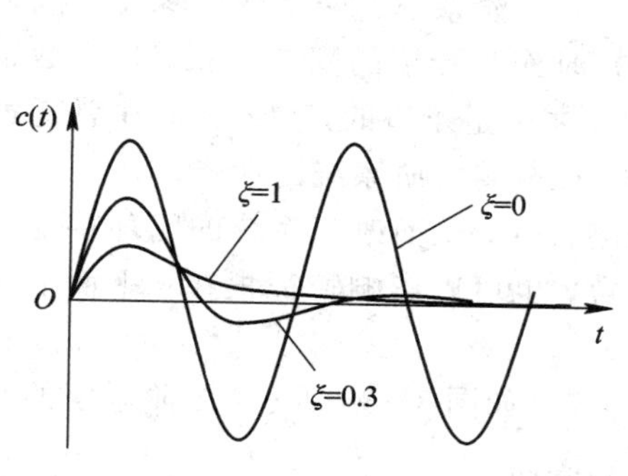

图 3-33　二阶系统的脉冲响应

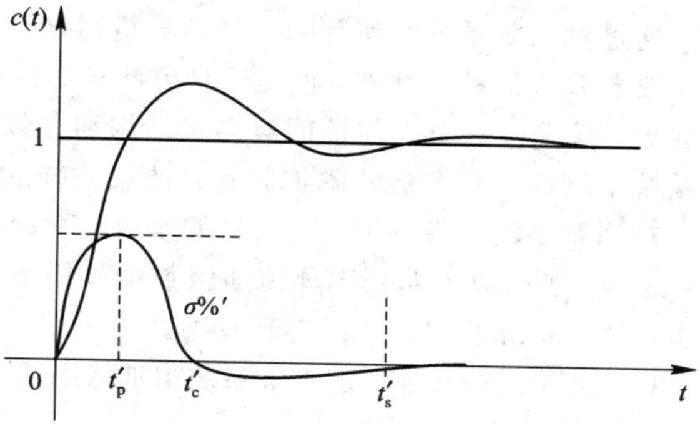

图 3-34　二阶系统两种响应的比较

单位脉冲响应的性能指标如下：

峰值时间——第一峰值的时间：$t_p' = \dfrac{\beta}{\omega_d}$。

失调时间——第一峰值衰减到零的时间：$\sigma\%' = \omega_n e^{-\frac{\xi}{\sqrt{1-\xi^2}}\beta}$。

第一次过零时间——第一峰值衰减到零的时间：$t_s' = \dfrac{\pi}{\omega_d}$。

调节时间——曲线衰减进入误差带的时间：$t_s' = \dfrac{3}{\xi\omega_n}$。

3.3.5　二阶系统的单位斜坡响应

单位斜坡输入信号为 $r(t)=t$，拉氏变换为$R(s)=\dfrac{1}{s^2}$，斜坡响应为 $C_{斜波}(s)=\Phi(s)R(s)=\dfrac{\omega_n^2}{s^2+2\xi\omega_n s+\omega_n^2}\dfrac{1}{s^2}$。

分解部分分式，作拉氏反变换，得时间响应为

$$C_{斜坡}(t) = t - \frac{2\xi}{\omega_n} + \frac{1}{\omega_d}e^{-\xi\omega_n t}\sin(\omega_d t + 2\beta)$$

其中，$\omega_d=\omega_n\sqrt{1-\xi^2}$，$\beta=\arccos\xi$。

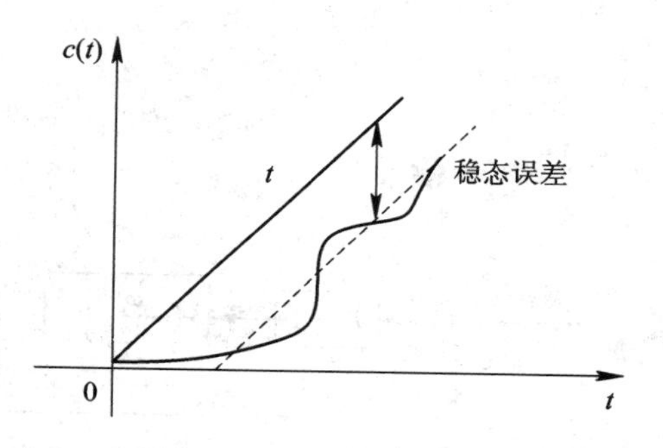

图 3-35　二阶系统的斜坡响应曲线图

二阶系统的斜坡响应曲线如图 3-35 所示。响应表达式中共有三项：第一项为斜坡跟踪基准项，第二项为稳态误差项，第三项为暂态误差项。

当时间 t 趋于无穷大时，第三项应趋于零，可

是图 3－35 中，第二项是常数，不为零，构成了二阶系统跟踪斜坡信号时的稳态误差，其大小为$-\frac{2\xi}{\omega_n}$，取决于系统的结构参数 ξ 和 ω_n，因此，可以通过调整系统参数来减小第二项的值，而不能通过调整系统参数消除它。如上所述，典型二阶系统可以跟踪等速率信号，但是跟踪能力有限，所实现的跟踪是有差跟踪。这种以有差方式跟踪等速率信号的控制系统简单方便，广泛地应用于工程控制中。

3.3.6 改善二阶系统性能指标的措施

通过对二阶系统的典型响应特性分析得知，通过调整二阶系统的两个特征参数 ξ 和 ω_n 可以改善系统的动态性能，但是这种方法是有限的。有时作为受控的固有对象，其参数不可变更，且系统三个方面性能对系统结构和参数的要求往往是矛盾的，因此工程中常通过在系统中增加一些合适的附加装置来改变系统的结构，以改善二阶系统的性能。

在回路中增加控制装置，其目的是改变系统的回路特性，从而改变系统的闭环特征方程。这样，既可以影响到闭环传递函数中零极点的个数，也可以影响特征根在 s 平面上的位置，使得系统的动态性能得到改善。

（1）一阶微分控制：在二阶系统中加入一阶微分环节，如图 3－36 所示，二阶系统的开环传递函数为 $G(s)=\frac{(T_d s+1)\omega_n^2}{s(s+2\xi\omega_n)}$，其中 T_d 是微分时间常数。

闭环传递函数为

$$\Phi(s)=\frac{C(s)}{R(s)}=\frac{(T_d s+1)\omega_n^2}{s^2+(2\xi\omega_n+T_d\omega_n^2)s+\omega_n^2}=\frac{\omega_n^2}{s^2+2\xi'\omega_n s+\omega_n^2}$$

与二阶系统标准型对比，有

$$2\xi'\omega_n=2\xi\omega\xi\omega_n+T_d\omega_n^2\Rightarrow\xi'=\xi+\frac{T_d\omega_n}{2}$$

式中，ξ' 为等效阻尼比。

加入一阶微分控制后，二阶系统的阻尼比增大，超调量减少，抑制了振荡，改善了系统的平稳性。同时，传递函数中增加的零点合适将减少系统的调节时间 t_s，提高系统的快速性。

没有采取性能改善措施之前，系统的单位阶跃响应曲线如图 3－37 中的曲线 1 所示，加入一阶微分控制后，系统性能的改善如图 3－37 中的曲线 2 所示。

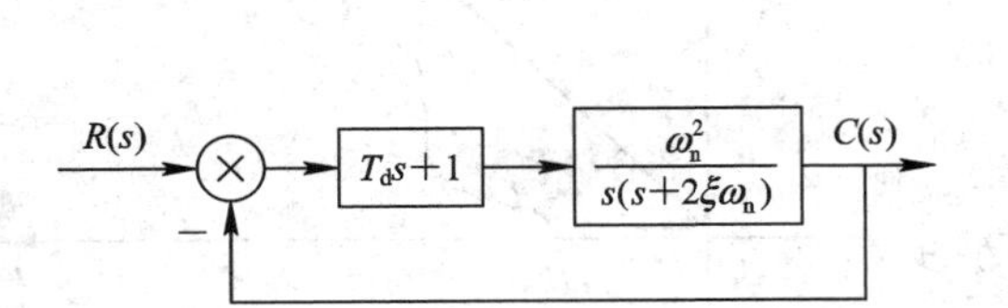

图 3－36 采用一阶微分控制的二阶系统

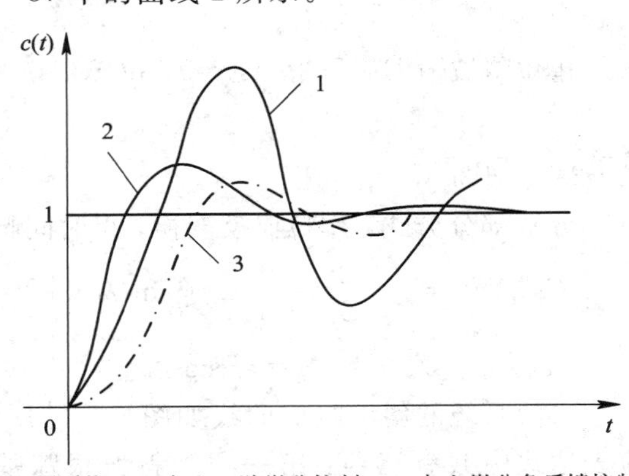

1—原系统；2—加入一阶微分控制；3—加入微分负反馈控制

图 3－37 不同控制对二阶系统性能的改善

（2）微分负反馈控制：在二阶系统中加入微分负反馈环节，如图 3-38 所示。

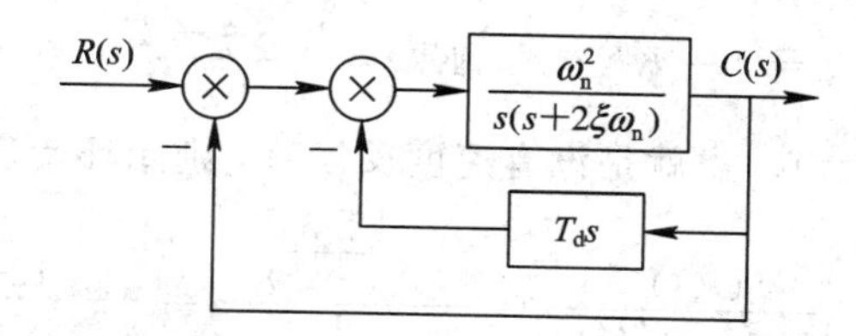

图 3-38　加入微分负反馈的二阶系统方框图

系统的开环传递函数为

$$G(s)=\frac{\omega_n^2}{s^2+2\xi\omega_n s+T_d\omega_n^2 s}$$

闭环传递函数为

$$\Phi(s)=\frac{C(s)}{R(s)}=\frac{\omega_n^2}{s^2+(2\xi\omega_n+T_d\omega_n^2)s+\omega_n^2}=\frac{\omega_n^2}{s^2+2\xi'\omega_n s+\omega_n^2}$$

与二阶系统标准型对比，有

$$2\xi'\omega_n=2\xi\omega_n+T_d\omega_n^2\Rightarrow\xi'=\xi+\frac{T_d\omega_n}{2}$$

式中，ξ' 为等效阻尼比。

加入微分负反馈控制后，二阶系统的阻尼比增大，超调量减少，平稳性提高。加入微分负反馈后系统性能的改善如图 3-37 中的曲线 3 所示。

例 3-5　已知速度反馈控制系统如图 3-39 所示，要求系统的超调量为 20%，峰值时间为 1 s，试计算相应的前向增益 K 与速度反馈系数 K_f 的值。如果保持 K 值不变，K_f 为零时，计算超调量。

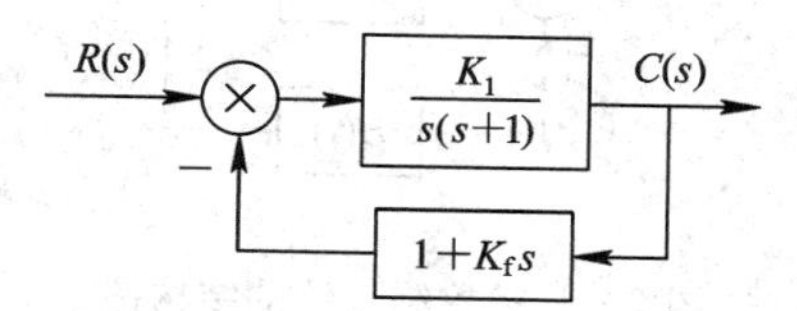

图 3-39　速度反馈控制系统

解　上述系统的闭环传递函数为

$$\Phi(s)=\frac{G(s)}{1+G(s)H(s)}=\frac{\dfrac{K}{s(s+1)}}{1+\dfrac{K}{s(s+1)}(1+K_f s)}=\frac{K}{s^2+(1+KK_f)s+K}$$

由性能指标超调量 $\sigma\%=\mathrm{e}^{-\frac{\pi\xi}{\sqrt{1-\xi^2}}}\times100\%=20\%\Rightarrow\xi=0.456$，根据峰值时间和阻尼比，有

$$\left.\begin{aligned}&t_p=\frac{\pi}{\omega_d}=\frac{\pi}{\omega_n\sqrt{1-\xi^2}}=1\ \mathrm{s}\\&\xi=0.456\end{aligned}\right\}\Rightarrow\omega_n=3.53$$

比较阶跃系统的标准式有

$$\begin{cases}\omega_n^2 = K \\ 2\xi\omega_n = 1 + KK_f\end{cases} \Rightarrow \begin{cases}K = 3.53^2 = 12.5 \\ K_f = \dfrac{2\sqrt{K}\xi - 1}{K} = 0.178\end{cases}$$

若保持 $K=12.5$，$K_f=0$，也就是没有速度反馈时，则闭环传递函数为

$$\Phi(s) = \frac{G(s)}{1+G(s)H(s)} = \frac{\dfrac{12.5}{s(s+1)}}{1+\dfrac{12.5}{s(s+1)}} = \frac{12.5}{s^2+s+12.5}$$

$$\xi = \frac{1}{2\sqrt{12.5}} = 0.14$$

$$\sigma\% = e^{-\frac{\pi\xi}{\sqrt{1-\xi^2}}} \times 100\% = 64\%$$

3.4 高阶系统的时域分析

在线性常系数微分方程所描述的系统中，微分方程的阶数高于二阶的系统称为高阶系统。由于系统复杂性的增加，对高阶系统进行准确的时域分析是比较困难的，所以在时域分析中，主要对其进行定性分析、时间响应以及性能指标的定量计算，一般是在系统分析的基础上，借助于计算机仿真工具来完成的。

3.4.1 高阶系统的瞬态响应

控制系统的结构图一般如图 3-40 所示。

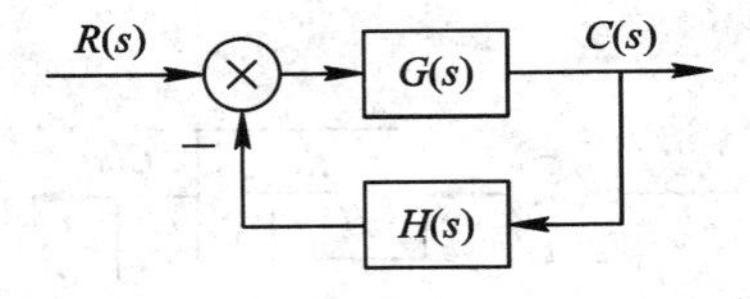

图 3-40 控制系统的结构图

闭环传递函数为 $\Phi(s)=\dfrac{G(s)}{1+G(s)H(s)}$，以分子多项式与分母多项式的比值来表示，即为

$$\Phi(s) = \frac{C(s)}{R(s)} = \frac{b_m s^m + b_{m-1}s^{m-1} + \cdots + b_1 s + b_0}{a_n s^n + a_{n-1}s^{n-1} + \cdots + a_1 s + a_0} \quad (n \geqslant m)$$

式中，分子多项式的最高次数为 m，分母多项式的最高次数为 n，$n\geqslant m$。分子多项式的各系数 b_m、b_{m-1}、…、b_1、b_0 和分母多项式的各系数 a_n、a_{n-1}、…、a_1、a_0 都是常系数。

系统的闭环特征方程为 $D(s)=a_n s^n+a_{n-1}s^{n-1}+\cdots+a_1 s+a_0=0$。

由代数方程根的定理，在上述条件下，n 个特征根或为实数，或为共轭复数，则特征方程可作因式分解为

$$\prod_{i=1}^{q}(s+p_i)\prod_{j=1}^{r}(s^2+2\xi_j\omega_j s+\omega_j^2) = 0,\ q+2r=n$$

为了保证系统的稳定性(关于系统的稳定性分析，将在 3.5 节讲到)，首先假定特征根

或为负实数，或为带负实部的共轭复数，全部位于 s 平面的左半平面上。将闭环传递函数的分子多项式也作因式分解，用单根来表示不影响对于问题的分析，传递函数也可以表示为零点、极点表达式：

$$\Phi(s)=K_g\frac{\prod\limits_{j=1}^{m}(s+z_j)}{\prod\limits_{i=1}^{q}(s+p_i)\prod\limits_{k=1}^{r}(s^2+2\xi_k\omega_k s+\omega_k^2)}$$

因为 $\Phi(s)$ 为 s 的复变函数，所以，$s=-z_j$ 称为系统的闭环零点，$s=-p_i$ 以及一对共轭复数根又称为系统的闭环极点。为了求取高阶系统的时间响应，给定输入信号为单位阶跃信号 $R(s)=\frac{1}{s}$，则系统的响应为

$$\begin{aligned}C(s)=\Phi(s)R(s)&=K_g\frac{\prod\limits_{j=1}^{m}(s+z_j)}{\prod\limits_{i=1}^{q}(s+p_i)\prod\limits_{k=1}^{r}(s^2+2\xi_k\omega_k s+\omega_k^2)}\cdot\frac{1}{s}\\&=\frac{a}{s}+\sum_{i=1}^{q}\frac{a_i}{s+p_i}+\sum_{k=1}^{r}\frac{b_k s+c_k}{s^2+2\xi_k\omega_k s+\omega_k^2}\end{aligned}$$

对上式进行拉氏反变换，得时间响应为

$$c(t)=a+\sum_{i=1}^{q}a_i\mathrm{e}^{-p_i t}+\sum_{k=1}^{r}a_k\mathrm{e}^{-\xi_k\omega_k t}\sin(\omega_k\sqrt{1-\xi_k^2}\,t+\beta_k)$$

在 $c(t)$ 的各分量中，第一项是稳态项，其特性由输入信号决定。也就是说，输入信号为阶跃型，该项也是阶跃型，与系统的结构无关。其余各项的特性是由系统的结构决定的，也就是由系统的闭环特征根(或者说系统的闭环极点)来决定的。

由于特征根或为负实数，或为带负实部的共轭复数，因此所有的指数分量都是指数衰减型的，则有：

(1) 每一个单根，确定了一项指数衰减分量；

(2) 每一对共轭复数根，确定了一项指数衰减的正弦分量。

由时间响应的表达式可以看到，在系统的特征根所确定的各分量中，不管是指数分量，还是指数变化的正弦分量，当时间 t 趋于无穷大时，都要衰减到零。因此，这些由系统结构所确定的各分量称为暂态分量，所有各响应分量的幅值 a、a_i、a_k 的大小，除了与闭环极点有关外，还与系统的闭环增益及闭环零点值有关，各响应分量的幅值可以由复变函数的留数定理计算得到。

如上所述，高阶系统的时间响应是由一些简单函数复合构成的，除去由输入信号所决定的响应分量之外，其余所有的响应分量全部由系统的闭环极点所确定。尽管多个简单函数复合的曲线描述比较麻烦，且从中确定系统的动态性能，如超调量、调整时间等定量指标也不够清晰，但是上述定性分析指出了高阶系统时间响应的一般规律。

上述规定的输入信号为单位阶跃信号，构成了响应分量中的第一项，即不变项，这是为描述方便而选定的。如果选用其他时间信号来描述，均满足上述分析的结论。在上述假定条件中的闭环极点全部位于 s 平面的左半平面，是出于物理系统的稳定条件而限定的。

3.4.2 闭环主导极点

上述高阶系统中，对其时间响应起到主导作用的闭环极点称为闭环主导极点。相对应地，其他的极点称为普通极点。闭环主导极点要满足以下两个条件：

(1) 在 s 平面上，距离虚轴比较近，附近没有其他的零点与极点。

(2) 其实部的长度与其他极点的实部长度相差五倍以上。

闭环主导极点的几何说明如图 3-41 所示。

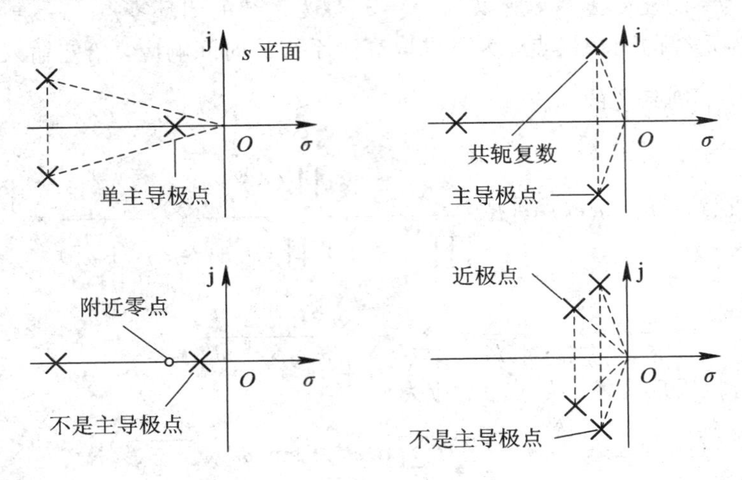

图 3-41 闭环主导极点图示说明

靠近虚轴的极点相对于远离虚轴的极点来说，其时间分量的衰减要慢很多，因而在时间响应中起主导作用，而远离虚轴的极点其时间分量的衰减要快得多，故可以在高阶系统分析中忽略掉远极点对时间响应的影响。虚轴无零点，说明该项分量的幅值受附近零点的影响比较小。

至此，闭环主导极点的提出，使得对高阶系统的分析可以简化为对闭环主导极点的近似分析。而对于系统设计，又常常以共轭复数形式的闭环主导极点为目标来进行，也就完全可以应用前面所述的二阶系统的分析方法来进行定量估算了。

3.5 线性系统的稳定性分析

从高阶系统分析中可以看到，在时间响应的各分量中，除去由输入信号确定的不变分量之外，其余所有响应分量都由系统的结构决定，或者由系统的闭环极点决定，与输入信号无关。当所有的闭环极点位于 s 平面的左半平面时，时间响应的结构分量是指数衰减型的，当时间趋于无穷大时，所有的暂态分量衰减到零。但是如果闭环极点位于 s 平面的右半平面，则指数项就是发散的，所以，在前述系统分析中，就已经提出了系统稳定性问题。控制系统的稳定性是系统分析的基本问题，对于一个自动控制系统，首先要求系统必须是稳定的，只有稳定的系统才能正常工作。本节就稳定性的基本概念、充分必要条件以及代数判据等进行讨论。

3.5.1　线性控制系统稳定性的概念

系统运动的稳定性理论，是俄国学者李雅普诺夫于 1892 年确立的，系统稳定性严格的数学定义，也是由他提出并给予了证明。一个处于某种平稳状态的线性定常系统，若在外部作用下偏离了原来的平衡状态，而当扰动消失后，系统仍能回到原来的平衡状态，则称该系统是稳定的；否则，系统就是不稳定的。稳定性是去除外部作用后系统本身的一种恢复能力，是系统的一种固有特性，它只取决于系统的结构参数，而与外部作用及初始条件无关。

3.5.2　线性控制系统稳定的充分必要条件

一个自动控制系统，$r(t)$为输入量，$c(t)$为输出量。设系统传递函数的一般表达式为

$$G(s)=\frac{C(s)}{R(s)}=\frac{b_m s^m+b_{m-1}s^{m-1}+\cdots+b_1 s+b_0}{a_n s^n+a_{n-1}s^{n-1}+\cdots+a_1 s+a_0}$$

输入量为 $R(s)=\frac{1}{s}$，输出量为

$$\begin{aligned}C(s)&=G(s)R(s)\\&=\frac{b_m s^m+b_{m-1}s^{m-1}+\cdots+b_1 s+b_0}{a_n s^n+a_{n-1}s^{n-1}+\cdots+a_1 s+a_0}\frac{1}{s}\\&=\frac{C_0}{s}+\frac{C_1}{s-s_1}+\cdots+\frac{C_i}{s-s_i}+\cdots+\frac{C_n}{s-s_n}\end{aligned}$$

式中，C_0，C_1，…，C_i，…，C_n 为待定系数；s_i 为特征方程的根。

对上式进行拉普拉斯反变换，得系统输出响应为

$$c(t)=C_0+C_1 e^{s_1 t}+\cdots+C_i e^{s_i t}+\cdots+C_n e^{s_n t}$$

$$\lim_{t\to\infty} e^{s_i t}=0$$

其中，第一项为由输入引起的输出稳态分量，其余各项为系统输出的动态分量。显然，一个稳定的系统，其输出动态分量应均为 0。

因此，n 阶线性系统稳定的充分必要条件是：它所有的特征根 $s_i(i=1, 2, 3, \cdots, n)$都分布在 s 平面的左半侧，或特征根具有负实部，即 $\mathrm{Re}[s_i]<0(i=1, 2, 3, \cdots, n)$。只要其中有一个特征根或一对共轭复数根落在 s 平面的右半侧，或特征根具有正实部，即 $\mathrm{Re}[s_i]>0$ $(i=1, 2, 3, \cdots, n)$，则该系统就是不稳定的。若有一对共轭复数根落在虚轴上或特征根具有零实部，即 $\mathrm{Re}[s_i]=0$，则系统处于临界稳定状态，工程上认为该系统不稳定。

系统特征根(或闭极点)的情况，完全取决于系统本身结构及参数所决定的闭环特征方程，即取决于闭环传递函数分母多项式等于零的方程。

在系统稳定性的充分必要条件的推导中，所用的输入信号为单位阶跃函数，这不失一般性。线性定常系统微分方程的解由两部分构成：

$$c(t)=c_1(t)+c_2(t)$$

其中，$c_1(t)$——由输入信号的作用产生的稳态分量；$c_2(t)$——由系统结构决定的暂态分量，是系统特征方程的根决定的过渡特性。所以，如果系统是稳定的，则暂态分量最终趋于零，而稳态分量则依据所跟踪信号的不同阶数实现不同阶数的跟踪，所以不管是何种输

入信号，是收敛还是发散(例如斜坡信号是发散的)，都与系统稳定性的讨论无关。

前面的推导中设定特征根互异的条件是为了数学描述简洁。当系统有重根时，系统分析是完全相同的，不影响系统稳定性的讨论。以实根情况为例，s_i 为单根，分量式为$\frac{a_i}{s-s_i}$，时间分量为 $a_i e^{p_i t}$，如果 s_i 为二重根、三重根、…时，分量式为$\frac{a_i}{(s-s_i)^2}$，$\frac{a_i}{(s-s_i)^3}$，…，时间分量为 $a_i t e^{s_i t}$，$\frac{1}{2}a_i t^2 e^{s_i t}$，…，即特征根为重根时，时间响应分量为 t 的幂函数与指数函数的复合函数，由于指数函数为超越函数，当时间 t 趋于无穷大时，指数函数的变化率比幂函数的变化率快得多，所以系统有重根时，其敛散性依然取决于指数函数，故而有

$$\lim_{t\to\infty}\frac{1}{(n-1)!}a_i t^{(n-1)} e^{s_i t}\Big|_{s_i<0}=0$$

共轭复数根时，系统的稳定性取决于共轭复数根的实部，与虚部无关。

前面关于稳定性的叙述是以单根进行的，也就是共轭复数根符合特征根互异的条件。在实际表达中，因为线性定常系统特征方程的系数全部为常数，则复数是以共轭情况出现的。设共轭两根对应的分量式为

$$\frac{a_i s+b_i}{(s-\sigma_i-j\omega_i)(s-\sigma_i+j\omega_i)}=\frac{a_i s+b_i}{(s-\sigma_i)^2+\omega_i^2}$$

则时间分量为 $a_i e^{\sigma_i t}\sin(\omega_i t+\beta_i)$，式中的正弦函数与收敛性无关，故而要满足收敛条件：

$$\lim_{t\to\infty}a_i e^{\sigma_i t}\sin(\omega_i t+\beta_i)\Big|_{\sigma_i<0}=0$$

则有特征根的实部必须小于零。

3.5.3 劳斯稳定性判据

判断一个系统是否稳定，只要求出其全部的特征根(或闭极点)，按它们在 s 平面上的分布情况或实部的符号，即可判定系统的稳定性。对于高阶系统，其特征方程是高阶代数方程，求解起来通常比较烦琐和困难。不用求解代数方程的根，而只根据某些已知条件来判别系统是否稳定，这样的方法称为稳定性判据。由于线性定常系统的特征方程是代数方程，其各次项的系数全部为常系数，代数方程的根与它的系数之间是有密切关系的，因此，基于代数方程各次项的系数来判别系统稳定性的判据称为代数稳定性判据。研究代数稳定性判据的学者很多，他们从不同的角度提出了各种判别方法。这些方法都是基于代数方程的各阶常系数来进行判别的，因此从原理上来说都是等价的。

在经典控制理论中，根据系统的代数稳定性判据，不必求解特征方程就能确定系统特征根在 s 平面上的分布情况或实部的符号，从而判定系统是否稳定。常用的代数稳定性判据有劳斯(Routh)稳定性判据和赫尔维茨(Hurwitz)稳定性判据。

劳斯稳定性判据更适用于对高阶系统的稳定性判断，还可以用于分析闭环特征根的情况。

1. 劳斯稳定性判据概述

设线性系统的特征方程为

$$a_n s^n+a_{n-1}s^{n-1}+\cdots+a_1 s+a_0=0 \tag{3-1}$$

要求式(3-1)的首项系数 $a_n>0$。若 $a_n<0$ 则用 -1 乘式(3-1)。若式(3-1)中有缺项，即相应项的系数为 0。系统稳定的必要条件是

$$a_i > 0,\ i = 0,\ 1,\ 2,\ \cdots,\ n \tag{3-2}$$

所以，若系统特征方程的系数不满足式(3-2)，则可判定系统是不稳定的。但当满足式(3-2)时，不能判断系统是否稳定，需要进一步判断。

由式(3-1)特征方程的各项系数列写劳斯表。表中前 2 行各元素由特征方程的系数确定，自第 3 行起各元素要进行逐个计算。

劳斯表如下：

$$\begin{array}{c|ccccc}
s^n & a_n & a_{n-2} & a_{n-4} & a_{n-6} & \cdots \\
s^{n-1} & a_{n-1} & a_{n-3} & a_{n-5} & a_{n-7} & \cdots \\
s^{n-2} & b_1 & b_2 & b_3 & b_4 & \cdots \\
s^{n-3} & c_1 & c_2 & c_3 & c_4 & \cdots \\
\vdots & \vdots & \vdots & \vdots & \vdots & \\
s^1 & e_1 & & & & \\
s^0 & f_1 & & & &
\end{array}$$

其中：$b_1=\dfrac{-\begin{vmatrix} a_n & a_{n-2} \\ a_{n-1} & a_{n-3} \end{vmatrix}}{a_{n-1}}=\dfrac{a_{n-1}a_{n-2}-a_na_{n-3}}{a_{n-1}}$，$b_2=\dfrac{-\begin{vmatrix} a_n & a_{n-4} \\ a_{n-1} & a_{n-5} \end{vmatrix}}{a_{n-1}}=\dfrac{a_{n-1}a_{n-4}-a_na_{n-5}}{a_{n-1}}$，

$b_3=\dfrac{-\begin{vmatrix} a_n & a_{n-6} \\ a_{n-1} & a_{n-7} \end{vmatrix}}{a_{n-1}}=\dfrac{a_{n-1}a_{n-6}-a_na_{n-7}}{a_{n-1}}$，…，直至其余 b 项元素均为零。

$c_1=\dfrac{-\begin{vmatrix} a_{n-1} & a_{n-3} \\ b_1 & b_2 \end{vmatrix}}{b_1}=\dfrac{a_{n-3}b_1-a_{n-1}b_2}{b_1}$，$c_2=\dfrac{-\begin{vmatrix} a_{n-1} & a_{n-5} \\ b_1 & b_3 \end{vmatrix}}{b_1}=\dfrac{a_{n-5}b_1-a_{n-1}b_3}{b_1}$，$c_3=\dfrac{-\begin{vmatrix} a_{n-1} & a_{n-7} \\ b_1 & b_4 \end{vmatrix}}{b_1}=\dfrac{a_{n-7}b_1-a_{n-1}b_4}{b_1}$，…，直至其余 c 项元素均为零。其余各行各元素的计算，以此类推。

观察劳斯表中第一列各元素的符号，若各元素全为正号，则系统所有的特征根全在 s 平面的左半侧(简称“左根”或“稳根”)，表示系统是稳定的。若各元素中有负号或零，则系统必不稳定，且符号改变几次，就表示有几个特征根在 s 平面的右半侧(简称“右根”或“不稳根”)。

例 3-6　已知系统的闭环特征方程为 $s^4+2s^3+3s^2+4s+5=0$，试用劳斯稳定性判据判别系统的稳定性。

解　作劳斯表如下：

$$\begin{array}{cccc}
s^4 & 1 & 3 & 5 \\
s^3 & 2 & 4 & 0 \\
s^2 & 1 & 5 & \\
s^1 & -6 & & \\
s^0 & 5 & &
\end{array}$$

$b_1=\frac{2\times3-4\times1}{2}=1$，$b_2=\frac{2\times5-0\times1}{2}=5$，$c_1=\frac{1\times4-2\times5}{1}=-6$，$d_1=\frac{-6\times5-1\times0}{-6}=5$，因为第一列中有负值出现，不全部大于零，所以系统不稳定。第一列中符号从1到−6改变一次，从−6到5改变一次，共改变两次，因而有两个不稳定根。

例3-7 已知单位负反馈系统的开环传递函数为$G(s)=\frac{K}{s(0.1s+1)(0.25s+1)}$，试确定使系统稳定的$K$值范围。

解 (1) 系统的闭环传递函数为

$$\Phi(s)=\frac{G(s)}{1+G(s)}=\frac{K}{s(0.1s+1)(0.25s+1)+K}$$

$$=\frac{K}{0.025s^3+0.35s^2+s+K}$$

系统的特征方程为$0.025s^3+0.35s^2+s+K=0$，化简为$s^3+14s^2+40s+40K=0$。

(2) 用劳斯稳定性判据确定使系统稳定的条件。

列写劳斯表如下：

$$\begin{array}{llll} s^3 & 1 & 40 & 0 \\ s^2 & 14 & 40K & 0 \\ s^1 & \dfrac{560-40K}{14} & 0 & \\ s^0 & 40K & 0 & \end{array}$$

欲使系统稳定，应满足

$$\left.\begin{array}{l}\dfrac{560-40K}{14}>0 \\ 40K>0\end{array}\right\} \Rightarrow 0<K<14$$

所以，要使系统稳定的K值范围为$0<K<14$。

2. 劳斯稳定性判据的两种特殊情况

(1) 在列写劳斯表时，若某一行的第一列元素等于零，而其余各元素不为零或不全为零，在计算下一行时，其各元素将为∞，将无法继续列写劳斯表。这时用一个很小的正数$\varepsilon(\approx0)$来代替这个零元素，并往下计算劳斯表中的其他各元素。如果第一列中的元素除了出现的零值外，其余全部大于零，则说明系统有临界稳定的特征根。

例3-8 已知系统的特征方程为$D(s)=s^4+3s^3+s^2+3s+1=0$，试分析系统的稳定性及闭环特征根的情况。

解 (1) 系统特征方程各项系数大于0。

(2) 列写劳斯表如下：

$$\begin{array}{llll} s^4 & 1 & 1 & 1 \\ s^3 & 3 & 3 & \\ s^2 & 0(\varepsilon) & 1 & \\ s^1 & 3-\dfrac{3}{\varepsilon} & 1 & \\ s^0 & 1 & & \end{array}$$

(3) 劳斯表第一列，$3-\frac{3}{\varepsilon}<0$，$\varepsilon$ 为一个正数，从 s^2 行至 s^1 行的元素符号改变一次，说明系统中有一个不稳定的右根。此外，从 s^1 行至 s^0 行的元素符号又改变一次，故该系统应共有两个不稳定的右根，另两个特征根是稳定根，因此系统不稳定。

例 3-9　已知系统的特征方程为 $D(s)=s^3+2s^2+s+2=0$，试分析系统的稳定性及闭环特征根的情况。

解　作劳斯表如下：

$$\begin{array}{llll} s^3 & 1 & 1 & 0 \\ s^2 & 2 & 2 & 0 \\ s^1 & 0(=\varepsilon) & 0 & \\ s^0 & 2 & 0 & \end{array}$$

由于第一列元素除了一个零值外，其余元素全部大于零，所以系统是临界稳定的。对该方程作因式分解得到 $(s^2+1)(s+2)=0$，三个根分别为 $s_{1,2}=\pm\mathrm{j}$，$s_3=-2$，除了左半平面上的一个单根外，在虚轴上还有一对临界根。

(2) 在列写劳斯表时，若发现某一行的各元素都等于零，则说明系统特征根中存在两个大小相等、符号相反的特征根。这时：

① 要用该行上面一行的各元素作系数，构成辅助方程。

② 对辅助方程求导一次，得到一个新方程，再用该新方程的系数去代替原来各元素为零的那一行，然后可以继续计算劳斯表中其余各元素。

例 3-10　已知系统的特征方程为 $D(s)=s^5+s^4+3s^3+3s^2+2s+2=0$，试分析系统的稳定性及闭环特征根的情况。

解　(1) 系统特征方程各项系数大于 0。

(2) 列写劳斯表如下：

$$\begin{array}{llll} s^5 & 1 & 3 & 2 \\ s^4 & 1 & 3 & 2 \\ s^3 & 0(4) & 0(6) & \\ s^2 & \frac{3}{2} & 2 & \\ s^1 & \frac{2}{3} & & \\ s^0 & 2 & & \end{array}$$

(3) 由 s^4 行写出辅助方程，即 $s^4+3s^2+2=0$，对辅助方程求导得 $4s^3+6s=0$，用式中系数代替劳斯表中的全零行。

(4) 继续列写、计算劳斯表。

(5) 劳斯表中有全零行，即系统中含有数值相同、符号相反的特征根。由辅助方程 $s^4+3s^2+2=0$ 求得 $(s^2+1)(s^2+2)=0$，因此有 $s_{1,2}=\pm\mathrm{j}$，$s_{3,4}=\pm\mathrm{j}\sqrt{2}$，共有 4 个两对数值相同、符号相反的纯虚根，因此系统不稳定。

此外，劳斯表中第一列各元素符号没有改变，说明系统除 4 个纯虚根外，还有 1 个是稳定根。

例 3-11 已知系统的特征方程为 $D(s)=s^5+2s^4+24s^3+48s^2+25s+50=0$，试分析系统的稳定性及闭环特征根的情况。

解 (1)系统特征方程各项系数大于 0。

(2) 列写劳斯表如下：

s^5	1	24	25
s^4	2	48	50
s^3	0(8)	0(96)	
s^2	24	50	
s^1	79.3		
s^0	50		

(3) 由 s^4 行写出辅助方程，即 $2s^4+48s^2+50=0$，对辅助方程求导得 $8s^3+96s=0$，用式中系数代替劳斯表中的全零行。

(4) 继续列写、计算劳斯表。

(5) 劳斯表中有全零行，即系统中含有数值相同、符号相反的特征根。由辅助方程 $2s^4+48s^2+50=0$ 求得 $s_{1,2}=\pm j1.0446$，$s_{3,4}=\pm j4.7863$，共有 4 个两对数值相同、符号相反的纯虚根，因此系统不稳定。

此外，劳斯表中第一列各元素符号没有改变，说明系统除 4 个纯虚根外，还有 1 个是稳定根。

3.5.4 赫尔维茨稳定性判据

已知线性定常系统的特征方程为 $a_ns^n+a_{n-1}s^{n-1}+\cdots+a_1s+a_0=0$，作赫尔维茨行列式如下：

$$D_1=a_{n-1}$$

$$D_2=\begin{vmatrix} a_{n-1} & a_{n-3} \\ a_n & a_{n-2} \end{vmatrix}$$

$$D_3=\begin{vmatrix} a_{n-1} & a_{n-3} & a_{n-5} \\ a_n & a_{n-2} & a_{n-4} \\ 0 & a_{n-1} & a_{n-3} \end{vmatrix}$$

$$\vdots$$

$$D_n=\begin{vmatrix} a_{n-1} & a_{n-3} & a_{n-5} & \cdots & 0 & 0 \\ a_n & a_{n-2} & a_{n-4} & \cdots & 0 & 0 \\ 0 & a_{n-1} & a_{n-3} & \cdots & 0 & 0 \\ 0 & a_n & a_{n-2} & \cdots & 0 & 0 \\ 0 & 0 & a_{n-1} & \cdots & 0 & 0 \\ 0 & 0 & a_n & \cdots & 0 & 0 \\ \vdots & \vdots & \vdots & & \vdots & \vdots \\ 0 & 0 & 0 & \cdots & a_0 & 0 \\ 0 & 0 & 0 & \cdots & a_1 & 0 \\ 0 & 0 & 0 & \cdots & a_2 & a_0 \end{vmatrix}$$

行列式 D_n 的维数为 $n\times n$，在主对角线上从 a_{n-1} 依次写入特征方程中的系数，直至 a_0 为止，然后在每一列内从上到下依次按下标递增的顺序填入其他系数，最后用0补齐。线性定常系统稳定的充分必要条件为赫尔维茨行列式的各阶子行列式全部大于零，即 $D_i>0$，$i=1, 2, \cdots, n$。

对于 $n\leqslant 4$ 的线性系统，其稳定的充分必要条件还可以表示为如下简单形式：

$n=2$：特征方程的各项系数为正。

$n=3$：特征方程的各项系数为正，且 $a_{n-1}a_{n-2}-a_n a_{n-3}>0$。

$n=4$：特征方程的各项系数为正，且 $D_2=a_{n-1}a_{n-2}-a_n a_{n-3}\gg 0$，以及 $D_2>a_{n-1}^2 a_{n-4}/a_{n-3}$。

当系统特征方程的次数较高时，应用赫尔维茨稳定性判据的计算工作量较大。有学者已证明：在特征方程所有系数为正的条件下，若所有奇次顺序赫尔维茨行列式为正，则所有偶次顺序赫尔维茨行列式亦必为正；反之亦然。这就是李纳德-戚帕特稳定性判据。

例3-12　已知单位负反馈控制系统的开环传递函数为

$$G(s)=\frac{K(s+2)}{s(s+1)(2s+1)}$$

试用赫尔维茨稳定性判据，判别闭环系统稳定时参数 K 的取值范围。

解　由给定的开环传递函数，可得系统的闭环传递函数为

$$\Phi(s)=\frac{K(s+2)}{2s^3+3s^2+(K+1)s+2K}$$

闭环特征方程为

$$D(s)=2s^3+3s^2+(K+1)s+2K=0$$

计算赫尔维茨各子行列式如下：

$$D_1=3>0$$

$$D_2=\begin{vmatrix}3 & 2K\\ 2 & K+1\end{vmatrix}>0\Rightarrow 3K+3-4K>0\Rightarrow K<3$$

$$D_3=\begin{vmatrix}3 & 2K & 0\\ 2 & K+1 & 0\\ 0 & 3 & 2K\end{vmatrix}>0\Rightarrow(3K+3)2K-8K^2>0\Rightarrow 0<K<3$$

所以 K 的取值范围为 $0<K<3$。

例3-13　已知单位负反馈控制系统结构图如图3-42所示，试确定闭环系统稳定时开环增益 K 的取值范围。如果要求所有闭环根的实部都要小于-0.1，则开环增益 K 的取值范围变化如何。

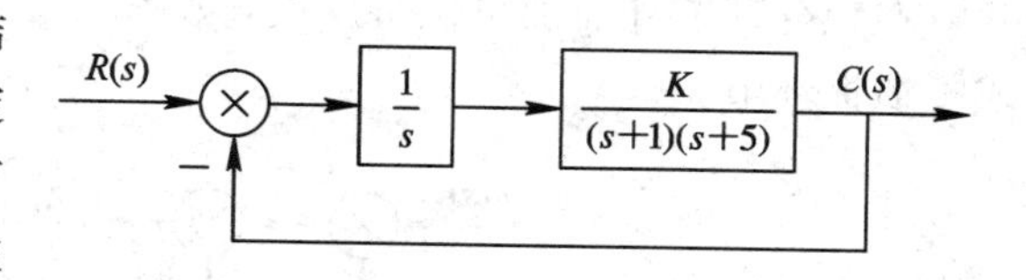

图3-42　单位负反馈控制系统结构图

解　系统闭环特征方程为 $D(s)=s^3+6s^2+5s+K=0$，根据李纳德-戚帕特稳定性判据，特征方程各项系数大于零，得到 $K>0$，由偶次阶子行列式 $D_2>0$ 为充分条件，所以有

$$D_2=\begin{vmatrix}6 & K\\ 1 & 5\end{vmatrix}>0\Rightarrow 30-K>0\Rightarrow K<30$$

得系统稳定时开环增益 K 的取值范围为 $0<K<30$。

如果要求所有闭环根的实部都要小于 -0.1，作变量代换 $s'=s+0.1$，将 $s=s'-0.1$ 代入原特征方程有

$$(s'-0.1)^3+6(s'-0.1)^2+5(s'-0.1)+K=0$$

整理后得

$$s'^3+5.7s'^2+3.83s'+(K-0.441)=0$$

根据李纳德-戚帕特稳定性判据，特征方程各项系数大于零，得到 $K>0.441$，由偶次阶子行列式 $D_2>0$ 为充分条件，所以有

$$D_2=\begin{vmatrix}5.7 & K-0.441\\ 1 & 3.83\end{vmatrix}>0\Rightarrow 21.831-K+0.441>0\Rightarrow K<22.272$$

要求闭环根的实部均小于 -0.1 时，系统稳定的开环增益 K 的取值范围减小为 $0.441<K<22.272$。

3.5.5 结构不稳定系统的改进措施

如果一个系统无论怎样调节参数，系统总是无法稳定，称这类系统为结构不稳定系统，如图 3-43 所示。

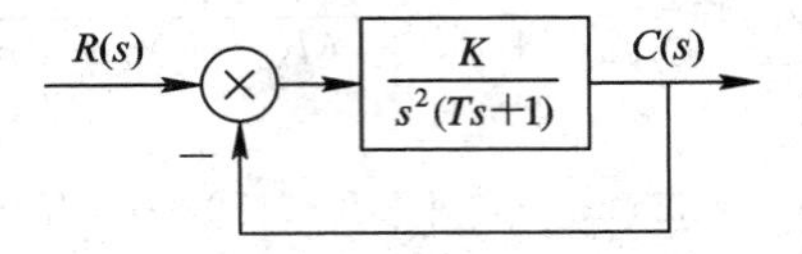

图 3-43　结构不稳定系统方框图

系统闭环传递函数为 $\Phi(s)=\dfrac{C(s)}{R(s)}=\dfrac{K}{Ts^3+s^2+K}$，特征方程为 $Ts^3+s^2+K=0$。

根据劳斯稳定性判据，由于方程中 s 一次项的系数为零，故不论 K 如何取值，系统总是不稳定的。结构不稳定的系统是无法工作的，因此需要加以改进。常用的改进方法有以下两种。

1. 改变环节的积分性质

在积分环节外面加单位负反馈，如图 3-44 所示，这时传递函数从原来的积分环节变成了惯性环节。

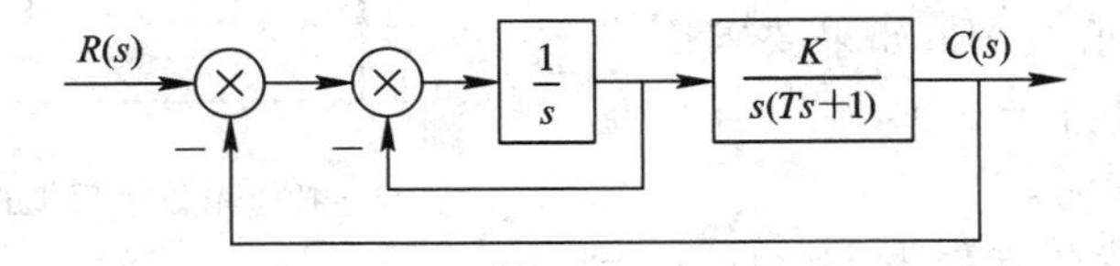

图 3-44　积分环节外加单位负反馈系统方框图

系统的开环传递函数变成 $G(s)=\dfrac{K}{s(s+1)(Ts+1)}$，系统的闭环传递函数为 $\Phi(s)=\dfrac{K}{s(s+1)(Ts+1)+K}$，系统的特征方程为 $D(s)=Ts^3+(1+T)s^2+s+K=0$。

劳斯表如下：

$$\begin{array}{lcc} s^3 & T & 1 \\ s^2 & 1+T & K \\ s^1 & \dfrac{1+T-TK}{1+T} & 0 \\ s^0 & K & 0 \end{array}$$

根据劳斯稳定性判据，系统稳定的条件为

$$\left.\begin{array}{l} 1+T>0 \\ K>0 \\ T>0 \\ 1+T-TK>0 \end{array}\right\} \Rightarrow \begin{cases} 0<K<\dfrac{1+T}{T} \\ T>0 \end{cases}$$

所以，K 的取值范围为 $0<K<\dfrac{1+T}{T}$，此时只要适当选取 K 值就可使系统稳定。

2. 加入一阶微分环节

如图 3-45 所示，在前述图 3-43 所示结构不稳定系统的前向通道中加入一阶微分环节。

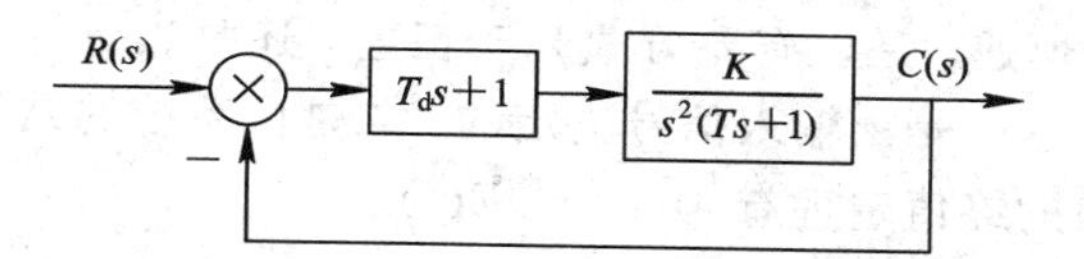

图 3-45　系统中加入一阶微分环节系统方框图

系统开环传递函数变成 $G(s)=\dfrac{(T_d s+1)K}{Ts^3(Ts+1)}$，系统的闭环传递函数为 $\Phi(s)=\dfrac{(T_d s+1)K}{s^2(Ts+1)+(T_d s+1)K}=\dfrac{(T_d s+1)K}{Ts^3+s^2+KT_d s+K}$，系统特征方程为 $D(s)=s^3+s^2+KT_d s+K=0$。

劳斯表如下：

$$\begin{array}{lcc} s^3 & T & KT_d \\ s^2 & 1 & K \\ s^1 & K(T_d-T) & 0 \\ s^0 & K & 0 \end{array}$$

根据劳斯稳定性判据，系统稳定的条件为

$$\left.\begin{array}{l} T_d-T>0 \\ K>0 \\ T>0 \end{array}\right\} \Rightarrow \begin{cases} T_d>T>0 \\ K>0 \end{cases}$$

只要适当选取系统参数，就可使系统稳定。

3.6　线性系统的稳态误差分析

系统在控制信号作用下的响应偏离期望值的大小是以系统的误差来衡量的，全面分析误差的构成以及它们的时间行为，有助于实现所期望的控制要求。系统响应误差中的稳态误差的大小，是评价系统对于给定信号的跟踪精度的重要性能指标，也是体现系统准确性的关键指标。

3.6.1 误差和稳态误差的基本概念

对于稳定的系统，系统的误差定义为期望值与实际值之差。系统的误差是用输入量与反馈量的差值来定义的，即 $e(t)=r(t)-b(t)$，给定信号作为期望值，反馈信号作为实际值。对于单位反馈系统来说，反馈量 $b(t)$就等于输出量 $c(t)$。

系统的误差又分为动态误差与稳态误差，一般认为，系统的调节时间 t_s 之前的误差为动态误差，但是在控制理论中，通常采用另外的性能指标来评价系统的动态性能，动态误差一般用于考查系统对输入信号各阶次分量的跟踪能力和综合误差性能指标。

对于稳定的系统，稳态误差是指系统进入稳态后的误差值，即 $e_{ss}=\lim\limits_{t\to\infty}e(t)$，即时间 t 趋于无穷大时的误差。工程实践中可以粗略地认为，调节时间 t_s 之后的误差为稳态误差。考查系统的稳态误差是以系统所要求的跟踪信号为参考基准的，如需跟踪的信号为恒值信号，那么就要考查时间趋于无穷时，输出信号是否趋于恒值；另外，是否趋于准确的恒值是由系统的结构所决定的。如需要跟踪的信号为斜坡信号，那么就要考查时间趋于无穷时，输出信号是否趋于恒速，是以有差方式趋于恒速，还是以无差方式趋于恒速等，所以系统不同形式的稳态误差一是由输入信号决定的，二是由系统的结构决定的。

根据拉普拉斯变换的终值定理有 $e_{ss}=\lim\limits_{s\to 0}sE(s)$。

稳态误差可分为由给定信号作用下的误差和由扰动信号作用下的误差两种。

3.6.2 给定信号作用下的稳态误差分析

控制系统的典型方框图如图 3 - 46 所示，考虑给定信号 $R(s)$的作用时，令扰动信号 $D(s)=0$。

$$\Phi_{eer}(s)=\frac{E(s)}{R(s)}=\frac{1}{1+G_1(s)G_2(s)H(s)}$$

$$E_r(s)=\Phi_{eer}(s)R(s)=\frac{1}{1+G_1(s)G_2(s)H(s)}R(s)$$

$$e_{ssr}=\lim_{t\to\infty}sE_r(s)=\lim_{s\to 0}s\Phi_{eer}(s)R(s)=\lim_{s\to 0}s\frac{1}{1+G_1(s)G_2(s)H(s)}R(s)$$

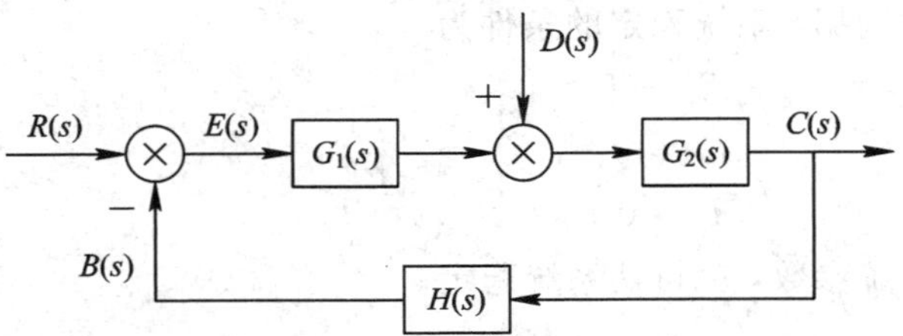

图 3 - 46 控制系统典型方框图

系统输入的一般表达式为 $R(s)=\dfrac{K}{s^{\nu}}$，ν 为前向通道中积分环节的个数。

系统开环传递函数的一般表达式为

$$G(s)H(s)=\frac{K\prod_{j=1}^{m}(\tau_j s+1)}{s^{\nu}\prod_{i=1}^{n}(T_i s+1)}\quad(n\geqslant m)$$

式中：K 为系统开环放大系数；τ_j、T_i 为时间常数。ν 为系统开环传递函数中积分环节的个数，又称控制系统的型别，ν 可以确定闭环系统无差的程度，有时也称为控制系统的误差度。对应于 $\nu=0$、1、2 的系统，分别称为 0 型系统、Ⅰ型系统、Ⅱ型系统。

下面分别讨论不同系统在不同的输入信号下，所产生的不同形式的稳态误差。

1. 静态位置误差系数 K_p

阶跃输入信号 $r(t)=R_0 1(t)$，相应的拉普拉斯变换式为

$$R(s)=\frac{R_0}{s}$$

$$\begin{aligned}e_{ssr}&=\lim_{t\to\infty}sE_r(s)=\lim_{s\to 0}s\Phi_{eer}(s)R(s)\\&=\lim_{s\to 0}s\frac{1}{1+G_1(s)G_2(s)H(s)}\frac{R_0}{s}\\&=\frac{R_0}{1+\lim\limits_{s\to 0}G_1(s)G_2(s)H(s)}\end{aligned}$$

静态位置误差系数 K_p 的定义式为 $K_p=\lim\limits_{s\to 0}G_1(s)G_2(s)H(s)$，将系统开环传递函数的一般表达式 $G_1(s)G_2(s)H(s)=\dfrac{K\prod_{j=1}^{m}(\tau_j s+1)}{s^{\nu}\prod_{i=1}^{n}(T_i s+1)}(n\geqslant m)$ 代入，则 $K_p=\lim\limits_{s\to 0}\dfrac{K}{s^{\nu}}$。

系统在输入信号为阶跃信号作用下的稳态误差为 $e_{ssr}=\dfrac{R_0}{1+K_p}$，则

对于 0 型系统，$K_p=\lim\limits_{s\to 0}\dfrac{K}{s^{\nu}}=K$，$e_{ssr}=\dfrac{R_0}{1+K}$；

对于Ⅰ型系统及以上系统，$K_p=\lim\limits_{s\to 0}\dfrac{K}{s^{\nu}}=\infty$，$e_{ssr}=0$。

由此可知，单位阶跃信号输入时，对于 0 型系统，开环放大系数越大，阶跃信号作用下系统的稳态误差越小，对于Ⅰ型系统及Ⅱ型系统，其稳态误差为零。图 3－47 体现 $r(t)$ 为阶跃输入信号时系统的稳态误差与型别的关系。

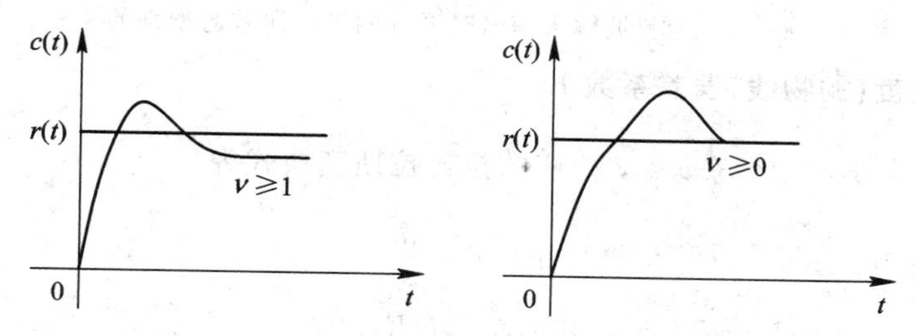

图 3－47　$r(t)$为阶跃输入信号时系统的稳态误差与型别的关系

2. 静态速度误差系数 K_v

斜坡输入信号 $r(t)=v_0 t$，相应的拉普拉斯变换式为

$$R(s)=\frac{v_0}{s^2}$$

$$e_{ssr}=\lim_{t\to\infty} sE_r(s)=\lim_{s\to 0} s\Phi_{eer}(s)R(s)$$

$$=\lim_{s\to 0} s\frac{1}{1+G_1(s)G_2(s)H(s)}\frac{v_0}{s^2}=\frac{v_0}{\lim\limits_{s\to 0} sG_1(s)G_2(s)H(s)}$$

静态速度误差系数 K_v 的定义式为 $K_v=\lim\limits_{s\to 0} sG_1(s)G_2(s)H(s)$，将系统开环传递函数的一般表达式 $G_1(s)G_2(s)H(s)=\dfrac{K\prod\limits_{j=1}^{m}(\tau_j s+1)}{s^\nu\prod\limits_{i=1}^{n}(T_i s+1)}(n\geqslant m)$ 代入，则 $K_v=\lim\limits_{s\to 0}\dfrac{K}{s^{\nu-1}}$。

系统在输入信号为斜坡信号作用下的稳态误差为 $e_{ssr}=\dfrac{v_0}{K_v}$，则

对于 0 型系统，$K_v=0$，$e_{ssr}=\infty$；

对于Ⅰ型系统及以上系统，$K_v=K$，$e_{ssr}=\dfrac{v_0}{K}$；

对于Ⅱ型系统及以上系统，$K_v=\infty$，$e_{ssr}=0$。

由此可知，对于 0 型系统，系统不能正常工作；对于Ⅰ型系统，开环放大系数越大，斜坡信号作用下系统的稳态误差越小；对于Ⅱ型系统，其稳态误差为零，所以可以实现无差跟踪。也就是说，只要系统是稳定系统，那么系统响应在过了暂态时间之后，就与等速率信号相同了，所以，$\nu=2$ 的系统又称为二阶无差系统。图 3－48 体现 $r(t)$ 为斜坡输入信号时系统的稳态误差与型别的关系。

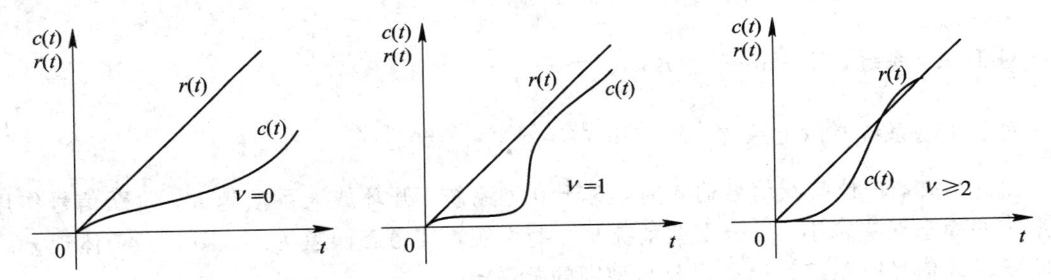

图 3－48 $r(t)$为斜坡输入信号时系统的稳态误差与型别的关系

3. 静态加速度(抛物线)误差系数 K_a

加速度输入信号 $r(t)=\frac{1}{2}a_0 t^2$，相应的拉普拉斯变换式为

$$R(s)=\frac{a_0}{s^3}$$

$$e_{ssr}=\lim_{t\to\infty} sE_r(s)=\lim_{s\to 0} s\Phi_{eer}(s)R(s)$$

$$=\lim_{s\to 0} s\frac{1}{1+G_1(s)G_2(s)H(s)}\frac{a_0}{s^3}=\frac{a_0}{\lim\limits_{s\to 0} s^2G_1(s)G_2(s)H(s)}$$

静态加速度误差系数 K_a 的定义式为 $K_a=\lim\limits_{s\to 0}s^2G_1(s)G_2(s)H(s)$，将系统开环传递函数的一般表达式 $G_1(s)G_2(s)H(s)=\dfrac{K\prod\limits_{j=1}^{m}(\tau_j s+1)}{s^{\nu}\prod\limits_{i=1}^{n}(T_i s+1)}(n\geqslant m)$ 代入，则 $K_a=\lim\limits_{s\to 0}\dfrac{K}{s^{\nu-2}}$。

系统在输入信号为加速度信号作用下的稳态误差为 $e_{ssr}=\dfrac{a_0}{K_a}$，则

对于 0 型系统和 Ⅰ 型系统，$K_a=0$，$e_{ssr}=\infty$；

对于 Ⅱ 型系统，$K_a=K$，$e_{ssr}=\dfrac{a_0}{K}$；

对于 Ⅲ 型系统及以上系统，$K_a=\infty$，$e_{ssr}=0$。

由此可知，对于 0 型系统和 Ⅰ 型系统的稳态误差都为无穷大，系统不能正常工作。对于 Ⅱ 型系统，开环放大系数越大，加速度信号作用下系统的稳态误差越小，有限地实现对于加速度信号的跟踪。对于 Ⅲ 型系统及以上系统，其稳态误差为零。图 3-49 体现 $r(t)$ 为加速度输入信号时系统的稳态误差与型别的关系。

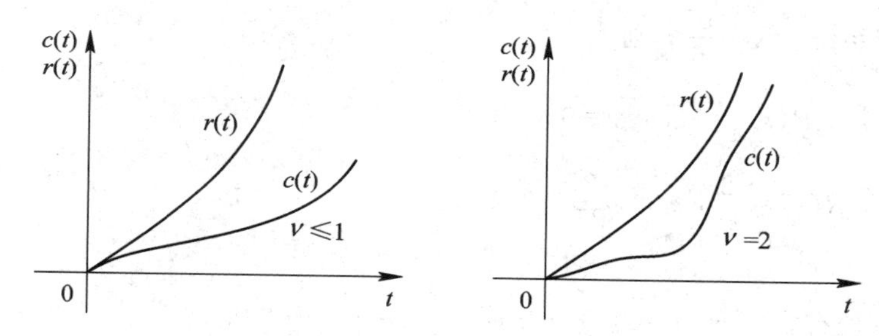

图 3-49　$r(t)$ 为加速度输入信号时系统的稳态误差与型别的关系

通过上述分析可知，稳态误差与系统的结构参数及输入信号有关。表 3-1 体现出系统型别、静态误差系数与不同形式给定信号 $r(t)$ 作用下的给定稳态误差 e_{ssr}。

表 3-1　系统型别、静态误差系数与不同形式输入 $r(t)$ 作用下的 e_{ssr}

系统型别	静态误差系数			输入信号 $r(t)=R_0 1(t)$	斜坡输入信号 $r(t)=v_0 t$	加速度输入信号 $r(t)=\frac{1}{2}a_0 t^2$
ν	K_p	K_v	K_a	$e_{ssr}=\dfrac{R_0}{1+K_p}$	$e_{ssr}=\dfrac{v_0}{K_v}$	$e_{ssr}=\dfrac{a_0}{K_a}$
0 型	K	0	0	$\dfrac{R_0}{1+K}$	∞	∞
Ⅰ 型	∞	K	0	0	$\dfrac{v_0}{K}$	∞
Ⅱ 型	∞	∞	K	0	0	$\dfrac{a_0}{K}$

例 3-14　单位反馈系统如图 3-50 所示，已知 $r(t)=1(t)+2t$，$d(t)=0$，$e(t)=$

$r(t)-c(t)$。试求系统稳态误差。

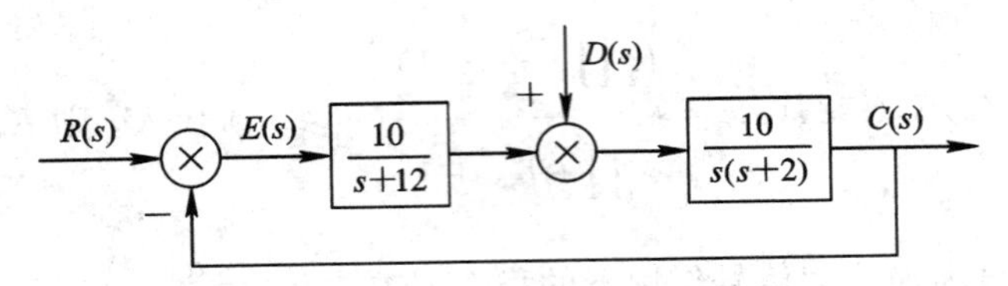

图 3-50 例 3-14 系统方框图

解 系统开环传递函数为

$$G(s)=\frac{100}{s(s+2)(s+12)}$$

化为时间常数形式

$$G(s)=\frac{\frac{25}{6}}{s\left(\frac{1}{2}s+1\right)\left(\frac{1}{12}s+1\right)}$$

系统为Ⅰ型系统，$K=\frac{25}{6}$，则

当 $r(t)=1(t)$，$R(s)=\frac{1}{s}$，$e_{ssr}=0$；

当 $r(t)=2t$，$R(s)=\frac{2}{s^2}$，$e_{ssr}=\frac{2}{\frac{25}{6}}=0.48$。

根据叠加原理有，当 $r(t)=1(t)+2t$ 时，$e_{ssr}=0+\frac{2}{\frac{25}{6}}=0.48$。

3.6.3 扰动信号作用下的稳态误差分析

如图 3-51 所示系统，考虑扰动信号 $D(s)$的作用时，令给定信号 $R(s)=0$ 时系统的闭环传递函数为

$$\Phi_{eed}(s)=\frac{E_d(s)}{D(s)}==\frac{-G_2(s)H(s)}{1+G_1(s)G_2(s)H(s)}$$

则稳态误差的拉氏变换形式为

$$E_d(s)=\Phi_{eed}(s)D(s)=\frac{-G_2(s)H(s)}{1+G_1(s)G_2(s)H(s)}D(s)$$

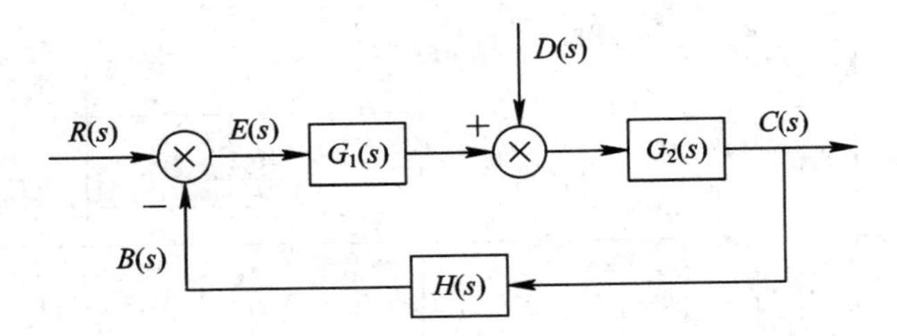

图 3-51 只考虑 $D(s)$的作用下系统结构方框图

根据终值定理有

$$e_{ssd} = \lim_{s\to 0} sE_d(s) = \lim_{s\to 0} s\Phi_{eed}(s)D(s) = \lim_{s\to 0} s\frac{-G_2(s)H(s)}{1+G_1(s)G_2(s)H(s)}D(s)$$

若$\lim_{s\to 0} G_1(s)G_2(s)H(s) \ll 1$，则上式可近似为

$$e_{ssd} = \lim_{s\to 0} s\Phi_{eed}(s)D(s) = \lim_{s\to 0} s\frac{-G_2(s)H(s)}{G_1(s)G_2(s)H(s)}D(s) = \lim_{s\to 0} s\frac{-1}{G_1(s)}D(s)$$

如上式所述，扰动信号作用下产生的稳态误差，除了与扰动信号的形式有关外，还与扰动作用点之前的传递函数的参数及系统结构有关，而与扰动信号作用点之后的传递函数无关。研究扰动信号对系统的影响的目的，就是要设法克服或者减小扰动信号所产生的输出。

例 3-15　系统方框图如图 3-52 所示，其中 $G_1(s)=\frac{6}{s+5}$，$G_2(s)=\frac{5}{s+2}$，$H(s)=\frac{2}{s}$，已知 $r(t)=3t$，$d(t)=0.3\times 1(t)$，求系统的稳态误差。

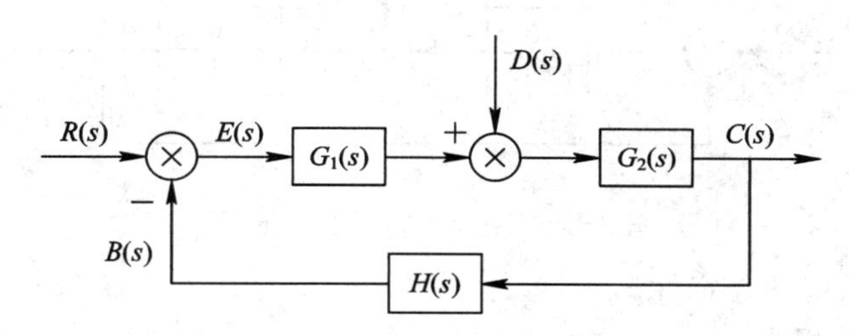

图 3-52　例 3-15 系统方框图

解　(1) 判断系统稳定性。

系统闭环特征方程为

$$s(s+2)(s+5)+60=0$$

$$s^3+7s^2+10s+60=0$$

列写劳斯表如下：

s^3	1	10
s^2	7	60
s^1	$\frac{10}{7}$	
s^0	60	

劳斯表第一列元素全为正号，符合劳斯稳定性判据的稳定条件，则闭环系统稳定。

(2) 给定信号作用下的稳态误差。

系统的开环传递函数为 $G_1(s)G_2(s)H(s)=\frac{60}{s(s+5)(s+2)}$，化为时间常数形式 $G_1(s)G_2(s)H(s)=\frac{6}{s(0.2s+1)(0.5s+1)}$。

系统为Ⅰ型系统，$K=6$，当 $r(t)=3t$，$R(s)=\frac{3}{s^2}$，$e_{ssr}=\frac{3}{K}=\frac{3}{6}=0.5$。

(3) 扰动信号作用下的稳态误差。

$$d(t)=0.3\times t,\ D(s)=\frac{0.3}{s}$$

$$e_{\rm ssd}=\lim_{t\to\infty}sE_{\rm d}(s)=\lim_{s\to0}s\Phi_{\rm eed}(s)D(s)=\lim_{s\to0}s\frac{-G_2(s)H(s)}{1+G_1(s)G_2(s)H(s)}D(s)$$

$$=\lim_{s\to0}s\frac{-\dfrac{5}{(s+2)}\dfrac{2}{s}}{1+\dfrac{60}{s(s+5)(s+2)}}\frac{0.3}{s}=-\lim_{s\to0}s\frac{10(s+5)}{s(s+5)(s+2)+60}\frac{0.3}{s}=-0.25$$

(4) 根据叠加原理，有

$$e_{\rm ss}=e_{\rm ssr}+e_{\rm ssd}=0.5-0.25=0.25$$

例 3-16 单位反馈系统如图 3-53 所示，已知 $r(t)=1(t)+2t$，$d(t)=1(t)$，$e(t)=r(t)-c(t)$。试求系统的稳态误差。

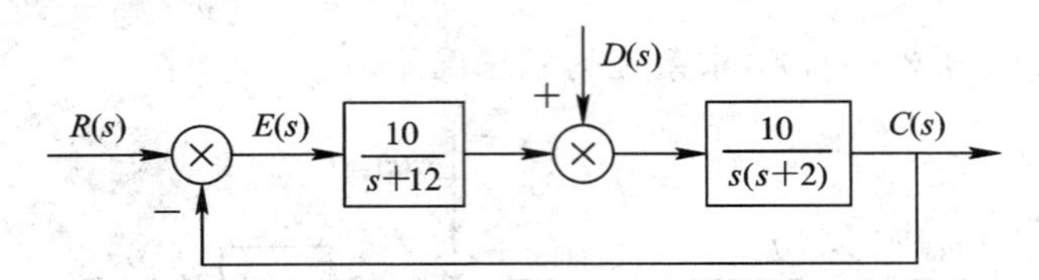

图 3-53 例 3-16 系统方框图

解 (1) 判断系统的稳定性。

系统闭环特征方程为

$$s(s+2)(s+12)+100=0$$

$$s^3+14s^2+24s+100=0$$

列写劳斯表如下：

$$\begin{array}{lll} s^3 & 1 & 24 \\ s^2 & 14 & 100 \\ s^1 & \dfrac{118}{7} & \\ s^0 & 100 & \end{array}$$

劳斯表第一列元素全为正号，符合劳斯稳定性判据的稳定条件，则闭环系统稳定。

(2) 给定信号作用下的稳态误差。

当 $r(t)=1(t)$，$R(s)=\dfrac{1}{s}$；当 $r(t)=2t$，$R(s)=\dfrac{2}{s^2}$。

$$\Phi_{\rm eer}(s)=\frac{E_{\rm r}(s)}{R(s)}=\frac{1}{1+\dfrac{100}{s(s+2)(s+12)}}=\frac{s(s+2)(s+12)}{s(s+2)(s+12)+100}$$

$$e_{\rm ssr}=\lim_{t\to\infty}sE_{\rm r}(s)=\lim_{s\to0}s\Phi_{\rm eer}(s)R(s)=\lim_{s\to0}s\frac{s(s+2)(s+12)}{s(s+2)(s+12)+100}\left(\frac{1}{s}+\frac{2}{s^2}\right)=0.48$$

(3) 扰动信号作用下的稳态误差。

当 $d(t)=1(t)$时，$D(s)=\dfrac{1}{s}$。

$$\Phi_{\mathrm{eed}}(s)=\frac{-\dfrac{10}{s(s+2)}}{1+\dfrac{100}{s(s+2)(s+12)}}=-\frac{10(s+12)}{s(s+2)(s+12)+100}$$

$$e_{\mathrm{ssd}}=\lim_{t\to\infty}sE_{\mathrm{d}}(s)=\lim_{s\to 0}s\Phi_{\mathrm{eed}}(s)D(s)=-\lim_{s\to 0}s\frac{10(s+12)}{s(s+2)(s+12)+100}\frac{1}{s}=-1.2$$

（4）根据叠加定理，有

$$e_{\mathrm{ss}}=e_{\mathrm{ssr}}+e_{\mathrm{ssd}}=0.48-1.2=-0.72$$

3.6.4　改善系统稳态精度的方法

系统的稳态误差主要是由积分环节的个数和放大系数来确定的。为了提高精度等级，可增加积分环节的数目，为了减小稳态误差，可增加放大系数，但这样会使系统的稳定性变差，而采用补偿的方法，则可在保证系统稳定的前提下减小稳态误差，使得系统的稳态精度获得不同程度的改善。

1. 引入输入补偿

系统如图 3－54 所示，为了减小由给定信号引起的稳态误差，从输入端引入一补偿环节 $G_c(s)$。在输入扰动时，如果补偿通路的传递函数 $G_c(s)$满足一定的条件，则可以实现信号的全补偿。

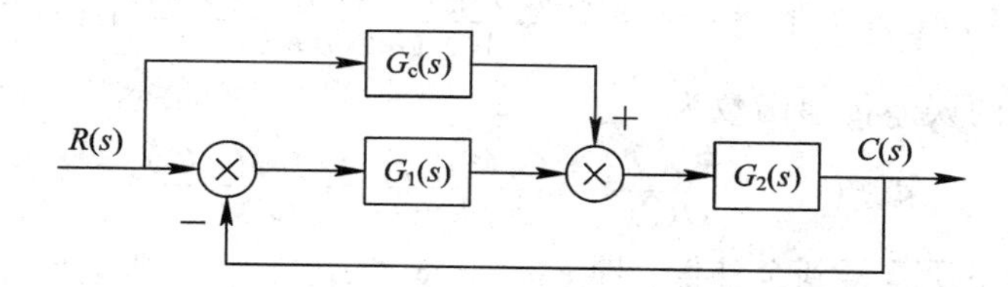

图 3－54　引入输入补偿的复合控制系统

其系统传递函数为

$$\Phi_{\mathrm{eer}}(s)=\frac{E(s)}{R(s)}=\frac{R(s)-C(s)}{R(s)}=1-\frac{C(s)}{R(s)}$$

$$=1-\frac{G_1(s)G_2(s)+G_c(s)G_2(s)}{1+G_1(s)G_2(s)}=\frac{1-G_c(s)G_2(s)}{1+G_1(s)G_2(s)}$$

要求系统的稳态误差得到全补偿，即 $e_{\mathrm{ssr}}=0$ 或 $\Phi_{\mathrm{eer}}(s)=0$，则 $1-G_c(s)G_2(s)=0$，即可得 $G_c(s)=\dfrac{1}{G_2(s)}$，可见输入补偿器的选择与控制通道的特性有关。

2. 引入扰动补偿

在原控制系统中设置扰动补偿通路，利用扰动补偿通路的作用削弱扰动信号对于输出信号的影响，这种方法称为扰动补偿法。相应地，将扰动补偿通路的传递函数称为扰动补偿器。如图 3－55 所示，为了减小扰动信号引起的误差，利用扰动信号经过 $G_c(s)$来进行补偿。

扰动信号作用时的误差分量为

$$E_D(s)=-C_D(s)$$

其中，$C_D(s)$为扰动信号作用时系统的输出。根据叠加原理它由两部分构成，即

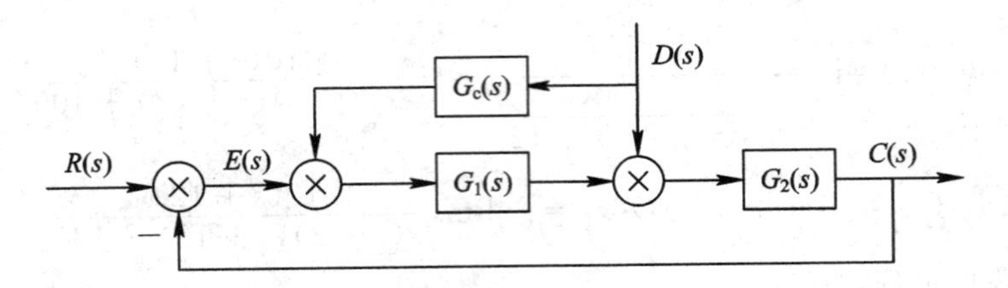

图 3-55　引入扰动补偿的复合控制系统

$$C_D(s)=C_{D1}(s)+C_{D2}(s)$$

其中，$C_{D1}(s)$为扰动主通路作用时的系统输出，有

$$C_{D1}(s)=\frac{G_2(s)}{1+G_1(s)G_2(s)}D(s)$$

$C_{D2}(s)$为扰动补偿通路作用时的系统输出，有

$$C_{D2}(s)=\frac{G_c(s)G_1(s)G_2(s)}{1+G_1(s)G_2(s)}D(s)$$

扰动信号作用时，总的输出为两部分相加，即

$$C_D(s)=C_{D1}(s)+C_{D2}(s)=\frac{G_2(s)}{1+G_1(s)G_2(s)}D(s)+\frac{G_c(s)G_1(s)G_2(s)}{1+G_1(s)G_2(s)}D(s)$$

则

$$E_D(s)=-C_D(s)=-\frac{G_2(s)+G_c(s)G_1(s)G_2(s)}{1+G_1(s)G_2(s)}D(s)$$

在扰动作用下的误差传递函数为

$$\Phi_{eed}(s)=\frac{E_D(s)}{D(s)}=\frac{G_2(s)[1+G_c(s)G_1(s)]}{1+G_1(s)G_2(s)}$$

要求系统的稳态误差得到全补偿，即 $e_{ssd}=0$ 或 $\Phi_{eed}(s)=0$，则 $1+G_c(s)G_1(s)=0$，即可得 $G_c(s)=-\frac{1}{G_1(s)}$，可见，扰动补偿器的选择与控制通道的特性有关。采用复合控制系统能提高系统的稳态精度。

上述两种补偿方法是理想情况下的全补偿。实际应用时，由于各种非理想因素的影响，并不能实现全补偿，但是，如果补偿后的误差能够限制在允许误差之内，就是很满意的效果。

3.7　利用 MATLAB 对控制系统进行时域分析

1. 利用 MATLAB 分析系统的稳定性

利用 MATLAB 工具软件分析系统的稳定性时，可以使用 roots 函数求解系统的特征方程式，从而根据其特征根实部的正负判断系统的稳定性；也可以使用 zpkdata 函数求系统的零、极点，根据其极点是否全部位于 s 平面的左半部判断系统的稳定性；还可以使用 pzmap 函数绘制系统的零极点图，根据其极点是否全部位于 s 平面的左半部判断系统的稳定性。下面介绍 roots 函数、zpkdata 函数和 pzmap 函数的使用方法。

1) roots 函数的使用方法

roots 函数的功能是对多项式求根，则可根据系统的特征方程式求特征根，即极点 p。

其常用格式为

r=roots(Q)　求多项式Q的根

2）zpkdata函数的使用方法

zpkdata函数的功能是根据系统闭环传递函数，求其零点z、极点p和增益k。其常用格式为

[z, p, k]=zpkdata(sys)　求线性定常系统sys的零点z、极点p和增益k，以元胞数组形式返回参数

[z, p, k]=zpkdata(sys, 'v')　求线性定常系统sys的零点z、极点p和增益k，以向量数据形式返回参数

3）pzmap函数的使用方法

pzmap函数的功能是计算线性定常系统的零、极点，并将它们表示在s复平面上。其常用格式为

pzmap(sys)　绘制线性定常系统sys的零极点图

pzmap(sys1, sys2, …, sysN)　在一张零极点图中同时绘制N个线性定常系统的零极点图。零极点图中，极点以"×"表示，零点以"o"表示

例3-17　已知控制系统的闭环传递函数为$\Phi(s)=\dfrac{5s^4+3s^3+8s^2+4s+10}{s^5+2s^4+7s^3+s^2+2s+3}$，试利用roots函数分析该系统的稳定性。

解　在MATLAB命令窗口中输入

```
>>P=[1, 2, 7, 1, 2, 3]        %定义特征方程多项式
>>r=roots(P)                  %求解特征根
```

运行结果为

```
r =
-0.9831 + 2.4084i
-0.9831 - 2.4084i
 0.3332 + 0.7227i
 0.3332 - 0.7227i
-0.7001 + 0.0000i
```

根据运行结果可知，该系统有一对共轭特征根的实部为正，因此系统不稳定。

例3-18　已知控制系统的闭环传递函数为$\Phi(s)=\dfrac{35s^3+57s^2+69s+100}{s^5+29s^4+82s^3+90s^2+12s+3}$，试利用zpkdata函数分析该系统的稳定性。

解　在MATLAB命令窗口中输入

```
>> num=[35, 57, 69, 100]          %定义传递函数分子
>>den=[1, 29, 82, 90, 12, 3]      %定义传递函数分母
>>sys=tf(num, den)                %生成系统传递函数模型
>> [z, p, k]=zpkdata(sys, 'v')    %求系统的零点、极点和增益
```

运行结果为

```
z =
-1.5476 + 0.0000i
-0.0405 + 1.3581i
```

```
    -0.0405 - 1.3581i
p=
    -25.9759 + 0.0000i
    -1.4555 + 0.9808i
    -1.4555 - 0.9808i
    -0.0565 + 0.1852i
    -0.0565 - 0.1852i
k=
    35
```

根据运行结果可知，该系统全部特征根均为负实部，因此系统稳定。

例 3-19　已知控制系统的闭环传递函数为 $\Phi(s)=\dfrac{3s^4+5s^3+21s^2+23s+78}{2s^5+9s^4+4s^3+32s^2+80s+52}$，试利用 pzmap 函数分析该系统的稳定性。

解　在 MATLAB 命令窗口中输入

```
>>num=[3, 5, 21, 23, 78]        %定义传递函数分子
>>den=[2, 9, 4, 32, 80, 52]     %定义传递函数分母
>> sys=tf(num, den)             %生成系统传递函数模型
>>pzmap (sys)                   %绘制系统的零极点图
```

运行后得到的系统零极点图如图 3-56 所示。

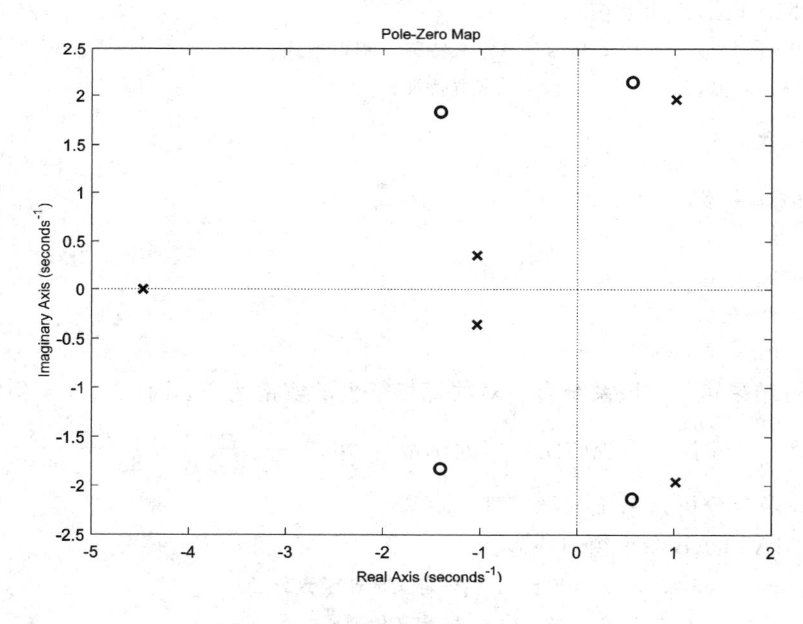

图 3-56　例 3-19 系统的零极点图

由图 3-56 可知，该系统有一对共轭极点位于 s 平面的右半部分，因此系统不稳定。

2. 利用 MATLAB 软件绘制系统的单位阶跃响应曲线

在 MATLAB 软件中，可以利用 step 函数绘制线性定常系统的单位阶跃响应曲线。step 函数的常用格式如下：

step(num, den)　绘制系统分子项系数为 num，分母项系数为 den 的单位阶跃响应曲线

step(sys)　绘制系统 sys 的单位阶跃响应曲线

step(sys，T)　时间向量 T 由用户指定

step(sys，sys1，…，sysN) 在一个图形窗口中同时绘制 N 个系统的单位阶跃响应曲线

step(sys，sys1，…，sysN，T) 时间向量 T 由用户指定

说明：T 缺省时，响应时间由函数根据系统的数学模型自动确定，也可由用户指定，由 $t=0$ 开始，至 T 结束。

例 3-20　试绘制时间常数 T=0.1 s、0.3 s、0.5 s、0.7 s 和 1.0 s 时的一阶系统单位阶跃响应曲线。

解　在 MATLAB 命令窗口中输入

```
>>T=[0.1，0.3，0.5，0.7，1.0]%定义 T 分别取 0.1 s、0.3 s、0.5 s、0.7 s 和 1.0 s
>>hold on                    %保持图形
>>num=1                      %一阶系统分子项系数为 1
>>fori=1：1：5               %循环 T 的 5 个不同取值
    >>den=[T(i) 1]           %定义闭环传递函数分母多项式系数
    >>step(num，den)         %绘制阶跃响应曲线
>>end                        %循环结束
```

运行后得到其单位阶跃响应曲线如图 3-57 所示。

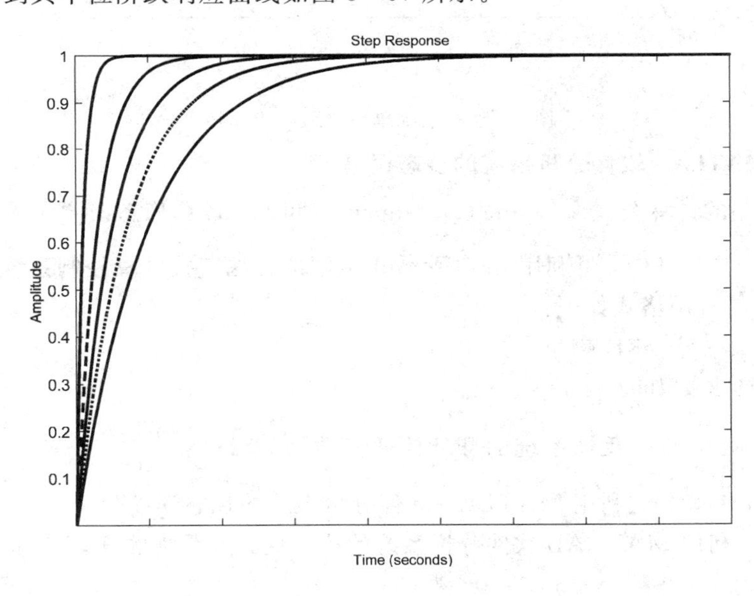

图 3-57　系统单位阶跃响应曲线

一阶系统动态过程的快速性由其时间常数 T 决定，时间常数 T 越小，则系统的快速性越好。

例 3-21　已知欠阻尼二阶系统的结构参数为 $\omega_n=8$ rad/s，$\xi=0.3$，试绘制系统的单位阶跃响应曲线。

解　在 MATLAB 命令窗口中输入

```
>>wn=8                       %定义 ωn=8 rad/s
>>ks=0.3                     %定义 ξ=0.3
```

```
>>num=wn^2                    %定义传递函数的分子项系数
>>den=[1 2*ks*wn wn^2]        %定义传递函数的分母项系数
>> step(num, den)             %绘制二阶系统的阶跃响应曲线
```

运行后得到其单位阶跃响应曲线如图 3-58 所示。

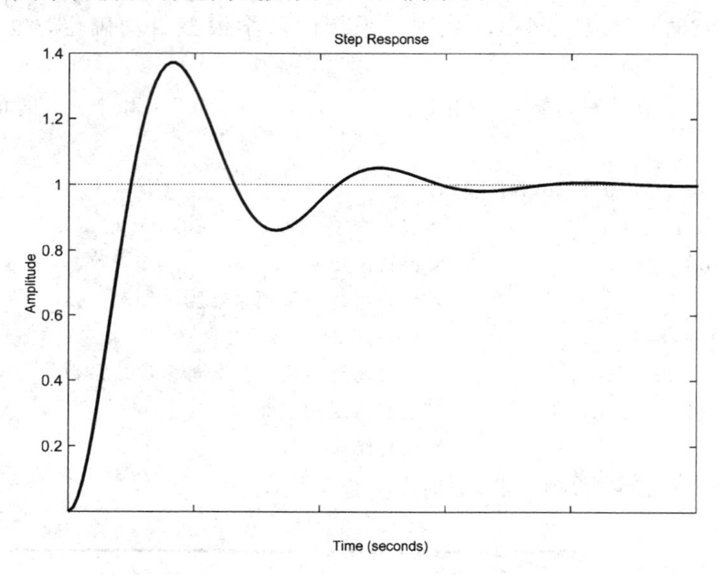

图 3-58　系统单位阶跃响应曲线

3. 利用 MATLAB 软件分析系统的稳态误差

由稳态误差的计算公式 $e_{ss}=\lim\limits_{t\to\infty}e(t)=\lim\limits_{s\to 0}sE(s)$ 可知，计算稳态误差实质上是求极限问题。在 MATLAB 软件中，可利用 limit 函数求极限的方法直接计算控制系统的稳态误差。

limit 函数的常用格式如下：

lim it(F, x, a)　求极限 $\lim\limits_{x\to a}F$

lim it(F) 求极限 $\lim\limits_{x\to a}F$ 且 $a=0$

例 3-23　已知单位反馈系统的开环传递函数为 $G(s)=\dfrac{80(0.6s+1)}{s(s+1)^2}$，作用于系统的给定信号为 $r(t)=8t$，试利用 MATLAB 软件分析系统的稳态误差。

解　首先，利用 MATLAB 软件分析系统的稳定性。由系统的开环传递函数可得系统的特征方程式为 $s^3+2s^2+49s+80=0$。

在 MATLAB 命令窗口中输入

```
>>den=[1 2 49 80]  %定义特征方程多项式系数
>>roots(den)    %求解特征根
```

运行结果为

```
ans =
    -0.1740 + 6.9566i
    -0.1740 - 6.9566i
    -1.6520 + 0.0000i
```

根据运行结果可知，系统的所有特征根均具有负实部，因此系统是一个稳定系统。

由已知给定信号为斜坡信号，其拉普拉斯变换式为 $R(s)=\frac{8}{s^2}$，可知系统的稳态误差为

$$e_{ss}=\lim_{s\to 0}sE(s)=\lim_{s\to 0}s\frac{1}{1+G(s)}R(s)$$

$$=\lim_{s\to 0}s\frac{1}{1+\frac{80(0.6s+1)}{s(s+1)^2}}\frac{8}{s^2}=\lim_{s\to 0}s\frac{s(s+1)^2}{s(s+1)^2+80(0.6s+1)}\frac{8}{s^2}$$

$$=\lim_{s\to 0}\frac{8(s+1)^2}{s(s+1)^2+80(0.6s+1)}$$

在 MATLAB 命令窗口中输入

```
>>symss;  %定义自变量 s
>>E=(8*(s+1)^2)/((s*(s+1)^2)+(80*(0.6*s+1)))  %定义稳态误差函数 E
>>limit(E)  %求 s→0 极限
```

运行结果为

```
ans = 1/10
```

根据运行结果可知，系统的稳态误差为 0.1。

小结与要求

控制系统时域分析主要分为三部分，即控制系统的动态性能分析、线性系统稳定性分析和控制系统的稳态误差分析。

(1) 控制系统时域分析是通过在典型输入信号作用下系统的输出响应来分析系统的控制性能的，工程中常用的是阶跃响应。

(2) 一阶、二阶控制系统的动态性能分析中，熟练掌握欠阻尼二阶系统的阶跃响应及动态性能指标。

(3) 一个自动控制系统的首要条件是稳定。系统稳定性的充分必要条件是：它所有闭极点都分布在 s 平面的左半侧，或者其特征根具有负实部。熟练掌握劳斯(Routh)稳定性判据，会根据劳斯稳定性判据判别系统的稳定性以及特征根的情况。

(4) 稳态误差是衡量系统稳态性能的重要指标，其与系统的结构参数及输入信号有关。熟练掌握计算系统稳态误差的方法。

习　题

3-1　常用的典型输入信号有哪些？

3-2　控制系统的性能指标有哪些？

3-3　二阶系统在不同 ξ 值时对应的阶跃响应曲线有何不同？

3-4　改善二阶系统动态性能的措施是什么？

3-5　系统稳定的概念？线性系统稳定的充分必要条件是什么？

3-6　什么是系统的结构不稳定？结构不稳定系统的改进措施是什么？

3-7　系统的静态误差系数有哪几种，各是怎样定义的？

3-8　提高系统稳态精度的方法有哪几种？

3-9　已知单位负反馈二阶控制系统的单位阶跃响应曲线如图 3-59 所示，试确定其开环传递函数。

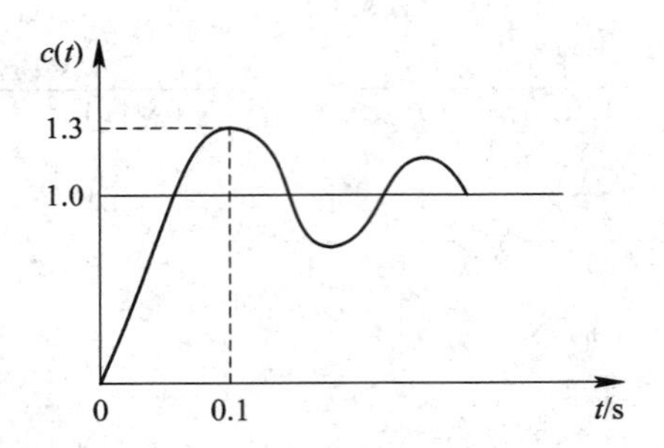

图 3-59　题 3-9 图

3-10　如图 3-60 所示的某二阶系统，其中 $\xi=0.5$，$\omega_n=4$ rad/s。当输入信号为单位阶跃函数时，试求系统的动态响应指标。

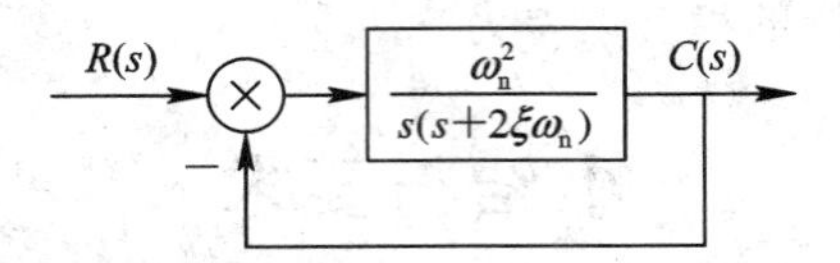

图 3-60　题 3-10 图

3-11　已知系统闭环特征方程如下，试用劳斯稳定性判据判别系统的稳定性，并分析闭环特征根的情况。

(1) $s^3+20s^2+4s+50=0$；

(2) $s^3+20s^2+4s+100=0$；

(3) $s^4+2s^3+s^2+2s+1=0$；

(4) $s^6+2s^5+8s^4+12s^3+20s^2+16s+16=0$；

(5) $s^3+20s^2+9s+200=0$；

(6) $s^4+8s^3+18s^2+16s+5=0$；

(7) $s^5+6s^4+3s^3+2s^2+s+1=0$；

(8) $s^5+3s^4+12s^3+24s^2+32s+48=0$；

(9) $(s+2)(s+4)(s^2+6s+25)+666.25=0$。

3-12　已知系统闭环特征方程如下，用劳斯稳定性判据确定系统稳定的 K 值范围。

(1) $s^3+8s^2+25s+K=0$；

(2) $s^4+3s^3+3s^2+2s+K=0$。

3-13　控制系统的结构图如图 3-61 所示，当输入信号为单位阶跃函数时，试分别确定当 $K_b=1$ 和 0.1 时，系统的稳态误差。

3-14　控制系统的结构图如图 3-62 所示，试求 $r(t)$ 为下述情况时的稳态误差。

(1) $r(t)=1(t)+2t$；

(2) $r(t)=10\times1(t)$；

(3) $r(t)=4+6t+3t^2$。

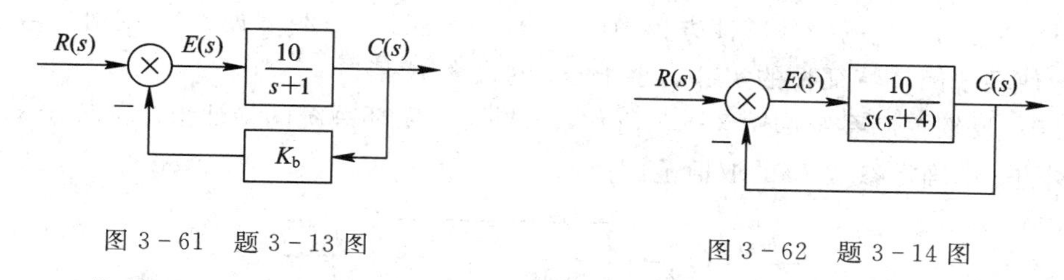

图 3-61　题 3-13 图　　　　图 3-62　题 3-14 图

3-15　控制系统的结构图如图 3-63 示，已知 $r(t)=t$，$d(t)=1(t)$，求系统的稳态误差。

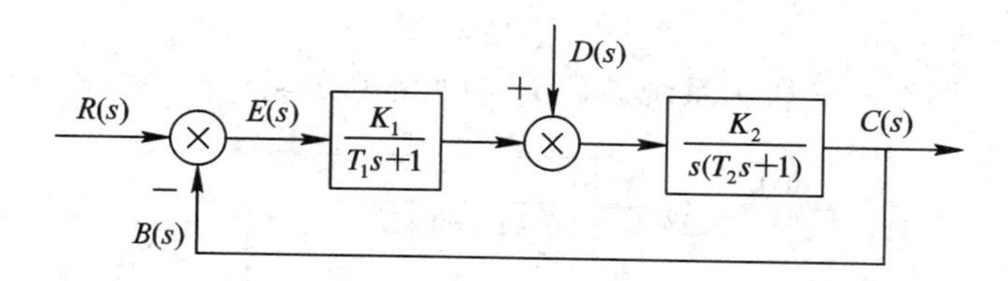

图 3-63　题 3-15 图

3-16　控制系统的结构图如图 3-64 所示，已知 $r(t)=2t$，$d(t)=0.5\times 1(t)$，求系统的稳态误差。

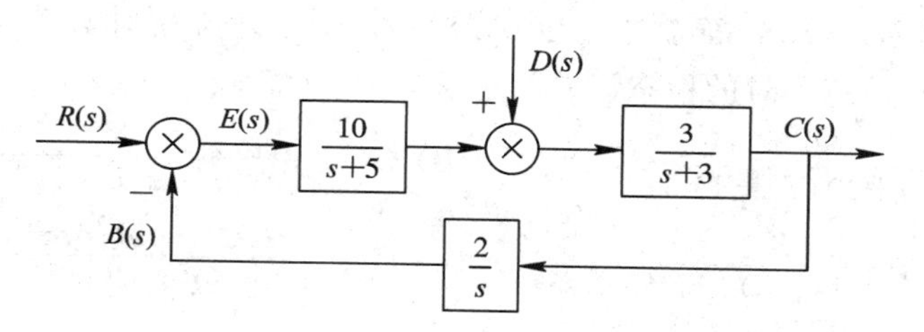

图 3-64　题 3-16 图

3-17　已知速度反馈控制系统如图 3-65 所示，为了保证系统阶跃响应的超调量 $\sigma\%<20\%$，过渡时间 $t_s\leqslant 0.3$ s，试确定前向增益 K_1 的值和速度反馈系数 K_2 的值。

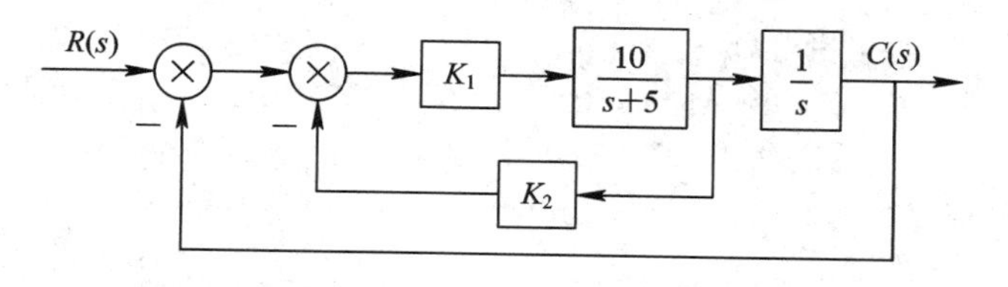

图 3-65　题 3-17 图

3-18　判断图 3-66 所示系统的稳定性。

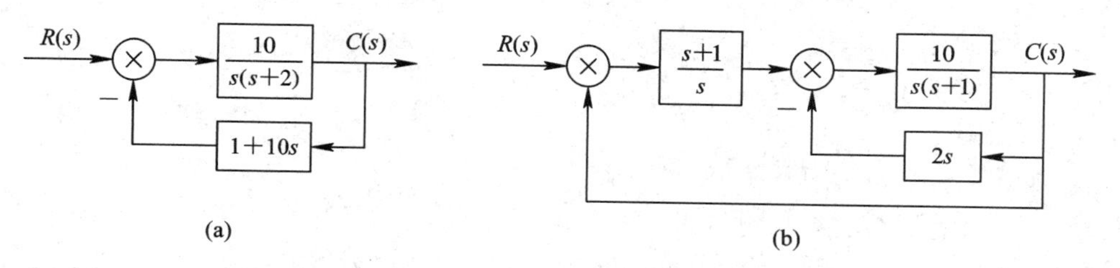

图 3-66　题 3-18 图

3－19 已知系统的闭环特征方程为$(s+1)(s+1.5)(s+2)+K=0$，试由代数稳定性判据确定使系统闭环特征根的实部均小于-1的最大K值。

3－20 反馈控制系统如图3－67所示，如果要求闭环系统的特征根全部位于s平面上虚轴的左边，试确定参数K的取值范围。

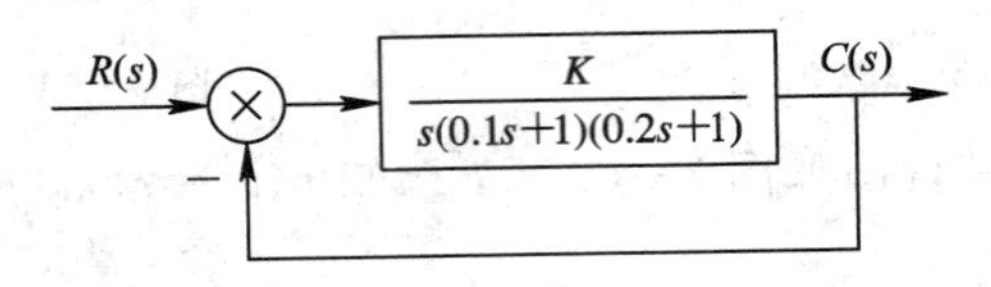

图3－67 题3－20图

3－21 试确定图3－68所示系统参数K和ξ的稳定域。

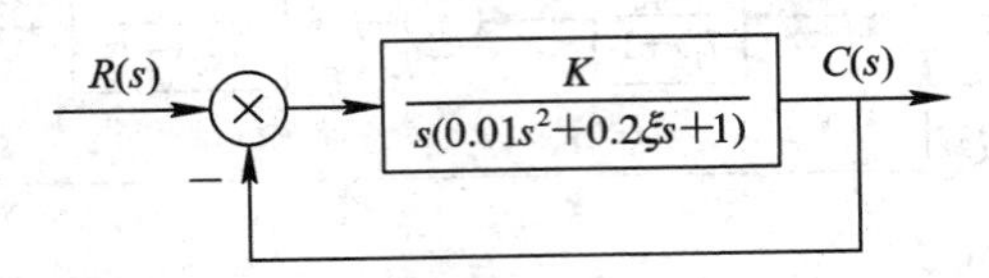

图3－68 题3－21图

3－22 设单位负反馈系统的开环传递函数如下，分别计算系统的静态位置误差系数K_p，静态速度误差系数K_v，静态加速度误差系数K_a，并分别计算当输入为$r(t)=2\cdot 1(t)$，$r(t)=2t$，$r(t)=2t^2$时的稳态误差。

(1) $G(s)=\dfrac{50}{(5s+1)(6s+1)}$；

(2) $G(s)=\dfrac{K}{s(0.5s+1)(4s+1)}$；

(3) $G(s)=\dfrac{K}{s(s^2+4s+5)(s+40)}$；

(4) $G(s)=\dfrac{K(2s+1)(4s+1)}{s^2(s^2+2s+10)}$。

第 4 章　线性系统的根轨迹分析法

【内容提要】

根轨迹分析法是一种图解分析方法。本章主要介绍根轨迹的基本概念、基本条件、绘制根轨迹的基本法则、广义根轨迹的绘制方法，通过根轨迹对系统进行性能分析及设计，以及如何利用 MATLAB 绘制系统的根轨迹。

【基本要求】

(1) 了解根轨迹法的基本概念，根轨迹方程及相角、幅值条件。
(2) 掌握开环根轨迹增益变化时系统闭环根轨迹的绘制方法。
(3) 掌握用根轨迹法分析系统稳态性能及动态性能。
(4) 掌握特征根位置与系统性能的关系。
(5) 了解广义根轨迹的绘制原则及方法。
(6) 了解 MATLAB 软件在根轨迹分析中的应用。

【教学建议】

本章的重点是熟练掌握根轨迹的基本概念及基本条件；根据根轨迹的基本绘制法则熟练绘制根轨迹；根据根轨迹图形对系统进行性能分析。建议学时数为 8～10 学时。

4.1　概　　述

根轨迹法是分析和设计线性定常控制系统的图解方法，使用十分简便，特别是在进行多回路系统的分析时，应用根轨迹法比用其他方法更为方便，因此在工程实践中获得了广泛应用。本节主要介绍根轨迹的基本概念、根轨迹与系统性能之间的关系，并从闭环零、极点与开环零、极点之间的关系推导出根轨迹方程，然后将向量形式的根轨迹方程转化为常用的相角条件和幅值条件，最后应用这些条件绘制简单系统的根轨迹。

4.1.1　根轨迹的基本概念

1. 根轨迹概念

根轨迹简称根迹，它是开环系统某一参数从零变到无穷时，闭环系统特征方程式的根在 s 平面上变化的轨迹。

当闭环系统没有零点及极点相消时，闭环特征方程式的根就是闭环传递函数的极点，常简称为闭环极点。因此，从已知的开环零、极点位置及某一变化的参数来求取闭环极点的分布，实际上就是解决闭环特征方程式的求根问题。当特征方程的阶数高于四阶时，除了应用 MATLAB 软件包，求根过程是比较复杂的。如果要研究系统参数变化对闭环特征方程式根的影响，就需要进行大量的反复计算，同时还不能直观看出影响趋势，因此对于高阶系统的求根问题来说，解析法就显得很不方便。1948 年，伊文思（W. R. Evans）在《控制系统的图解分析》一文中首先提出了根轨迹法，它不直接求解系统的特征方程，而是利用系统的零极点分布图来分析，当开环增益或其他参数改变时，其全部数值对应的闭环极点均可在根轨迹上简便地确定。

因为系统的稳定性由系统的闭环极点唯一确定，而系统的稳态性能和动态性能又与闭环零、极点在平面上的位置密切相关，所以根轨迹图不仅可以直接给出闭环系统时间响应的全部信息，而且可以指明开环零、极点应该怎样变化才能满足给定的闭环系统的性能指标要求。除此以外，用根轨迹法求解高阶代数方程的根比用其他近似求根法简便。

为了具体说明根轨迹的概念，设控制系统如图 4-1 所示，其闭环传递函数为

$$\Phi(s)=\frac{C(s)}{R(s)}=\frac{2K}{s^2+2s+2K}$$

于是，系统闭环特征方程为

$$D(s)=s^2+2s+2K=0$$

显然，特征方程的根是

$$s_1=-1+\sqrt{1-2K},\quad s_2=-1-\sqrt{1-2K}$$

如果令开环增益 K 从零变到无穷，可以用解析的方法求出闭环极点的全部数值，将这些数值标注在 s 平面上并连成光滑的粗实线，如图 4-2 所示。图上的粗实线就称为系统的根轨迹，根轨迹上的箭头表示随着 K 值的增加根轨迹的变化趋势，而标注的数值则代表与闭环极点位置对应的开环增益 K 的数值。

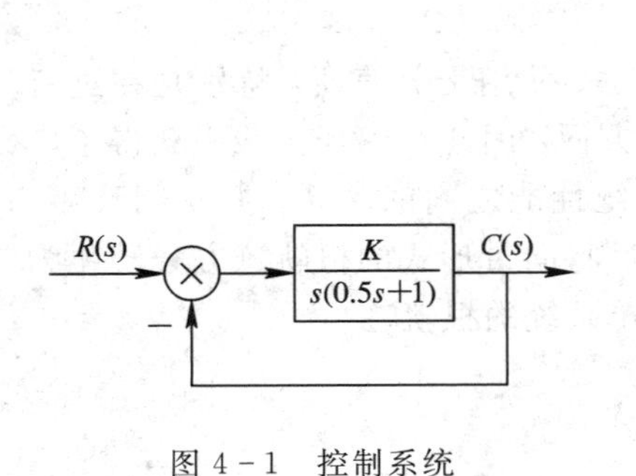

图 4-1 控制系统

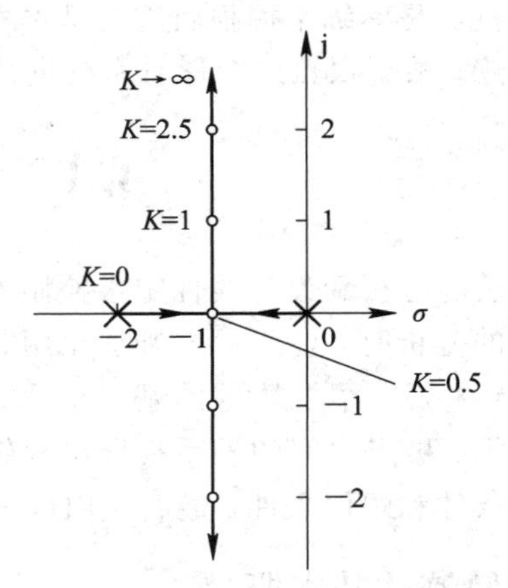

图 4-2 $\Phi(s)=\frac{C(s)}{R(s)}=\frac{2K}{s^2+2s+2K}$ 的根轨迹图

2. 根轨迹与系统性能

有了根轨迹图，就可以立即分析系统的各种性能。下面以图 4-2 为例进行说明。

(1) 稳定性。当开环增益从零变到无穷时，图 4-2 上的根轨迹不会越过虚轴进入右半平面，因此，图 4-1 系统对所有的 K 值都是稳定的。如果分析高阶系统的根轨迹图，那么根轨迹有可能越过虚轴进入右半平面，此时根轨迹与虚轴交点处的 K 值，就是临界开环增益。

(2) 稳态性能。由图 4-2 可见，开环系统在坐标原点有一个极点，所以系统属于Ⅰ型系统(系统开环传递函数的极点在坐标原点处的个数即为系统的型别)，因而根轨迹上的 K 值就是静态速度误差系数。如果给定系统的稳态误差要求，则由根轨迹图可以确定闭环极点位置的容许范围。一般情况下，根轨迹图上标注出来的参数不是开环增益，而是根轨迹增益。开环增益和根轨迹增益之间，仅相差一个比例常数，很容易进行换算。对于其他参数变化的根轨迹图，情况是类似的。

(3) 动态性能。由图 4-2 可见，当 $0<K<0.5$ 时，所有闭环极点位于实轴上，系统为过阻尼系统，单位阶跃响应为非周期过程；当 $K=0.5$ 时，闭环两个实数极点重合，系统为临界阻尼系统，单位阶跃响应仍为非周期过程，但响应速度较 $0<K<0.5$ 情况快；当 $K>0.5$ 时，闭环极点为复数极点，系统为欠阻尼系统，单位阶跃响应为阻尼振荡过程，且超调量将随 K 值的增大而加大，但调节时间的变化不显著。

上述分析表明，根轨迹与系统性能之间有着比较密切的联系，然而，对于高阶系统，用解析的方法绘制系统的根轨迹图显然是不适用的。我们希望能用简便的图解方法，即可以根据已知的开环传递函数迅速绘出闭环系统的根轨迹，为此，需要研究闭环零、极点与开环零、极点之间的关系。

3. 闭环零、极点与开环零、极点之间的关系

由于开环零、极点是已知的，因此建立开环零、极点与闭环零、极点之间的关系有助于闭环系统根轨迹的绘制，并由此导出根轨迹方程。

设控制系统方框图如图 4-3 所示，其闭环传递函数为

$$\Phi(s)=\frac{G(s)}{1+G(s)H(s)} \tag{4-1}$$

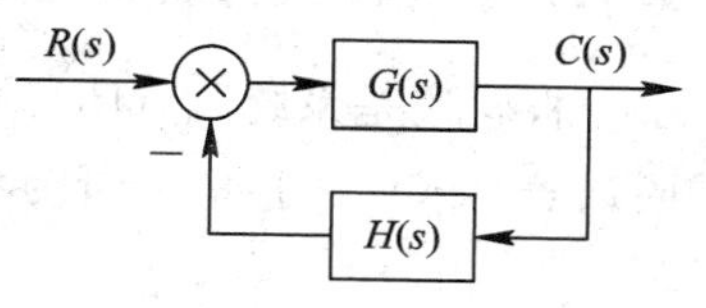

图 4-3　控制系统方框图

一般情况下，前向通路传递函数 $G(s)$ 和反馈通路传递函数 $H(s)$ 可分别表示为

$$G(s)=\frac{K_G(\tau_1 s+1)(\tau_2^2 s^2+2\xi_1\tau_2 s+1)\cdots}{s^\nu(T_1 s+1)(T_2^2 s^2+2\xi_2 T_2 s+1)\cdots}=K_G^*\frac{\prod_{i=1}^{f}(s-z_i)}{\prod_{i=1}^{q}(s-p_i)} \tag{4-2}$$

以及

$$H(s)=K_H^*\frac{\prod_{j=1}^{l}(s-z_j)}{\prod_{j=1}^{h}(s-p_j)} \tag{4-3}$$

式中，K_G 为前向通路增益；K_G^* 为前向通路根轨迹增益；K_H^* 为反馈通路根轨迹增益，它们之间满足如下关系：

$$K_G^*=K_G\frac{\tau_1\tau_2^2\cdots}{T_1 T_2^2\cdots} \tag{4-4}$$

于是，图 4-3 系统的开环传递函数可表示为

$$G(s)H(s)=K^*\frac{\prod_{i=1}^{f}(s-z_i)\prod_{j=1}^{l}(s-z_j)}{\prod_{i=1}^{q}(s-p_i)\prod_{j=1}^{h}(s-p_j)} \tag{4-5}$$

式中，$K^* = K_G^* K_H^*$，称为开环系统根轨迹增益，它与开环增益 K 之间的关系类似于式(4-4)，仅相差一个比例常数。对于有 m 个开环零点和 n 个开环极点的系统，必有 $f+l=m$ 和 $q+h=n$。将式(4-2)和式(4-5)代入式(4-1)，得

$$\Phi(s) = \frac{K_G^* \prod_{i=1}^{f}(s-z_i)\prod_{j=1}^{h}(s-p_j)}{\prod_{i=1}^{n}(s-p_i) + K^* \prod_{j=1}^{m}(s-z_j)} \tag{4-6}$$

比较式(4-5)和式(4-6)，可得以下结论：

(1) 闭环系统根轨迹增益等于开环系统前向通路根轨迹增益。对于单位反馈系统，根轨迹增益就等于开环系统根轨迹增益。

(2) 闭环零点由开环前向通路传递函数的零点和反馈通路传递函数的极点所组成。在反馈系统中，闭环零点就是开环零点。

(3) 闭环极点与开环零点、开环极点以及根轨迹增益 K^* 均有关。

根轨迹法的基本任务在于：如何由已知的开环零、极点的分布及根轨迹增益，通过图解的方法找出闭环极点。一旦确定闭环极点后，闭环传递函数的形式便不难确定，因为闭环零点可由式(4-6)直接得到。在已知闭环传递函数的情况下，闭环系统的时间响应可利用拉氏反变换求出。

4.1.2　根轨迹方程及绘制条件

根轨迹是系统所有闭环极点的集合。为了用图解法确定所有的闭环极点，令闭环传递函数表达式(4-1)的分母为零，得闭环系统特征方程为

$$1 + G(s)H(s) = 0 \tag{4-7}$$

由式(4-6)可见，当系统有 m 个开环零点和 n 个开环极点时，式(4-7)等价为

$$K^* \frac{\prod_{j=1}^{m}(s-z_j)}{\prod_{i=1}^{n}(s-p_i)} = -1 \tag{4-8}$$

式中，z_j 为已知的开环零点；p_i 为已知的开环极点；K^* 从零变到无穷。我们把式(4-8)称为根轨迹方程。根据式(4-8)，可以画出当 K^* 从零变到无穷时，系统的连续根轨迹。应当指出，只要闭环特征方程可以化成式(4-8)的形式，就都可以绘制根轨迹，不限定是根轨迹增益 K^*，式中处于变动地位的其他实参数，也可以绘制系统变化参数的根轨迹。但是，用式(4-8)形式表达的开环零点和开环极点，在 s 平面上的位置必须是确定的，否则无法绘制根轨迹。此外，如果需要绘制一个以上参数变化时的根轨迹图，那么画出的不再是简单的根轨迹，而是根轨迹簇。

根轨迹方程实质上是一个向量方程，直接使用很不方便。考虑到

$$-1 = 1e^{j(2k+1)\pi}, \quad k = 0, \pm 1, \pm 2, \cdots$$

因此，根轨迹方程(4-8)可用如下的相角和幅值(模值)两个方程描述：

$$\sum_{j=1}^{m} \angle(s-z_j) - \sum_{i=1}^{n} \angle(s-p_i) = (2k+1)\pi,\ k = 0, \pm 1, \pm 2, \cdots \tag{4-9}$$

$$K^* = \frac{\prod_{i=1}^{n} |s - p_i|}{\prod_{j=1}^{m} |s - z_j|} \tag{4-10}$$

方程(4－9)和(4－10)是根轨迹上的点，应该同时满足两个条件：前者称为相角条件，后者称为幅值条件。根据这两个条件，可以完全确定 s 平面上的根轨迹和根轨迹上对应的 K^* 值。应当指出，相角条件是确定 s 平面上根轨迹的充分必要条件。这就是说，绘制根轨迹时，只需要使用相角条件；而只有当需要确定根轨迹上各点的 K^* 值时，才使用幅值条件。

4.2　绘制根轨迹的基本法则

本节讨论绘制根轨迹的基本法则和闭环极点的确定方法，重点讲解基本法则的叙述和证明。这些基本法则非常简单，熟练地掌握它们，对于分析和设计控制系统是非常有益的。

在下面的讨论中，假定所研究的变化参数是根轨迹增益 K^*，当可变参数为系统的其他参数时，这些基本法则仍然适用。应当指出的是，用这些基本法则绘出的根轨迹，其相角遵循 $180°+2k\pi$ 条件，因此称为 180°根轨迹，相应的绘制法叫作 180°根轨迹的绘制法则。

4.2.1　基本法则

法则 1　根轨迹的起点和终点。根轨迹起始于开环极点，终止于开环零点。

证明： 根轨迹起点是指根轨迹增益 $K^*=0$ 的根轨迹点，而终点则是指 $K^*\to\infty$ 的根轨迹点。设闭环传递函数为式(4－6)形式，可得闭环系统特征方程为

$$\prod_{i=1}^{n}(s-p_i) + K^* \prod_{j=1}^{m}(s-z_j) = 0 \tag{4-11}$$

式中 K^* 可以从零变到无穷。

当 $K^*=0$ 时，有 $s=p_i$；$i=1, 2, \cdots, n$，说明 $K^*=0$ 时，闭环系统特征方程式的根就是开环传递函数 $G(s)H(s)$ 的极点，所以根轨迹必起于开环极点。

将特征方程(4－11)改写为如下形式：

$$\frac{1}{K^*}\prod_{i=1}^{n}(s-p_i) + \prod_{j=1}^{m}(s-z_j) = 0$$

当 $K^*\to\infty$ 时，由上式可得 $s=z_j$；$j=1, 2, \cdots, m$，所以根轨迹必终止于开环零点。

在实际系统中，开环传递函数分子多项式次数 m 与分母多项式次数 n 之间满足不等式 $m\leqslant n$，因此有 m 条根轨迹趋向于开环零点(有限零点)，有 $n-m$ 条根轨迹的终点将在无穷远处(无限零点)。当 $s\to\infty$ 时，式(4－11)的幅值关系可以表示为

$$K^* = \lim_{s\to\infty}\frac{\prod_{i=1}^{n}|s-p_i|}{\prod_{j=1}^{m}|s-z_j|} = \lim_{s\to\infty}|s|^{n-m}\to\infty,\ n>m$$

如果把有限数值的零点称为有限零点，而把无穷远处的零点称为无限零点，那么根轨迹必终止于开环零点。在把无穷远处看作无限零点的意义下，开环零点数和开环极点数是相等的。

在绘制其他参数变化下的根轨迹时，可能会出现 $m>n$ 的情况。当 $K^*=0$ 时，必有 $m-n$ 条根轨迹的起点在无穷远处。因为当 $s\to\infty$ 时，有

$$\frac{1}{K^*}=\lim_{s\to\infty}\frac{\prod_{j=1}^{m}|s-z_j|}{\prod_{i=1}^{n}|s-p_i|}=\lim_{s\to\infty}|s|^{m-n}\to\infty,\ m>n$$

同样地，如果把无穷远处的极点看作无限极点，根轨迹必起于开环极点。图 4-4 是表示根轨迹的起点和终点的图形。

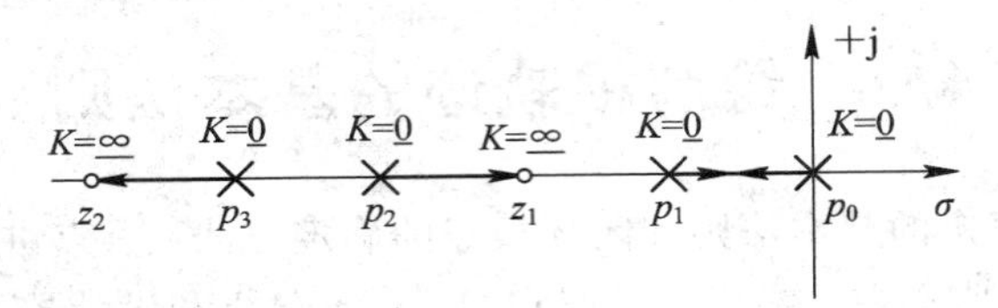

图 4-4　根轨迹的起点和终点表示图($m<n$)

法则 2　根轨迹的分支数、对称性和连续性。根轨迹的分支数与开环有限零点数 m 和有限极点数 n 中的大者相等，它们是连续变化的，并且对称于实轴。

证明： 按照定义，根轨迹是开环系统某一参数从零变到无穷时，闭环特征方程式的根在 s 平面上的变化轨迹。因此，根轨迹的分支数必与闭环特征方程式根的数目一致。由特征方程(4-11)可见，闭环特征方程根的数目就等于 m 和 n 中的大者，所以根轨迹的分支数必与开环有限零、极点数中的大者相同。

由于闭环特征方程中的某些系数是根轨迹增益 K^* 的函数，所以当 K^* 从零到无穷大连续变化时，特征方程的某些系数也随之连续变化，因而特征方程式根的变化也必然是连续的，故根轨迹具有连续性。

根轨迹必对称于实轴的原因是显然的，因为闭环特征方程式的根只有实根和复根两种，实根位于实轴上，复根必共轭，而根轨迹是根的集合，因此根轨迹对称于实轴。

根据对称性，只需作出 s 上半平面的根轨迹部分，然后利用对称关系就可以画出 s 下半平面的根轨迹部分。

法则 3　根轨迹的渐近线。当开环有限极点数 n 大于有限零点数 m 时，有 $n-m$ 条根轨迹分支将趋于无穷远处。$n-m$ 条根轨迹趋向于无穷远处的方向即渐近线，沿着与实轴的交角(渐近线与实轴正方向的夹角)为 φ_a、交点为 σ_a，且有：

$$\varphi_a=\frac{\pm(2k+1)\pi}{n-m}\qquad k=0,1,2,\cdots,n-m-1$$

$$\sigma_a=\frac{\sum_{i=1}^{n}p_i-\sum_{j=1}^{m}z_j}{n-m}$$

下面举例说明根轨迹渐近线的作法。设控制系统如图 4-5(a)所示，其开环传递函数 $G(s)=\dfrac{K^*(s+1)}{s(s+4)(s^2+2s+2)}$，试根据已知的三个基本法则，确定绘制根轨迹的有关数据。

首先将开环零、极点标注在 s 平面的直角坐标系上，以“×”表示开环极点，以“○”表示开环零点，如图 4-5(b)所示。

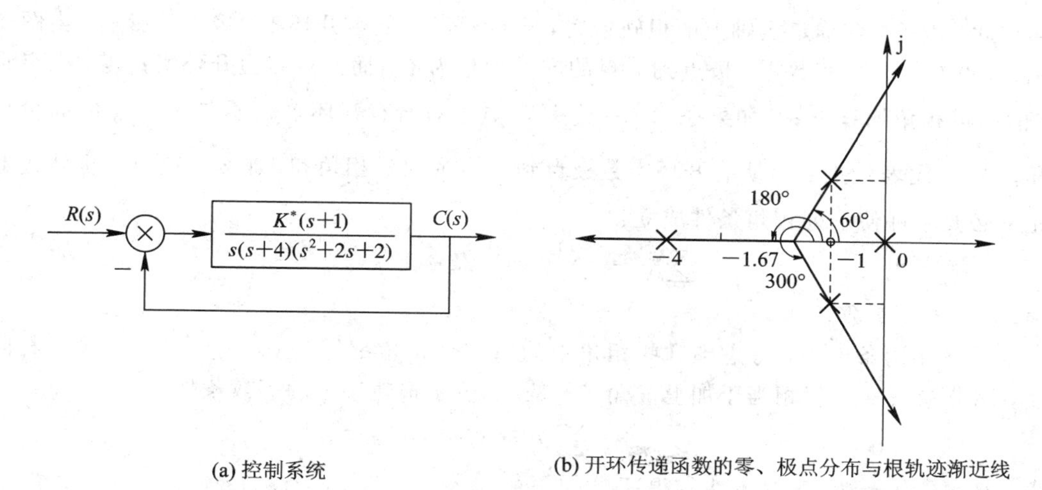

(a) 控制系统　(b) 开环传递函数的零、极点分布与根轨迹渐近线

图 4-5　根轨迹渐近线的作法

注意：在根轨迹绘制过程中，由于需要对相角和模值进行图解测量，因此横坐标与纵坐标必须采用相同的坐标比例尺。

由法则 1，根轨迹起于 $G(s)$ 的极点 $p_1=0$，$p_2=-4$，$p_3=-l+\mathrm{j}$ 和 $p_4=-l-\mathrm{j}$，终于 $G(s)$ 的有限零点 $z_1=-1$ 以及无穷远处。

由法则 2，根轨迹的分支数有 4 条，且对称于实轴。

由法则 3，有 $n-m=3$ 条根轨迹渐近线，其交点为

$$\sigma_a=\frac{\sum_{i=1}^{4}p_i-z_1}{n-m}=\frac{(0-4-1+\mathrm{j}-1-\mathrm{j})-(-1)}{3}=-1.67$$

交角为

$$\varphi_a=\frac{(2k+1)\pi}{n-m}=\begin{cases}60^\circ & k=0\\180^\circ & k=1\\300^\circ & k=2\end{cases}$$

法则 4　根轨迹在实轴上的分布。实轴上的某一区域，若其右边开环实数零、极点个数之和为奇数，则该区域必是根轨迹。

由于共轭复极点和共轭复零点在实轴上产生的相角之和总等于 2π，根据根轨迹的相角条件即可得出结论。

证明：设开环零、极点分布如图 4-6 所示。图中，s_0 是实轴上的某一个测试点，$\varphi_j(j=1, 2, 3)$ 是各开环零点到 s_0 点的向量相角，$\theta_i(i=1, 2, 3, 4)$ 是各开环极点到 s_0 点的向量相角。由图 4-6 可见，复数共轭极点到实轴上任意一点（包括 s_0）的向量相角和为 2π。如果开环系统存在复数共轭零点，情况

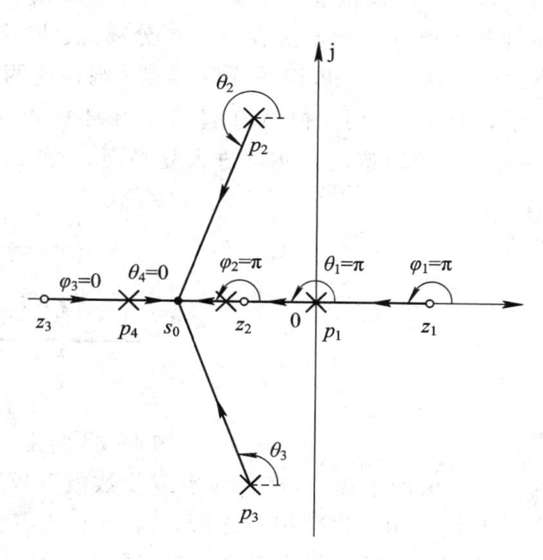

图 4-6　实轴上的根轨迹

同样如此。因此，在确定实轴上的根轨迹时，可以不考虑复数开环零、极点的影响。由图还可见，s_0点左边开环实数零、极点到s_0点的向量相角为零，而s_0点右边开环实数零、极点到s_0点的向量相角均等于π。如果令$\sum\varphi_j$代表s_0点之右所有开环实数零点到s_0点的向量相角和，$\sum\theta_i$代表s_0点之右所有开环实数极点到s_0点的向量相角和，那么s_0点位于根轨迹上的充分必要条件使下列相角条件成立：

$$\sum\varphi_j - \sum\theta_i = (2k+1)\pi$$

式中，$2k+1$为奇数。

在上述相角条件中，考虑到这些相角中的每一个相角都等于π，而π与$-\pi$代表相同角度，因此减去π角就相当于加上π角。于是，s_0位于根轨迹上的等效条件为

$$\sum\varphi_j + \sum\theta_i = (2k+1)\pi$$

式中，$2k+1$为奇数。于是本法则得证。

对于图4-6系统，根据本法则可知，z_1和p_1之间、z_2和p_4之间，以及z_3和$-\infty$之间的实轴部分都是根轨迹的一部分。

法则5 根轨迹的分离点与分离角。两条或两条以上根轨迹分支在s平面上相遇又立即分开的点，称为根轨迹的分离点。分离点的坐标d是下列方程的解：

$$\sum_{j=1}^{m}\frac{1}{d-z_j}=\sum_{i=1}^{n}\frac{1}{d-p_i} \tag{4-12}$$

式中，z_j为各开环零点的数值，p_i为各开环极点的数值，分离点为d。

分离点具有以下几个特性：

(1) 因为根轨迹是对称的，所以根轨迹的分离点或位于实轴上，或以共轭形式成对出现在复平面中。一般情况下，常见的根轨迹分离点是位于实轴上的两条根轨迹分支的分离点。

(2) 如果根轨迹位于实轴上两个相邻的开环极点之间，其中一个可以是无限极点，则在这两个极点之间至少存在一个分离点。同样，如果根轨迹位于实轴上两个相邻的开环零点之间，其中一个可以是无限零点，则在这两个零点之间也至少有一个分离点。如图4-7所示，当$K=0$时，根轨迹起始于开环极点，随着K的增大，根轨迹离开开环极点，当$s=s_a$时，根轨迹离开实轴进入复平面。

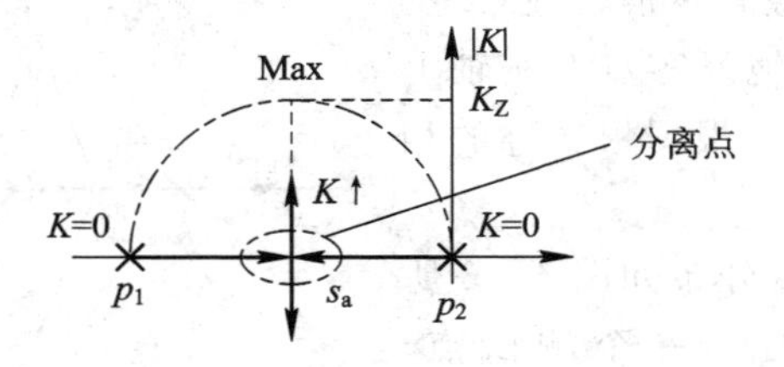

图4-7 实轴上根轨迹的分离点

(3) 由两个极点(实数极点或复数极点)和一个有限零点组成的开环系统，只要有限零点没有位于两个实数极点之间，则当K从零变到无穷时，闭环根轨迹的复数部分是以有限零点为圆心，以有限零点到分离点的距离为半径的一个圆，或圆的一部分。

例4-1 设系统结构图如图4-8(a)所示，试绘制其概略根轨迹。

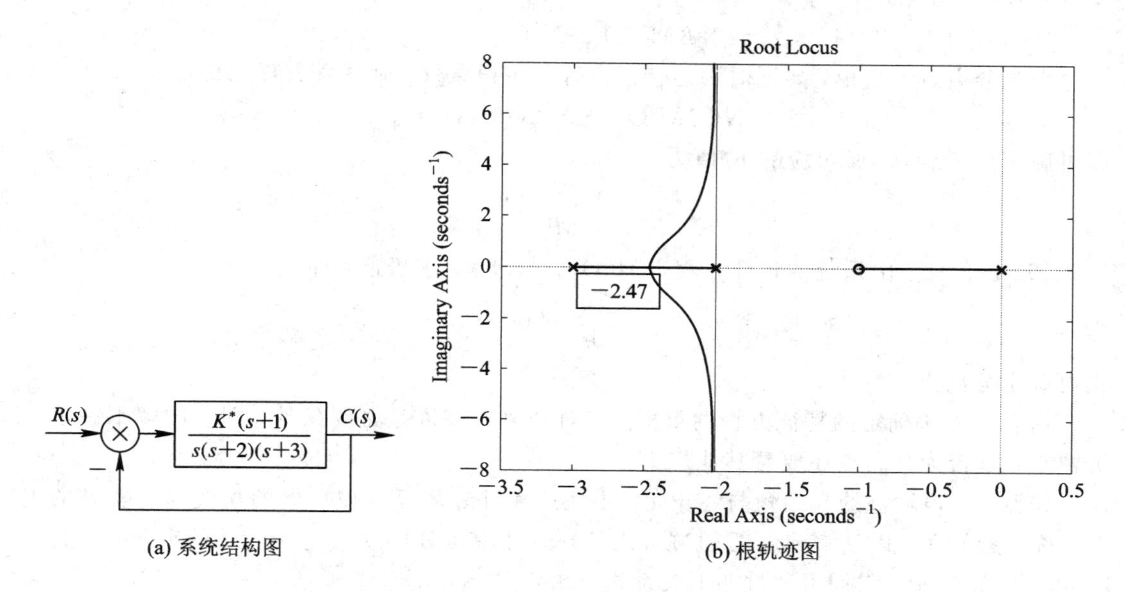

(a) 系统结构图　(b) 根轨迹图

图 4-8　例 4-1 图

解　由法则 4，实轴区域[0，−1]和[−2，−3]是根轨迹，在图 4-8 中以粗实线表示。

由法则 2，该系统有三条根轨迹分支，且对称于实轴。

由法则 1，一条根轨迹分支始于开环极点(0)，止于开环有限零点(−1)，另外两条根轨迹分支始于开环极点(−2)和(−3)，止于无穷远处(无限零点)。

由法则 3，两条终于无穷的根轨迹的渐近线与实轴的交角为 90°和 270°，交点坐标为

$$\sigma_a = \frac{\sum_{i=1}^{3} p_i - \sum_{j=1}^{1} z_j}{n-m} = \frac{(0-2-3)-(-1)}{3-1} = -2$$

由法则 5，实轴区域[−2，−3]必有一个根轨迹的分离点 d，它满足下述分离点方程：

$$\frac{1}{d-(-1)} = \frac{1}{d-0} + \frac{1}{d-(-2)} + \frac{1}{d-(-3)}$$

考虑到 d 必在 −2 和 −3 之间，初步试探时，设 $d=-2.5$，计算出

$$\frac{1}{d+1} = -0.67 \quad 和 \quad \frac{1}{d} + \frac{1}{d+2} + \frac{1}{d+3} = -0.4$$

因方程两边不等，所以 $d=-2.5$ 不是欲求的分离点坐标。现在重取 $d=-2.47$，方程两边近似相等，故 $d\approx-2.47$，分离角为直角。最后画出的系统概略根轨迹如图 4-8(b)所示。

求取根轨迹的分离点的方法还有重根法和极值法两种。

(1) 重根法。根轨迹的分离点是系统特征方程的重根，可以采用重根法确定其位置。

设系统的开环传递函数为

$$G(s)H(s) = \frac{KM(s)}{N(s)}$$

系统的特征方程为

$$KM(s) + N(s) = 0$$

特征方程的重根条件为

$$KM'(s)+N'(s)=0$$

因为分离点为重根，要同时满足特征方程及重根条件，则联立方程求得：

$$N(s)M'(s)-N'(s)M(s)=0$$

即可确定分离点 d，所对应的 K 值为

$$K=-\frac{N(s)}{M(s)}\bigg|_{s=d}$$

(2) 极值法。由系统的特征方程 $KM(s)+N(s)=0$ 求极值，即

$$\frac{\mathrm{d}K}{\mathrm{d}s}=0$$

则可确定分离点 d。

由以上方法确定的特征方程的重根点，对分离点来说是必要条件，即它的解不一定是分离点，是否为分离点还要看其他规则。

法则 6　根轨迹的起始角与终止角。根轨迹离开开环复数极点处的切线与正实轴的夹角，称为起始角，以 θ_{p_i} 表示；根轨迹进入开环复数零点处的切线与正实轴的夹角，称为终止角，以 φ_{z_i} 表示。它们可通过如下关系式求出：

$$\theta_{p_i}=(2k+1)\pi+\Big(\sum_{j=1}^{m}\varphi_{z_jp_i}-\sum_{j\neq i}^{n}\theta_{p_jp_i}\Big)\quad k=0,\pm1,\pm2,\cdots \tag{4-13}$$

$$\varphi_{z_i}=(2k+1)\pi-\Big(\sum_{j\neq i}^{m}\varphi_{z_jz_i}-\sum_{j=1}^{n}\theta_{p_jz_i}\Big)\quad k=0,\pm1,\pm2,\cdots \tag{4-14}$$

式中：$\varphi_{z_jp_i}$ 为 z_j 到 p_i 的向量相角；$\theta_{p_jp_i}$ 为 p_j 到 p_i 的向量相角；$\varphi_{z_jz_i}$ 为 z_j 到 z_i 的向量相角；$\theta_{p_jz_i}$ 为 p_j 到 z_i 的向量相角。

例 4-2　设系统开环传递函数如下，试绘制概略根轨迹。

$$G(s)=\frac{K^*(s+1.5)(s+2+\mathrm{j})(s+2-\mathrm{j})}{s(s+2.5)(s+0.5+1.5\mathrm{j})(s+0.5-1.5\mathrm{j})}$$

解　将开环零、极点画在图 4-9 中，按如下典型步骤绘制根轨迹：

(1) 确定实轴上的根轨迹。本例实轴上的区域[0，−1.5]和[−2.5，−∞]为根轨迹。

(2) 确定根轨迹的渐近线。本例 $n=4$，$m=3$，故只有一条 180°的渐近线，它正好与实轴上的根轨迹区域[−2.5，−∞]重合，所以在 $n-m=1$ 的情况下，不必再去确定根轨迹的渐近线。

(3) 确定分离点。一般来说，如果根轨迹位于实轴上一个开环极点和一个开环零点(有限零点或无限零点)之间，则在这两个相邻的零、极点之间，或者不存在任何分离点，或者同时存在离开实轴和进入实轴的两个分离点。本例无分离点。

(4) 确定起始角与终止角。本例概略根轨迹如图 4-10 所示，为了准确画出这一根轨迹图，应当确定根轨迹的起始角和终止角的数值。先求起始角，作各开环零、极点到复数极点(−0.5+j1.5)的向量，并测出相应角度，如图 4-11(a)所示。

按式(4-13)算出根轨迹在极点(−0.5+j1.5)处的起始角为

$$\theta_{p_2}=180^\circ+(\varphi_1+\varphi_2+\varphi_3)-(\theta_1+\theta_3+\theta_4)=79^\circ$$

根据对称性，根轨迹在极点(−0.5−j1.5)处的起始角为−79°。

用类似方法可算出根轨迹在复数零点(−2+j)处的终止角为 149.5°。各开环零、极点到(−2+j)的向量相角如图 4.11(b)所示。

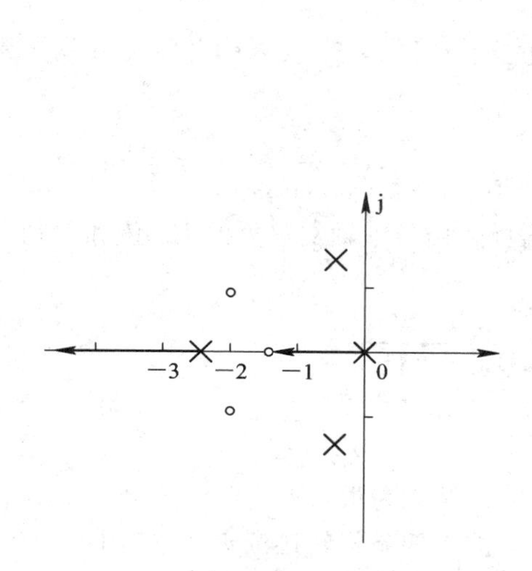

图4-9 例4-2系统的根轨迹开环零、极点标注图

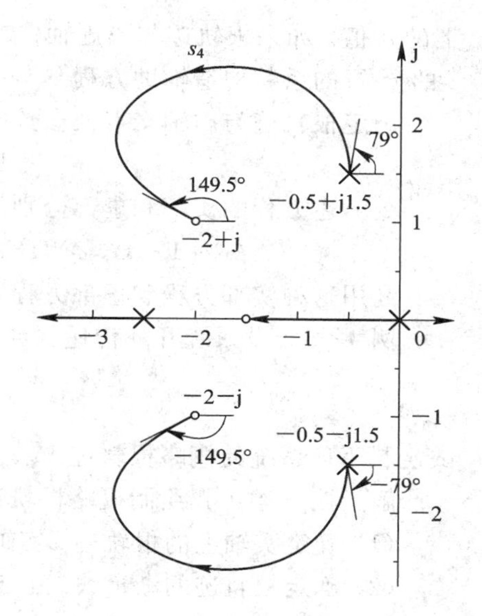

图4-10 例4-2系统的概略根轨迹图

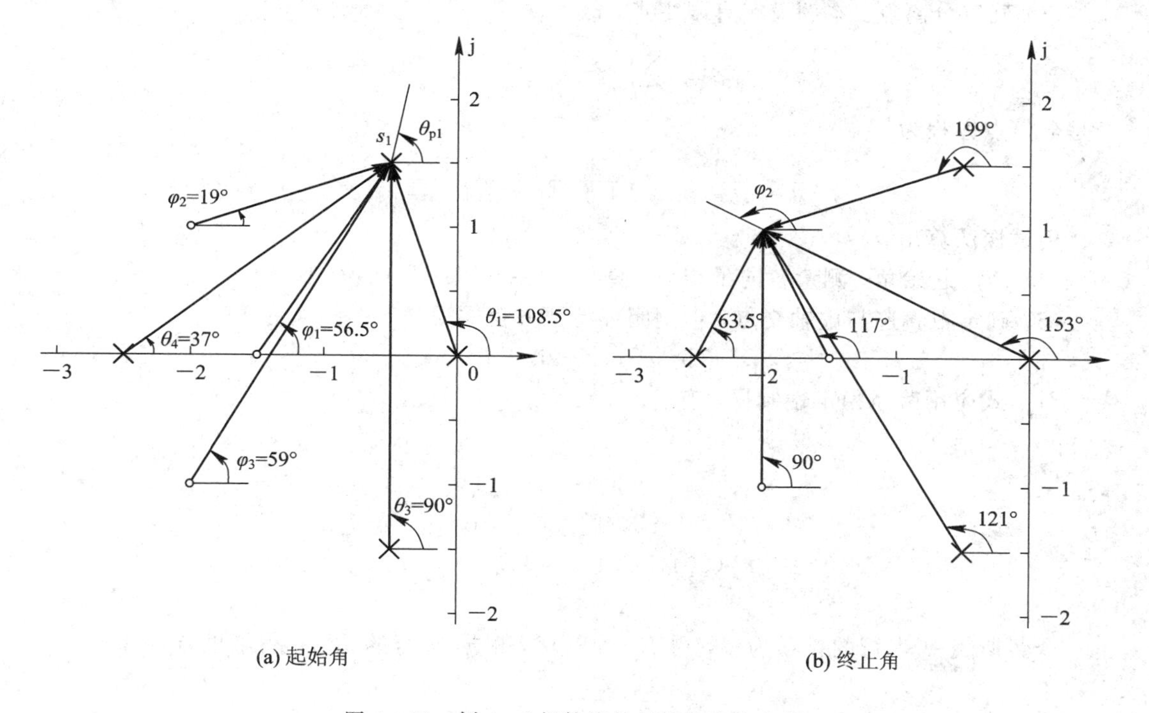

图4-11 例4-2根轨迹的起始角和终止角

法则7 根轨迹与虚轴的交点。若根轨迹与虚轴相交，则交点上的K^*值和ω值可用劳斯稳定性判据确定，也可令闭环特征方程中的$s=j\omega$，然后分别令其实部和虚部为零而求得。

证明：若根轨迹与虚轴相交，则表示闭环系统存在纯虚根，这意味着K^*的数值使闭环系统处于临界稳定状态。因此令劳斯表第一列中包含K^*的项为零，即可确定根轨迹与虚轴交点上的K^*值。此外，因为一对纯虚根是数值相同但符号相异的根，所以利用劳斯表中s^2行的系数构成辅助方程，必可解出纯虚根的数值，这一数值就是根轨迹与虚轴交点

上的 ω 值。如果根轨迹与正虚轴（或者负虚轴）有一个以上交点，则应采用劳斯表中幂大于2的 s^2 行的系数构造辅助方程。

确定根轨迹与虚轴交点处参数的另一种方法，是将 $s=\mathrm{j}\omega$ 代入闭环特征方程，得到：

$$1+G(\mathrm{j}\omega)H(\mathrm{j}\omega)=0$$

令上述方程的实部和虚部分别为零，有

$$\mathrm{Re}[1+G(\mathrm{j}\omega)H(\mathrm{j}\omega)]=0, \quad \mathrm{Im}[1+G(\mathrm{j}\omega)H(\mathrm{j}\omega)]=0$$

利用这种实部方程和虚部方程，不难解出根轨迹与虚轴交点处的 K^* 值和 ω 值。

例 4－3 设系统开环传递函数为

$$G(s)=\frac{K^*}{s(s+3)(s^2+2s+2)}$$

试绘制闭环系统的概略根轨迹。

解 按下述步骤绘制概略根轨迹。

(1) 确定实轴上的根轨迹。实轴上[0，－3]区域必为根轨迹。

(2) 确定根轨迹的渐近线。由于 $n-m=4$，故有四条根轨迹渐近线，其中

$$\sigma_a=-1.25, \quad \varphi_a=\pm 45°, \pm 135°$$

(3) 确定分离点。本例没有有限零点，故

$$\sum_{i=1}^{n}\frac{1}{d-p_i}=0$$

于是分离点方程为

$$\frac{1}{d}+\frac{1}{d+3}+\frac{1}{d+1-\mathrm{j}}+\frac{1}{d+1-\mathrm{j}}=0$$

用试探法算出 $d\approx-2.3$。

(4) 确定起始角。测量各向量相角，算得 $\theta_{p_i}=-71.6°$。

(5) 确定根轨迹与虚轴交点。本例闭环特征方程式为

$$s^4+5s^3+8s^2+6s+K^*=0$$

对上式应用劳斯稳定性判据，有

$$\begin{array}{llll}
s^4 & 1 & 8 & K^* \\
s^3 & 5 & 6 & \\
s^2 & 34/5 & K^* & \\
s^1 & (204-25K^*)/34 & & \\
s^0 & K^* & &
\end{array}$$

令劳斯表中 s^1 行的首项为零，得 $K^*=8.16$。根据 s^2 行的系数，得辅助方程

$$\frac{34}{5}s^2+K^*=0$$

代入 $K^*=8.16$ 并令 $s=\mathrm{j}\omega$，解出交点坐标 $\omega=\pm1.095$。

根轨迹与虚轴相交时的参数，也可用闭环特征方程直接求出。将 $s=\mathrm{j}\omega$ 代入特征方程，可得实部方程为

$$\omega^4-8\omega^2+K^*=0$$

虚部方程为

$$-5\omega^3+6\omega=0$$

在虚部方程中，$\omega=0$ 显然不是欲求之解，因此根轨迹与虚轴交点坐标应为 $\omega=\pm1.095$。将所得 ω 值代入实部方程，立即解出 $K^*=8.16$，所得结果与劳斯表法完全一样。整个系统概略根轨迹如图 4-12 所示。

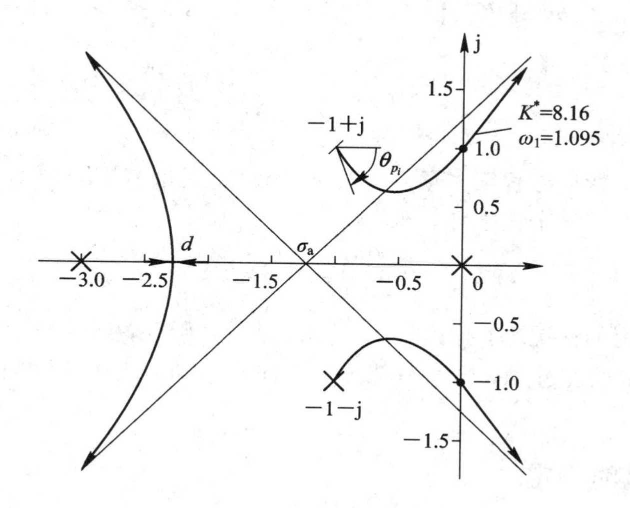

图 4-12　例 4-3 的开环零、极点分布与根轨迹

根据以上介绍的七个法则，不难绘出系统的概略根轨迹。为了便于查阅，所有绘制法则统一归纳在表 4-1 中。

表 4-1　根轨迹图绘制法则

序号	内　容	法　　则
1	根轨迹的起点和终点	根轨迹始于开环极点，止于开环零点
2	根轨迹的分支数、对称性和连续性	根轨迹的分支数等于开环极点数 $n(n>m)$，或开环零点数 $m(m>n)$，根轨迹对称于实轴
3	根轨迹的渐近线	$n-m$ 条渐近线与实轴的交点和交角为 $\sigma_a=\dfrac{\sum_{i=1}^{n}p_i-\sum_{j=1}^{m}z_j}{n-m}$，$\varphi_a=\dfrac{\pm(2k+1)\pi}{n-m}$　$k=0,1,2,\cdots,n-m-1$
4	根轨迹在实轴上的分布	实轴上某一区域，若其右方开环实数零极点个数之和为奇数，则该区域必是根轨迹
5	根轨迹的分离点和分离角	l 条根轨迹分支相遇，其分离点坐标由 $\sum_{i=1}^{n}\dfrac{1}{d-p_i}=\sum_{j=1}^{m}\dfrac{1}{d-z_j}$ 确定，分离角等于 $\pm(2k+1)\pi/l$
6	根轨迹的起始角与终止角	起始角：$\theta_{p_i}=\mp(2k+1)\pi+\sum_{j=1}^{m}\angle(p_i-z_j)-\sum_{\substack{l=1\\(l\neq i)}}^{n}\angle(p_i-p_l)$ 终止角：$\theta_{z_j}=\pm(2k+1)\pi-\sum_{\substack{l=1\\(l\neq j)}}^{m}\angle(z_j-z_l)+\sum_{i=1}^{n}\angle(z_j-p_i)$
7	根轨迹与虚轴的交点	可利用劳斯稳定性判据，或者将 $s=j\omega$ 代入系统的特征方程

法则 8 根之和。系统的闭环特征方程在 $n>m$ 的情况下，一般可以有不同形式的表示：

$$\prod_{i=1}^{n}(s-p_i)+K^*\prod_{j=1}^{m}(s-z_j)=s^n+a_1s^{n-1}+\cdots+a_{n-1}s+a_n$$

$$=\prod_{i=1}^{n}(s-s_i)=s^n+(-\sum_{i=1}^{n}s_i)s^{n-1}+\cdots+\prod_{i=1}^{n}(-s_i)=0$$

式中，s_i 为闭环特征根。

当 $n-m\geqslant 2$ 时，特征方程第二项系数与 K^* 无关，无论 K^* 取何值，开环 n 个极点之和总是等于闭环特征方程 n 个根之和，即

$$\sum_{i=1}^{n}s_i=\sum_{i=1}^{n}p_i \tag{4-15}$$

在开环极点确定的情况下，这是一个不变的常数，所以，当开环增益 K 增大时，若闭环某些根在 s 平面上向左移动，则另一部分根必向右移动。此法则对判断根轨迹的走向是很有用的。

4.2.2 闭环极点的确定

对于特定 K^* 值下的闭环极点，可用幅值条件确定。一般来说，比较简单的方法是先用试探法确定实数闭环极点的数值，然后用综合除法得到其余的闭环极点。如果在特定 K^* 值下，闭环系统只有一对复数极点，那么用上述方法可以直接在概略根轨迹图上获得要求的闭环极点。

例 4-4 设单位负反馈开环传递函数为 $G(S)=\dfrac{K}{s(s+3)(s^2+2s+2)}$，试绘制其根轨迹图。

解 (1) 开环极点。$p_1=0$，$p_2=-3$，$p_{3,4}=-1\pm \mathrm{j}$，$n=4$，$m=0$，无开环零点。

(2) 有 4 条根轨迹，4 条根轨迹趋于无穷远。

(3) 在实轴$(-3,0)$有根轨迹。

(4) 渐近线。

与实轴交点：

$$\sigma_a=\frac{\sum_{i=1}^{n}p_i-\sum_{i=1}^{m}z_i}{n-m}=\frac{0+(-3)+(-1+\mathrm{j})+(-1-\mathrm{j})}{4-0}=-1.25$$

与实轴夹角：

$$\varphi_a=\frac{\pm(2K+1)\pi}{n-m}$$

$$K=0,\ \varphi_a=\pm\frac{\pi}{4}$$

$$K=1,\ \varphi_a=\pm\frac{3\pi}{4}$$

(5) 分离点 d。

$$\sum_{i=1}^{n}\frac{1}{d-p_i}=\sum_{i=1}^{m}\frac{1}{d-z_i}$$

$$\frac{1}{d}+\frac{1}{d+3}+\frac{1}{d+1+\mathrm{j}}+\frac{1}{d+1-\mathrm{j}}=0$$

化简得方程 $4d^3+15d^2+16d+6=0$，解方程，得出分离点坐标为 $d=-2.3$。

(6) p_3、p_4 为复数开环极点。

出射角：

$$\angle\theta_{p3}=\pm(2K+1)\pi+\sum_{j=1}^{m}\theta_{zj}-\sum_{\substack{i=1\\i\neq 3}}^{n}\theta_{pi}=\pm(2K+1)\pi-135^\circ-26.6^\circ-90^\circ$$

$$K=0,\ \angle\theta_{p3}=-71.6^\circ$$

由对称性得$\angle\theta_{p4}=71.6^\circ$。

(7) 与虚轴交点。将 $s=\mathrm{j}\omega$ 代入特征方程有

$$s(s+3)(s^2+2s+2)+K=0$$

$$(\mathrm{j}\omega)^4+5(\mathrm{j}\omega)^3+8(\mathrm{j}\omega)^2+6\mathrm{j}\omega+K=0$$

$$\omega^4-\mathrm{j}5\omega^3-8\omega^2+6\mathrm{j}\omega+K=0$$

分别令实部与虚部为 0，则

$$\omega^4-8\omega^2+K=0$$

$$5\omega^3-6\omega=0$$

$$\omega_{1,2}=\pm 1.095，对应的\ K=8.16$$

$$\omega_3=0，对应的\ K=0$$

其中，$\omega_3=0$ 是根轨迹的一个起点，$\omega_{1,2}$为根轨迹与虚轴交点。

根轨迹图如图 4-13 所示，由根轨迹图可知，当 $0<K<8.16$ 时系统稳定。

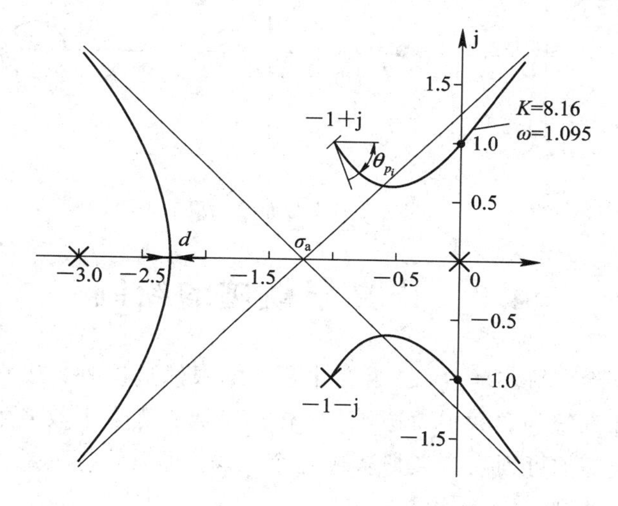

图 4-13　例 4-4 根轨迹

本节最后，我们在图 4-14 中画出了几种常见的开环零、极点分布及其相应的根轨迹，供绘制概略根轨迹时参考。应当指出，由于 MATLAB 软件包功能十分强大，运行相应的 MATLAB 文本，可以方便地获得系统准确的根轨迹图，以及根轨迹上特定点的根轨迹增益。

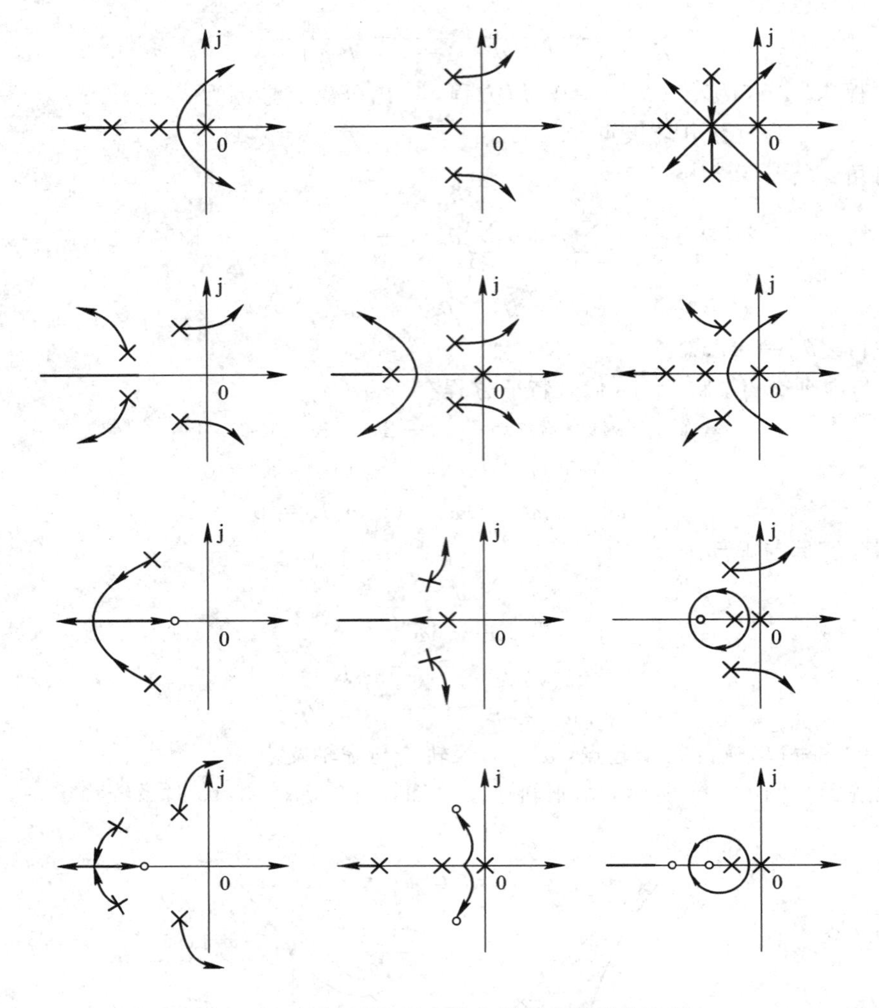

图 4-14　开环零、极点分布及相应的根轨迹图

4.3　广义根轨迹的绘制

在控制系统中，除根轨迹增益 K^* 为变化参数的根轨迹以外，其他情形下的根轨迹统称为广义根轨迹。如系统的参数根轨迹，开环传递函数中零点个数多于极点个数时的根轨迹，以及零度根轨迹等均可列入广义根轨迹这个范畴。通常，将负反馈系统中 K^* 变化时的根轨迹叫作常规根轨迹。

4.3.1　参数根轨迹

以非开环增益为可变参数绘制的根轨迹称为参数根轨迹，以区别于以开环增益 K 为可变参数的常规根轨迹。

绘制参数根轨迹的法则与绘制常规根轨迹的法则完全相同。只要在绘制参数根轨迹之前，引入等效单位反馈系统和等效传递函数概念，则常规根轨迹的所有绘制法则均适用于

参数根轨迹的绘制。为此，需要对闭环特征方程

$$1+G(s)H(s)=0 \tag{4-16}$$

进行等效变换，将其写为如下形式：

$$1+A\frac{P(s)}{Q(s)}=0 \tag{4-17}$$

其中，A 为除 K^* 外，系统任意的变化参数，而 $P(s)$ 和 $Q(s)$ 为两个与 A 无关的首一(表示多项式最高次项系数为 1)多项式。显然式(4-17)应与式(4-16)相等，即

$$Q(s)+AP(s)=1+G(s)H(s)=0 \tag{4-18}$$

根据式(4-18)，可得等效单位反馈系统，其等效开环传递函数为

$$G_1(s)H_1(s)=A\frac{P(s)}{Q(s)} \tag{4-19}$$

利用式(4-19)画出的根轨迹，就是参数 A 变化时的参数根轨迹。需要强调指出，等效开环传递函数是根据式(4-18)得来的，因此“等效”的含义仅在闭环极点相同这一点上成立，而闭环零点一般是不同的。由于闭环零点对系统动态性能有影响，因此由闭环零、极点分布来分析和估算系统性能时，可以采用参数根轨迹上的闭环极点，但必须采用原来闭环系统的零点。这一处理方法和结论，对于绘制开环零极点变化时的根轨迹同样适用。

例 4-5　已知系统的开环传递函数为 $G(s)H(s)=\dfrac{K}{s(s+1)(T_a s+1)}$，试绘制当开环增益 K 为 $\dfrac{1}{2}$、1、2 时，时间常数 $T_a=0\to\infty$ 变化时的根轨迹。

解　本例显然是求广义根轨迹问题。

系统特征方程为

$$D(s)=s(s+1)(T_a s+1)+K=0$$

等效开环传递函数为

$$G_1(s)H_1(s)=\frac{T_a s(s+1)}{s^2+s+K}$$

等效开环传递函数有 3 个零点，即 0、0、−1；2 个极点，不同 K 值可计算出不同极点。

按照常规根轨迹的绘制法则可绘制出广义根轨迹如图 4-15 所示。

由图可见：$T_a\geqslant 1$ 时，开环增益 K 应小于 2，否则闭环系统不稳定；当 $1>K>0$ 时，T_a 取任何正实值时系统都是稳定的。

从图 4-15 中可以发现，对于给定的开环增益 K，如果增大 T_a 值，相当于使可变开环极点向坐标原点方向移动，那么闭环极点就会向 s 右半平面方向移动，从而使系统的稳定性变坏。

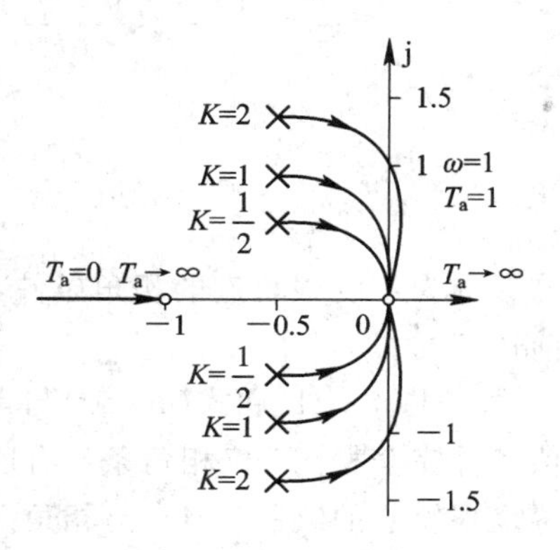

图 4-15　例 4-5 根轨迹图

4.3.2　零度根轨迹

如果所研究的控制系统为非最小相位系统，则有时不能采用常规根轨迹的绘制法则来

绘制系统的根轨迹，因为其相角遵循 $0°+2k\pi$ 条件，而不是 $180°+2k\pi$ 条件，故一般称为零度根轨迹。这里所谓的非最小相位系统，是指在 s 右半平面具有开环零、极点的控制系统。此外，如果有必要绘制正反馈系统的根轨迹，那么也必然会产生 $0°+2k\pi$ 的相角条件。一般来说，零度根轨迹的来源有两个方面：其一是非最小相位系统中包含 s 最高次幂的系数为负的因子；其二是控制系统中包含有正反馈内回路。前者是由于被控对象，如飞机、导弹本身的特性所产生的，或者是在系统结构图变换过程中所产生的；后者是由于某种性能指标要求，使得在复杂的控制系统设计中，必须包含正反馈内回路所致。

零度根轨迹的绘制方法与常规根轨迹的绘制方法略有不同。以正反馈系统为例，设某个复杂控制系统如图 4-16 所示，其中内回路采用正反馈，这种系统通常由外回路加以稳定。为了分析整个控制系统的性能，首先要确定内回路的零、极点。当用根轨迹法确定内回路的零、极点时，就相当于绘制正反馈系统的根轨迹。

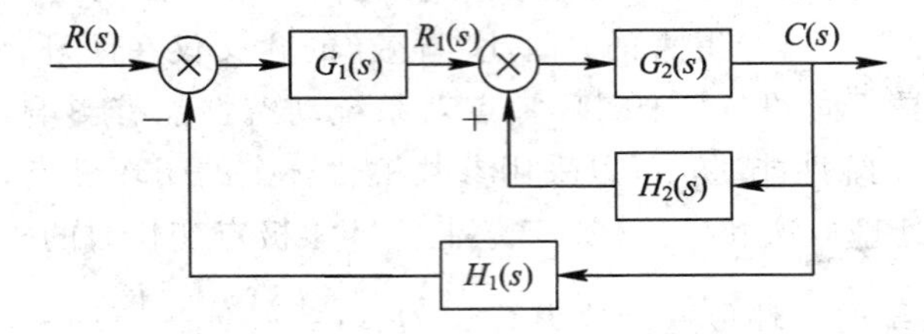

图 4-16 复杂控制系统

在图 4-16 中，正反馈内回路的闭环传递函数为

$$\frac{C(s)}{R_1(s)}=\frac{G_2(s)}{1-G_2(s)H_2(s)}$$

于是，得到正反馈系统的根轨迹方程为

$$G_2(s)H_2(s)=1 \tag{4-20}$$

上式可等效为下列两个方程：

$$\sum_{j=1}^{m}\angle(s-z_i)-\sum_{i=1}^{n}\angle(s-p_i)=0°+2k\pi,\ k=0,\ \pm1,\ \pm2,\ \cdots \tag{4-21}$$

$$K^*\frac{\prod\limits_{i=1}^{m}|s-z_i|}{\prod\limits_{i=1}^{n}|s-p_i|}=1 \tag{4-22}$$

前者称为零度根轨迹的相角条件，后者称为零度根轨迹的模值条件。式中各符号的意义与前述相同。

将式(4-21)和式(4-22)与常规根轨迹的公式(4-9)和式(4-10)相比可知，它们的模值条件完全相同，仅相角条件有所改变。因此，常规根轨迹的绘制法则原则上可以应用于零度根轨迹的绘制，但在与相角条件有关的一些法则中，需作适当调整。从这种意义上说，零度根轨迹也是常规根轨迹的一种推广。

绘制零度根轨迹时，应调整的绘制法则有：

法则 3 中渐近线的交角应改为

$$\varphi_a=\frac{2k\pi}{n-m},\qquad k=0,\ 1,\ \cdots,\ n-m-1 \tag{4-23}$$

法则 4 中根轨迹在实轴上的分布应改为：实轴上的某一区域，若其右方开环实数零、极点个数之和为偶数，则该区域必是根轨迹。

法则 6 中根轨迹的起始角和终止角应改为：起始角为其他零、极点到所求起始角复数极点的诸向量相角之差，即

$$\theta_{p_i} = 2k\pi + \left(\sum_{j=1}^{m}\varphi_{z_j p_i} - \sum_{\substack{j=1 \\ (j\neq i)}}^{n}\theta_{p_j p_i}\right) \tag{4-24}$$

终止角等于其他零、极点到所求终止角复数零点的诸向量相角之差的负值，即

$$\varphi_{z_i} = 2k\pi - \left(\sum_{\substack{j=1 \\ (j\neq i)}}^{m}\varphi_{z_j z_i} - \sum_{j=1}^{n}\theta_{p_j z_i}\right) \tag{4-25}$$

除上述三个法则外，其他法则不变。为了便于使用，表 4-2 列出了零度根轨迹图的绘制法则。

表 4-2　零度根轨迹图绘制法则

序号	内　　容	法　　则
1	根轨迹的起点和终点	根轨迹起于开环极点，终于开环零点
2	根轨迹的分支数、对称性和连续性	根轨迹的分支数等于开环极点数 $n(n>m)$，或开环零点数 $m(m>n)$，根轨迹对称于实轴
3	根轨迹的渐近线	$n-m$ 条渐近线与实轴的交点和交角为 $\sigma_a = \dfrac{\sum_{i=1}^{n} p_i - \sum_{j=1}^{m} z_j}{n-m}$，$\varphi_a = \dfrac{\pm 2k\pi}{n-m}$，$k=0, 1, 2, \cdots, n-m-1$
4	根轨迹在实轴上的分布	实轴上某一区域，若其右方开环实数零、极点个数之和为偶数，则该区域必是根轨迹
5	根轨迹的分离点和分离角	l 条根轨迹分支相遇，其分离点坐标由 $\sum_{i=1}^{n}\dfrac{1}{d-p_i} = \sum_{j=1}^{m}\dfrac{1}{d-z_j}$ 确定，分离角等于 $\pm(2k+1)\pi/l$
6	根轨迹的起始角与终止角	起始角：$\theta_{p_i} = \mp 2k\pi + \sum_{j=1}^{m}\angle(p_i - z_j) - \sum_{\substack{l=1 \\ (l\neq i)}}^{n}\angle(p_i - p_l)$ 终止角：$\theta_{z_j} = \pm 2k\pi - \sum_{\substack{l=1 \\ l\neq j}}^{m}\angle(z_j - z_l) + \sum_{i=1}^{n}\angle(z_j - p_i)$
7	根轨迹与虚轴的交点	可利用劳斯稳定性判据，或者将 $s=j\omega$ 代入系统的特征方程

例 4-6　设正反馈系统结构图如图 4-16 中的内回路所示，其中

$$G(s) = \frac{K^*(s+2)}{(s+3)(s^2+2s+2)},\quad H(s) = 1$$

试绘制该系统的根轨迹图。

解 本例根轨迹绘制可分以下几步：

(1) 在复平面上画出开环极点 $p_1=-1+\mathrm{j}$，$p_2=-1-\mathrm{j}$，$p_3=-3$ 以及开环零点 $p_1=-1+\mathrm{j}$。当 K^* 从零增到无穷时，根轨迹起于开环极点，而终于开环零点(包括无限零点)。

(2) 确定实轴上的根轨迹。在实轴上，根轨迹存在于 -2 与 $+\infty$ 之间以及 -3 与 $-\infty$ 之间。

(3) 确定根轨迹的渐近线。对于本例，有 $n-m=2$ 条根轨迹趋于无穷，其交角为

$$\varphi_{\mathrm{a}}=\frac{2k\pi}{3-1}=0^\circ \text{ 和 } 180^\circ,\ k=0,1$$

这表明根轨迹渐近线位于实轴上。

(4) 确定分离点和分离角。方程

$$\frac{1}{d+2}=\frac{1}{d+3}+\frac{1}{d+1-\mathrm{j}}+\frac{1}{d+1+\mathrm{j}}$$

经整理得

$$(d+0.8)(d^2+4.7d+6.24)=0$$

显然，分离点位于实轴上，故取 $d=-0.8$，而分离角等于 90°。

(5) 确定起始角。对于复数极点 $p_1=-1+\mathrm{j}$，根轨迹的起始角为

$$\theta_{p_1}=45^\circ-(90^\circ+26.6^\circ)=-71.6^\circ$$

根据对称性，根轨迹 $p_2=-1-\mathrm{j}$ 的起始角 $\theta_{p_2}=-71.6^\circ$。整个系统概略零度根轨迹如图 4-17 所示。

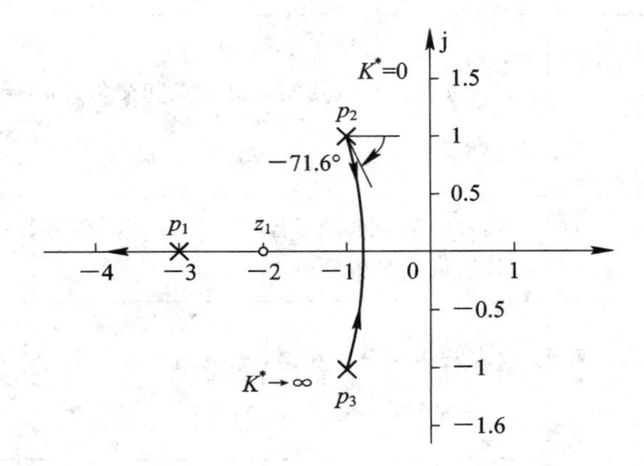

图 4-17 $G(s)=\dfrac{K^*(s+2)}{(s+3)(s^2+2s+2)}$ 的零度根轨迹

(6) 确定临界开环增益。由图 4-17 可见，坐标原点对应的根轨迹增益为临界值，可由模值条件求出

$$K_{\mathrm{c}}^*=\frac{|0-(-1+\mathrm{j})|\cdot|0-(-1-\mathrm{j})|\cdot|0-(-3)|}{|0-(-2)|}=3$$

由于 $K_{\mathrm{c}}=K_{\mathrm{c}}^*/3$，于是临界开环增益 $K_{\mathrm{c}}=1$。因此，为了使该正反馈系统稳定，开环增益应小于 1。

系统的零度根轨迹图和参数根轨迹图，也可以应用 MATLAB 软件包直接获得。

4.4　根轨迹的系统性能分析

在经典控制理论中，控制系统设计的重要评价取决于系统的单位阶跃响应。应用根轨迹法，可以迅速确定系统在某一开环增益或某一参数值下的闭环零、极点位置，从而得到相应的闭环传递函数。这时，可以利用拉氏反变换法或者 MATLAB 仿真法确定系统的单位阶跃响应，由阶跃响应不难求出系统的各项性能指标。然而，在系统初步设计过程中，重要的方面往往不是如何求出系统的阶跃响应，而是如何根据已知的闭环零、极点去定性地分析系统的性能。

4.4.1　增加开环零点、极点对根轨迹的影响

既然根轨迹是系统特征方程的根随着某个参数变动而在 s 平面上移动的轨迹，那么，根轨迹的形状不同，闭环特征根就不同，系统的性能就不一样。在工程上，为了改善系统的性能，往往需要对根轨迹进行改造。

从前面的分析可知，系统根轨迹的形状、位置完全取决于系统的开环传递函数中的零点和极点，因此，可通过增加开环零、极点的方法来改造根轨迹，从而实现改善系统性能的目的。下面讨论增加开环零、极点和偶极子对系统根轨迹的影响。

1. 增加开环零点对根轨迹的影响

由绘制根轨迹的法则知，增加一个开环零点对系统的根轨迹有以下影响：

(1) 改变了根轨迹在实轴上的分布。

(2) 改变了根轨迹渐近线的条数、倾角。

(3) 若增加的开环零点和某个极点重合或距离很近，构成开环偶极子，则两者相互抵消。因此，可加入一个零点来抵消有损于系统性能的极点。

(4) 根轨迹曲线将向左偏移，有利于改善系统的动态性能，而且，所加的零点越靠近虚轴，则影响越大。

2. 增加开环极点对根轨迹的影响

增加一个开环极点对系统根轨迹有以下影响：

(1) 改变了根轨迹在实轴上的分布。

(2) 改变了根轨迹渐近线的条数、倾角。

(3) 改变了根轨迹的分支数。

(4) 根轨迹曲线将向右偏移，不利于改善系统的动态性能，而且，增加的极点越靠近虚轴，这种影响就越大。

3. 增加开环偶极子对根轨迹的影响

开环偶极子是指一对距离很近的开环零、极点，它们之间的距离比它们的模值小一个数量级左右。当系统增加一对开环偶极子时，其效应有：

(1) 开环偶极子对离它们较远的根轨迹形状及根轨迹增益 K^* 没有影响。原因是从偶极子至根轨迹远处某点的向量基本相等，它们在幅值条件及相角条件中可以相互抵消。

(2) 若开环偶极子位于 s 平面原点附近，则由于闭环主导极点离坐标原点较远，故它

们对系统主导极点的位置及增益 K^* 均无影响。但是，开环偶极子将显著地影响系统的稳态误差系数，从而在很大程度上影响系统的静态性能。

例 4-7 已知某系统的开环传递函数为 $G(s)H(s)=\dfrac{K^*}{s(s+1)}$，若给此系统增加一个开环极点 $-p=-2$，或增加一个开环零点 $-z=-2$，试分别讨论其对系统根轨迹和动态性能的影响。

解 依据根轨迹的绘制法则，绘制出的根轨迹如图 4-18 所示。

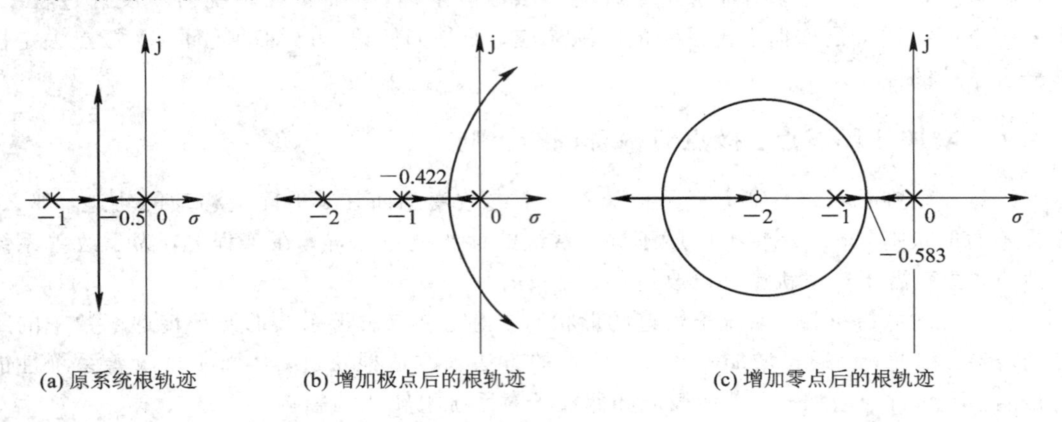

图 4-18 增加零点或极点的效应

图(a)为原系统的根轨迹 $G(s)=\dfrac{K^*}{s(s+1)}$，图(b)为增加极点后的根轨迹 $G(s)=\dfrac{K^*}{s(s+1)(s+2)}$，图(c)为增加零点后的根轨迹 $G(s)=\dfrac{K^*(s+2)}{s(s+1)}$。可见，增加极点后根轨迹及其分离点都向右偏移，增加零点后根轨迹及其分离点都向左偏移。

原来的二阶系统，K^* 从 0 变到无穷大时，系统总是稳定的。增加一个开环极点后，当 K^* 增大到一定程度时，有两条根轨迹跨过虚轴进入 s 平面右半部，系统变为不稳定。当轨迹仍在 s 平面左侧时，随着 K^* 的增大，阻尼角增加，ξ 变小，振荡程度加剧，特征根进一步靠近虚轴，衰减振荡过程变得很缓慢。总之，增加开环极点对系统动态性能是不利的。

增加开环零点的效应恰恰相反，当 K^* 从 0 变至无穷大时，根轨迹始终都在 s 左半平面，系统总是稳定的。随着 K^* 的增大，闭环极点由两个负实数变为共轭复数，以后再变为实数，相对稳定性比原系统更好，阻尼率 ξ 更大，因此系统的超调量变小，调节时间变短，动态性能有明显的提高。在工程设计中，常采用增加零点的方法对系统进行校正。

例 4-8 单位反馈系统的开环传递函数为 $G(s)=\dfrac{K^*}{s^2(s+1)}$，试用根轨迹法讨论增加开环零点对系统稳定性的影响。

解 此系统有 3 个开环极点：$-p_1=-p_2=0$，$-p_3=-10$，无开环零点。按根轨迹绘制法则得出的根轨迹草图如图 4-19(a)所示，其中有两条根轨迹分支始终位于 s 平面右半部，这说明无论 K^* 取何值，系统均不稳定。这种系统属结构不稳定系统。

若在系统中增加一个负实数的开环零点，使系统的开环传递函数变为

$$G(s)=\frac{K^*(s+z_1)}{s^2(s+10)}$$

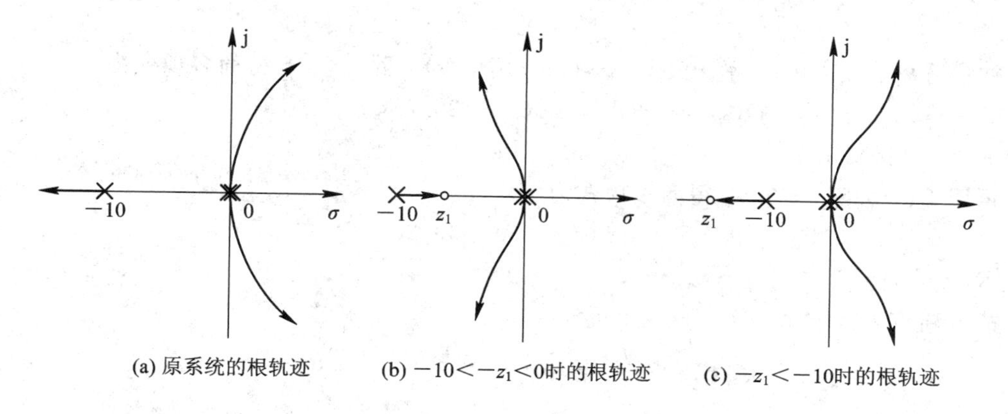

(a) 原系统的根轨迹　(b) $-10<-z_1<0$时的根轨迹　(c) $-z_1<-10$时的根轨迹

图 4-19　增加开环零点对根轨迹的影响

设$-z_1$在$-10\sim0$之间，则增加零点后的系统根轨迹如图 4-19(b)所示。图形表明，当K^*由 0 变至无穷时，3 条根轨迹分支全部落在s平面的左半部，即系统总是稳定的。由于闭环特征根是共轭复数，故阶跃响应呈衰减振荡形式。但是，若增加的开环零点$-z_1<-10$，则系统的根轨迹如图 4-19(c)所示。此时根轨迹虽然向左弯了些，但仍有 2 条根轨迹分支始终落在s平面的右半部，系统仍无法稳定。因此，引入附加开环零点的数值要适当，才能比较显著地改善系统的性能。

4.4.2　稳定系统分析和参数计算

如果系统开环传递函数的极点中有一个或多于一个分布在s平面的右侧，则系统开环是不稳定的，这类系统称为开环不稳定系统。既然系统开环不稳定，那么，系统闭环后是否稳定，这完全取决于闭环特征根的分布情况，下面采用根轨迹法进行分析、讨论。

例 4-9　已知装备有自动驾驶仪的飞机在纵向运动中的开环传递函数为

$$G(s)=\frac{K^*(s+1)}{s(s-1)(s^2+4s+16)}$$

试绘制系统的根轨迹并确定参数K^*的稳定范围。

解　系统的开环极点为$-p_1=0$，$-p_2=1$，$-p_{3,4}=-2\pm j2\sqrt{3}$；开环零点为$-z_1=-1$。因为有一个不稳定的开环正实数极点$-p_2=1$，所以本系统属于开环不稳定系统。这类系统的根轨迹仍可用绘制常规根轨迹的法则来绘制，过程如下：

(1) 实轴根轨迹区段为$[0,1]$和$(-\infty,-1]$。

(2) 求根轨迹在实轴上的分离点和会合点。

由零、极点的分布知，实轴上$0\sim1$之间必有分离点，而$-\infty\sim-1$之间必有会合点。考虑到本系统是高阶系统，故采用牛顿法求分离点及会合点。

① 求分离点。闭环系统的特征方程为

$$s(s-1)(s^2+4s+16)+K^*(s+1)=0$$

故有

$$K^*=-\frac{s(s-1)(s^2+4s+16)}{(s+1)}$$

将$\dfrac{dK^*}{ds}=\left(-\dfrac{s(s-1)(s^2+4s+16)}{(s+1)}\right)'$的分子记为$P(s)$，则

$$P(s) = -3s^4 - 10s^3 - 21s^2 - 24s + 16$$

初选分离点 $s_1=0.5$，故 $s-s_1=s-0.5$。用 $P(s)$ 去除 $s-0.5$ 得商多项式为

$$Q(s) = -3s^3 - 11.5s^2 - 26.75s - 37.375$$

余数 $R_1=-2.6875$。

再用 $Q(s)$ 去除 $s-0.5$，得商多项式为

$$-3s^2 - 13s - 33.25$$

余数 $R_2=-54$。

故分离点为

$$s_2 = s_1 - \frac{R_1}{R_2} = 0.5 - \frac{-2.6875}{-54} = 0.45$$

② 求会合点。初选会合点 $s_1=-2$，故 $s-s_1=s+2$。用 $P(s)$ 去除 $s+2$，得

$$Q(s) = -3s^3 - 4s^2 - 13s + 2$$

余数 $R_1=12$。

再用 $Q(s)$ 去除 $s+2$ 得商 $-3s^2+2s-17$，余数 $R_2=36$。故会合点为

$$s_2 = s_1 - \frac{R_1}{R_2} = -2 - \frac{12}{36} = -2.33$$

(3) 3 条趋于无穷远处根轨迹的渐近线与实轴的交点为

$$\sigma_a = \frac{0+1+(-2+j2\sqrt{3})+(-2-j2\sqrt{3})-(-1)}{4-1} = -\frac{2}{3}$$

渐近线与正实轴的夹角为

$$\theta = \frac{180°(2k+1)}{3} = 60°, 180°, 300°$$

(4) 求根轨迹与虚轴的交点及临界增益 K_p^*。本例是一个高阶系统，故采用劳斯稳定性判据确定其数值可能会较简明。该系统的特征方程为

$$s(s-1)(s^2+4s+16) + K^*(s+1) = 0$$

即

$$s^4 + 3s^3 + 12s^2 + (K^*-16)s + K^* = 0$$

其劳斯表如下：

$$\begin{array}{c|ccc}
s^4 & 1 & 12 & K^* \\
s^3 & 3 & (K^*-16) & 0 \\
s^2 & \dfrac{52-K^*}{3} & K^* & 0 \\
s^1 & \dfrac{-(K^*)^2+59K^*-832}{52-K^*} & 0 & \\
s^0 & K^* & &
\end{array}$$

令 s^1 行、第一列的元素等于 0，即可解出临界增益 K_p^*。由方程

$$-(K^*)^2 + 59K^* - 832 = 0$$

解出

$$K_{p1}^* = 23.3, K_{p2}^* = 35.7$$

再求解由 s^2 行得到的辅助方程：

$$\frac{(52-K^*)}{3}s^2+K^*=0$$

可得出根轨迹与虚轴交点的坐标分别为

$$A_{1,2}=\pm \mathrm{j}1.56 \quad (K^*=K^*_{p1}=23.3\text{ 时})$$

$$B_{1,2}=\pm \mathrm{j}2.56 \quad (K^*=K^*_{p2}=35.7\text{ 时})$$

(5) 根轨迹离开复数极点 $-p_3=-2+\mathrm{j}2\sqrt{3}$ 的出射角为

$$\begin{aligned}\theta_3 &= 180°(2k+1)+\angle(-p_3+z)-\angle(-p_3+p_1)-\angle(-p_3+p_2)-\angle(-p_3+p_4)\\ &= 180°+180°+106°-120°-130.5°-90°=-54.5°\end{aligned}$$

同理，可求得根轨迹离开 $-p_4=-2-\mathrm{j}2\sqrt{3}$ 的出射角为

$$\theta_4=54.5°$$

根据上述计算结果，绘出系统的根轨迹如图 4-20 所示。对其进行稳定性分析：由图 4-20 可见，起始于开环复数极点 $-p_{3,4}$ 的两条根轨迹分支一直位于 s 平面的左侧，这两条分支所决定的两个闭环特征根均落在 s 平面的左半部，因而对系统的稳定性无影响。而从开环极点 $-p_1=0$ 和 $-p_2=1$ 出发的两条轨迹分支，只有在 $23.3<K^*<35.7$ 的范围内，其对应的根轨迹段才落在 s 平面的左半部，才能使系统稳定。可见，这类系统的稳定是有条件的，那就是 K^* 的取值范围应为 $23.3<K^*<35.7$。这种参数必须在一定范围内选取才能使之稳定的系统称为条件稳定系统。

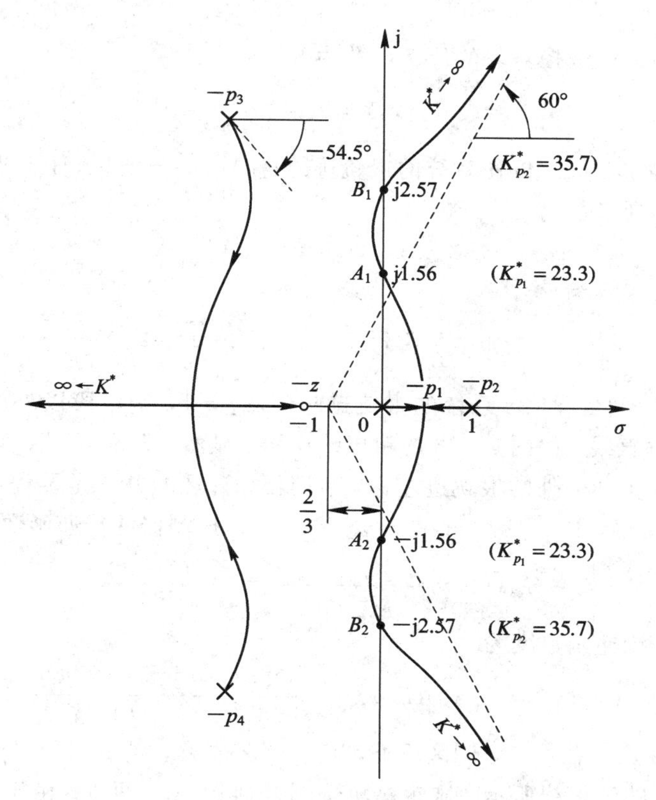

图 4-20　例 4-9 系统根轨迹图

4.5　控制系统的根轨迹性能分析与设计

在工程实践中，常常会遇到一种情况，就是所研究的控制系统不能同时满足动态指标和静态指标的要求。这时，可以通过在系统中适当添加一些开环零、极点的方法，对根轨迹进行改造，使系统的性能满足工程上提出的要求。

例 4-10　已知随动系统的结构图如图 4-21 所示。其中 $G_0(s)$ 是被控对象的传递函数，$G_c(s)$ 是控制器的传递函数。为使系统的根轨迹通过 s 平面上 $A_{1,2}=-1.5\pm j1.5$ 点，问：

(1) 控制器传递函数 $G_c(s)=\dfrac{K^*(s+z_{c1})}{s+p_{c1}}$ 的零、极点 $-z_{c1}$ 和 $-p_{c1}$ 应如何配置？

(2) 若欲使系统的闭环极点为 $-s_{1,2}=-1.5\pm j1.5$，且稳态速度误差系数 $K_v\geqslant 12$，则控制器还需添加一对零、极点 $-z_{c2}$ 和 $-p_{c2}$，它们应如何配置？

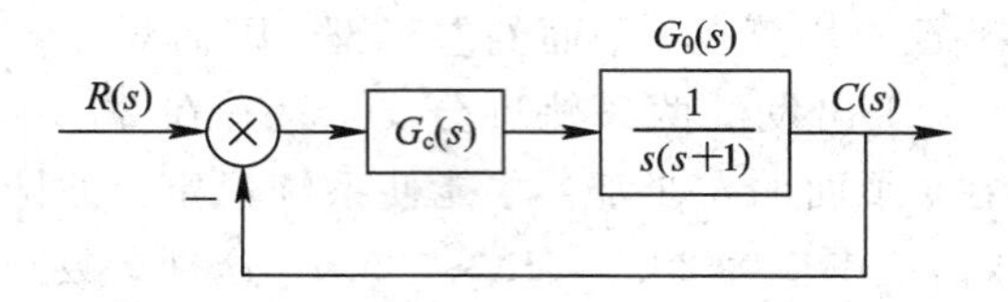

图 4-21　随动系统结构图

解　已知控制系统被控对象的传递函数为

$$G_0(s)=\frac{1}{s(s+1)}$$

(1) 选择 $-z_{c1}$ 和 $-p_{c1}$，以使系统的根轨迹通过 $A_{1,2}=-1.5\pm j1.5$ 点。

若控制器的传递函数为

$$G_{c1}(s)=K^*$$

则系统的开环传递函数为

$$G_{K1}(s)=G_{c1}(s)G_0(s)\ \frac{K^*}{s(s+1)}$$

当 K^* 在 $0\to\infty$ 间变化时，系统的根轨迹除实轴[−1，0]区段以外的部分是一条通过(−0.5，j0)点的垂直线，如图 4-22 的粗虚线所示。显然，无论 K^* 取何值，根轨迹不会通过 $A_{1,2}$ 点。为了将实轴以外的根轨迹左移，最简便、直观的办法是要控制器提供一对开环零、极点，其参数配置成 $-z_{c1}=-1$ 和 $-p_{c1}=-3$，即控制器的传递函数为

$$G_{c2}(s)=\frac{K^*(s+z_{c1})}{s+p_{c1}}=\frac{K^*(s+1)}{s+3}$$

于是，系统的开环传递函数变为

$$G_{K2}(s)=G_{c2}(s)G_0(s)=\frac{K^*(s+1)}{s(s+1)(s+3)}=\frac{K^*}{s+3}$$

系统的根轨迹除实轴[−3，0]区段外，其余部分左移，是一条通过(−1.5，j0)点的垂直线，如图 4-22 的细虚线所示，显然根轨迹刚好通过 $A_{1,2}$ 两点。由于根轨迹左移，提高了系统的相对稳定性和瞬态响应的快速性。

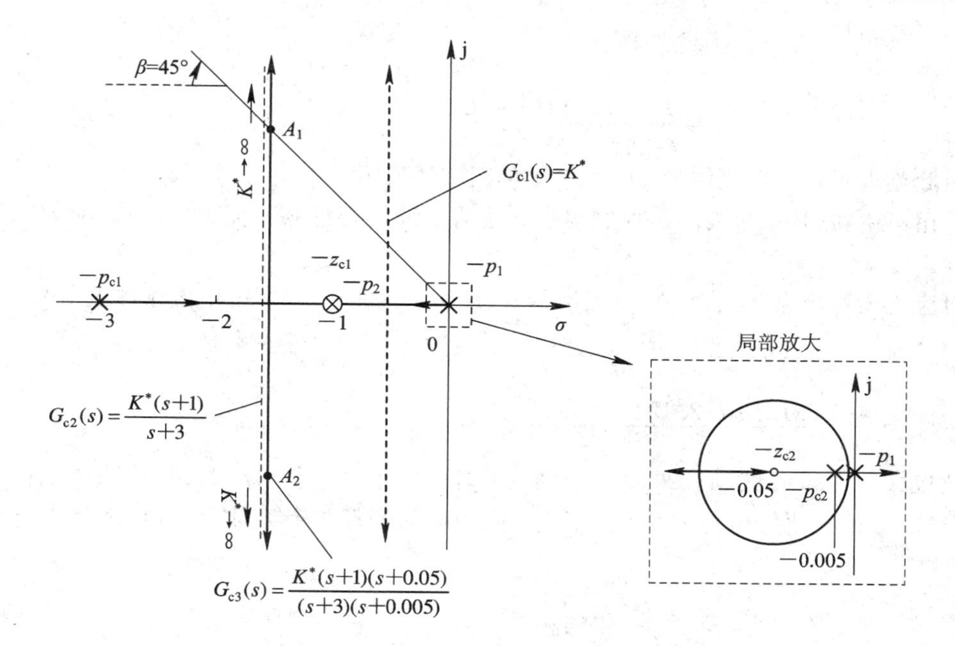

图 4－22　随动系统根轨迹

根据幅值条件方程，可得对应于根轨迹 $A_{1,2}$ 点的 K^* 值为

$$K_1^* = |-1.5+\mathrm{j}1.5+0| \times |-1.5+\mathrm{j}1.5+3| = 2.12 \times 2.12 = 4.5 \quad (4-26)$$

相应的开环传递系数为

$$K_1 = K_1^* \times \frac{1}{3} = \frac{4.5}{3} = 1.5 \quad (4-27)$$

(2) 选择 $-z_{c2}$ 和 $-p_{c2}$，以满足 $K_v \geqslant 12$ 的要求。

从以上的分析可知，系统的根轨迹已通过 $-1.5\pm\mathrm{j}1.5$ 点，但在该点上的速度误差系数为 $K_{v1}=K_1^*=1.5$，未能满足要求。根据题目要求，开环传递系数必须提高 12/1.5＝8(倍)以上。为了达到此目的，在控制器中再增加一对开环零、极点 $-z_{c2}$ 和 $-p_{c2}$，其相应的传递函数为

$$\frac{s+z_{c2}}{s+p_{c2}}$$

而且这零、极点必须满足 $(-z_{c2})/(-p_{c2}) \geqslant 8$。

为了使增加这对零、极点后不致影响实轴以外的根轨迹形状，这对零、极点必须选择在负实轴很靠近原点的地方，以组成一对偶极子，因此可选定为

$$\frac{s+z_{c2}}{s+p_{c2}} = \frac{s+0.05}{s+0.005}$$

这样，控制器的传递函数进一步改进为

$$G_{c3}(s) = \frac{K^*(s+z_{c1})(s+z_{c2})}{(s+p_{c1})(s+p_{c2})} = \frac{K^*(s+1)(s+0.05)}{(s+3)(s+0.005)} \quad (4-28)$$

采用这种控制器时，随动系统的开环传递函数为

$$G_{K3}(s)=G_{c3}(s)G_0(s)=\frac{K^*(s+1)(s+0.05)}{s(s+1)(s+3)(s+0.005)}$$
$$=\frac{K^*(s+1)(s+0.05)}{s(s+3)(s+0.005)}$$

由此绘出系统的根轨迹如图 4-22 中的粗实线所示。

采用了由式(4-28)表示的控制器后，随动系统是否已满足要求？下面用根轨迹法作出校验。

对应于闭环极点 $-s_{1,2}=A_{1,2}=-1.5+j1.5$，根轨迹增益可用幅值条件求出为

$$K_1^*=\frac{|-1.5+j1.5|\times|-1.5+j1.5+3|\times|-1.5+j1.5+0.005|}{|-1.5+j1.5+0.05|}$$
$$=\frac{2.1213\times 2.1213\times 2.118}{2.086}=4.57 \tag{4-29}$$

比较式(4-26)、式(4-29)可见，加入开环偶极子 $-z_{c2}$、$-p_{c2}$ 以后，闭环极点 $-s_{1,2}=-1.5+j1.5$ 的根轨迹增益 K^* 基本不变，但相应的开环传递系数 K 却有显著的变化，其值为

$$K=\frac{K^*\times 0.05}{3\times 0.005}=\frac{4.57\times 0.05}{3\times 0.005}=15.2 \tag{4-30}$$

比较式(4-27)、式(4-30)知，加入开环偶极子后，系统的开环传递函数增大了 10 倍，所以 $K_v=K=15.2$，满足了 $K_v\geqslant 12$ 的要求。

必须指出，本随动系统采用式(4-26)表示的控制器后，闭环特征方程由四阶方程降为三阶方程，因为其中的一个闭环极点 $s=-1$ 正好与闭环零点 $-z=-1$ 相抵消了。另外，当 $K^*=4.57$ 时，闭环极点除了 $-s_{1,2}=-1.5\pm j1.5$ 外，尚有一个闭环极点 $-s_3$（其值约为 -0.052），由于闭环极点 $-s_3$ 与另一个闭环零点 $-z_{c2}=-0.05$ 非常靠近，从而构成一对闭环偶极子，这对偶极子对系统的动态性能影响甚微，故系统的动态性能主要由 $-s_{1,2}$ 这对闭环主导极点所决定。即系统的动态性能指标为

$$\sigma\%\approx e^{0.707\pi\sqrt{1-0.707^2}}\times 100\%=4.3\%$$
$$t_s\approx\frac{3}{1.5}=2(\mathrm{s})$$

4.6　利用 MATLAB 对控制系统进行根轨迹分析

以绘制根轨迹的基本规则为基础的图解法是获得系统根轨迹的很实用的工程方法。通过根轨迹可以清楚地反映如下信息：(1) 临界稳定时的开环增益；(2) 闭环特征根进入复平面时的临界增益；(3) 选定开环增益后，系统闭环特征根在根平面上的分布情况；(4) 参数变化时，系统闭环特征根在根平面上的变化趋势等。

1. MATLAB 根轨迹分析的相关函数

MATLAB 中提供了 rlocus()函数，可以直接用于系统的根轨迹绘制。还允许用户交互式地选取根轨迹上的值，其用法见表 4-3。更详细的用法可参见 MATLAB 软件中的帮助文档。

表 4-3　rlocus( )函数说明

rlocus(G) rlocus(G_1, G_2, …) rlocus(G, k) [r, k] = rlocus(G) r=rlocus(G, k)	绘制指定系统的根轨迹。 绘制指定系统的根轨迹；多个系统绘于同一图上。 绘制指定系统的根轨迹；k 为给定增益向量。 返回根轨迹参数；r 为复根位置矩阵；r 有 length(k)列；每列对应增益的闭环根。 返回指定增益 k 的根轨迹参数；r 为复根位置矩阵；r 有 length(k)列；每列对应增益的闭环根
[K, POLES]=rlocfind(G) [K, POLES]=rlocfind(G, P)	交互式地选取根轨迹增益。产生一个十字光标，用此光标在根轨迹上单击一个极点，同时给出该增益所有对应的极点值； 返回 P 所对应的根轨迹增益 K，及 K 所对应的全部极点值
sgrid sgrid(z, w_n)	在零极点图或根轨迹图上绘制等阻尼线和等自然振荡角频率线。阻尼线间隔为 0.1，范围从 0 到 1，自然振荡角频率间隔 1 rad/s，范围从 0 到 10； 在零极点图或根轨迹图上绘制等阻尼线和等自然振荡角频率线。用户指定阻尼系数值和自然振荡角频率值

2. MATLAB 根轨迹分析算例

例 4-11　若单位反馈控制系统的开环传递函数为 $G_K(s)=\dfrac{K_g}{s(s+1)(s+5)}$，绘制系统的根轨迹。

MATLAB 程序如下：

```
num=1;
den=conv([1 1 0], [1 5]);
rlocus(num, den)      %绘制根轨迹
```

根轨迹图如图 4-23 所示。

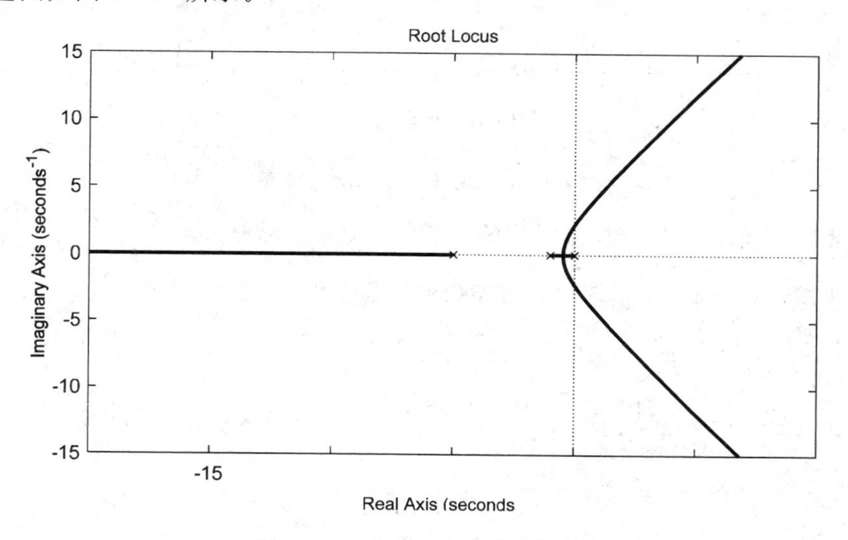

图 4-23　例 4-11 系统根轨迹

例 4-12　若单位负反馈控制系统的开环传递函数为 $G(s)=\dfrac{K_g(s+3)}{(s+1)(s^2+2s)}$，绘制系统的根轨迹，并根据根轨迹判定系统的稳定性。

MATLAB 程序如下：

```
num=[1 3];
den=conv([1 1], [1 2 0]);
G=tf(num, den);
rlocus(G)
figure(2)        %新开一个图形窗口
Kg=4;
G0=feedback(tf(Kg * num, den), 1);
step(G0)
```

分析：由根轨迹图 4-24 可知，对于任意的 K_g，根轨迹均在 s 左半平面，系统都是稳定的，可取增益 $K_g=4$ 和 $K_g=45$ 并通过时域分析验证。图 4-25 分别给出了 $K_g=4$ 时和 $K_g=45$ 时，系统的单位阶跃响应曲线。可见，当 $K_g=45$ 时，因为极点距虚轴很近，振荡已经很大。

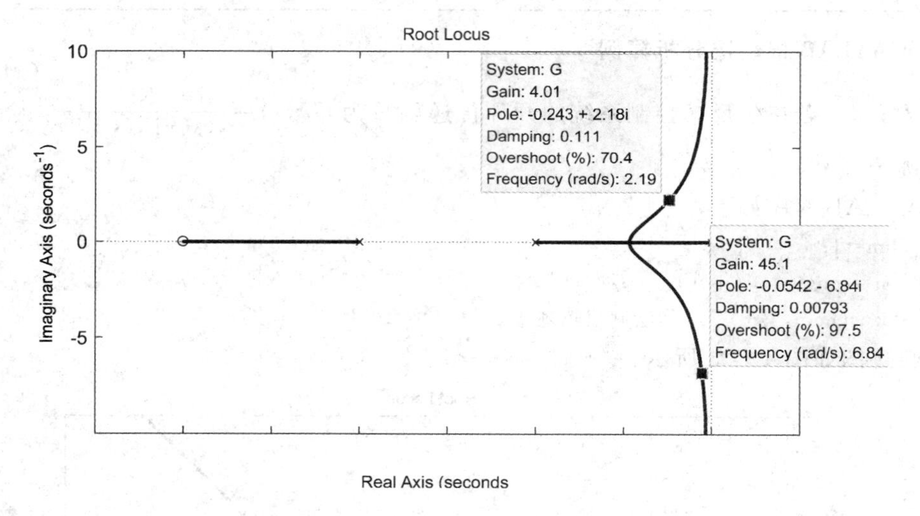

图 4-24　例 4-12 系统根轨迹

例 4-13　若单位负反馈控制系统的开环传递函数为 $G_K(s)=\dfrac{K_g(s+0.5)}{s(s+1)(s+2)(s+5)}$，绘制系统的根轨迹，确定当系统稳定时参数的取值范围。

MATLAB 程序如下：

```
num=[1 0.5];
den=conv([1 3 2], [1 5 0]);
G=tf(num, den);
K=0: 0.05: 200;
rlocus(G, K)
[K, POLES]= rlocfind(G)
figure(2)
```

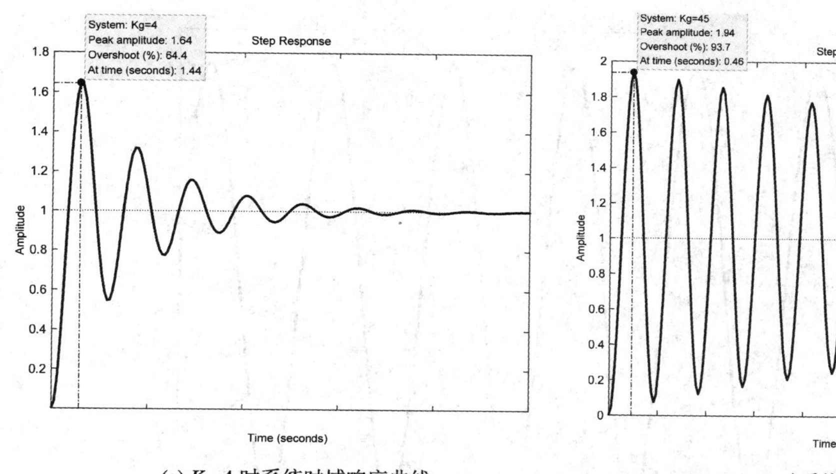

(a) K_g=4 时系统时域响应曲线

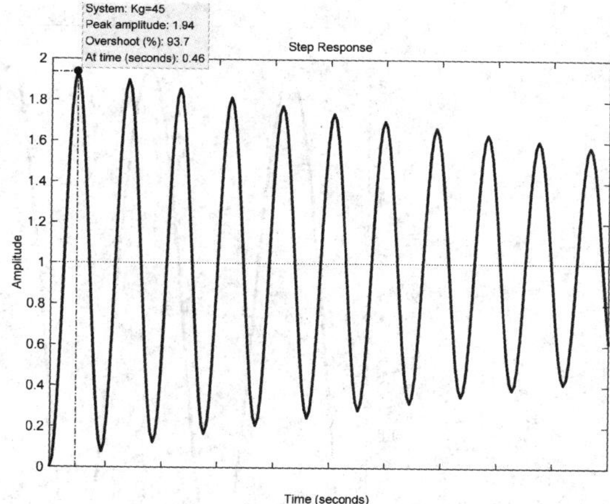

(b) K_g=45 时系统时域响应曲线

图 4-25　例 4-12 系统时域响应曲线

```
Kg=97；
t=0：0.05：10；
G0=feedback(tf(Kg * num，den)，1)；
step(G0，t)
```

分析：由根轨迹图 4-26 可知，对于任意的 $K_g<97$ 时，根轨迹均在 s 左半平面，系统都是稳定的。当 $K_g=97$ 时，系统的阶跃响应如图 4-27 所示，系统处于临界稳定状态。

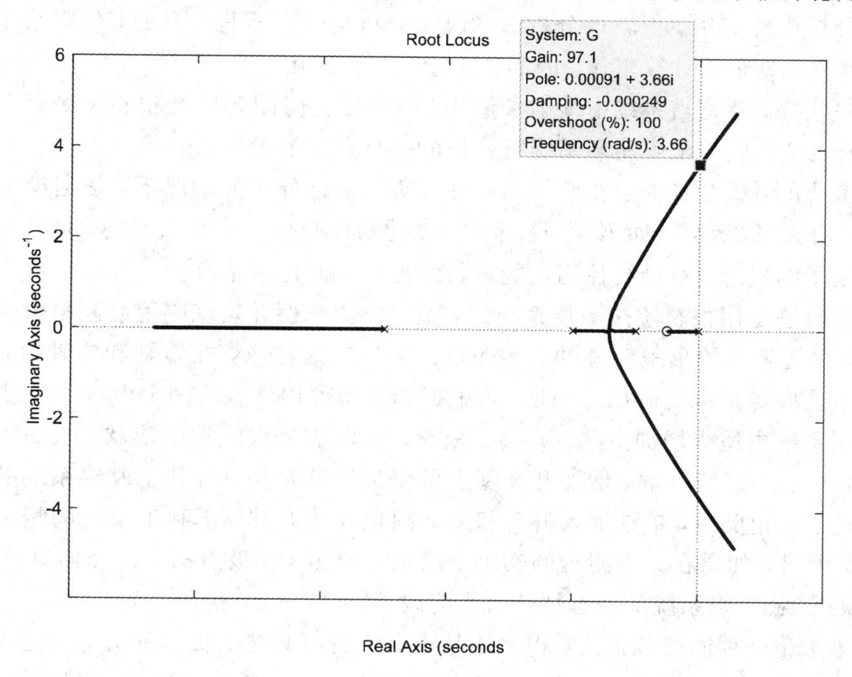

图 4-26　例 4-13 系统根轨迹图

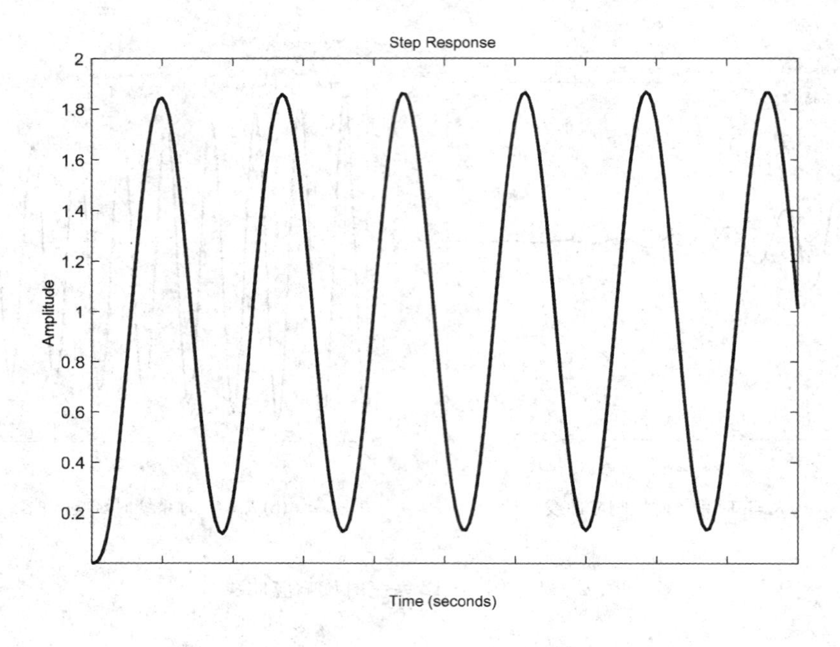

图 4－27　系统阶跃响应曲线图

小结与要求

本章详细介绍了根轨迹的基本概念、控制系统根轨迹的绘制方法以及根轨迹法在控制系统性能分析中的应用。根轨迹分析法和时域分析法的实质是一样的，但它采用了图解方法，从而可避免繁重的计算工作，因而适合于工程上使用。

所谓根轨迹，就是当系统中某个参量从 $0\to\infty$ 变化时闭环特征根在 s 平面上移动过的轨迹。而根轨迹法就是求解闭环系统特征根的一整套图解求根法。

根轨迹法的基本思路是：在已知系统开环零、极点分布的情况下，依据绘制根轨迹的基本法则，研究系统参数(如 K^*、K、T 等)变化对闭环极点分布的影响，再利用闭环主导极点和偶极子的概念，对系统控制性能进行定性分析和定量估算。

绘制根轨迹是用根轨迹法分析系统的基础。牢固掌握并熟练应用绘制根轨迹的 8 条基本法则，就可迅速地绘出根轨迹的大致形状。绘制时应注意，在虚轴和实轴附近，这些重要部位的轨迹应尽量准确画出，为此，可根据相角条件用试探法确定根轨迹通过的点。

在控制系统中适当增加一些开环零、极点，可以改变根轨迹的形状，从而达到改善系统性能的目的。一般情况下，增加开环零点可使根轨迹左移，有利于改善系统的相对稳定性和动态性能；相反地，单纯加入开环极点，则根轨迹右移，不利于系统的相对稳定性及动态性能。但是，如果在原点附近的实轴上增加一对由零、极点构成的开环偶极子(极点比零点更靠近原点)，则系统的静态性能将大为改善。

根轨迹法是一种图解分析法，根轨迹是根据系统开环零、极点的分布而绘制的，因此必须首先获得系统的开环传递函数，这是根轨迹法的前提条件。为获得系统的开环传递函数，有时还需要通过分析法或实验研究法来确定。

习　题

4-1　设开环系统的零、极点分布如图 4-28 所示，试绘制相应的根轨迹草图。

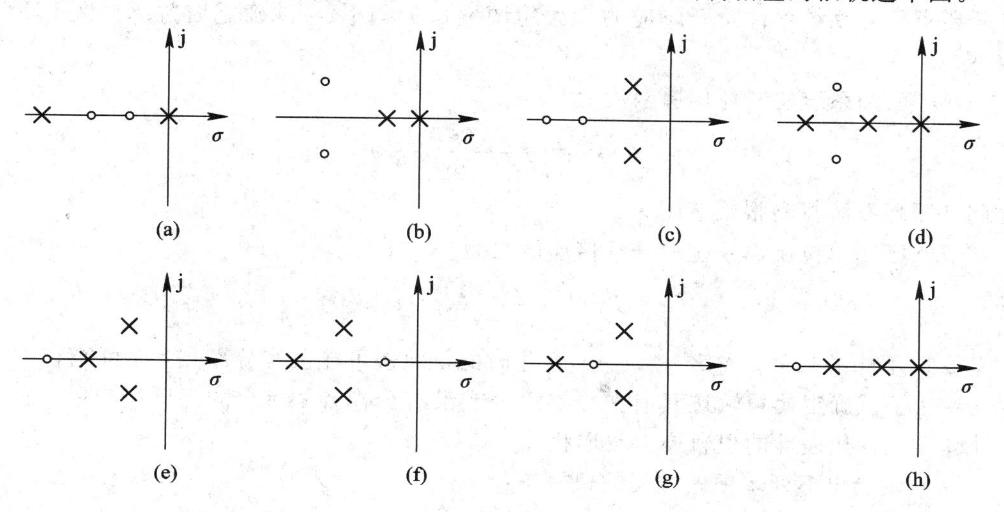

图 4-28　题 4-1 图

4-2　已知系统的开环传递函数为

(1) $G(s)=\dfrac{K}{s(0.5s+1)(0.2s+1)}$;

(2) $G(s)=\dfrac{K^*}{s(s^2+8s+20)}$;

(3) $G(s)=\dfrac{K^*}{s(s+1)(s+2)(s+5)}$;

(4) $G(s)=\dfrac{K^*(s+5)}{(s+1)(s+3)}$,

试分别绘制系统的根轨迹。

4-3　设反馈控制系统中

$$G(s)=\frac{K^*(s+5)}{s^2(s+2)(s+5)},\ H(s)=1$$

要求：

(1) 概略绘出系统根轨迹图，并判断闭环系统的稳定性；

(2) 如果改变反馈通路传递函数，使 $H(s)=1+2s$，试判断 $H(s)$改变后的系统稳定性，研究由于 $H(s)$改变所产生的效应。

4-4　设系统的开环传递函数为

$$G(s)H(s)=\frac{K^*(s+5)}{s(s^2+4s+8)}$$

试用相角条件检验 s 平面上的下列点是不是根轨迹上的点。若是根轨迹上的点，则说明 K^* 值多大时根轨迹经过它。

a 点$(-1,\ \mathrm{j}0)$；　b 点$(-1.5,\ \mathrm{j}2)$；　c 点$(-6,\ \mathrm{j}0)$；

d 点$(-4, \mathrm{j}3)$； e 点$(-1, \mathrm{j}2.37)$； f 点$(1, \mathrm{j}1.5)$

4-5 某单位反馈控制系统的开环传递函数为

$$G_K(s) = \frac{K^*}{s(s+4)(s+6)}$$

若要求闭环系统单位阶跃响应的最大超调量 $\sigma\% \leqslant 18\%$，试确定增益 K^* 及开环传递系数 K。

4-6 已知系统的开环传递函数为

$$G(s) = \frac{K^*(s+2)}{(s^2+4s+9)^2}$$

试绘制其闭环系统概略根轨迹图。

4-7 已知单位反馈系统的开环传递函数为

$$G_K(s) = \frac{K^*(s+1)}{s^2(s+a)}, (a>0)$$

若 a 取不同的数值，当 $K^*=0 \to \infty$ 变化时的根轨迹可能没有分离点，亦可能有一个或两个分离点。试确定使根轨迹具有一个、两个或没有分离点($s=0$ 的点除外)时 a 值的范围，并画出三种代表性的根轨迹大致形状。

4-8 试绘出下列多项式方程的根轨迹：

(1) $s^3+2s^2+3s+Ks+2K=0$；

(2) $s^3+3s^2+(K+2)s+10K=0$。

第 5 章　线性系统的频域分析法

【内容提要】

频域分析法是一种研究控制系统的经典方法，也是一种在频域内应用图解分析法评价系统性能的工程方法。频率特性可以由微分方程或传递函数求得，还可以用实验方法测定。频域分析法不必直接求解系统的微分方程，而是间接地揭示系统的时域性能，能方便地显示系统参数对性能的影响，并可指明如何设计校正控制系统。

【基本要求】

1. 正确理解频率特性的物理意义、数学本质及定义。

2. 熟记典型环节频率特性的规律及其特征点。

3. 掌握由系统开环传递函数绘制开环极坐标图和伯德图的方法，掌握最小相位系统由对数幅频特性曲线反求传递函数的方法。

4. 正确理解奈奎斯特判据的原理和判别条件，掌握应用奈奎斯特判据判别系统稳定性的方法，并正确计算稳定裕量。

5. 理解用开环频率特性分析系统的性能。

6. 了解 MATLAB 软件在频域分析中的应用。

【教学建议】

本章主要讨论频率响应法的基本概念、典型环节及系统频率特性的求法、频率特性与时域响应的关系，以及闭环系统的频率特性等。重点是熟练掌握频率特性与传递函数之间的关系，熟练绘制开环系统的极坐标图和伯德图，熟练利用奈奎斯特(Nyquist)稳定性判据，由开环频率特性判别系统的稳定性，由系统开环频率特性求闭环频率特性。建议学时数为 10～14 学时。

5.1　概　　述

频域分析法是 20 世纪 30 年代发展起来的一种经典工程实用方法，是一种利用频率特性进行控制系统分析的图解方法，可方便地用于控制工程中的系统分析与设计。频率法有如下优点：

(1) 只要求出系统的开环频率特性，就可以迅速判断闭环系统是否稳定。

(2) 系统频率特性所确定的频域指标与系统时域指标之间存在着一定的对应关系。

(3) 系统频率特性很容易和它的结构、参数联系起来，可以很方便地对系统进行校正。

(4) 频率特性不仅可由微分方程或传递函数求得，还可以用实验方法求得。

5.1.1 频率特性的基本概念

对于线性定常系统，若在输入端作用一个正弦信号 $r(t)=R\sin\omega t$，则系统的稳态输出 $y(t)$ 也为正弦信号，且频率与输入信号的频率相同，即 $C_{ss}(t)=C\sin(\omega t+\varphi)$，式中 $C=R|G(j\omega)|$，$\varphi=\angle G(j\omega)$。可以看出，幅值和相位不同，且随着输入信号角频率 ω 的改变，两者的振幅与相位关系也随之改变，这种基于频率 ω 的输入和输出之间的关系称为系统的频率特性。

线性系统在正弦信号的作用下，系统稳态输出的复变量与输入信号的复变量之比称为系统的频率特性，记为 $G(j\omega)$，即

$$G(j\omega)=\frac{C_{ss}}{R}=\frac{C(j\omega)}{R(j\omega)} \tag{5-1}$$

式(5-1)中，系统稳态输出与输入信号的幅值之比称为系统的幅频特性，记为 $A(\omega)$，有

$$A(\omega)=\frac{C}{R}=|G(j\omega)| \tag{5-2}$$

它描述了系统对不同频率输入信号在稳态时的放大特性。

系统稳态输出与输入信号的相位差称为系统的相频特性，记为 $\varphi(\omega)$，即

$$\varphi(j\omega)=\angle G(j\omega) \tag{5-3}$$

它描述了系统的稳态响应对不同频率输入信号的相位移特性。

频率特性的指数表达式为

$$G(j\omega)=A(\omega)e^{j\varphi(\omega)} \tag{5-4}$$

频率特性还可以表示为

$$G(j\omega)=P(\omega)+jQ(\omega) \tag{5-5}$$

式中，$P(\omega)=\mathrm{Re}[G(j\omega)]$，为 $G(j\omega)$ 的实部，称为实频特性；$Q(\omega)=\mathrm{Im}[G(j\omega)]$，为 $G(j\omega)$ 的虚部，称为虚频特性。

显然，幅频特性、相频特性和实频特性、虚频特性之间具有下列关系：

$$\begin{gathered}P(\omega)=A(\omega)\cdot\cos\varphi(\omega)\\Q(\omega)=A(\omega)\cdot\sin\varphi(\omega)\\A(\omega)=\sqrt{P^2(\omega)+Q^2(\omega)}\\\varphi(\omega)=\arctan\frac{Q(\omega)}{P(\omega)}\end{gathered} \tag{5-6}$$

频率特性 $G(j\omega)$ 的幅值和相位都是 ω 的函数，即频率特性反映了系统对不同频率信号的变幅和移相特性，描述了系统对不同频率正弦信号的传递能力。频率特性与微分方程、传递函数一样，是系统在频域的数学模型，它描述了系统的内在特性，与外界因素无关。

需要指出的是，当输入为非正弦周期信号时，其输入可利用傅里叶级数展开成正弦波的叠加，其输出为相应的正弦波的叠加。此时，系统频率特性的定义为系统输出量的傅里叶变换与输入量的傅里叶变换之比。

频率特性的定义适用于稳定和不稳定的系统。其中，稳定系统的频率特性还可以用实验方法确定：首先在系统输入端施加不同频率的正弦信号求出系统的稳态响应，再依据幅值比和相位差就可以得出系统的频率特性。

5.1.2　频率特性的表示方法

系统频率特性的表示方法有很多，但其本质都一样，只是表示形式不同。工程上主要采用的是图解法，因其可方便、迅速地获得问题的近似解。每一种图解法都是基于某一形式的坐标图表示法。

1. 极坐标图(也叫幅相频率特性图或 Nyquist 图)

由以上的介绍可知，若已知系统的传递函数 $G(s)$，令 $s=\mathrm{j}\omega$，可得频率特性为 $G(\mathrm{j}\omega)$。显然，$G(\mathrm{j}\omega)$是以频率 ω 为自变量的一个复变量，该复变量可用复平面[s]上的一个矢量来表示。矢量的长度为 $G(\mathrm{j}\omega)$的幅值；矢量与正实轴间的夹角为 $G(\mathrm{j}\omega)$的相角$\angle G(\mathrm{j}\omega)$。当频率 ω 从 0 变化到∞时，系统或元件的频率特性的值也在不断变化，即矢量 $G(\mathrm{j}\omega)$亦在[s]平面上变化，于是 $G(\mathrm{j}\omega)$的矢端在[s]平面上描绘出的曲线就称为系统的幅相频率特性，或称 Nyquist 图，如图5-1 所示。

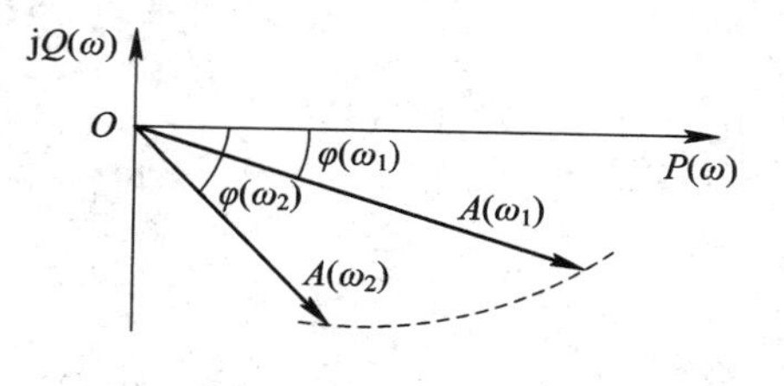

图 5-1　Nyquist 图

极坐标图是在复平面上用一条曲线表示 ω 从 0 变化到∞时的频率特性，即矢量 $G(\mathrm{j}\omega)$的端点轨迹形成的图形，其中 ω 是参变量。在曲线上的任意一点都可以确定实频、虚频、幅频和相频特性。

2. 对数频率特性

对数频率特性图，简称对数坐标图，也称伯德(Bode)图。Bode 图由对数幅频特性和对数相频特性两条曲线组成，其中横坐标是频率，纵坐标是幅值和相角。

横坐标分度(称为频率轴)：它是以频率 ω 的对数值 $\lg\omega$ 进行线性分度的，但为了便于观察仍标以 ω 的值，因此对 ω 而言是非线性分度。ω 每变化十倍，横坐标变化一个单位长度，称为十倍频程(或十倍频)，用 dec 表示，如图 5-2 所示。由于 ω 以对数分度，所以零频率线在$-\infty$处。

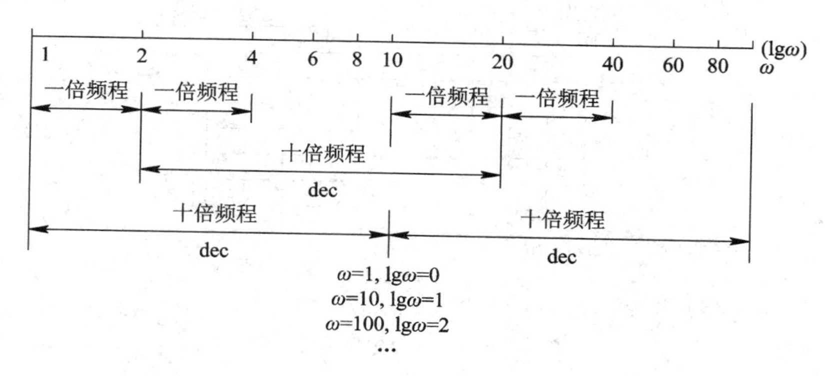

图 5-2　横坐标分度图

纵坐标分度：对数幅频特性曲线的纵坐标用 $L(\omega)=20\lg A(\omega)$表示，其单位为分贝(dB)。直接将 $20\lg A(\omega)$的值标注在纵坐标上。

相频特性曲线的纵坐标以度或弧度为单位进行线性分度。

一般将幅频特性和相频特性画在一张图上，使用同一个横坐标(频率轴)，如图 5-3

所示。

当幅频特性值用分贝值表示的时候，通常称为增益。幅值和增益的关系可以表示为：增益$=20\lg A(\omega)$。

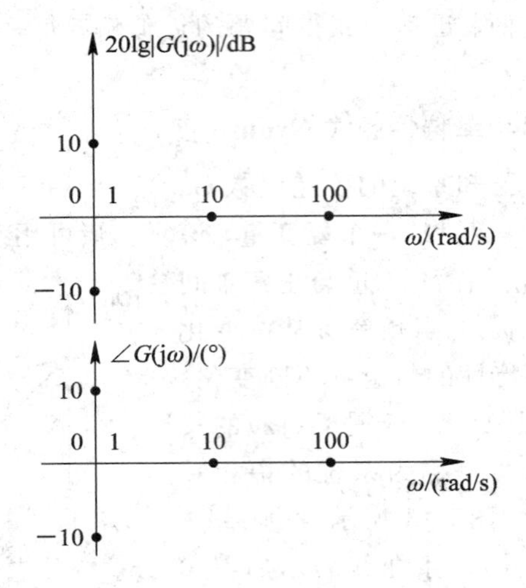

图 5－3　对数频率特性图

使用 Bode 图的优点是：可以展宽频带；频率是以十倍频表示的，因此可以清楚地表示出低频、中频和高频段的幅频和相频特性；可以将乘法运算转化为加法运算；所有典型环节的频率特性都可以用分段直线(渐近线)近似表示。对实验所得的频率特性用对数坐标表示，用分段直线近似的方法可以很容易地写出它的频率特性表达式。

3. 对数幅相图

对数幅相图是指在角频率为参变量的情况下，将对数幅频特性和对数相频特性两张图合成一张图，即纵坐标为对数幅值，横坐标为相应的相角 $\varphi(\omega)$，如图 5－4 所示。

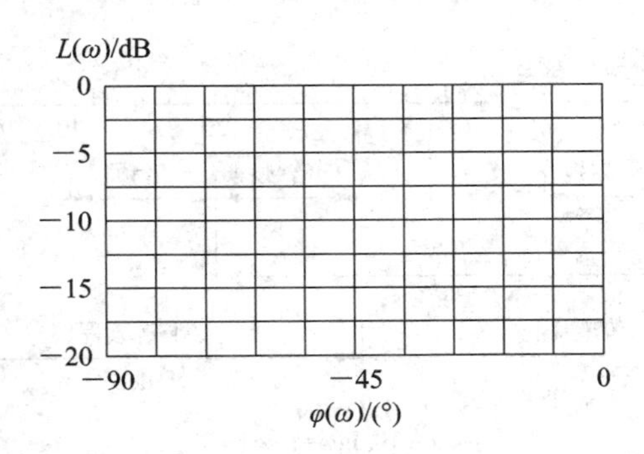

图 5－4　对数幅相特性曲线

5.1.3　频域性能指标

与时域响应中衡量系统性能采用时域性能指标类似，频率特性在数值和曲线形状上的特点，常用频域性能指标来衡量，它们在很大程度上能够间接地表明系统的动态、静态特性。系统的频率特性曲线如图 5－5 所示。

（1）谐振频率 ω_p 是指幅频特性 $A(\omega)$ 出现最大值时所对应的频率。

（2）谐振峰值 M_p 是指幅频特性的最大值。M_p 值越大，表明系统随 ω_p 频率的正弦信号反应越强烈，即系统的平稳性越差，阶跃响应的超调越大。

（3）频带 ω_b 是指幅频特性 $A(\omega)$ 的幅值衰减到起始值的 0.707 倍所对应的频率。ω_b 大，则系统复现快速变化信号的功能强、失真小，即系统的快速性好。阶跃响应的上升时间短，调整时间短。

（4）$A(0)$ 是指零频（$\omega=0$）时的幅值。$A(0)$ 表示系统阶跃响应的终值，$A(0)$ 与 1 相差的大小反映了系统的稳态精度，$A(0)$ 越接近于 1，系统的精度越高。

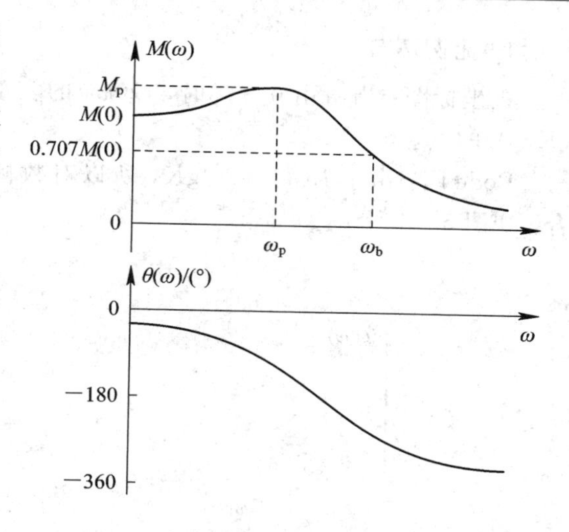

图 5-5　频率特性曲线

5.2　典型环节的频率特性

控制系统包含的常见典型环节有比例、积分、惯性、二阶振荡、纯微分、一阶微分、二阶微分以及延迟等。典型环节的频率特性如表 5-1 所示。下面分别讨论典型环节的频率特性。

表 5-1　典型环节的频率特性

环节	$G(j\omega)$	$A(\omega)$	$\varphi(\omega)$
比例	K	K	0
积分	$\frac{1}{j\omega}$	$\frac{1}{\omega}$	$-90°$
惯性	$\frac{1}{j\omega T+1}$	$\frac{1}{\sqrt{(\omega T)^2+1}}$	$-\arctan(\omega T)$
二阶振荡	$\frac{1}{1-T^2\omega^2+j2\xi T\omega}$	$\frac{1}{\sqrt{(1-\omega^2T^2)^2+(2\xi\omega T)^2}}$	$-\arctan\frac{2\xi\omega T}{1-\omega^2T^2}$
纯微分	$j\omega$	ω	$90°$
一阶微分	$j\omega T+1$	$\sqrt{(\omega T)^2+1}$	$\arctan(\omega T)$
二阶微分	$1+T^2\omega^2+j2\xi T\omega$	$\sqrt{(1-\omega^2T^2)^2+(2\xi\omega T)^2}$	$\arctan\frac{2\xi\omega T}{1-\omega^2T^2}$
延迟	$e^{-j\tau\omega}$	1	$-\omega\tau$

1. 比例环节

极坐标图：当 ω 由 $0 \to \infty$ 时，$G(j\omega)$ 的实部总为 K，虚部总为 0，所以极坐标图为过 $(K, 0)$ 的点。

Bode 图：由于 $L(\omega)=20\lg K$，所以对数幅频特性为水平方向，相频特性与横坐标重合，如图 5-6 所示。

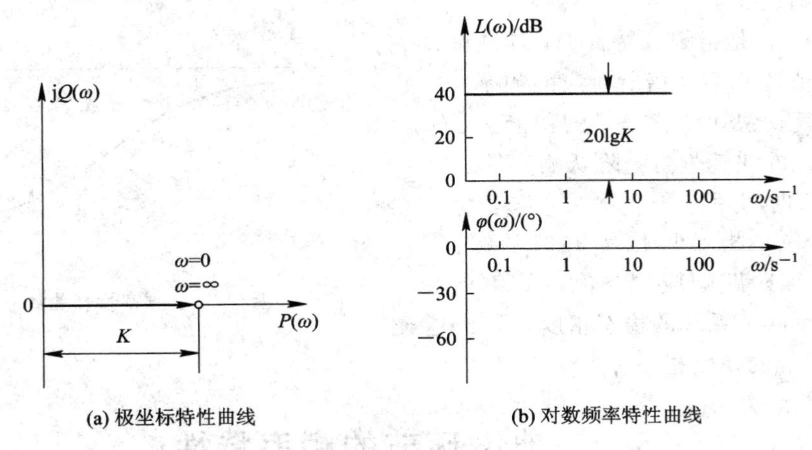

(a) 极坐标特性曲线　　(b) 对数频率特性曲线

图 5-6　比例环节频率特性曲线

2. 积分环节

极坐标图：当 ω 由 $0 \to \infty$ 时，$G(j\omega)$ 的实部总为零，虚部由 $-\infty \to 0$，所以极坐标图为一条与负虚轴重合的直线。

Bode 图：由于 $L(\omega)=-20\lg\omega$，频率 ω 每增加 10 倍，对数幅值下降 -20 dB，且 $\omega=1$ 时，$L(\omega)=0$。即 $L(\omega)$ 是一条斜率为 -20 分贝/十倍频（记为 -20 dB/dec）的直线，且 $\omega=1$ 时对数幅值为零分贝。

相频特性曲线为一条水平线，距 ω 轴的距离为 $-90°$，如图 5-7 所示。

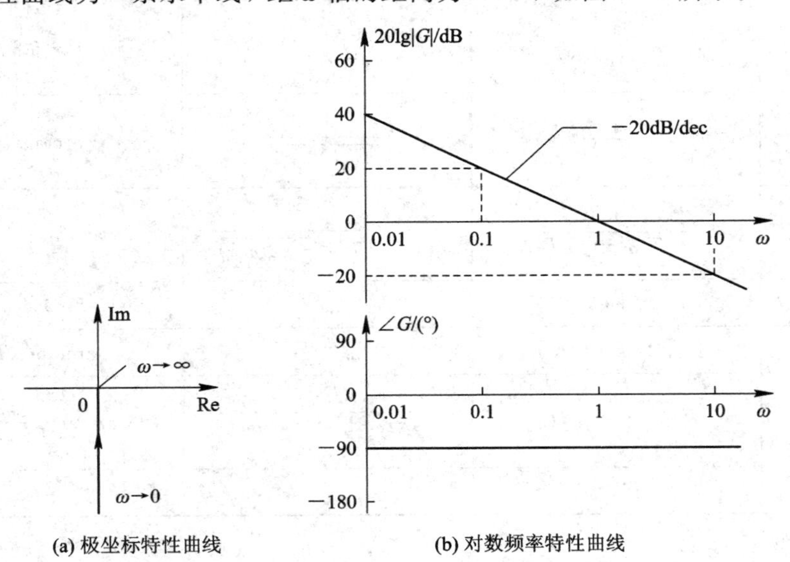

(a) 极坐标特性曲线　　(b) 对数频率特性曲线

图 5-7　积分环节频率特性曲线

3. 惯性环节

惯性环节的传递函数及频率特性表达式分别为

$$G(s)=\frac{1}{Ts+1}$$

$$G(\mathrm{j}\omega)=\frac{1}{1+\mathrm{j}T\omega}=\frac{1}{1+\omega^2T^2}+\mathrm{j}\frac{-T\omega}{1+\omega^2T^2}=\frac{1}{\sqrt{1+\omega^2T^2}}\mathrm{e}^{-\arctan(-T\omega)} \quad (5-7)$$

惯性环节的幅频及相频特性分别为

$$A(\omega)=\frac{1}{\sqrt{1+\omega^2T^2}}$$

$$\varphi(\omega)=-\arctan(T\omega) \quad (5-8)$$

极坐标图：当 ω 由 $0\to\infty$ 时，求得 $A(\omega)$、$\varphi(\omega)$，将它们绘于极坐标上，可得惯性环节的极坐标特性曲线，如图 5－8 所示。可以证明，该曲线是以 $\left(\frac{1}{2},\mathrm{j}0\right)$ 为圆心，$\frac{1}{2}$ 为半径的半圆。

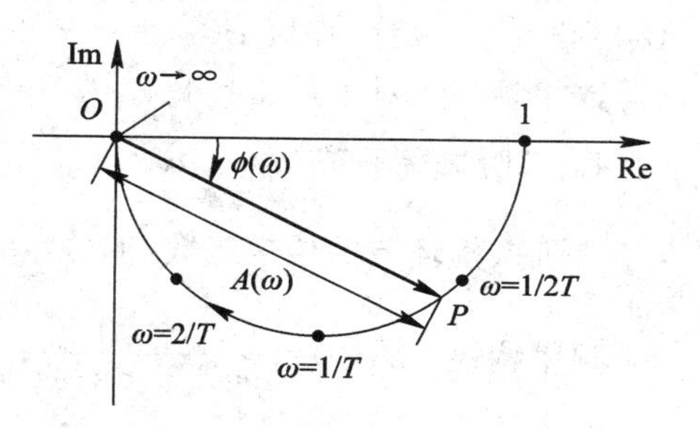

图 5－8　惯性环节极坐标特性曲线

Bode 图：首先分析对数频率特性曲线的大致形状。

当 $\omega\ll 1/T$ 时，对数幅频特性可近似为

$$L(\omega)=20\lg A(\omega)=20\lg\frac{1}{\sqrt{1+\omega^2T^2}}=-20\lg\sqrt{1+\omega^2T^2}\approx 0\ \mathrm{dB}$$

当 $\omega\gg 1/T$ 时，对数幅频特性可近似为

$$L(\omega)=-20\lg\sqrt{1+\omega^2T^2}\approx -20\lg\omega T$$

它是 $\lg\omega$ 的一次函数，在对数坐标下为直线。若 ω 增大 10 倍，则

$$L(\omega)=-20\lg 10\omega T=-20\lg\omega T-20$$

即频率增大 10 倍，对数幅值下降 20 dB，直线的斜率为－20 dB/dec。

当 $\omega=1/T$ 时，$L(\omega)=0$。

所以，在 $\omega\gg 1/T$ 的频段为一条过点 $\omega=1/T$，$L(\omega)=0$ dB 点，斜率为－20dB/dec 的直线。由此，惯性环节的对数频率特性曲线近似为两段直线。当 $\omega<1/T$ 时，为零分贝线；$\omega>1/T$ 时，为斜率为－20dB/dec 的直线，如图 5－9 所示。两直线相交，交点处频率 $\omega=1/T$，称为转折频率。

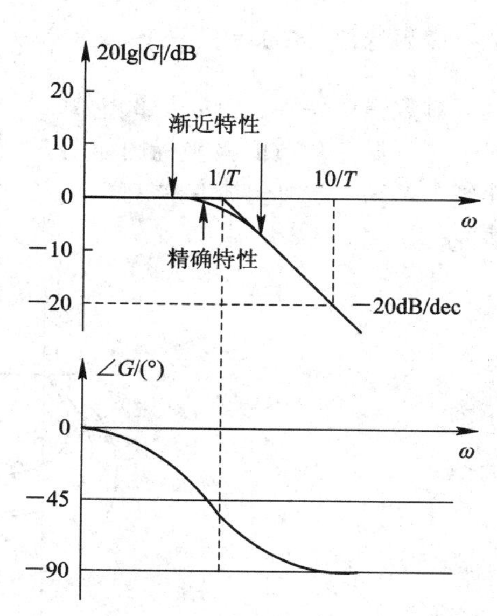

图 5－9　惯性环节对数频率特性曲线

以直线代替曲线，作图极为方便。两直线实际上是对数幅频特性曲线的渐近线，故又称为对数幅频特性渐近线。

当 $\omega<1/T$，$L_{准}(\omega)=-20\lg\sqrt{1+\omega^2T^2}$ 时，有

$$L_{近}(\omega)=0,\ \Delta L(\omega)=L_{准}(\omega)-L_{近}(\omega)=-20\lg\sqrt{1+\omega^2T^2}$$

当 $\omega>1/T$，$L_{准}(\omega)=-20\lg\sqrt{1+\omega^2T^2}$ 时，有

$L_{近}(\omega)=-20\lg T\omega$，$\Delta L(\omega)=L_{准}(\omega)-L_{近}(\omega)=-20\lg\sqrt{1+\omega^2T^2}+20\lg T\omega$

可证明：最大误差在 $\omega=\frac{1}{T}=\omega_n$，$\Delta L\left(\frac{1}{T}\right)=-3\ \mathrm{dB}$。

用渐近线代替实际对数频率特性曲线，误差并不大，若需要绘制精确的对数频率特性，可按照误差对渐近线加以修正。

惯性环节对数相频特性曲线 $\varphi(\omega)=-\arctan(\omega T)$，当 $\omega=0$ 时，$\varphi(\omega)=0$；$\omega=1/T$ 时，$\varphi(\omega)=-\pi/4$；$\omega=\infty$时，$\varphi(\omega)=-\pi/2$。另外，由于对数相频特性是 ωT 的反正切函数，所以对数相频特性对于点($\omega=1/T$，$\varphi=-\pi/4$)是斜对称的。

4. 二阶振荡环节

二阶振荡环节的传递函数：$G(s)=\frac{1}{T^2s^2+2\xi Ts+1}$。

频率特性：$G(\mathrm{j}\omega)=\frac{1}{(\mathrm{j}\omega T)^2+\mathrm{j}2\xi T\omega+1}$。

幅频特性：$A(\omega)=\frac{1}{\sqrt{(1-T^2\omega^2)^2+(2\xi\omega T)^2}}$。

相频特性：$\varphi(\omega)=-\arctan\frac{2\xi\omega T}{1-T^2\omega^2}$。

实频特性：$p(\omega)=\frac{1-T^2\omega^2}{(1-T^2\omega^2)^2+(2\xi\omega T)^2}$。

虚频特性：$\theta(\omega)=-\frac{2\xi T\omega}{(1-T^2\omega^2)^2+(2\xi\omega T)^2}$。

对数幅频特性：$L(\omega)=20\lg A(\omega)=-20\lg\sqrt{(1-T^2\omega^2)^2+(2\xi\omega T)^2}$。

二阶振荡环节的极坐标图如图 5-10 所示。当 ω 由 $0\to\infty$时，求得部分 $A(\omega)$、$\varphi(\omega)$，并绘出不同 ξ 值时二阶振荡环节的极坐标曲线。取几个特殊点，且考虑 $0<\xi<1$ 欠阻尼情况。

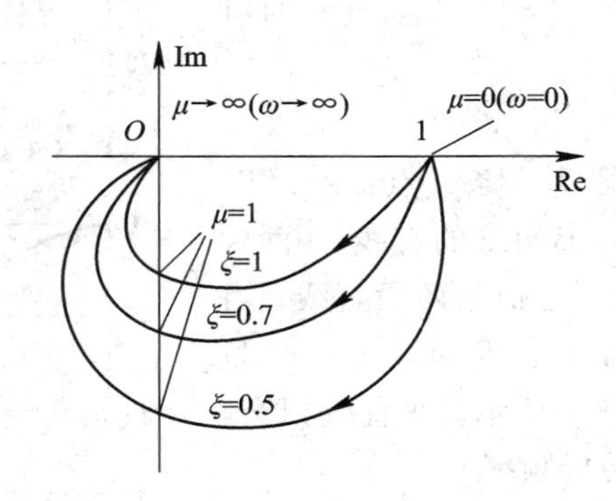

图 5-10 二阶振荡环节的极坐标图

(1) $\omega=0$ 时，$A(\omega)=1$，$\varphi(\omega)=0$，即极坐标曲线起始于正实轴上，模为 1。

(2) $\omega=\frac{1}{T}$时，$A(\omega)=\frac{1}{2\xi}$，$\varphi(\omega)=-\frac{\pi}{2}$，极坐标曲线与负虚轴相交，相交点与阻尼比 ξ 有关，交点频率$\frac{1}{T}=\omega_n$，称为无阻尼自然振荡频率。

(3) $\omega=\infty$时，$A(\omega)=0$，$\varphi(\omega)=0$，$\varphi(\omega)=-\pi$，极坐标曲线从负实轴趋近于坐标原点。另外，可由极值条件求取极坐标曲线出现最大值时对应的频率和幅值，即

$$\frac{\mathrm{d}A(\omega)}{\mathrm{d}\omega}=-\frac{4T^4\omega^3+4\omega T^2(2\xi^2-1)}{2\sqrt{[(1-\omega^2T^2)^2+(2\xi\omega T)^2]^3}}=0 \tag{5-9}$$

得 $\omega_r=\frac{1}{T}\sqrt{1-2\xi^2}$，称为谐振频率，对应的幅值称为谐振峰值，即

$$M_r=A(\omega)\Big|_{\omega=\omega_r}=\frac{1}{2\xi\sqrt{1-\xi^2}}$$

由 $M_r=\frac{1}{T}\sqrt{1-2\xi^2}$ 可以看出：当 $\xi>0.707$ 时，系统无谐振，$A(\omega)$单调衰减。

二阶振荡环节的对数频率特性曲线如图 5－11 所示。

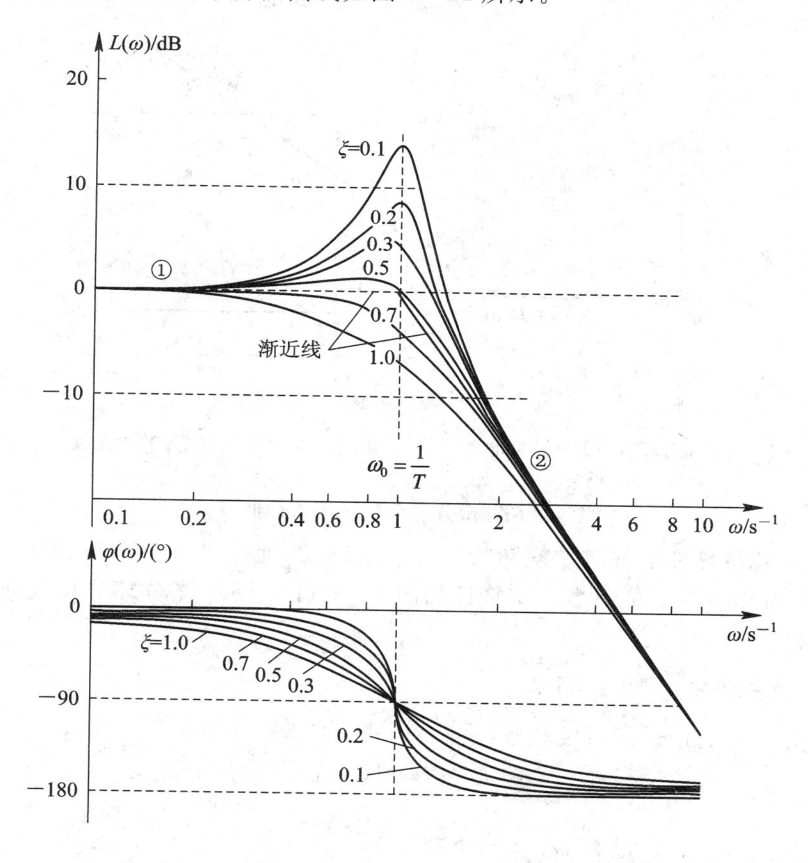

图 5－11　二阶振荡环节的对数频率特性曲线

低频段渐近线：$T\omega\ll1$ 时，$L(\omega)\approx0$。

高频段渐近线：$T\omega\gg1$ 时，

$$L(\omega)\approx 20\lg\frac{1}{\sqrt{(T^2\omega^2)^2+(2\xi T\omega)^2}}=20\lg\frac{1}{\sqrt{T^2\omega^2(T^2\omega^2+4\xi^2)}}$$

$$=-20\lg\sqrt{(T^2\omega^2)^2}=-20\lg(T^2\omega^2)=-40\lg T\omega$$

两渐近线的交点 $\omega_0=\frac{1}{T}$称为转折频率，斜率为-40 dB/dec。

5. 纯微分环节

纯微分环节的传递函数及频率特性表达式分别为

$$G(s) = s$$

$$G(\mathrm{j}\omega) = \mathrm{j}\omega = \omega e^{\mathrm{j}\frac{\pi}{2}} \tag{5-10}$$

纯微分环节的幅频及相频特性分别为

$$A(\omega) = \omega$$

$$\varphi(\omega) = \frac{\pi}{2} \tag{5-11}$$

极坐标图：当 ω 由 0→∞时，极坐标图是整个正虚轴，如图 5-12(a)所示。

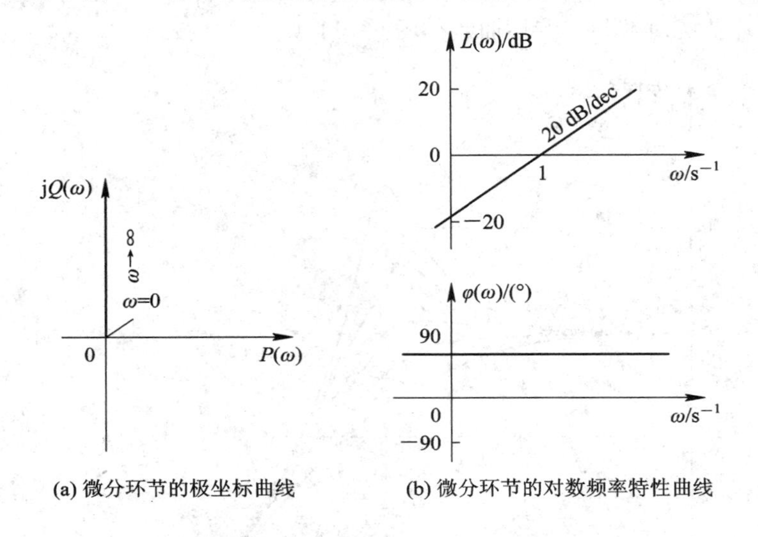

(a) 微分环节的极坐标曲线　(b) 微分环节的对数频率特性曲线

图 5-12　微分环节的频率特性曲线

Bode 图：纯微分环节的对数幅频特性为 $L(\omega)=20\lg\omega$，与积分环节相比，二者相差一个负号，所以纯微分环节的对数频率特性如图 5-12(b)所示，微分环节和积分环节以零分贝线互为镜像。

6. 一阶微分环节

一阶微分环节的传递函数及频率特性表达式分别为

$$G(s) = Ts + 1$$

$$G(\mathrm{j}\omega) = \mathrm{j}\omega T + 1 \tag{5-12}$$

环节的幅频及相频特性分别为

$$A(\omega) = \omega$$

$$\varphi(\omega) = \frac{\pi}{2} \tag{5-13}$$

极坐标图：当 ω 由 0→∞时，极坐标图是整个正虚轴，如图 5-13(a)所示。

Bode 图：一阶微分环节的对数幅频特性为 $L(\omega)=20\lg\omega$，与惯性环节相比，二者相差一个负号，所以一阶微分环节的对数频率特性如图 5.13(b)所示，一阶环节和惯性环节以零分贝线互为镜像。

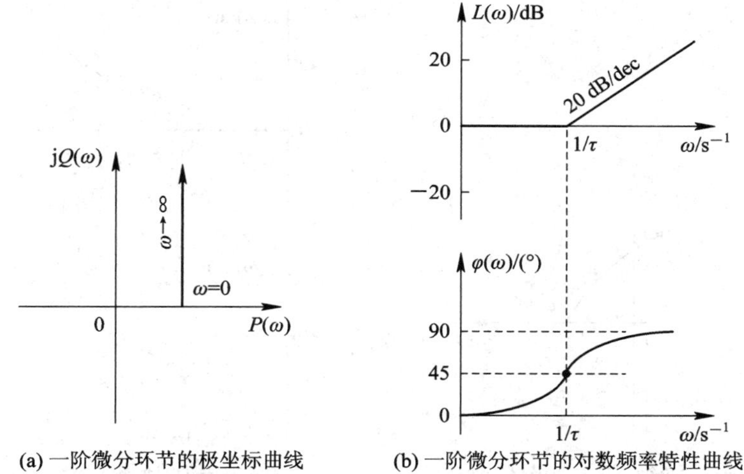

(a) 一阶微分环节的极坐标曲线　　(b) 一阶微分环节的对数频率特性曲线

图 5－13　一阶微分环节的频率特性曲线

7. 二阶微分环节

二阶微分环节的传递函数为 $G(s)=\tau^2 s^2+2\xi\tau s+1$，为振荡环节传递函数的倒数，其他各参数如下。

频率特性：

$$G(\mathrm{j}\omega)=1+\mathrm{j}2\xi\tau\omega-\tau^2\omega^2=(1-\tau^2\omega^2)+\mathrm{j}2\xi\tau\omega$$
$$=\sqrt{(1-\tau^2\omega^2)^2+(2\xi\tau\omega)^2}\,\mathrm{e}^{\mathrm{j}\arctan\frac{2\xi\tau\omega}{1-\tau^2\omega^2}}$$

幅频特性：$A(\omega)=\sqrt{(1-\tau^2\omega^2)^2+(2\xi\omega\tau)^2}$；

相频特性：$\varphi(\omega)=\arctan\dfrac{2\xi\omega\tau}{1-\tau^2\omega^2}$；

对数幅频特性：$L(\omega)=20\lg\sqrt{(1-\tau^2\omega^2)^2+(2\xi\omega\tau)^2}$；

低频渐近线：$\tau\omega\ll 1$ 时，$L(\omega)\approx 0$；

高频渐近线：$\tau\omega\gg 1$ 时，$L(\omega)=20\lg\sqrt{(1-\tau^2\omega^2)^2+(2\xi\omega\tau)^2}\approx 40\lg\tau\omega$；

转折频率：$\omega_0=\dfrac{1}{\tau}$；

高频段的斜率：+40 dB/dec。

二阶微分环节和二阶振荡环节互为对称性，作出其对数幅频和相频特性曲线，如图 5－14 所示。

8. 延迟环节

延迟环节的传递函数为 $G(s)=\mathrm{e}^{-\tau s}$，频率特性表达式为 $G(\mathrm{j}\omega)=\mathrm{e}^{-\mathrm{j}\tau\omega}$，幅频特性和相频特性为 $A(\omega)=1$，$\varphi(\omega)=-\tau\omega$。

极坐标图：延迟环节的幅值为常数 1，与 ω 无关，而相角与 ω 成比例，因此，延迟环节的极坐标图为一单位圆，如图 5－15(a)所示。

Bode 图：对数幅频特性曲线为一条与 0 dB 线重合的直线，相频特性曲线随 ω 增大而减小，如图 5－15(b)所示。

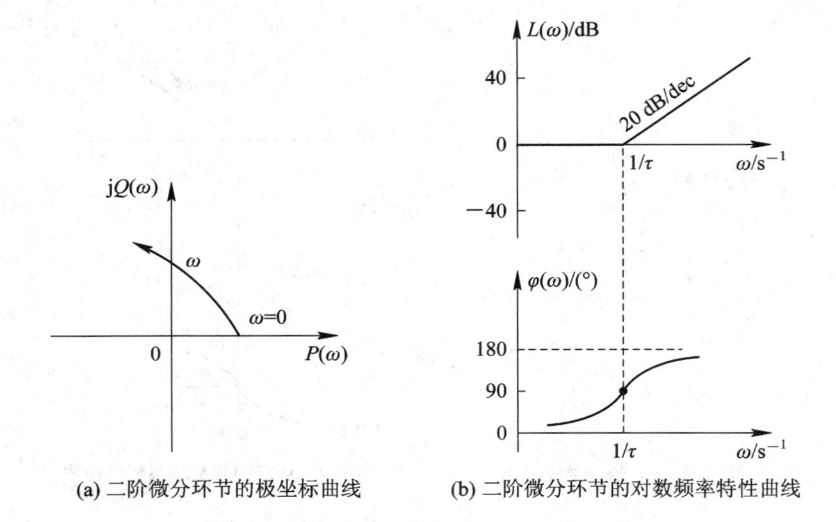

(a) 二阶微分环节的极坐标曲线　　(b) 二阶微分环节的对数频率特性曲线

图 5-14　二阶微分环节的频率特性曲线

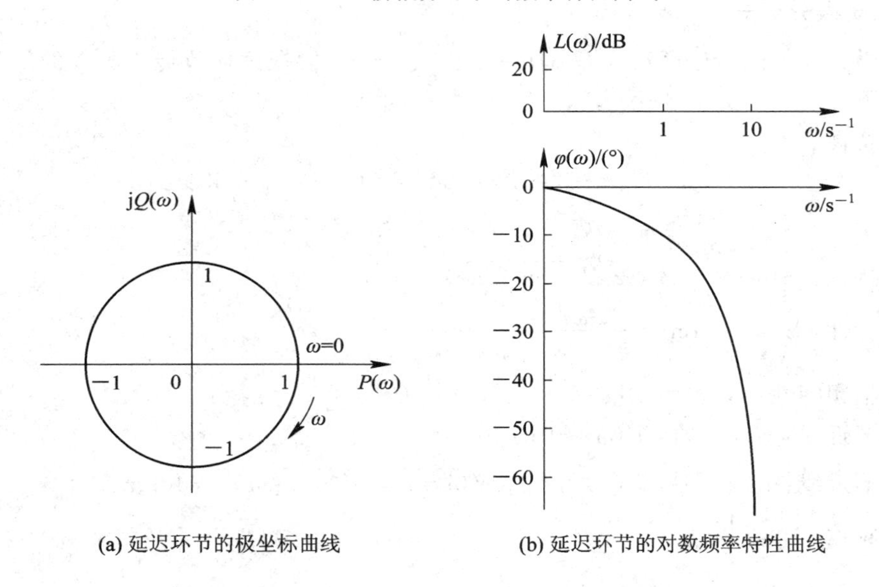

(a) 延迟环节的极坐标曲线　　(b) 延迟环节的对数频率特性曲线

图 5-15　延迟环节的频率特性曲线

5.3　系统的开环频率特性

5.3.1　基本概念

频率特性极坐标图表示的奈奎斯特曲线，计算与绘制都比较麻烦。频率特性的对数坐标图是频率特性另一种重要的图示方式。与极坐标图相比，对数坐标图有一定的优越性，用对数坐标图不但计算简单，绘图容易，而且能直观地表现时间常数等参数变化对系统性能的影响。

对数频率特性是将系统的开环频率特性表达式 $G(j\omega)H(j\omega)$ 写成：

$$G(j\omega)H(j\omega) = A(\omega)e^{j\varphi(\omega)} \tag{5-14}$$

式中，$A(\omega)$为幅频特性，$\varphi(\omega)$为相频特性。

将幅频特性 $A(\omega)$取以 10 为底的对数，并乘以 20 得 $L(\omega)$，单位为分贝(dB)，即

$$L(\omega) = 20\lg A(\omega)(\text{dB}) \tag{5-15}$$

$A(\omega)$与 ω 的函数关系称为对数幅频特性，图中以 $L(\omega)$为纵坐标，以频率 ω 为横坐标，但是横坐标用对数坐标分度，这是因为系统的低频特性比较重要，ω 轴采用对数分度对于扩展频率特性的低频段、压缩高频段十分方便，$L(\omega)$则用线性分度(等刻度)，这样就形成了一种半对数坐标系。

5.3.2　极坐标曲线的绘制

下面通过分析获得绘制频率特性中极坐标曲线的方法。设系统的开环传递函数为

$$G_k(s) = \frac{K(\tau s+1)\cdots(\tau^2 s^2+2\xi\tau s+1)\cdots}{s^\nu(Ts+1)\cdots(T^2s^2+2\xi Ts+1)\cdots}$$

$$= K(\tau s+1)(\tau^2s^2+2\xi\tau s+1)\frac{1}{s^\nu}\frac{1}{Ts+1}\frac{1}{T^2s^2+2\xi Ts+1}\cdots$$

则

$$G_k(j\omega) = A_1e^{j\varphi_1}\cdot A_2e^{j\varphi_2}\cdot A_3e^{j\varphi_3}\cdots = Ae^{j\varphi} \tag{5-16}$$

$$A = A_1\cdot A_2\cdot A_3\cdots$$

$$\varphi = \varphi_1+\varphi_2+\varphi_3+\cdots$$

由此可得极坐标图的绘制方法有以下两种。

方法 1　利用典型环节的频率特性。

(1) 分别计算出典型环节的幅频特性和相频特性。

(2) 典型环节的幅频特性相乘得到系统的幅频特性，典型环节的相频特性相加得到系统的相频特性。

(3) 给出不同的 ω 值，计算出相应的 $A(\omega)$和 $\varphi(\omega)$，描点、连线可得。

方法 2　极坐标图的近似作法。

(1) 起点(即 $\omega\to0$)。

$$G_k(s) = \frac{K(1+\tau_1s)(1+\tau_2s)\cdots}{s^\nu(T_1s+1)(T_2s+1)\cdots}$$

$$G_k(j\omega) = \frac{K(1+j\tau_1\omega)(1+j\tau_2\omega)\cdots}{(j\omega)^\nu(1+jT_1\omega)(1+jT_2\omega)\cdots}$$

$$= \frac{K}{(j\omega)^\nu} = \frac{K}{\omega^\nu}j^{-\nu} \tag{5-17}$$

所以，当 $\omega\to0$ 时，有

$$\begin{aligned} &\nu=0,\ G_k(0) = Ke^{j0} = K \\ &\nu=1,\ G_k(1) = \infty e^{j(-1)} = \infty e^{-90^\circ} \\ &\nu=2,\ G_k(2) = \infty e^{j(-2)} = \infty e^{-180^\circ} \\ &\nu=3,\ G_k(3) = \infty e^{j(-3)} = \infty e^{-270^\circ} \end{aligned} \tag{5-18}$$

可得，系统为 0 型时，起点在实轴上的 K 点；系统为Ⅰ型时，起点在负虚轴的无穷远处；

系统为Ⅱ型时，起点在负实轴的无穷远处；系统为Ⅲ型时，起点在正虚轴的无穷远处。

(2) 终点(即 $\omega \to \infty$)。

当 $\omega \to \infty$ 时，可知极坐标特性曲线的终点在原点。

$$G_k(\mathrm{j}\omega) = \frac{K}{(\mathrm{j}\omega)^\nu} \frac{\prod_{i=1}^{m}(1+\tau_i s)}{\prod_{j=1}^{n}(1+T_j s)} = |G_k(\mathrm{j}\omega)| \mathrm{e}^{\mathrm{j}\varphi(\omega)} \tag{5-19}$$

当 $|G_k(\mathrm{j}\omega)|=0(n>m)$，$\varphi(\omega)=-90°(n-m)$。

当 $n-m=1$ 时，$\varphi(\omega)=-90°$；

当 $n-m=2$ 时，$\varphi(\omega)=-180°$；

当 $n-m=3$ 时，$\varphi(\omega)=-270°$；

即

$$G(\infty)H(\infty) = \begin{cases} -90° \times (n-m), & K>0 \\ -90° \times (n-m) - 180°, & K<0 \end{cases}$$

且当 $n-m=1$ 时，沿负虚轴方向趋于原点；当 $n-m=2$ 时，沿负实轴方向趋于原点；当 $n-m=3$ 时，沿正虚轴方向趋于原点。

极坐标曲线的绘制如图 5-16 所示。

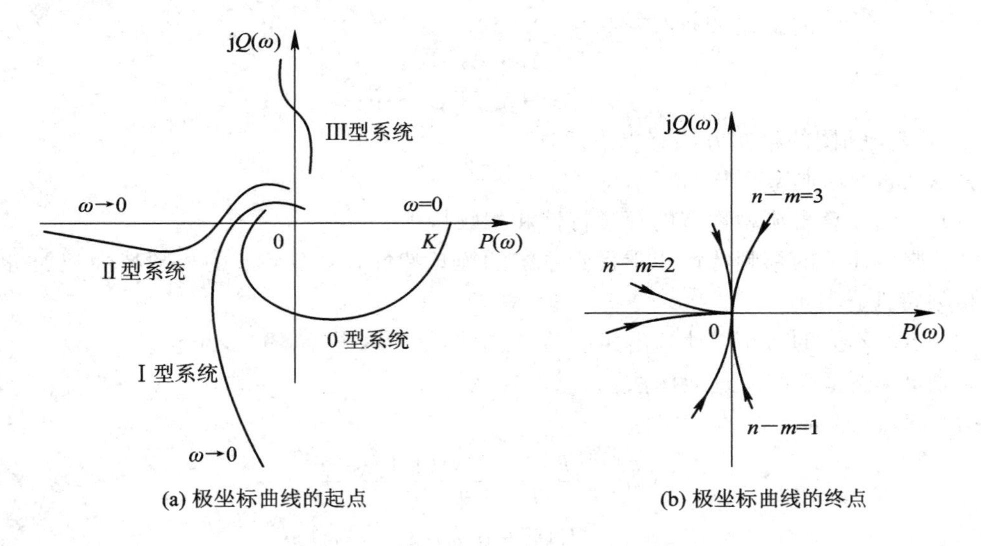

图 5-16　极坐标曲线的起点和终点图

(3) 与虚轴的交点。

由于 $G_k(\mathrm{j}\omega)=P(\omega)+\mathrm{j}Q(\omega)$，所以令 $P(\omega)=0 \to \omega_j$(与虚轴交点处的频率)，代入虚部，即可得与虚轴的交点。

(4) 与实轴的交点。

由于 $G_k(\mathrm{j}\omega)=P(\omega)+\mathrm{j}Q(\omega)$，所以令 $Q(\mathrm{j}\omega)=0 \to \omega_\sigma$(与实轴交点处的频率)，代入实部，即可得与实轴的交点。

例 5-1　已知开环传递函数为 $G_k(s)=\dfrac{5}{s(s+1)(2s+1)}$，试绘制系统的极坐标特性

曲线。

解　由题意可知，系统的开环频率特性为

$$
\begin{aligned}
G_k(\mathrm{j}\omega) &= \frac{5}{\mathrm{j}\omega(\mathrm{j}\omega+1)(2\mathrm{j}\omega+1)} \\
&= \frac{5}{\mathrm{j}\omega(1-2\omega^2+3\mathrm{j}\omega)} \\
&= \frac{5\mathrm{j}[1-2\omega^2-3\mathrm{j}\omega]}{-\omega[(1-2\omega^2)^2+(3\omega)^2]} \\
&= \frac{15\omega+5\mathrm{j}(1-2\omega^2)}{-\omega[1+5\omega^2+4\omega^4]} \\
&= \frac{-15}{1+5\omega^2+4\omega^4}-\mathrm{j}\frac{5(1-2\omega^2)}{\omega(1+5\omega^2+4\omega^4)}
\end{aligned}
\tag{5-20}
$$

系统极坐标特性曲线的起点为：$\omega=0$ 时，$G(0)=-15-\mathrm{j}\infty$。

与实轴的交点：令式(5－20)的虚部为零，则有$1-2\omega^2=0$，可知 $\omega=\frac{1}{\sqrt{2}}$，代入实部，可得实部$=\frac{-15}{1+5\times\frac{1}{2}+4\times\frac{1}{4}}=\frac{-15\times2}{9}=-3.33$。

终点：$\omega=\infty$时，$G(\infty)=0-\mathrm{j}0$，以$-270°$趋于原点。

根据极坐标中幅频、相频特性曲线的起点、与实轴的交点及终点，可得极坐标特性曲线如图 5－17 所示。

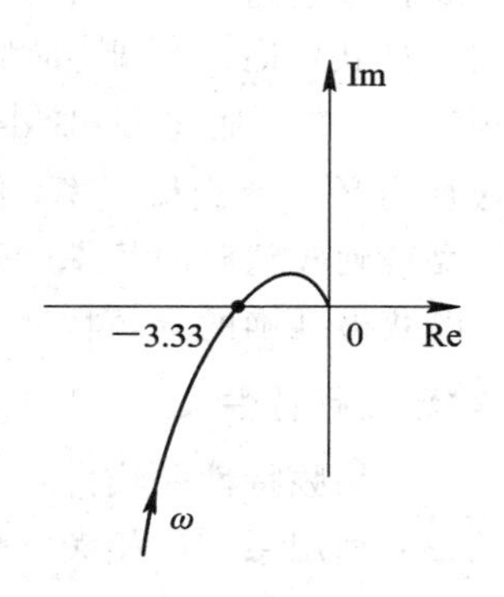

图 5－17　例 5－1 极坐标图

5.3.3　对数频率特性曲线的绘制

设定系统的开环传递函数为 $G_k(s)=G_1(s)G_2(s)\cdots G_n(s)$，则系统的开环频率特性表达式为 $G_k(\mathrm{j}\omega)=G_1(\mathrm{j}\omega)G_2(\mathrm{j}\omega)\cdots G_n(\mathrm{j}\omega)$。系统的开环对数幅频特性和相频特性分别为

$$
20\lg|G_k(\mathrm{j}\omega)| = 20\lg|G_1(\mathrm{j}\omega)|+20\lg|G_2(\mathrm{j}\omega)|+\cdots 20\lg|G_n(\mathrm{j}\omega)| \tag{5-21}
$$

$$
\angle G_k(\mathrm{j}\omega) = \angle G_1(\mathrm{j}\omega)+\angle G_2(\mathrm{j}\omega)+\cdots+\angle G_n(\mathrm{j}\omega) \tag{5-22}
$$

可知：对数幅频特性＝组成系统的各个典型环节的对数幅频特性之和；

对数相频特性＝组成系统的各个典型环节的相频特性之代数和。

因此，画出 $G_k(\mathrm{j}\omega)$所含典型环节的对数幅频和相频曲线，对它们分别进行代数相加，就可以得到开环系统的对数幅频特性和相频特性曲线。

下面介绍一种绘制对数幅频特性和相频特性曲线渐近线的方法。

若系统的传递函数为

$$
G(s) = \frac{K\prod_{i=1}^{m_1}(1+\tau_i s)\prod_{k=1}^{m_2}(\tau_k^2 s^2+2\xi_k\tau_k s+1)}{s^\nu\prod_{j=1}^{n_1}(1+T_j s)\prod_{l=1}^{n_2}(T_l^2 s^2+2\xi_l T_l s+1)} \tag{5-23}
$$

可知，系统在低、高频段的频率特性为$\lim\limits_{\omega\to 0}G(\mathrm{j}\omega)=\dfrac{K}{(\mathrm{j}\omega)^{\nu}}$，$\lim\limits_{\omega\to\infty}G(\mathrm{j}\omega)=\dfrac{K}{(\mathrm{j}\omega)^{\nu}}$。

低频段的对数幅频特性或其延长线过点(1，20lg$K$)，斜率为-20ν dB/dec的直线；与0 dB线交点处的频率为$\omega=\sqrt[\nu]{k}$。

1. 对数幅频特性曲线的绘制

(1) 将开环传递函数表示为典型环节的串联。

(2) 确定各环节的转折频率，并由小到大标示在对数频率轴上。

(3) 过"A"点(1，20lg$K$)作斜率等于-20ν dB/dec的直线，当ν取正号时为积分环节的个数，当ν取负号时为纯微分环节的个数，该直线直到第一个交接频率ω_1对应的地方。若$\omega_1<1$，则该直线的延长线过"A"点。

(4) 以后每遇到一个交接频率，就改变一次渐近线的斜率：遇到惯性环节的交接频率，斜率增加-20 dB/dec；遇到一阶微分环节的交接频率，斜率增加$+20$ dB/dec；遇到振荡环节的交接频率，斜率增加-40 dB/dec；遇到二阶微分环节的交接频率，斜率增加$+40$ dB/dec；直至经过所有环节的交接频率，便得到系统的开环对数幅频特性曲线的渐近线。

(5) 要得到较精确的频率特性曲线，可在振荡环节和二阶微分环节的交接频率附近进行修正，以获得准确的幅频特性。

2. 对数相频特性

方法一：相频特性曲线由各环节的相频特性相加获得。

方法二：利用系统的相频特性表达式，直接计算出不同ω数值时对应的相移角描点，再用光滑曲线连接。

例 5-2　已知某系统的开环传递函数为$G_k(s)=\dfrac{0.001(1+100s)^2}{s^2(1+10s)(1+0.125s)(1+0.05s)}$，试绘出系统的开环对数幅频特性。

解　系统由八个环节组成：一个比例环节，两个积分环节，三个惯性环节，两个一阶微分环节。

开环放大系数$K=10^{-3}$，则有$20\lg K=20\lg 10^{-3}=-60$ dB，故系统开环对数幅频特性曲线或延长线过点$A(1，-60)$。构成系统环节的交接频率分别为

$$\omega_1=\frac{1}{10}=0.1$$

$$\omega_2=\frac{1}{0.125}=8$$

$$\omega_3=\frac{1}{0.05}=20$$

$$\omega_4=\frac{1}{100}=0.01$$

按前述方法的步骤绘出该系统的开环对数幅频特性曲线，如图5-18所示。

系统对数频率特性曲线的低频段反映了系统的稳态性能；中频段对系统的动态性能影响很大，它反映了系统动态响应的平稳性和快速性；高频段则反映了系统的抗干扰能力。

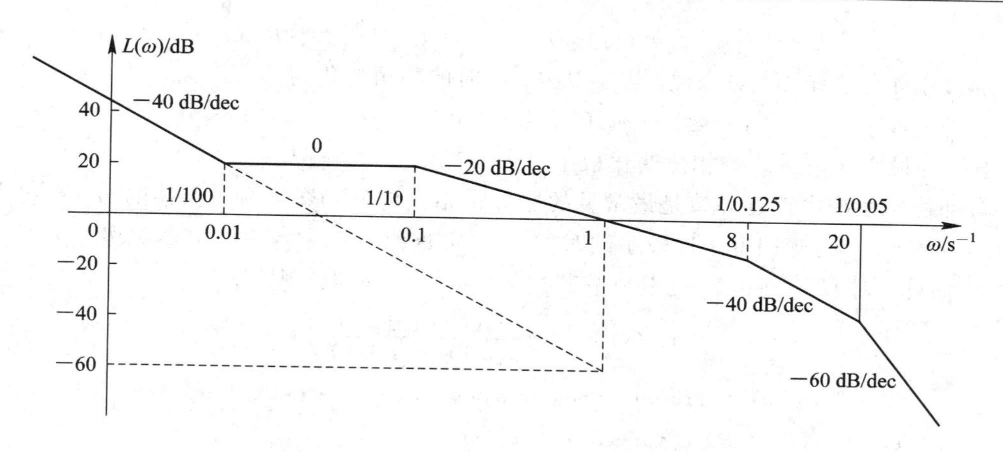

图 5－18　例 5－2 系统开环对数幅频特性曲线

5.3.4　对数幅频特性与相频特性间的关系

伯德定律指出：对数频率特性的斜率为$-20N$(dB/dec)时，对应的相角位移是$-90°N$，N为0、1、2、…。对数幅频特性与相频特性之间的关系是唯一确定的。

为了更好地理解对数幅频特性与相频特性间的对应关系，在此引入最小相位系统的相关概念。什么是最小相位系统？若一个系统的开环传递函数在s右半平面没有极点或零点，并且不具有纯时间延迟因子，此系统称为最小相位系统；否则，称为非最小相位系统。

例如，具有下列开环传递函数的系统是最小相位系统：

$$G_1(s)=\frac{K(T_3s+1)}{(T_1s+1)(T_2s+1)}\qquad (K,\ T_1,\ T_2,\ T_3\ \text{均为正数})$$

开环传递函数在s右半平面上有一个(或多个)极点和零点，称为非最小相位传递函数(若开环传递函数有一个或多个极点位于s右半平面，则意味着开环不稳定)。具有非最小相位传递函数的系统称为非最小相位系统。例如，具有下列开环传递函数的系统为非最小相位系统：

$$G_2(s)=\frac{K(T_3s-1)}{(T_1s+1)(T_2s+1)}\qquad (K,\ T_1,\ T_2,\ T_3\ \text{均为正数})$$

$$G_3(s)=\frac{K}{(T_1s+1)(T_2s+1)}e^{-\tau s}\qquad (K,\ T_1,\ T_2,\ T_3,\ \tau\ \text{均为正数})$$

$G_1(s)$和$G_2(s)$都具有相同的幅频特性，即幅频特性都是

$$M(\omega)=\frac{K\sqrt{1+T_3^2\omega^2}}{\sqrt{(1+T_1^2\omega^2)(1+T_2^2\omega^2)}}$$

但它们的相频特性却大大不同。设$G_1(s)$和$G_2(s)$的相频特性分别为$\varphi_1(\omega)$和$\varphi_2(\omega)$，则

$$\varphi_1(\omega)=\arctan(T_3\omega)-\arctan(T_1\omega)-\arctan(T_2\omega)$$

$$\varphi_2(\omega)=\arctan\left(\frac{T_3\omega}{-1}\right)-\arctan(T_1\omega)-\arctan(T_2\omega)$$

当$\omega=0$时：$\varphi_1(\omega)=0°$，$\varphi_2(\omega)=180°$；

当$\omega\to\infty$时：$\varphi_1(\infty)=90°-90°-90°=-90°$，$\varphi_2(\infty)=90°-90°-90°=-90°$。

对于最小相位系统$G_1(s)$来说，当ω从$0\to\infty$时的相角变化为

$$|\varphi_1(\infty)-\varphi_1(0)|=|-90°-0°|=90°$$

对于非最小相位系统 $G_2(s)$ 来说，当 ω 从 $0\to\infty$ 时的相角变化为

$$|\varphi_2(\infty)-\varphi_2(0)|=|-90°-180°|=270°$$

显然，最小相位系统的相角变化最小。

自动控制系统中迟延环节是最常见的非最小相位传递函数。例如上述的 $G_3(s)$ 包含了延迟环节 $e^{-\tau s}$。当延迟时间 τ 比较小的时候，$e^{-\tau s}$ 可近似为：$e^{-\tau s}\approx 1-\tau s$（泰勒级数展开取前两项），因此，对 $G_3(s)$ 而言，延迟环节若按 $e^{-\tau s}\approx 1-\tau s$ 近似，则

$$G_3(s)=\frac{K(1-\tau s)}{(T_1s+1)(T_2s+1)}$$

$$\varphi_3(\omega)=\arctan(-\tau\omega)-\arctan(T_1\omega)-\arctan(T_2\omega)$$

当 $\omega=0$ 时：$\varphi_1(\omega)=0°$，$\varphi_2(\omega)=180°$，$\varphi_3(\omega)=0°$；

当 $\omega\to\infty$ 时：$\varphi_3(\infty)=-90°-90°-90°=-270°$；

当 ω 从 $0\to\infty$ 时，相角变化为 $|\varphi_3(\infty)-\varphi_3(0)|=|-270°-0°|=270°$。

所以它具有非最小相位系统的特性。如果要对 $G_3(s)$ 求取精确的相角变化，则可对 $G_3(s)$ 求取相频特性 $\varphi_3(\omega)$，得其相角变化为 ∞。

对于控制系统来说，相位纯滞后越大，对系统的稳定性越不利，因此要尽量减小延迟环节的影响，尽可能避免具有非最小相位特性的元件。

5.4 Nyquist 稳定性判据

5.4.1 基本原理

奈奎斯特稳定性判据是一个利用系统的开环 Nyquist 曲线判断闭环系统稳定性的判别准则，简称 Nyquist 判据。

Nyquist 判据不仅能判断闭环系统的绝对稳定性，而且还能指出闭环系统的相对稳定性，并可进一步提出改善闭环系统动态响应的方法，对于不稳定的系统，Nyquist 判据还能像劳斯判据一样，确切地回答出系统有多少个不稳定的根（闭环极点），因此，Nyquist 判据在经典控制理论中占有十分重要的地位，在控制工程中得到了广泛的应用。Nyquist 判据的理论基础是复变函数理论中的幅角原理，下面介绍基于幅角原理建立起来的 Nyquist 判据的基本原理。

1. 特征函数 $F(s)=1+G(s)H(s)$ 和 F 平面

设负反馈控制系统的闭环传递函数为

$$\frac{C(s)}{R(s)}=\frac{G(s)}{1+G(s)H(s)} \tag{5-24}$$

将上式等号右边的分母 $1+G(s)H(s)$ 定义为特征函数 $F(s)$，即令

$$F(s)=1+G(s)H(s) \tag{5-25}$$

令 $F(s)=0$，即

$$F(s)=1+G(s)H(s)=0 \tag{5-26}$$

上式即为闭环系统的特征方程。其中 $G(s)H(s)$ 是反馈控制系统的开环传递函数，设

$$G(s)H(s)=\frac{B(s)}{A(s)} \tag{5-27}$$

式中，$A(s)$是s的n阶多项式，$B(s)$是s的m阶多项式。则特征函数$F(s)$可以写成

$$F(s)=1+G(s)H(s)=1+\frac{B(s)}{A(s)}=\frac{A(s)+B(s)}{A(s)}=\frac{K\prod_{i=1}^{n}(s+z_i)}{\prod_{j=1}^{n}(s+p_j)} \tag{5-28}$$

式中，$-p_j$是$F(s)$的极点(j=1，2，…，n)；$-z_i$是$F(s)$的零点(i=1，2，…，n)。

由式(5－28)可知，$F(s)$的分母和分子均为s的n阶多项式，也就是说，特征函数$F(s)$的零点和极点的个数是相等的。

对照式(5－25)、式(5－26)、式(5－28)可以看出，特征函数$F(s)$的极点就是系统开环传递函数的零点，特征函数$F(s)$的零点则是系统闭环传递函数的极点。因此根据前述闭环系统稳定的条件，要使闭环控制系统稳定，特征函数$F(s)$的全部零点都必须位于s平面的左半部分。

不同的s值对应不同的特征函数$F(s)$的值。特征函数$F(s)$的值是一个复数，可以用复平面上的点来表示。用来表示特征函数$F(s)$的复平面称为F平面，如图5－19(b)所示。从图5－19(a)可以看出，在s平面上的点或曲线，只要不是或不通过$F(s)$的极点(如是，则$F(s)$为∞)，就可以根据式(5－28)求出对应的$F(s)$，并映射到F平面上去，所得的图形也是点或曲线。

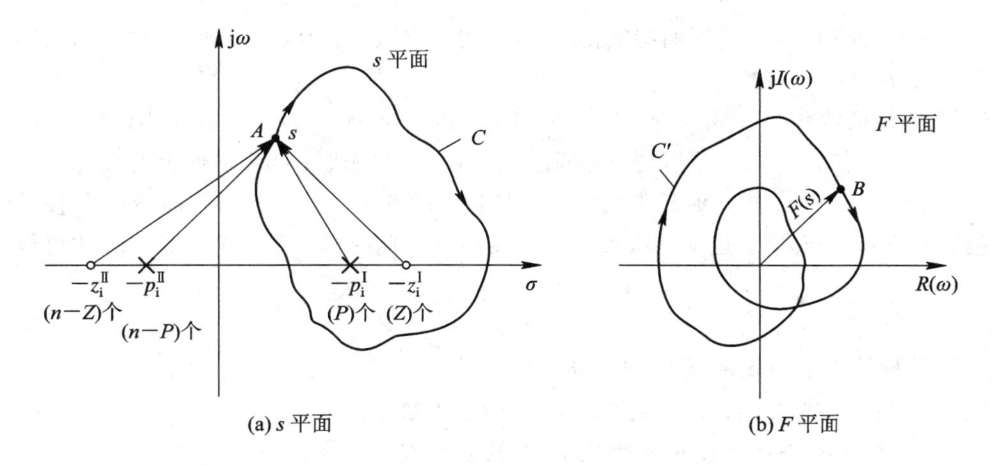

图5－19 从s平面到F平面的映射关系(保角变换)

2. 幅角原理和公式$N=P-Z$

在图5－19(a)的s平面上任取一条封闭曲线C，并规定封闭曲线C不通过$F(s)$的任何零点和极点，但包围了$F(s)$的Z个零点和P个极点(如图5－19(a))的$-z_i^{I}$(i=1，2，…，Z)和$-p_j^{I}$(j=1，2，…，P)，图5－19(a)中的$-z_i^{II}$和$-p_j^{II}$是不被封闭曲线C包围的$F(s)$的$N-Z$个零点和$N-P$个极点，则曲线C在F平面上的映射是一条不通过坐标原点的封闭曲线，我们用C'来表示，如图5－19(b)所示。

当s平面上的变点s(见图5－19(a))从封闭曲线C上的任一点(设为A点)出发，沿曲线按顺时针方向移动一圈时，矢量$\overrightarrow{s+z_i^{I}}$和$\overrightarrow{s+p_j^{I}}$的幅值和相角都要发生变化。$F$平面上对

应的映射点 $F(s)$ 也将从某一 B 点出发(见图 5－19(b))按某种方向沿封闭曲线 C' 移动并最终又回到 B 点。F 平面上的映射曲线——封闭曲线 C' 按什么方向(顺时针还是逆时针方向)包围坐标原点，以及包围原点的次数是多少？这是下面要研究的问题。

在 F 平面上，从原点到曲线 C' 上的点 B 作矢量 $F(s)$，如图 5－19(b)所示，则上述问题可根据幅角原理对下列 $F(s)$ 的表达式进行计算而得到解答。

$$F(s)=\frac{K\prod_{i=1}^{z}(s+z_i^{\mathrm{I}})\prod_{i=z+1}^{n}(s+z_i^{\mathrm{II}})}{\prod_{j=1}^{p}(s+p_j^{\mathrm{I}})\prod_{j=p+1}^{n}(s+p_j^{\mathrm{II}})} \tag{5-29}$$

由上式可求得矢量 $F(s)$ 的幅角是

$$\angle F(s)=\sum_{i=1}^{z}\angle s+z_i^{\mathrm{I}}+\sum_{i=z+1}^{n}\angle s+z_i^{\mathrm{II}}-\sum_{j=1}^{p}\angle s+p_j^{\mathrm{I}}-\sum_{j=p+1}^{n}\angle s+p_j^{\mathrm{II}} \tag{5-30}$$

当变点 s 在 s 平面上沿封闭曲线 C 顺时针方向移动一圈时，被曲线 C 包围的每个零点 $-z_i^{\mathrm{I}}$ 和每个极点 $-p_j^{\mathrm{I}}$ 到变点 s 的矢量 $\overrightarrow{s+z_i^{\mathrm{I}}}$ 和 $\overrightarrow{s+p_j^{\mathrm{I}}}$ 的幅角改变量均为 360°(顺时针改变的角度为正)，而所有其他不被曲线 C 包围的零点 $-z_i^{\mathrm{II}}$ 和极点 $-p_j^{\mathrm{II}}$ 的矢量 $\overrightarrow{s+z_i^{\mathrm{II}}}$ 和 $\overrightarrow{s+p_j^{\mathrm{II}}}$ 的幅角改变量均为 0°，所以矢量 $F(s)$ 的幅角改变量为

$$\begin{aligned}\Delta\angle F(s)&=\sum_{i=1}^{z}\angle s+z_i^{\mathrm{I}}-\sum_{j=1}^{p}\angle s+p_j^{\mathrm{I}}\\&=Z(360°)-P(360°)=(Z-P)360°\end{aligned} \tag{5-31}$$

式中，P 为被封闭曲线 C 包围的特征函数 $F(s)$ 的极点数；Z 为被封闭曲线 C 包围的特征函数 $F(s)$ 的零点数。

矢量 $F(s)$ 的幅角每改变 360°(或－360°)，表示矢量 $F(s)$ 的端点沿封闭曲线 C' 按顺时针方向(或逆时针方向)环绕坐标原点一圈。而式(5－31)表明，当 s 平面上的变点 s 沿符合前述条件的封闭曲线 C 按顺时针方向绕行一圈时，F 平面上对应的封闭曲线 C' 将按顺时针方向包围原点 $(Z-P)$ 次。这就是上面提到的要研究的问题的解答，这一重要性质可概括为如下的公式：

$$N=Z-P \tag{5-32}$$

式中，N 为 F 平面上封闭曲线 C' 包围原点的次数；

P 为 s 平面上被封闭曲线 C 包围的 $F(s)$ 的极点数；

Z 为 s 平面上被封闭曲线 C 包围的 $F(s)$ 的零点数。

当 $N>0$ 时，表示 $F(s)$ 端点按顺时针方向包围坐标原点；

当 $N<0$ 时，表示 $F(s)$ 端点按逆时针方向包围坐标原点；

当 $N=0$ 时，是 $F(s)$ 端点的轨迹不包围坐标原点的情况。

如图 5－20 表示 F 平面上的一些封闭曲线。其中，图 5－20(a)的 $N=-2$，即 $F(s)$ 的端点轨迹包围了原点两次，图 5－20(b)和图 5－20(c)的 N 都是零，表示 $F(s)$ 的端点轨迹没有包围坐标原点。

式(5－32)也可改写成

$$Z=P+N \tag{5-33}$$

上式表明，当已知特征函数 $F(s)$ 的极点(也即已知开环传递函数 $G(s)H(s)$ 的极点)在 s 平

面上被封闭曲线 C 包围的个数 P 及矢量 $F(s)$ 在 F 平面上包围坐标原点的次数 N，即可求得特征函数 $F(s)$ 的零点（也即闭环传递函数的极点）在 s 平面被封闭曲线 C 包围的个数。式（5－33）是 Nyquist 判据的重要理论基础。

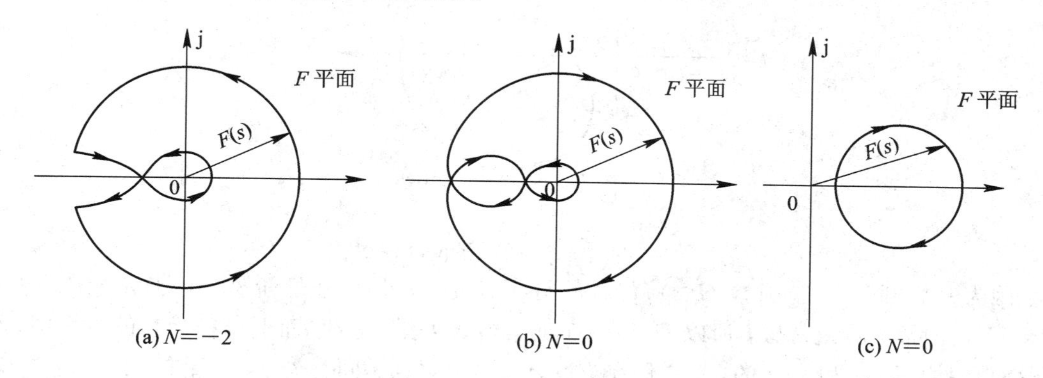

图 5－20　F 平面上 $F(s)$ 端点形成的封闭曲线

3. Nyquist 轨迹及其映射

为了使特征函数 $F(s)$ 在 s 平面上的零、极点分布及在 F 平面上的映射情况与控制系统稳定性分析联系起来，必须适当选择 s 平面上的封闭曲线 C。为此，我们选择这样的封闭曲线 C：使封闭曲线 C 包围整个 s 右半平面。则式（5－33）中的 P 值就是位于 s 右半平面上的开环传递函数的极点个数，而由式（5－33）计算得到的 Z 值就是位于 s 右半平面上的闭环传递函数的极点个数，对于稳定的控制系统来说，显然 Z 值应等于零。

包围整个 s 右半平面的封闭曲线如图 5－21 所示，它是由整个虚轴和半径为∞的右半圆组成的。变点 s 按顺时针方向移动一圈，这样的封闭曲线称为 Nyquist 轨迹。

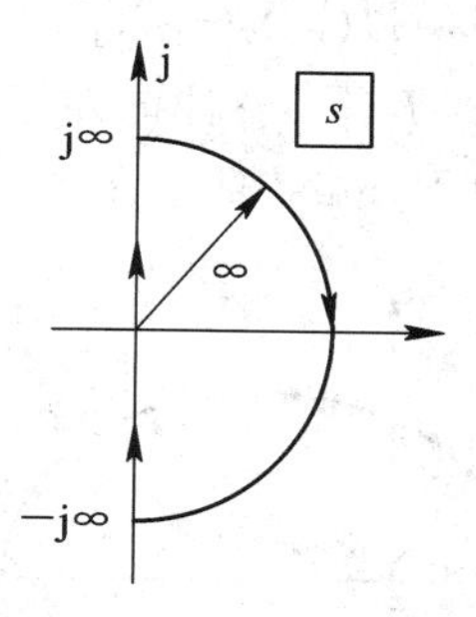

图 5－21　s 平面的 Nyquist 轨迹

Nyquist 轨迹在 F 平面上的映射也是一条封闭曲线，如图 5－22 所示。对于图 5－21 的整个虚轴，因为 $s=\mathrm{j}\omega$，所以变点在整个虚轴上的移动相当于频率 ω 从 $-\infty$ 变化到 $+\infty$，它在 F 平面上的映射就是曲线 $F(\mathrm{j}\omega)$（ω 从 $-\infty\to+\infty$）。对于不同的开环传递函数 $G(s)H(s)$ 及其开环频率特性 $G(\mathrm{j}\omega)H(\mathrm{j}\omega)$，就有不同的 $F(\mathrm{j}\omega)$ 曲线（$F(\mathrm{j}\omega)=1+G(\mathrm{j}\omega)H(\mathrm{j}\omega)$）。在图 5－22 中，对应 $\omega=0\to\infty$ 的曲线用实线表示，对应于 $\omega=-\infty\to0$ 的曲线用虚线表示，它们相对于实轴是对称的。图 5－22 中 s 平面上半径为∞的右半圆，映射到 F 平面上的特征函数 $F(s)$ 为

$$F(\infty)=1+G(\infty)H(\infty) \tag{5-34}$$

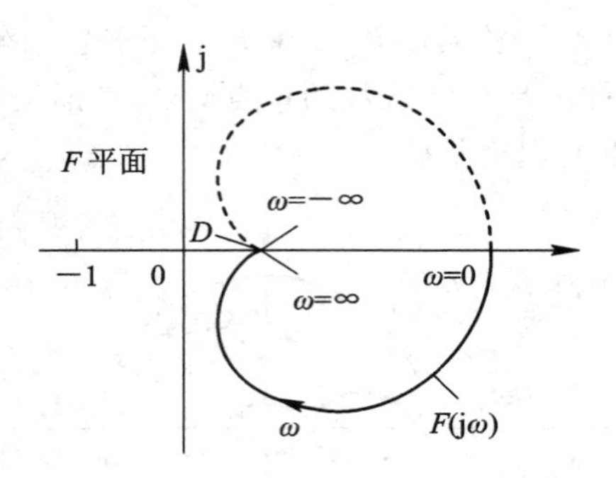

图 5-22 F平面的 Nyquist 曲线

因为一般开环传递函数 $G(s)H(s)$ 的分子阶数 m 小于分母阶数 n（即 $m\leqslant n$），所以 $G(\infty)H(\infty)$ 常为零或常数，所以 $F(\infty)=1$ 或常数。这表明，s 平面上半径为 ∞ 的右半圆，包括虚轴上坐标为 $\mathrm{j}\infty$ 和 $-\mathrm{j}\infty$ 的点，它们在 F 平面上的映射都是同一个点，即图 5-22 上的点 D。

综上所述，判别闭环系统是否稳定的方法可以这样来描述：s 平面上的 Nyquist 轨迹在 F 平面上的映射 $F(\mathrm{j}\omega)$，当 ω 从 $-\infty$ 变到 $+\infty$ 时，若逆时针包围坐标原点的次数 N 等于位于 s 右半平面上的开环极点个数 P，即 $Z=P+N=0$（见式(5-33)），则闭环系统是稳定的，因为 $Z=0$ 意味着闭环系统的极点没有被封闭曲线（Nyquist 轨迹）包围，也即在 s 右半平面没有闭环极点，所以闭环系统是稳定的。

上述判别闭环系统稳定性的方法可以进一步简化。由于特征函数 $F(s)$ 定义为 $F(s)=1+G(s)H(s)$，则将 $s=\mathrm{j}\omega$ 代入得

$$F(\mathrm{j}\omega)=1+G(\mathrm{j}\omega)H(\mathrm{j}\omega)$$

可将上式改写成

$$G(\mathrm{j}\omega)H(\mathrm{j}\omega)=F(\mathrm{j}\omega)-1$$

上式表明，如果 F 平面上的曲线 $F(\mathrm{j}\omega)$ 整体向左平移 1 个单位，便可得到 GH 平面上的 $G(\mathrm{j}\omega)H(\mathrm{j}\omega)$ 曲线，这就是系统的 Nyquist 曲线图，如图 5-23 所示。

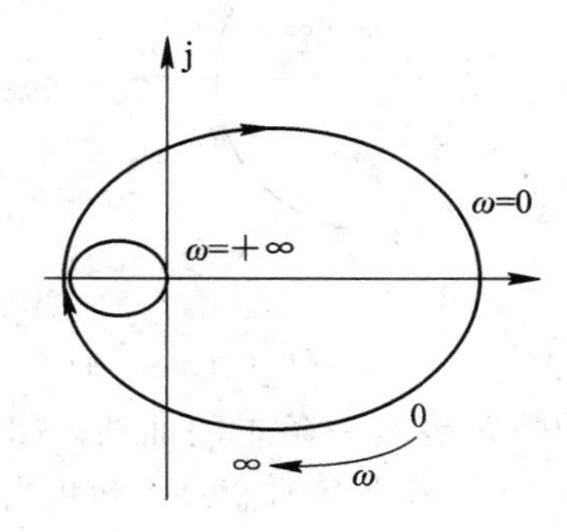

5-23 GH 平面的 Nyquist 曲线

由于 $F(\mathrm{j}\omega)$ 的 F 平面坐标中的原点在 GH 平面的坐标中移到了 $(-1,\ \mathrm{j}0)$ 点，所以判别稳定性方法中的矢量 $F(\mathrm{j}\omega)$ 包围坐标原点的次数 N，应改为 $G(\mathrm{j}\omega)H(\mathrm{j}\omega)$ 包围 $(-1,\ \mathrm{j}0)$ 点的次数 N，因此式(5-40)中的 N 就是 GH 平面中矢量 $G(\mathrm{j}\omega)H(\mathrm{j}\omega)$ 对 $(-1,\ \mathrm{j}0)$ 点的包围次数。

前面已经说明，为了使闭环系统稳定，特征函数 $F(s)=1+G(s)H(s)$ 的零点都应位于

s 平面的左半部分，即式(5-33)中的 Z 应等于零，因此，式(5-33)应改变为

$$-N=P \tag{5-35}$$

上式是 Nyquist 判据的基本出发点。

5.4.2　Nyquist 判据

1. Nyquist 判据(一)

当系统的开环传递函数 $G(s)H(s)$ 在 s 平面的原点及虚轴上没有极点时(例如0型系统)，Nyquist 判据可表述为：

(1) 当开环系统稳定时，表示开环系统传递函数 $G(s)H(s)$ 没有极点位于 s 右半平面，所以式(5-33)中的 $P=0$，如果相应于 ω 从 $-\infty\to+\infty$ 变化时的 Nyquist 曲线 $G(j\omega)H(j\omega)$ 不包围(-1，j0)点，即式(5-33)中的 N 也等于零，则由式(5-33)可得 $Z=0$，因此闭环系统是稳定的，否则就是不稳定的。

(2) 当开环系统不稳定时，说明系统的开环传递函数 $G(s)H(s)$ 有一个或一个以上的极点位于 s 平面的右半部分，所以，式(5-33)中的 $P\neq0$，如果相应于 ω 从 $-\infty\to+\infty$ 变化时的 Nyquist 曲线 $G(j\omega)H(j\omega)$ 逆时针包围(-1，j0)点的次数 N，等于开环传递函数 $G(s)H(s)$ 位于 s 右半平面上的极点数 P，即 $-N=P$，则由式(5-32)或式(5-33)可知，闭环系统也是稳定的，否则(即 $N\neq P$)，闭环系统就是不稳定的。

如果 Nyquist 曲线正好通过(-1，j0)点，这表明特征函数 $F(s)=1+G(s)H(s)$ 在 s 平面的虚轴上有零点，也即闭环系统有极点在 s 平面的虚轴上(确切地说，有闭环极点为 s 平面的坐标原点)，则闭环系统处于稳定的边界，这种情况一般也认为是不稳定的。

为简单起见，Nyquist 曲线 $G(j\omega)H(j\omega)$ 通常只画 ω 从 $0\to+\infty$ 变化曲线的正半部分，另外一半曲线以实轴为对称轴。

应用 Nyquist 判据判别闭环系统稳定性的一般步骤如下：

(1) 绘制开环频率特性 $G(j\omega)H(j\omega)$ 的 Nyquist 曲线，作图时可先绘出对应于 ω 从 $0\to+\infty$ 的一段曲线，然后以实轴为对称轴，画出对应于 $-\infty\to0$ 的另外一半。

(2) 计算 Nyquist 曲线 $G(j\omega)H(j\omega)$ 对点(-1，j0)的包围次数 N。为此可从(-1，j0)点向 Nyquist 曲线 $G(j\omega)H(j\omega)$ 上的点作一矢量，并计算这个矢量当 ω 从 $-\infty\to0\to+\infty$ 时转过的净角度，并按每转过360°为一次的方法计算 N 值。

(3) 由给定的开环传递函数 $G(s)H(s)$ 确定位于 s 右半平面的开环极点数 P。

(4) 应用 Nyquist 判据判别闭环系统的稳定性。

例5-3　设控制系统的开环传递函数为

$$G(s)H(s)=\frac{5}{(s+0.5)(s+1)(s+2)}$$

试用 Nyquist 判据判别闭环系统的稳定性。

解　$G(j\omega)H(j\omega)$ 的 Nyquist 曲线如图5-24所示，由图可以看出，当 ω 从 $-\infty\to0\to+\infty$ 变化时，$G(j\omega)H(j\omega)$ 曲线不包围(-1，j0)点，即 $N=0$。所谓不包围(-1，j0)点，是指行进方向(即图5-24中箭头方向)的右侧不包围它(行进方向为顺时针方向)。如行进方向是逆时针方向，则看箭头方向的左侧是否包围(-1，j0)点。开环传递函数 $G(s)H(s)$ 的极点为-0.5，-1，-2，都位于 s 平面的左半部分，所以 $P=0$。因此由式(5-33)或式

(5-35)可知，闭环系统是稳定的。

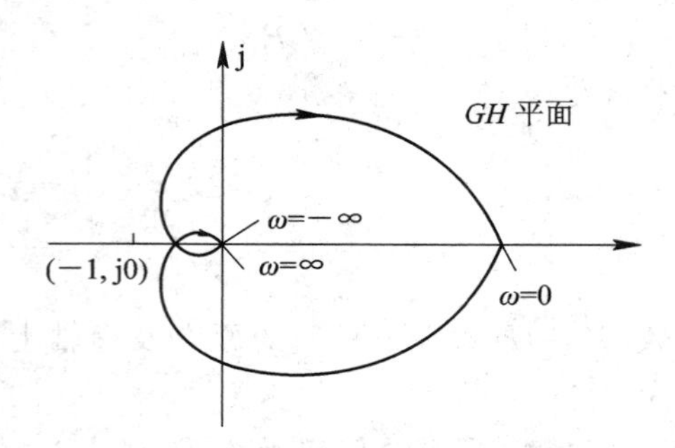

图 5-24　例 5-3 的 Nyquist 曲线

例 5-4　设控制系统的开环传递函数为

$$G(s)H(s)=\frac{1000}{(s+1)(s+2)(s+3)}$$

试用 Nyquist 判据判别闭环系统的稳定性。

解　$G(\mathrm{j}\omega)H(\mathrm{j}\omega)$的 Nyquist 曲线如图 5-25 所示。由图可以看出，当 ω 从$-\infty\to0\to+\infty$变化时，$G(\mathrm{j}\omega)H(\mathrm{j}\omega)$曲线（即 Nyquist 曲线）顺时针方向包围（$-1$，j0）点两次，即 $N=2$。而开环传递函数的极点为-1，-2，-3，没有位于 s 右半平面的极点，所以 $P=0$，$Z=N+P=2\neq0$。因此，由式(5-33)或式(5-35)可知，闭环系统是不稳定的。

例 5-5　设控制系统的开环传递函数为

$$G(s)H(s)=\frac{100(s+5)^2}{(s+1)(s^2-s+9)}$$

试用 Nyquist 判据判别闭环系统的稳定性。

解　$G(\mathrm{j}\omega)H(\mathrm{j}\omega)$的 Nyquist 曲线如图 5-26 所示，由图可以看出，当 ω 从$-\infty\to0\to+\infty$变化时，$G(\mathrm{j}\omega)H(\mathrm{j}\omega)$曲线逆时针方向包围（$-1$，j0）点两次，即 $N=-2$，但系统的开环传递函数 $G(s)H(s)$有两个极点$\left(s_{1,2}=\frac{1\pm\sqrt{35}}{2}\right)$位于 s 右半平面上，即 $P=2$，所以$-N=P$，由式(5-33)或式(5-35)可知闭环系统是稳定的。

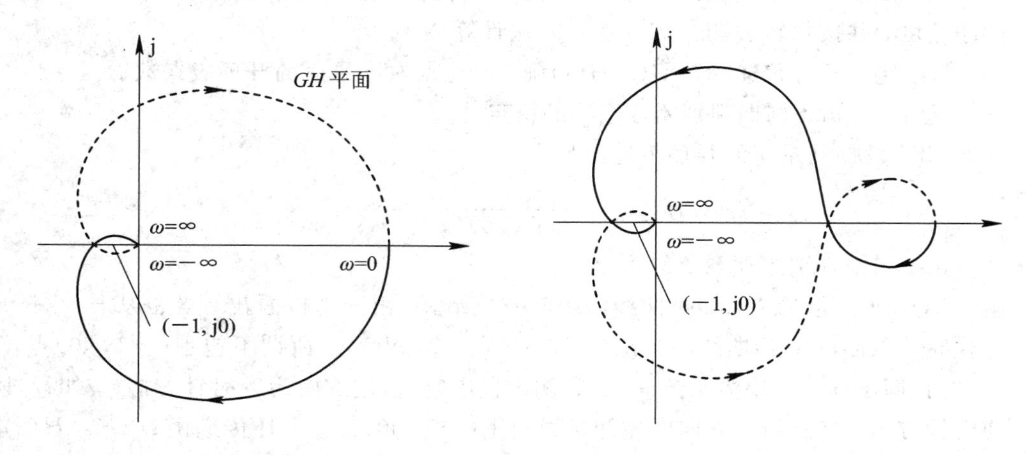

图 5-25　例 5-4 的 Nyquist 曲线　　　图 5-26　例 5-5 的 Nyquist 曲线

2. Nyquist 判据(二)

实际控制系统的开环传递函数往往有极点位于 s 平面的虚轴上，尤其是位于原点上的极点常常会碰到(例如Ⅰ型系统、Ⅱ型系统…)，即系统的开环传递函数将表述为如下形式：

$$G(s)H(s)=\frac{K\prod_{i=1}^{m}(T_is+1)}{s^{\nu}\prod_{j=1}^{n-\nu}(T_js+1)} \tag{5-36}$$

式中，ν 是开环传递函数中位于原点的极点的个数。

这样，由图5-21描述的 s 平面 Nyquist 轨迹将通过开环传递函数的极点(式(5-36)中极点 $s=0$，即为 s 平面中的原点)。在前面的讨论中，我们规定：Nyquist 轨迹是不能通过开环传递函数 $G(s)H(s)$ 的极点和零点的，所以如果开环传递函数 $G(s)H(s)$ 有极点或零点位于原点或者虚轴上，则 s 平面上的封闭曲线形状必须加以改变。方法是将封闭曲线绕过原点上的极点，把这些点排除在封闭曲线之外，但封闭曲线仍包围 s 右半平面内的所有零点和极点，为此，以原点为圆心，作一半径为无限小 ε 的右半圆，使 Nyquist 轨迹沿着这个无限小的半圆绕过原点，如图5-27所示，由图可以看出，修改后的 Nyquist 轨迹将由负虚轴、原点附近的无限小半径的右半圆、正虚轴和无限大半圆所组成，位于无限小半圆上的变点 s 可表示为

$$s=\varepsilon e^{j\varphi} \tag{5-37}$$

φ 从 $-90°$ 经0变至 $90°$，将式(5-37)代入式(5-36)，并考虑到 s 是无限小的矢量，可得

$$G(s)H(s)=\frac{K}{\varepsilon^{\nu}e^{j\nu\varphi}}=\infty e^{j(-\nu\varphi)},\ (\varphi 从 -90°\to 0°\to 90°) \tag{5-38}$$

从上式可知：s 平面上原点附近的无限小右半圆在 $G(s)H(s)$ 平面上的映射为无限大半径的圆弧，该圆弧从角度为 $\nu\times 90°$ 的点(即 $j0^-$ 的映射点)开始，按顺时针方向，经 $0°$ 到 $-\nu\times 90°$ 的点(即 $j0^+$ 的映射点)终止。

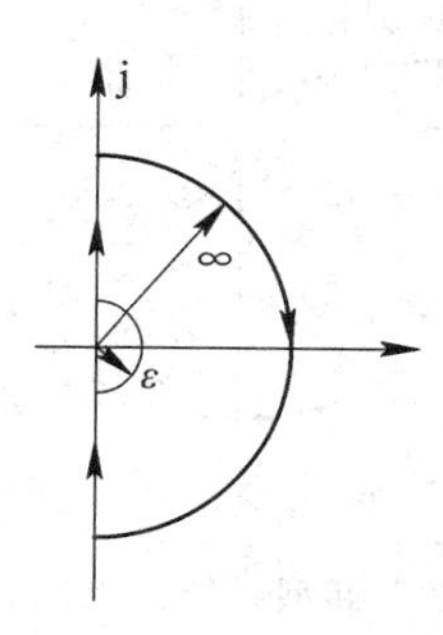

图5-27 绕过位于原点上的极点的 Nyquist 轨迹

下面对不同类型的系统(Ⅰ型系统、Ⅱ型系统…)分别讨论。

1) Ⅰ型系统

由于Ⅰ型系统的 $\nu=1$，开环 Nyquist 曲线 $G(j\omega)H(j\omega)$ 在 ω 从 $-\infty\to 0^-$ 及 $0^+\to+\infty$ 变化如图5-28所示的虚线段和实线段。而由式(5-38)描述的半径为 ∞ 的圆弧，它是从

$G(j\omega)H(j\omega)$曲线上 $\omega=0^-(-\varepsilon)$的点开始，按顺时针方向到 $\omega=0^+(\varepsilon)$的点为止。相应幅角的变化为从$-\nu\varphi=90°$到$-\nu\varphi=-90°$，详见式(5-38)，φ 为$-90°\to90°$。这段半径为∞的圆弧，就是图 5-27 所示的原点附近无限小半径的右半圆在 s 平面上的映射，又称为 Nyquist 曲线的“增补段”，附加增补段后的整个曲线称为增补开环 Nyquist 曲线。

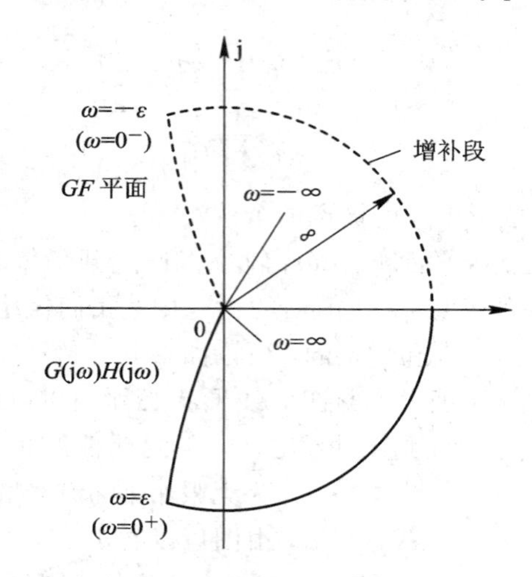

图 5-28 Ⅰ型系统的 Nyquist 曲线

2) Ⅱ型系统

Ⅱ型系统的 $\nu=2$，与上述分析类似，不同的是这时 Nyquist 曲线的增补段是从 $\omega=0^-$ $(-\nu\varphi=180°)$按顺时针方向到 $\omega=0^+(-\nu\varphi=-90°)$的无限大半径的圆弧，如图 5-29 所示。

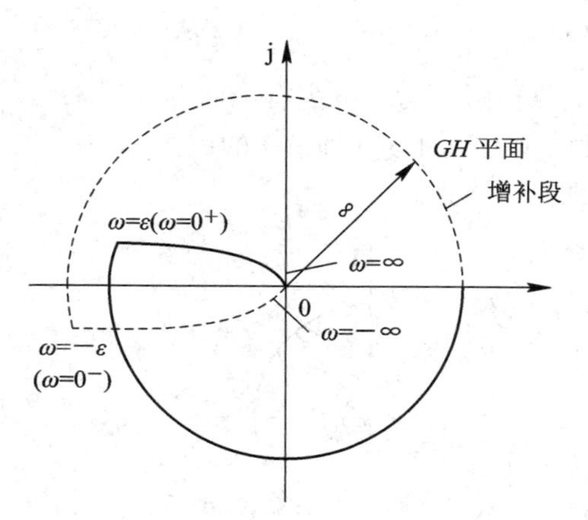

图 5-29 Ⅱ型系统的 Nyquist 曲线

如果系统开环传递函数中含有无阻尼振荡环节$\dfrac{1}{T^2s^2+1}$，则 s 平面(根平面)的虚轴上有开环共轭极点$\pm j\dfrac{1}{T}$，可以仿照有开环极点位于原点的情况来处理。

考虑到 s 平面虚轴上有开环极点的更为一般的情况，Nyquist 判据的另一种描述是：如果增补开环 Nyquist 曲线 $G(j\omega)H(j\omega)$在 ω 从$-\infty\to+\infty$变化时，逆时针包围$(-1, j0)$点

的次数 N 等于位于 s 右半平面的开环极点数 P，则闭环系统是稳定的，否则是不稳定的。这个描述，我们定义为 Nyquist 判据二。它与 Nyquist 判据一比较，只多了“增补”二字，因此，对于Ⅰ型系统、Ⅱ型系统等，只要作出系统的增补开环 Nyquist 曲线，其判别稳定性的方法与 Nyquist 判据一是相同的。

例 5-6　设控制系统的开环传递函数为

$$G(s)H(s)=\frac{10}{s(s+1)(s+2)}$$

试用 Nyquist 判据二判别其闭环系统的稳定性。

解　该系统为Ⅰ型系统，其增补开环 Nyquist 曲线如图 5-30 所示，由图可以看出，当 ω 从 $-\infty \to +\infty$ 变化时，$G(j\omega)H(j\omega)$ 增补 Nyquist 曲线顺时针包围$(-1, j0)$点两次，即 $N=2$。而开环传递函数没有位于 s 右半平面上的极点，即 $P=0$，所以 $N\neq -P$，因此，闭环系统是不稳定的。

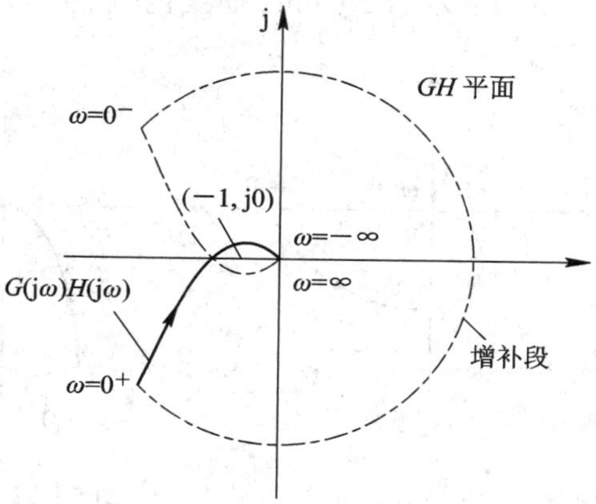

图 5-30　例 5-6 的增补 Nyquist 曲线

例 5-7　设控制系统的开环传递函数为

$$G(s)H(s)=\frac{(s+0.2)(s+0.3)}{s^2(s+0.1)(s+1)(s+2)}$$

试用 Nyquist 判据二判别其闭环系统的稳定性。

解　该系统为Ⅱ型系统，其增补 Nyquist 曲线如图 5-31 所示。由图 5-31 可以看出，当 ω 从 $-\infty \to +\infty$ 变化时，$G(j\omega)H(j\omega)$曲线不包围$(-1, j0)$点，即 $N=0$，开环传递函数也没有位于 s 右半平面上的极点，即 $P=0$，所以 $N=P$，因此，闭环系统是稳定的。

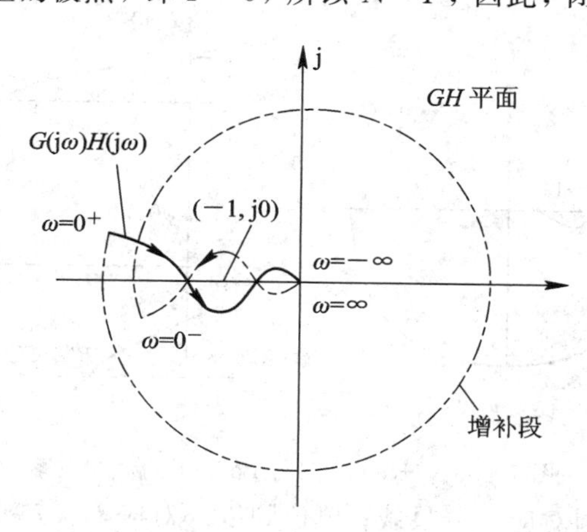

图 5-31　例 5-7 的增补 Nyquist 曲线

3）*系统开环传递函数的极点都在 s 左半平面的稳定性判别*

系统开环传递函数的极点都在 s 左半平面时，系统是开环稳定的，又称为最小相位系统，即 $P=0$。这时，Nyquist 判据可简要表述为：Nyquist 曲线（或增补 Nyquist 曲线）不包围$(-1, j0)$点，闭环系统就是稳定的，否则就是不稳定的。这时作图步骤也可以简化，只要作出 Nyquist 曲线（或增补 Nyquist 曲线）ω 从 $0\to+\infty$的一半就可以了，因为不必再计算包围(－1, j0)点的次数。

图 5－32 描述了开环稳定(即最小相位系统)的 0 型、Ⅰ型和Ⅱ型系统的 Nyquist 曲线。图 5－32(a)所示的 Nyquist 曲线不包围(－1, j0)点，所以其闭环系统是稳定的。图 5－32(b)所示的 Nyquist 曲线也不包围(－1, j0)点，所以其闭环系统也是稳定的。图 5－32(c)所示的 Nyquist 曲线包围了(－1, j0)点，所以其闭环系统是不稳定的。

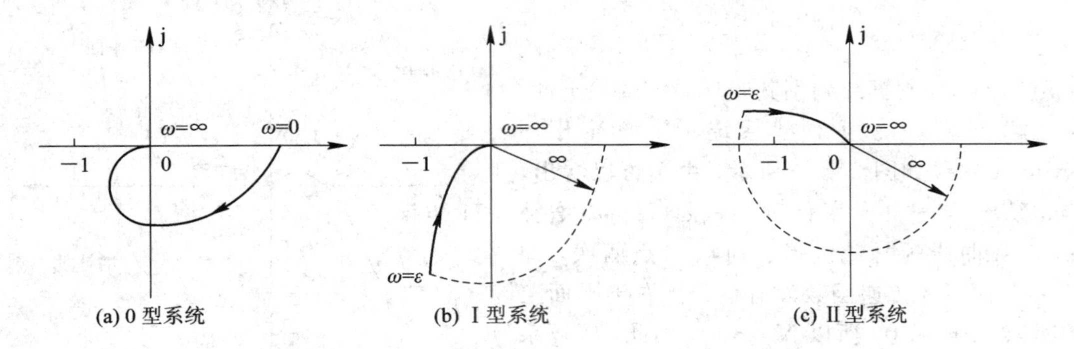

图 5－32　简化 Nyquist 曲线

5.4.3　Nyquist 对数稳定性判据

对数幅相频率特性的稳定性判据，实际上是 Nyquist 判据的另一种形式，即利用开环系统的对数频率特性曲线(Bode 图)来判别闭环系统的稳定性，而 Bode 图又可通过实验获得，因此在工程上获得了广泛的应用。

Nyquist 图与 Bode 图的对应关系，如图 5－33 所示。

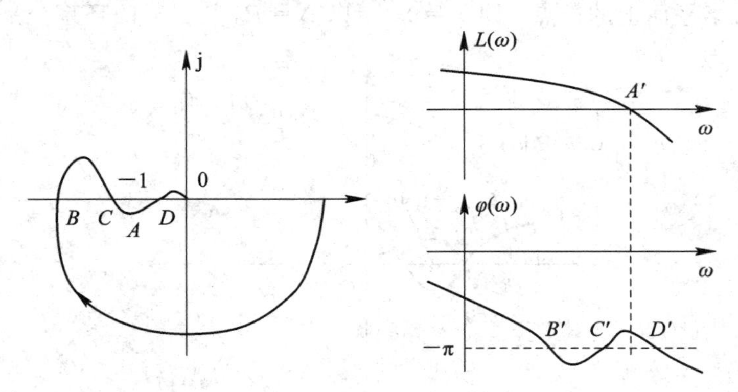

图 5－33　Nyquist 图与 Bode 图的对应关系

原点为圆心的单位圆对应 0 分贝线；单位圆以外对应 $L(\omega)>0$ 的部分；单位圆内部对应 $L(\omega)<0$ 的部分。

(－1, j0)点左边负实轴的穿越和 $L(\omega)>0$ dB 的频率范围内与相频特性对－180°线的穿越相对应；“正穿越”对应于 ω 增大时对数相频特性曲线从下向上穿越－180°线(相角增大)，记为 N_+；“负穿越”对应于 ω 减小时对数相频特性曲线从上向下穿越－180°线(相角减小)，记为 N_-。

根据 Nyquist 图和 Bode 图的对应关系，采用 Bode 图时，Nyquist 判据可表述为：

当 ω 由 $0\rightarrow+\infty$ 变化时，在开环对数幅频特性曲线 $L(\omega)\geqslant 0$ dB 的频段内，若系统相频特性曲线 $\varphi(\omega)$ 对 $-180°$ 线的正穿越次数与负穿越次数之差为 $P/2$（P 为系统右半平面开环极点的个数），则闭环系统稳定。否则，闭环系统不稳定。

例 5-8　系统开环传递函数为 $G(s)H(s)=\dfrac{10K}{s^2(s+1)}$，试判断闭环系统的稳定性。

解　作出系统的开环极坐标图如图 5-34(a)所示，辅助圆如图中虚线所示。系统的 Bode 图如图 5-34(b)所示，极坐标图中辅助圆的幅值为无穷大，相角由 $0°\rightarrow180°$，对应于图 5-34(b)中的虚线。

由图 5-34 可知，$N_+-N_-=-1$，开环系统稳定时 $P=0$，故闭环系统不稳定，闭环系统右极点个数 $Z=2(P-N)=2$。且从图中可以看出，不论 K 如何变化，开环频率特性上的穿越次数却不变化，系统总是不稳定的，表明系统为结构不稳定系统。

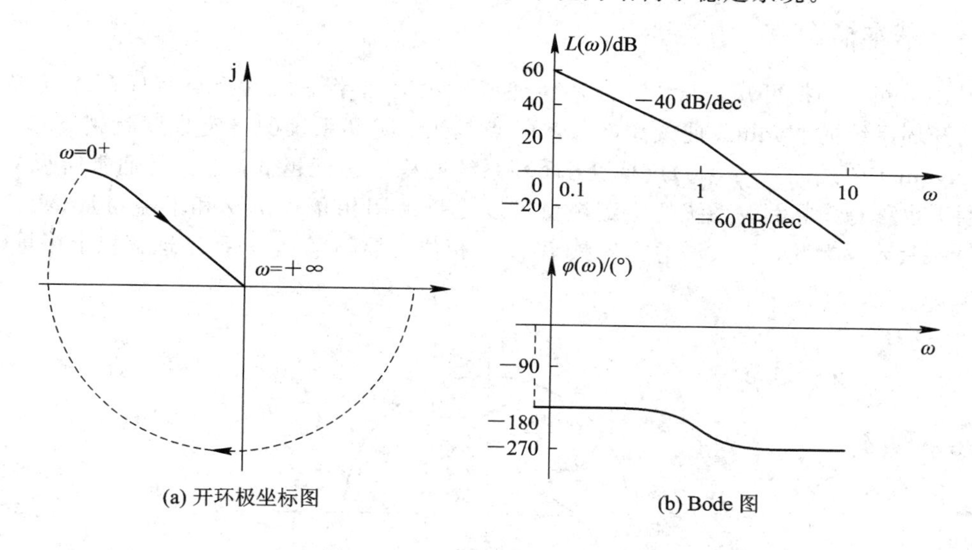

图 5-34　系统的开环频率特性

例 5-9　某最小相位系统，其近似开环对数幅频特性曲线如图 5-35 所示，试写出该系统的开环传递函数。

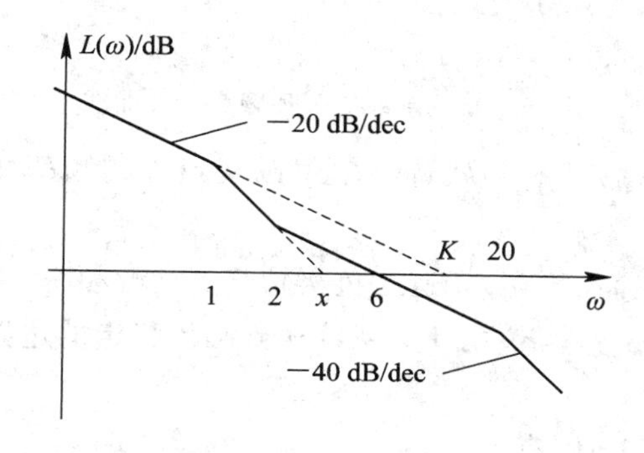

图 5-35　系统的开环对数幅频特性曲线

解　最左端直线的斜率为 -20 dB/dec，故系统包含一个积分环节。最左端直线的延长线和零分贝线的交点频率为系统的开环增益 K，根据 $x^2=1\times K=2\times 6$，求得 $K=12$。

因为在 $\omega=1$ 时，近似对数幅频曲线斜率从 -20 dB/dec 变为 -40 dB/dec，故 1 是惯性环节的交接频率，由类似分析可知，$\omega=2$ 是一阶微分环节的交接频率，$\omega=20$ 是惯性环节的交接频率，于是系统的传递函数为

$$G(s)=\frac{12\left(\frac{1}{2}s+1\right)}{s(s+1)\left(\frac{1}{20}s+1\right)}$$

5.5 稳定裕量

5.5.1 基本概念

从 Nyquist 判据可知，若系统开环传递函数没有右半平面的极点且闭环系统是稳定的，则开环系统的 Nyquist 曲线离$(-1, \mathrm{j}0)$点越远，闭环系统的稳定程度就越高；开环系统的 Nyquist 曲线离$(-1, \mathrm{j}0)$点越近，闭环系统的稳定程度越低，这就是通常所说的相对稳定性，也称稳定裕量。系统的稳定裕量可以定量地用相角裕量 γ 和增益裕量(或幅值裕量)K_g 来表示。为此，引入增益交界频率 ω_c 和相位交界频率 ω_g 来帮助理解稳定裕量(见图 5-36)。

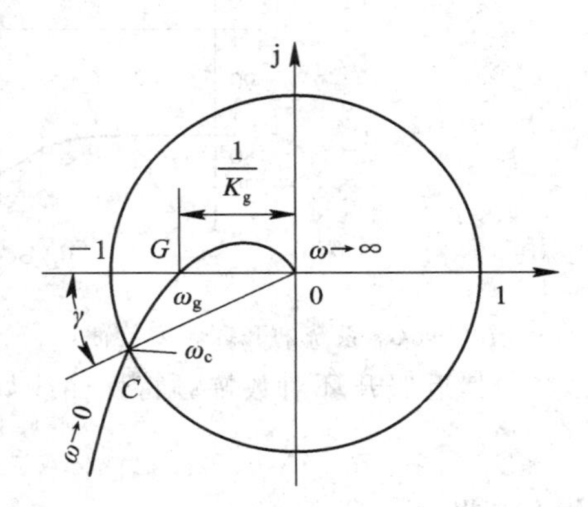

图 5-36 系统的开环频率特性曲线

增益交界频率 ω_c：$G(\mathrm{j}\omega)H(\mathrm{j}\omega)$轨迹与单位圆交点处的频率(又称开环剪切频率)，即 $L(\mathrm{j}\omega)$与 0 分贝线的交点。

相位交界频率 ω_g：$G(\mathrm{j}\omega)H(\mathrm{j}\omega)$轨迹与负实轴交点处的频率，即 $\varphi(\mathrm{j}\omega)$与 $-\pi$ 线的交点。

相角裕量 γ：在增益交界频率 ω_c 上，系统达到临界稳定的边界所需要的附加滞后相角量。

令$|G(\mathrm{j}\omega_c)H(\mathrm{j}\omega_c)|=1$，则有

$$\gamma=\varphi(\omega_c)-(-180^\circ)=180^\circ+\varphi(\omega_c) \tag{5-39}$$

增益裕量：K_g：在相位交界频率 ω_g 上，频率特性幅值$|G(\mathrm{j}\omega_g)H(\mathrm{j}\omega_g)|$的倒数，表示系统达到临界状态时系统增益所允许增大的倍数。

可知：$\varphi(\omega_g)=-180°$，$K_g=\dfrac{1}{|G(j\omega_g)H(j\omega_g)|}$。增益裕量也可以在对数频率特性上确定，用分贝数可以表示为

$$K_g(\text{dB})=-20\lg|G(j\omega_g)H(j\omega_g)| \tag{5-40}$$

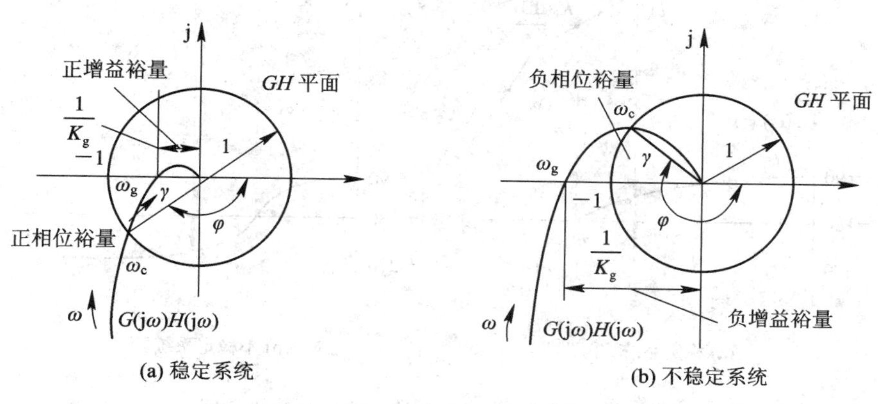

图 5-37　系统的开环频率特性曲线

对于最小相位系统，当$|G(j\omega_g)H(j\omega_g)|<1$ 或 $20\lg|G(j\omega_g)H(j\omega_g)|<0$ 时，闭环系统稳定；反之，当$|G(j\omega_g)H(j\omega_g)|>1$ 或 $20\lg|G(j\omega_g)H(j\omega_g)|\gg>0$ 时，闭环系统不稳定；而当$|G(j\omega_g)H(j\omega_g)|=1$ 或$20\lg|G(j\omega_g)H(j\omega_g)|=0$ 时，系统处于临界稳定状态。如果开环系统不稳定，若要求闭环系统稳定时，$G(j\omega_g)H(j\omega_g)$曲线应该包围$(-1, j0)$点，此时$K_g(\text{dB})=-20\lg|G(j\omega_g)H(j\omega_g)|<0$。

5.5.2　系统的稳定裕量

在实际控制系统中，首先要求系统必须是稳定的(即绝对稳定性)，而且还要求有一定的稳定裕量。系统的稳定裕量除了用于表征系统的相对稳定程度，还经常作为控制系统的频率域性能指标。

严格地讲，应当同时给出系统的增益裕量和相角裕量，才能确定系统的相对稳定性。例如：对于开环系统在 s 的右半平面没有极点时即 $P=0$ 的系统，欲使系统稳定，$\gamma>0$，并且 γ 越大，系统相对稳定性就越高；欲使其稳定，$K_g(\text{dB})>0$，即 $K_g>1$，且 K_g 越大，相对稳定性越高。系统的开环频率特性曲线极坐标图如图 5-37 所示。

保持适当的稳定裕量，可以预防系统中元件性能变化可能带来的不利影响，但在粗略估计系统的暂态响应指标时，有时只会对相角裕量提出要求。对于最小相位系统，当 $\gamma>0$ 时，闭环系统稳定；反之，当 $\gamma<0$ 时，闭环系统不稳定。稳定和不稳定系统的对数坐标图如图 5-38 所示。

为了得到较满意的暂态响应，一般增益裕量应大于 6 dB，相角裕量应当在 30°～70°之间。对于最小相位系统，开环对数幅频特性和对数相频特性曲线存在单值对应关系：当要求相角裕量在 30°～70°时，意味着开环对数幅频特性曲线在截止频率 ω_c 附近的斜率应大于 −40 dB/dec，且有一定的宽度。在大多数实际系统中，要求斜率为−20 dB/dec，如果此斜率设计为−40 dB/dec，系统即使稳定，相角裕量也过小，如果此斜率为−60 dB/dec 或更小，则系统是不稳定的。

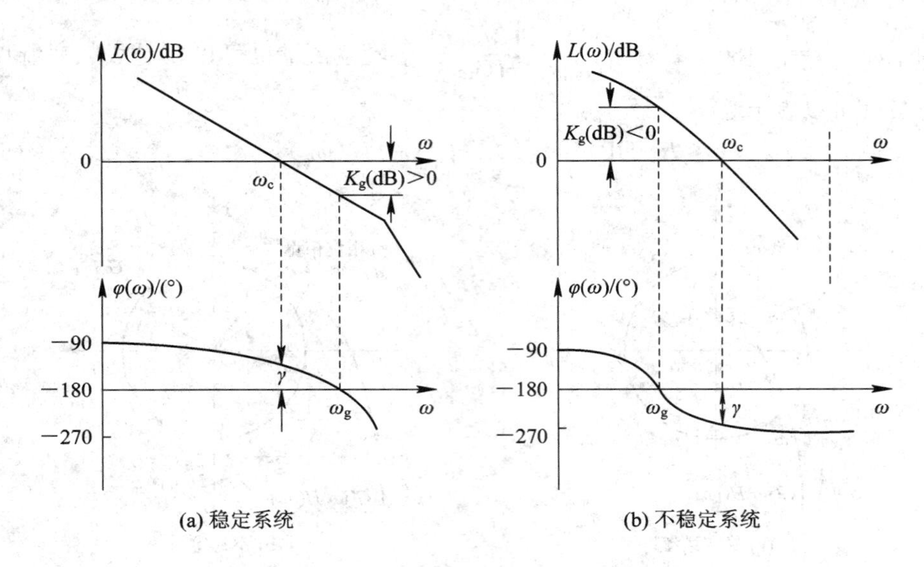

图 5-38　系统的开环频率特性曲线对数坐标图

5.6　闭环系统的频域性能指标与分析

5.6.1　闭环系统的频域性能指标

频率特性分析法比时域性能分析简便，且有成熟的图解法可供使用，但频率特性分析是一种概略性的间接方法，在要求系统性能指标直接而具体时，还需从时域响应方面进行讨论。

本节主要分析频率特性与时域性能之间的关系，及其在工程设计中的应用。

二阶系统反馈控制系统框图如图 5-39 所示。

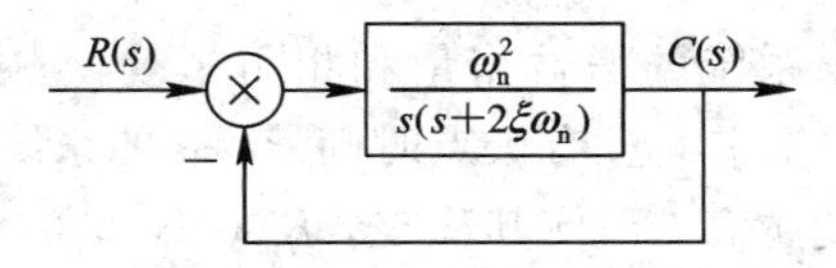

图 5-39　反馈控制系统框图

系统的开环频率特性为

$$G(\mathrm{j}\omega)=\frac{\omega_{\mathrm{n}}^{2}}{\mathrm{j}\omega(\mathrm{j}\omega+2\xi\omega_{\mathrm{n}})}=\frac{\omega_{\mathrm{n}}^{2}}{\omega\sqrt{\omega^{2}+(2\xi\omega_{\mathrm{n}})^{2}}}\mathrm{e}^{-90^{\circ}-\arctan\frac{\omega}{2\xi\omega_{\mathrm{n}}}}$$

则有

$$|G(\mathrm{j}\omega_{\mathrm{c}})|=\frac{\omega_{\mathrm{n}}^{2}}{\omega_{\mathrm{c}}\sqrt{\omega_{\mathrm{c}}^{2}+(2\xi\omega_{\mathrm{n}})^{2}}}=1$$

$$\omega_{\mathrm{c}}=\omega_{\mathrm{n}}\sqrt{\sqrt{1+4\xi^{4}}-2\xi^{2}}$$

$$\gamma=\arctan\frac{2\xi}{\sqrt{\sqrt{1+4\xi^{4}}-2\xi^{2}}}$$

相应的闭环频率特性表达式为

$$\Phi(\mathrm{j}\omega)=\frac{C(\mathrm{j}\omega)}{R(\mathrm{j}\omega)}=\frac{\omega_n^2}{\omega_n^2-\omega^2+\mathrm{j}2\xi\omega_n\omega}=\frac{1}{\left(1-\frac{\omega^2}{\omega_n^2}\right)+\mathrm{j}2\xi\frac{\omega}{\omega_n}}=M\mathrm{e}^{\mathrm{j}\alpha}$$

式中，

$$M=\frac{1}{\sqrt{\left(1-\frac{\omega^2}{\omega_n^2}\right)^2+\left(2\xi\frac{\omega}{\omega_n}\right)^2}},\ \alpha=-\arctan\frac{2\xi\frac{\omega}{\omega_n}}{1-\frac{\omega^2}{\omega_n^2}}$$

二阶系统的闭环频率特性如图 5-40 所示。

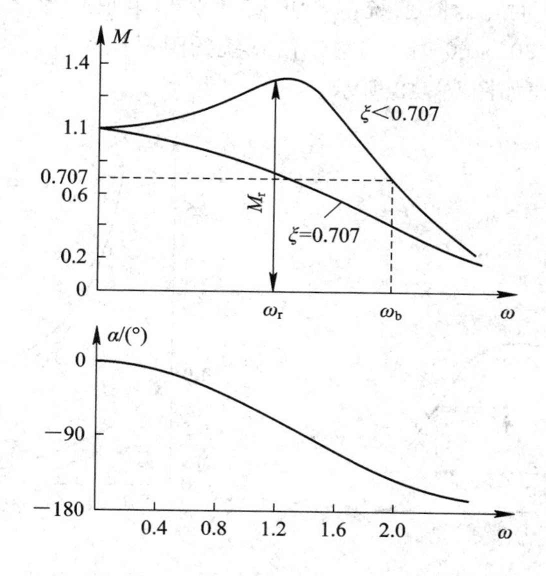

图 5-40　二阶系统的闭环频率特性

利用求 M 极值的方法，可得在 $0\leqslant\xi\leqslant0.707$ 时，在 $\omega=\omega_r$（谐振频率）处，M 将产生峰值 M_r，称为谐振峰值，即

$$\omega_r=\omega_n\sqrt{1-2\xi^2}=\omega_n\sqrt{\cos(2\varphi)}$$

$$M_r=\frac{1}{2\xi\sqrt{1-\xi^2}}=\frac{1}{\sin(2\varphi)}$$

$$\varphi=\arcsin\xi$$

由图 5-40 可见，$M=0.707$ 时的频率值 ω_b 具有重要意义。当 $\omega>\omega_b$ 时，系统频率响应的幅值衰减大，失真严重，因此，ω_b 被称为截止频率。

$0\sim\omega_b$ 的频段称为系统的频带宽度，简称带宽（bandwidth），也记为 ω_b，所以 ω_b 又被称为带宽频率。

$$M\big|_{\omega_b}=\left.\frac{1}{\sqrt{\left(1-\frac{\omega^2}{\omega_n^2}\right)^2+\left(2\xi\frac{\omega}{\omega_n}\right)^2}}\right|_{\omega_b}=\frac{1}{\sqrt{2}}$$

$$\omega_b = \omega_n \sqrt{1-2\xi^2+\sqrt{2-4\xi^2+4\xi^4}}$$

带宽反映了系统复现输入信号的能力，经常作为系统频域的闭环性能指标，以反映系统快速性和低通滤波性能。

在对数频率特性曲线上，带宽为当闭环频率响应的幅值下降到零频率值以下 3 dB 时所对应的频率，截止频率与系统带宽如图 5-41 所示。

实际上，$M=0.707=\dfrac{1}{\sqrt{2}}$，若用对数表示，则为

$$20\lg M = 20\lg\frac{1}{\sqrt{2}} = -10\lg 2 = -3\ \text{dB}$$

ξ 的值越小，谐振峰值 M_r 越大，超调量 M_p 越大；$\xi>0.707$ 时，M_r 不存在(此时 M_r 的数值等于 1)。$\xi\leqslant 0.707$ 时，二阶系统的相角裕量 γ 与阻尼比 ξ 之间的关系近似为 $\xi=0.01\gamma$，当相角裕量 γ 为 30°～60°时，对应二阶系统的阻尼比 ξ 为 0.3～0.6，谐振峰值、超调量和阻尼比的关系曲线如图 5-42 所示。

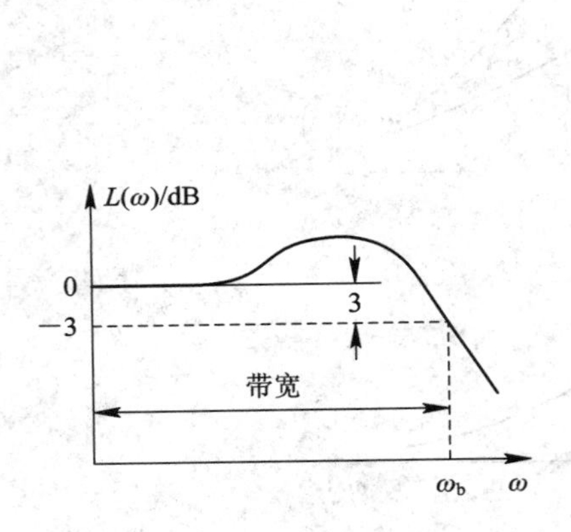

图 5-41　截止频率与系统带宽

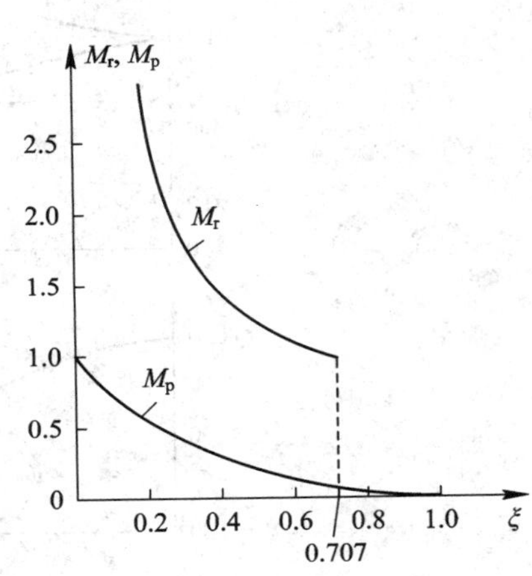

图 5-42　M_r、M_p 与 ξ 的关系曲线

5.6.2　高阶系统时域响应与频率响应的关系

二阶系统是高阶系统中最具代表性的一类，其频率特性和时域特性与高阶系统有相通的地方，因此通过高阶系统的性能去分析研究系统更具普遍性和代表性。下面结合二阶单位反馈控制系统及高阶系统闭环频率特性(图 5-43)，来分析系统的闭环频率特性性能指标。

1. 谐振峰值 M_r

谐振峰值闭环幅频特性 $M(\omega)$ 的最大值 M_r 称为谐振峰值，其反映了系统的相对稳定性。一般地，M_r 愈大，系统阶跃响应的超调量 M_p 也愈大。通常希望 M_r 在 1.1～1.4 之间，相应的阻尼比 ξ 在 0.4～0.7 之间。

2. 谐振频率 ω_r

谐振频率表征系统瞬态响应的速度。ω_r 值越大，响应时间越快。对于弱阻尼系统(ξ 较小)，谐振频率 ω_r 与阶跃响应的阻尼振荡频率 ω_d 接近。

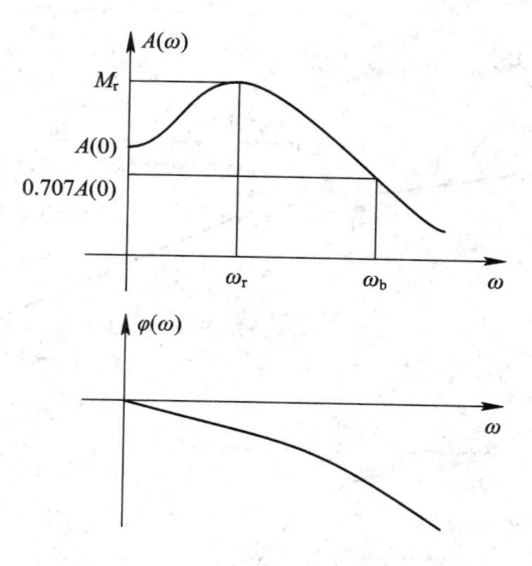

图 5－43　高阶系统典型闭环频率特性

3. 截止频率(带宽频率)ω_b

当系统闭环幅频特性的幅值 $M(\omega)$ 降到零频率幅值的 0.707(或零分贝值以下 3 dB)时，对应的频率 ω_b 称为截止频率。$0\sim\omega_b$ 的频率范围称为带宽，它反映了系统的快速性和低通滤波特性。

5.7　利用 MATLAB 对控制系统进行频域特性分析

5.7.1　Bode 图的绘制

如果系统的传递函数为 $G(s)=\dfrac{\mathrm{num}(s)}{\mathrm{den}(s)}$，sys 是由 tf 函数得到的代表传递函数的变量。MATLAB 中绘制 Bode 图的函数 bode 的调用格式为

```
[mag, phase, w]=bode(num, den, w)
[mag, phase, w]=bode(sys, w)
```

其中，w 表示计算 Bode 图的频率范围和点数，可以用 w={wmin, wmax}给出频率的范围，也可采用 logspace(d_1, d_2)或 logspace(d_1, d_2, n)指明频率范围，表示在两个十进制数 10^{d1} 和 10^{d2} 之间产生 n 个点组成的矢量，如果输入命令：w=logspace(0, 2, 50)，则表明在 1～100rad/s 之间产生 50 个点。mag 为幅值，可以利用公式 magdB=20 * log10(mag)转换为分贝的表示形式；phase 为相位，以角度表示。如果要自动生成 Bode 图可用如下函数：

bode(num, den)或 bode(sys)

例 5－10　已知单位负反馈系统的开环传递函数为 $G(s)=\dfrac{1000}{s(s^2+10s+70)}$，画出系统的 Bode 图。

解　MATLAB 程序如下：

```
num=[1000];
den=conv([1 10 70], [1 0]);
```

```
bode(num, den)
```

结果如图 5-44 所示。

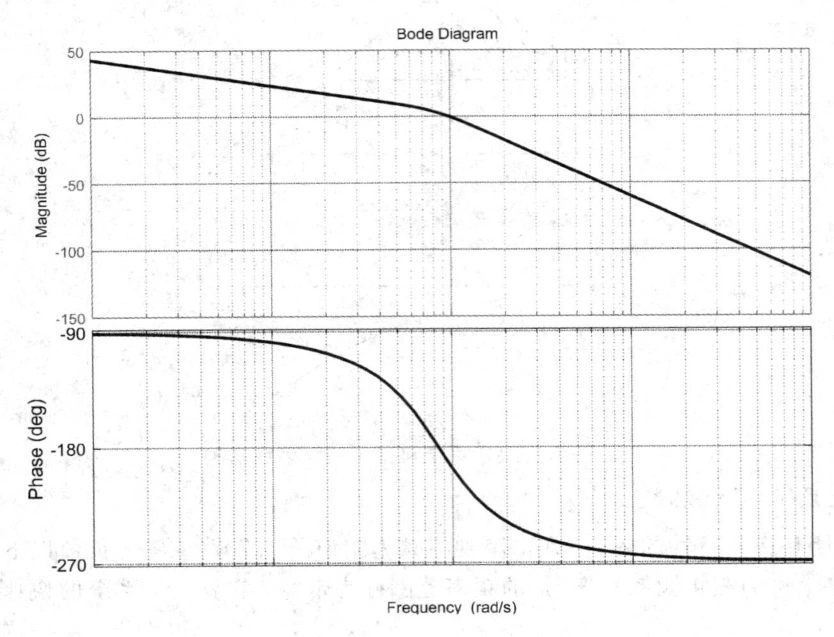

图 5-44　例 5-10 控制系统 Bode 图

例 5-11　已知单位负反馈控制系统如图 5-45 所示，为了使系统的相位裕量等于 60°，试确定增益 K 的值，并画出 Bode 图验证。

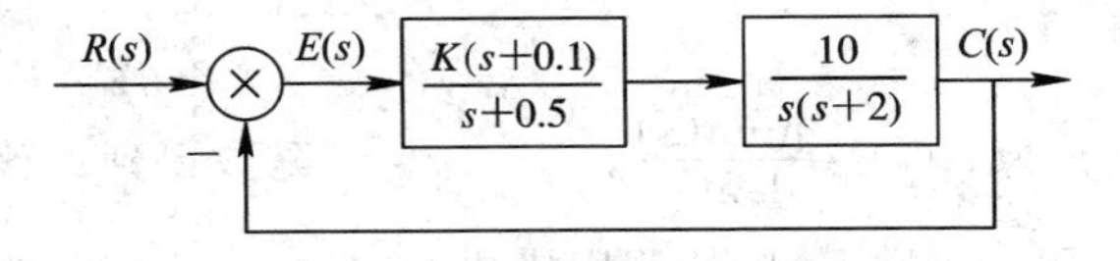

图 5-45　例 5-11 控制系统框图

解　MATLAB 程序如下：

```
K=1;
num1=K*[1 0.1];
den1=[1 0.5];
num2=[10];
den2=[1 2 0];
[num, den]=series(num1, den1, num2, den2); %两个系统串联
[mag, phase, w]=bode(num, den); %得到频率响应数据
w60=spline(phase, w, -120); %用样条函数插值求出相位为-120°处的频率值
p60=spline(w, mag, w60); %求相位在-120°频率下的幅值
d60=20*log10(p60);
K60=10^(-d60/20)
num11=K60*[1 0.1];
```

```
[num, den]=series(num11, den1, num2, den2);
bode(num, den)
```

结果如图 5-46 所示。

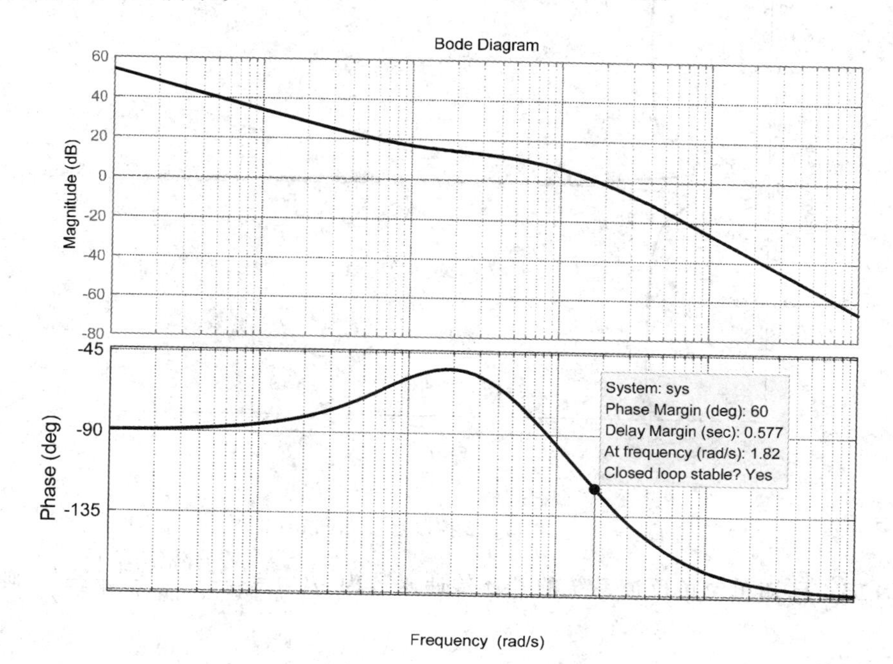

图 5-46　例 5-11 控制系统 Bode 图

5.7.2　Nyquist 图的绘制

如果系统的传递函数为 $G(s)=\dfrac{\mathrm{num}(s)}{\mathrm{den}(s)}$，sys 是由 tf 函数得到的代表传递函数的变量。MATLAB 中绘制 Nyquist 图的调用格式为

```
[re, im, w]= nyquist (num, den, w)
[re, im, w]= nyquist (sys, w)
[re, im]= nyquist (num, den)      %自动生成绘图的频率范围
```

其中，w 表示计算 Nyquist 图的频率范围和点数，可以用 w={wmin, wmax}给出频率的范围。re 为极坐标的实部，im 为极坐标的虚部。如果要自动生成 Nyquist 图可用函数 nyquist(num, den)或 nyquist (sys)。

例 5-12　已知单位负反馈系统的开环传递函数为 $G(s)=\dfrac{1000}{s(s^2+10s+70)}$，画出系统的 Nyquist 图。

解　MATLAB 程序如下：

```
num=[1000];
den=conv([1 10 70], [1 0]);
nyquist(num, den)
```

结果如图 5-47 所示。

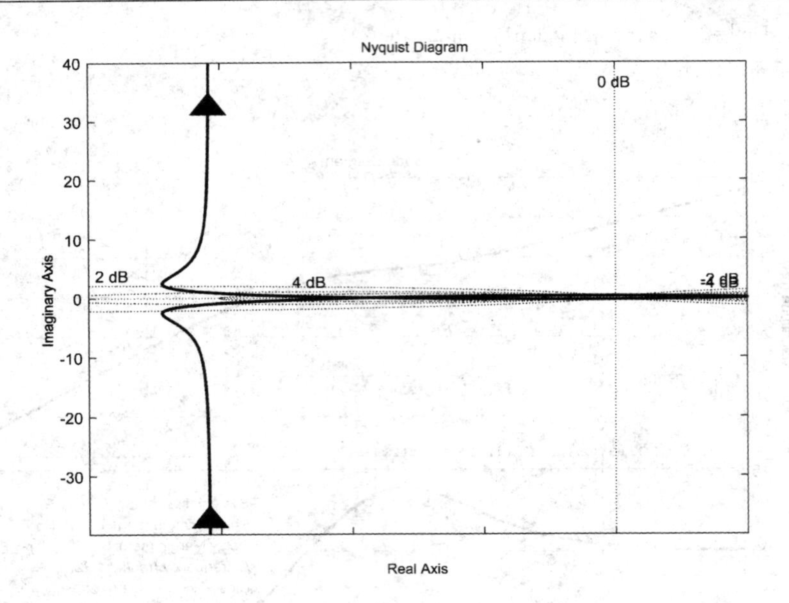

图 5-47 例 5-12 控制系统 Nyquist 图

例 5-13 已知单位负反馈系统的开环传递函数为 $G(s)=\dfrac{1000(s+1)}{s^2(s+5)(s+15)}$，画出系统的 Nyquist 图。

解 MATLAB 程序如下：

```
num=1000*[1 1];
den=conv([1 0 0], conv([1 5], [1 15]));
nyquist(num, den)
```

结果如图 5-48 所示。

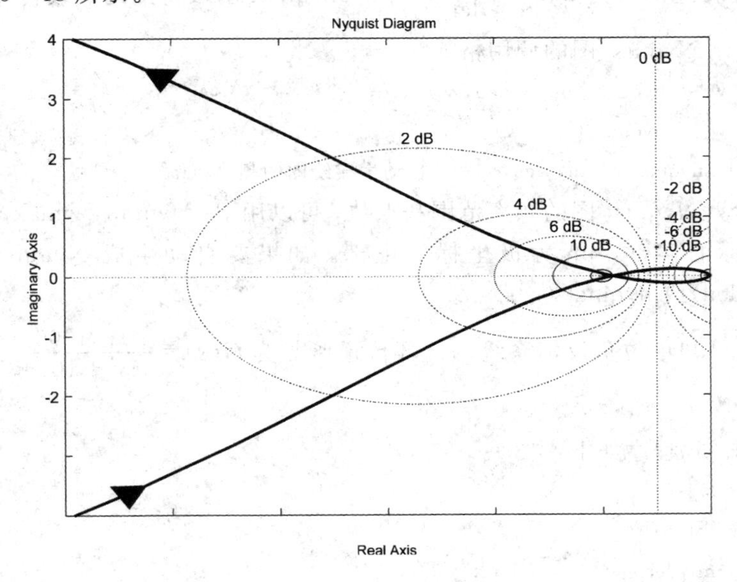

图 5-48 例 5-13 控制系统 Nyquist 图

5.7.3　稳定裕量求解

MATLAB控制系统系统工具箱提供了计算控制系统幅值与相位裕量的函数margin，其调用格式为

```
[Gm, Pm, Wcg, Wcp]=margin(num, den)
[Gm, Pm, Wcg, Wcp]=margin(sys)
```

其中，返回参数Gm为幅值裕量，Pm为相位裕量，Wcg为幅值裕量对应的频率，Wcp为相位裕量对应的频率。

若得到的裕量为无穷大，则值表示为Inf，此时相应的频率值表示为NaN。如果无返回参数执行margin函数时，MATLAB会画出Bode图，并在图上标出幅值裕量、相位裕量及其对应频率。

例5-14　已知单位负反馈系统的开环传递函数为$G(s)=\dfrac{18}{(s+3)(2s+5)(s+10)}$，画出系统的Bode图，并标出相位裕量、幅值裕量及其对应频率。

解　MATLAB程序如下：

```
num=18;
den=conv([1 3], conv([2 5], [1 10]));
margin(num, den)
```

结果如图5-49所示。

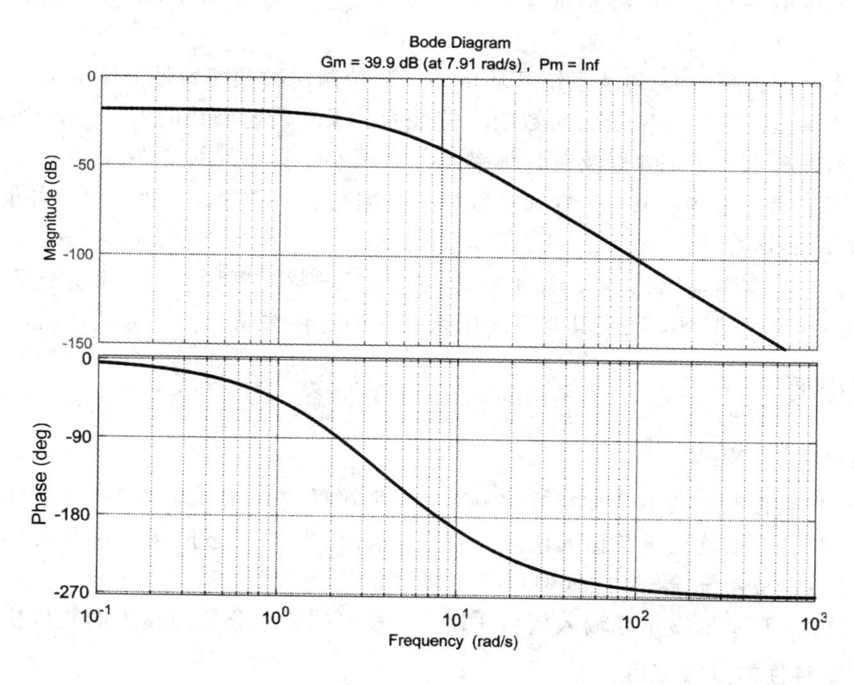

图5-49　例5-14控制系统Bode图

例5-15　已知单位负反馈系统的开环传递函数为$G(s)=\dfrac{8(s+5)^2}{(s+1)(s^2+s+9)}$，求出系统的相位裕量、幅值裕量及其对应频率。

解 MATLAB程序如下：

```
num=8*[1 10 25];
den=conv([1 1], [1 1 9]);
[Gm, Pm, Wcg, Wcp]=margin(num, den)
```

运行结果为：

```
Gm =Inf
Pm =50.5974
Wcg =NaN
Wcp =10.5535
```

可以看出，该系统有无穷大的增益裕量，相位裕量为50.5974°，闭环系统稳定。

小结与要求

一、基本要求

1. 正确理解频率特性的物理意义、数学本质及定义。

2. 正确运用频率特性的定义进行分析和计算，计算部件或系统在正弦输入时的稳态响应。

3. 熟记典型环节频率特性 $G(j\omega)$、$|G(j\omega)|$、$\angle G(j\omega)$、$20\lg|G(j\omega)|$ 的规律及其特征点。

4. 熟练掌握由环节 $G(s)$ 及系统开环传递函数绘制对数频率特性曲线的方法。

5. 熟练掌握由环节及系统的对数频率特性曲线反求传递函数的方法。

6. 正确理解 Nyquist 判据及对数频率判据的原理证明和判别条件。

7. 熟练掌握运用 Nyquist 判据和对数频率判据判别系统稳定性的方法，并能正确计算稳定裕量和临界增益。

8. 正确理解零频幅比 $A(0)$、峰值 M_r、带宽 ω_b、增益交界频率 ω_c、相角裕量 γ、幅值裕量 K_g 以及三频段等概念，明确其与系统阶跃响应的定性关系。

二、内容提要

1. 频率特性的定义

频率特性是控制理论的重要概念之一，有着明确的物理意义。频率特性有多种定义：

(1) 线性定常系统在正弦输入信号作用下，输出、输入稳态振荡的复数比。

(2) 线性定常系统输出、输入傅里叶变换之比。

(3) 线性定常系统在正弦输入信号作用下，输出的稳态分量与输入的复数比。

2. 频率特性的直接应用

由频率特性的物理意义可知，$\Phi(j\omega)$是系统在正弦信号作用下输出、输入稳态振荡的振幅比，称为幅频；$\angle\Phi(j\omega)$是输出、输入稳态振荡的相位角差，称为相频。而幅频、相频和系统正弦输入信号的振幅大小和初相角大小全然无关，只取决于传递函数 $\Phi(s)$和信号的频率 ω，故可直接应用频率特性的定义。计算动态部件或系统在正、余弦信号作用下的稳态输出、输入关系。

习　题

5-1　画出下列开环传递函数的 Nyquist 图。这些曲线是否穿越 s 平面的负实轴？若穿越，则求出与负实轴交点的频率及对应的幅值。

(1) $G(s)H(s)=\dfrac{1}{s(1+s)(1+2s)}$；

(2) $G(s)H(s)=\dfrac{1}{s^2(1+s)(1+2s)}$；

(3) $G(s)H(s)=\dfrac{s+2}{(s+1)(s-1)}$。

5-2　已知系统开环传递函数 $G(s)H(s)=\dfrac{10}{s(2s+1)(s^2+0.5s+1)}$，试分别计算 $\omega=0.5$ 和 $\omega=1$ 时开环频率特性的幅值 $A(\omega)$ 和相角 $\varphi(\omega)$，并绘制系统的 Bode 图。

5-3　绘制下列传递函数的对数幅频特性曲线(Bode 图)。

(1) $G(s)=\dfrac{2}{(2s+1)(8s+1)}$；

(2) $G(s)=\dfrac{200}{s^2(s+1)(10s+1)}$；

(3) $G(s)=\dfrac{40(s+0.5)}{s(s+0.2)(s^2+s+1)}$。

5-4　试根据 Nyquist 判据判断图 5-50(a)～(c)所示曲线对应闭环系统的稳定性。已知曲线(a)～(c)对应的开环传递函数分别如下(按自左至右顺序)：

(1) $G(s)=\dfrac{K}{(T_1s+1)(T_2s+1)(T_3s+1)}$；

(2) $G(s)=\dfrac{K}{s(T_1s+1)(T_2s+1)}$；

(3) $G(s)=\dfrac{K}{s^2(Ts+1)}$。

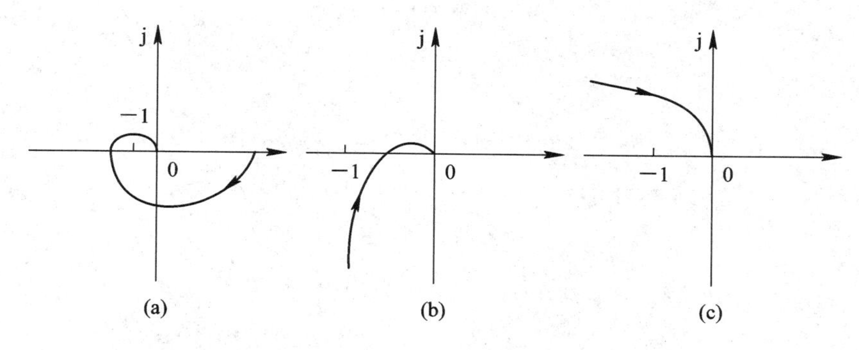

图 5-50　题 5-4 图

5-5　单位反馈系统，其开环传递函数为

(1) $G(s)=\frac{100}{s(0.2s+1)}$；

(2) $G(s)=\frac{50}{(0.2s+1)(s+2)(s+0.5)}$；

(3) $G(s)=\frac{10}{s(0.1s+1)(0.25s+1)}$；

试用对数稳定性判据判断闭环系统的稳定性，并确定系统的相角裕量和幅值裕量。

5-6　设有一个闭环系统，其开环传递函数为 $G(s)H(s)=\frac{K(s+0.5)}{s^2(1+s)(s+10)}$，试用 Nyquist 判据和对数稳定性判据分别判断在 $K=10$ 和 $K=100$ 时系统的稳定性。

5-7　设单位反馈控制系统的开环传递函数为 $G(s)=\frac{as+1}{s^2}$，试确定相角裕量为 45°时 a 的值。

5-8　已知单位反馈系统的开环传递函数为 $G(s)=\frac{100}{s(Ts+1)}$，求当系统的相角裕量 $\gamma=360°$时的 T 值，并求出对应的 $\sigma\%$ 和 t_s。

第 6 章 线性系统校正

【内容提要】

本章主要研究线性定常控制系统的校正方法。在系统性能分析的基础上，介绍校正基本控制规律和常用无源校正装置及其特性，重点介绍目前工程实践中常用的三种校正方法，即串联校正、反馈校正和复合校正，及其对系统动、静态性能指标的影响。最后，给出了利用 MATLAB 对线性系统进行校正分析与设计的方法和步骤。

【基本要求】

1. 正确理解自动控制校正的基本概念、指标及其特点。

2. 掌握校正基本控制规律，包括比例(P)控制规律、积分(I)控制规律、微分(D)控制规律、比例-积分(PI)控制规律、比例-微分(PD)控制规律、比例-积分-微分(PID)控制规律。

3. 掌握常用无源校正装置及其特性，包括超前校正装置、滞后校正装置、滞后-超前校正装置，了解有源校正装置及其特性。

4. 理解并掌握频率响应法进行串联校正设计，包括相位超前校正、相位滞后校正、相位滞后-超前校正。

5. 掌握反馈校正、复合校正的基本特性和方法。

6. 熟悉利用 MATLAB 对线性系统进行校正分析与设计的方法和步骤。

【教学建议】

本章的重点是校正的基本控制规律，无源校正装置及其特性，频率响应法串联校正设计，反馈校正、复合校正的基本特性，要求学生理解、掌握控制系统校正的基本要求，及利用 MATLAB 对线性系统进行校正分析与设计的方法和步骤，会分析控制系统校正实例。建议学时数为 6～10 学时。

6.1 概 述

根据被控对象及给定的技术指标要求设计自动控制系统，通常需要进行大量的分析计算。而设计中需要考虑的问题是多方面的，既要保证所设计的系统有良好的性能，满足给定技术指标的要求，又要综合考虑便于加工、经济性好、可靠性高、安全性达标等要求。因此，在设计过程中，既要有理论指导，也要重视实践经验，往往还要配合许多局部和整体的实验。

控制系统的设计任务主要是根据被控对象及其控制要求，选择适当的控制器及控制规律设计一个满足给定性能指标的控制系统。其设计本质是寻找合适的校正装置，通过适当校正或补偿改变系统结构，或在系统中增加附加装置或元件，即校正装置，对已有系统的固有部分进行再设计，使之满足性能要求。

6.1.1　校正的基本概念

对于一个控制系统来说，其基本性能要求是稳定、准确、快速。当给定被控对象后，按照被控对象的工作条件，可以初步选定执行元件的型号、特性和参数。然后，根据测量精度、抗扰能力、被测信号的物理性质、测量过程中的惯性及非线性度等因素，选择合适的测量元件。在此基础上，设计增益可调的前置放大器与功率放大器，这些初步选定的元件以及被控对象构成系统中的不可变部分。如调整放大器增益后，仍然不能全面满足控制精度、阻尼程度和响应速度等性能指标，就需要在原有系统中增加一些参数及特性，也可按需要改变校正装置或机构，使系统能够全面满足所要求的性能指标。这就是控制系统设计中的校正问题。

所谓校正，就是在系统中加入一些参数可以根据需要而改变的机构或装置，使系统整个特性发生变化，从而满足给定的各项性能指标。增添的装置和元件称为校正装置和校正元件。系统中除校正装置以外的部分组成了系统的不可变部分，我们称为固有部分，如图 6-1 所示。

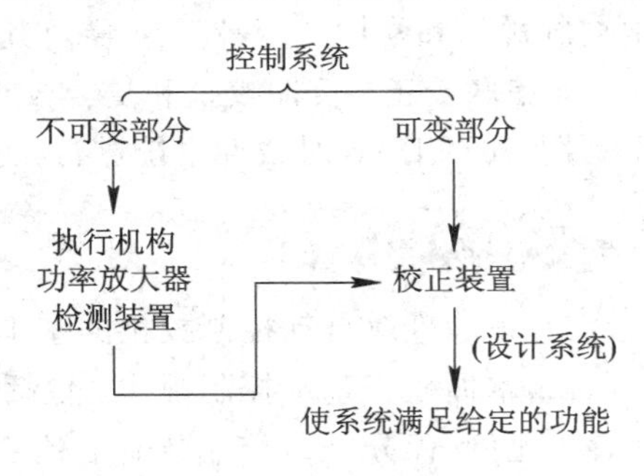

图 6-1　控制系统的组成

6.1.2　系统的性能指标

控制系统的校正设计需要知道系统的全部性能指标及相关要求。一方面，不同的控制系统对性能指标要求的侧重不尽相同。例如，调速系统对平稳性和稳态精度要求较高，而随动系统则侧重于快速性要求。另一方面，性能指标的提出应符合实际系统的需要与可能，一般来说，不应当比完成给定任务所需要的指标更高。例如，若系统的主要要求是具备较高的稳态工作精度，则不必对系统的动态性能提出不必要的过高要求。实际系统能具备的各种性能指标，会受到组成元件的固有误差、非线性特性、能源的功率以及机械强度等各种实际物理条件的制约，如果要求控制系统应具备较快的响应速度，则应考虑系统能够提供的最大速度和加速度，以及系统容许的强度极限。除了一般性指标外，具体系统往往还有一些特殊要求，如低速平稳性、对变载荷的适应性等，也必须在系统设计时分别加以考虑。

1. 性能指标

在控制系统设计中，采用的设计方法一般依据性能指标的形式而定。如果性能指标以单位阶跃响应的峰值时间、调节时间、超调量、阻尼比、稳态误差等时域特征量给出时，一般采用时域法校正；如果性能指标以系统的相角裕量、幅值裕量、谐振峰值、闭环带宽等频域特征量给出时，一般采用频率法校正。目前，工程技术界多习惯采用频率法，故通常通过近似公式进行两种指标的互换。

控制系统的性能指标，按其类型可分为以下两种：

(1) 时域性能指标：包括瞬态(动态)性能指标和稳态性能指标。

(2) 频域系能指标：不仅反映系统在频域方面的特性，而且，当时域性能不易求得时，可首先用频率特性试验来求得该系统在频域的动态性能，再由此推出时域中的动态性能。常用的二阶系统的时域、频域性能指标如表 6-1 所示，高阶系统的时域、频域性能指标如表 6-2 所示。

表 6-1　二阶系统的时域性能指标和频域性能指标

类别	性能指标	计算公式
时域指标	超调量	$\sigma\%=\mathrm{e}^{-\frac{\xi\pi}{\sqrt{1-\xi^2}}}$
	调节时间(Δ=5%)	$t_s=\frac{3.5}{\xi\omega_n}$ 或 $\omega_c t_s=\frac{7}{\tan\gamma}$
频域指标	谐振峰值	$M_r=\frac{1}{2\xi\sqrt{1-2\xi^2}}(\xi\leqslant 0.707)$
	谐振频率	$\omega_r=\omega_n\sqrt{1-2\xi^2}\ (\xi\leqslant 0.707)$
	带宽频率	$\omega_b=\omega_n\sqrt{1-2\xi^2+\sqrt{2-4\xi^2+4\xi^4}}$
	截止频率	$\omega_c=\omega_n\sqrt{\sqrt{1+4\xi^2}-2\xi^2}$
	相角(相位)裕量	$\gamma=\arctan\frac{\xi}{\sqrt{\sqrt{1+4\xi^2}-2\xi^2}}$

表 6-2　高阶系统的时域性能指标和频域性能指标

性能指标	经验公式
谐振峰值	$M_r=\frac{1}{\sin\gamma}$
超调量	$\sigma\%=0.16+0.4(M_r-1),\ (1\leqslant M_r\leqslant 1.8)$
调节时间	$t_s=\frac{K_0\pi}{\omega_c}$，$K_0=2+1.5(M_r-1)+2.5(M_r-1)^2$

2. 系统带宽设计

性能指标中的带宽频率 ω_b 是一项重要的技术指标，起抑制扰动的作用。无论采用什么校正方式，都要求校正后的系统既能以所需精度跟踪输入信号，又能抑制噪声扰动信号。在控制系统的实际运行中，输入信号一般是低频信号，而噪声信号则一般是高频信号，因此，合理选择控制系统带宽在系统设计中十分重要。

为了使系统能够准确复现输入信号，要求系统具有较大的带宽；然而从抑制噪声角度来看，又不希望系统的带宽过大。此外，为了使系统具有较高的稳定裕量，希望系统开环对数幅频特性在截止频率 ω_c 处的斜率为 −20 dB/dec，但从要求系统具有较强的噪声中辨识信号的能力来考虑，则希望 ω_c 处的斜率小于 −40 dB/dec。由于不同的开环系统截止频率 ω_c 对应于不同的闭环系统带宽频率 ω_b，因此在系统设计时必须选择满足实际需求的系统带宽。

通常，一个设计良好的实际运行系统，其相角裕量具有45°左右的数值。过低于此值，系统的动态性能较差，且对参数变化的适应能力较弱；过高于此值，则意味着整个系统及其组成部件要求较高，稳定程度过好，会造成系统动态过程缓慢，同时，也会造成实现上的困难，或不满足经济性要求。要实现45°左右的相角裕量要求，开环对数幅频特性在中频区的斜率应为−20 dB/dec，同时要求中频区占据一定的频率范围，以保证在系统参数变化时，相角裕量变化不大。过此中频区后，要求系统幅频特性迅速衰减，以削弱噪声对系统的影响，这是选择系统带宽应该考虑的一个方面。另一方面，进入系统输入端的信号，既有输入信号 $r(t)$，又有噪声信号 $n(t)$，如果输入信号的带宽为 $0\sim\omega_M$，噪声信号集中起作用的带宽为 $\omega_1\sim\omega_n$，则控制系统的带宽频率通常取为 $\omega_b=(5\sim10)\omega_M$，且使 $\omega_1\sim\omega_n$ 处于 $0\sim\omega_b$ 范围之外，如图 6-2 所示。

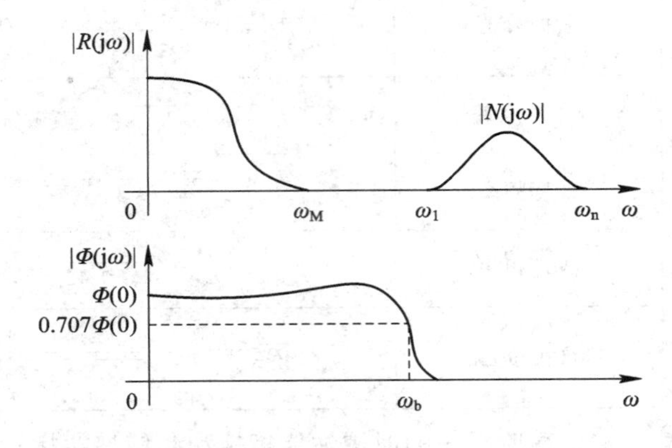

图 6-2 系统带宽的确定

6.1.3 常用的校正方式及其特点

在进行系统设计时，经常会出现这种情况：设计出来的系统只满足部分指标，而不是满足所有的指标要求，也就是说，指标间发生了矛盾，比如稳态误差性能达到了，但稳定性却受到影响；如果注意力集中在系统的稳定性上，稳态误差却超标了。这可以从一个简单的Bode图中看到。图6-3是个开环系统的Bode图，其中特性曲线 $G(s)$ 是根据给定的稳态误差指标设计的。可以看出，此时系统的相角裕量 $\gamma=0$，处于稳定的边界上，系统会振荡而不能正常工作。通过减小开环增益 K 可以使相角裕量 γ 增加，但稳态误差也要随着增加，这样就顾此失彼了，而且各元件已经选定，时间常数改变也是有限的，因此，想通过改变系统基本元件的参数值来满足系统要求是困难的。

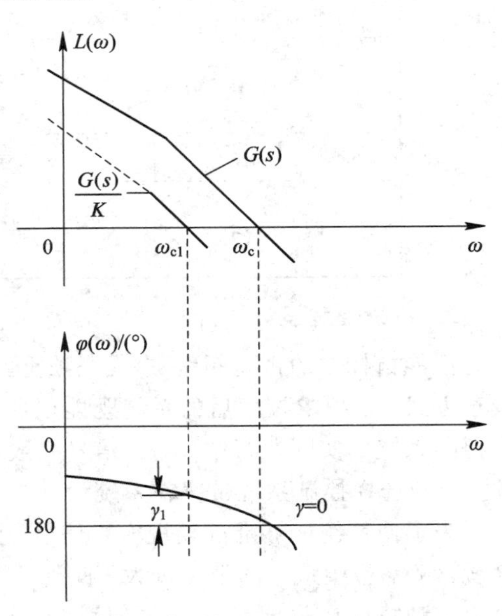

图 6-3 开环 Bode 图

同样从图 6－3 中可以看出，快速性和稳定性也有矛盾。减小开环增益 K 使稳定性得到改善，却会使幅值穿越频率从 ω_c 降为 ω_{c1}，使得快速性变差。

若改变参数达不到预期的目的，只能从结构方面入手。用某种办法改变系统的结构或在系统中加入一些附加装置或元件来解决上述矛盾，以使其全面满足给定的指标要求，加入的附加装置称为校正装置。

加入校正装置后可使原来系统的缺陷得到补偿，那么要选用什么样的校正装置呢？为了解决这个问题，必须先了解校正装置的种类及其各自的作用。

1. 校正方式

按照校正装置在系统中的连接方式，控制系统校正方式可分为串联校正、反馈校正、复合校正三种。串联校正装置一般接在系统误差测量点之后和放大器之前，串接于系统前向通道之中；反馈校正装置接在系统局部反馈通路之中。

1）串联校正

校正装置串联在系统固有部分的前向通路中，称为串联校正，如图 6－4 所示。为减小校正装置的功率等级，降低校正装置的复杂程度，串联校正装置通常安排在前向通道中功率等级最低的点上。

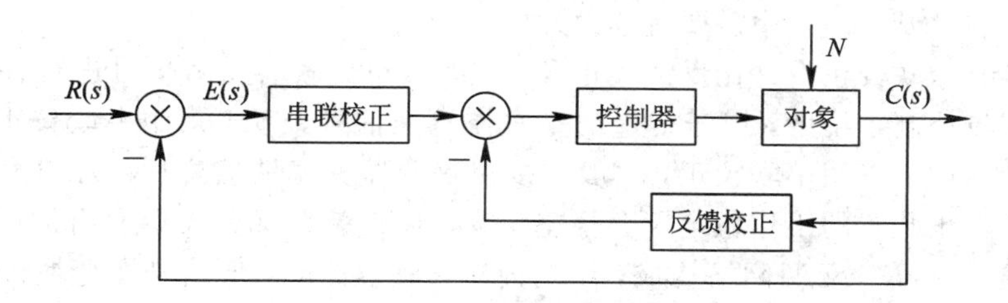

图 6－4　串联校正和反馈校正

2）反馈校正

校正装置与系统固有部分按反馈方式连接，形成局部反馈回路，称为反馈校正，如图 6－4 所示。

3）复合校正

复合校正是指在系统中同时采用串联(或反馈)校正和前馈校正。前馈校正又称顺馈校正，是在系统主反馈回路之外的校正方式。校正环节不在控制回路中，要针对可测扰动或输入信号进行设计。前馈校正的作用通常有两种：① 对参考输入信号进行整形和滤波，此时校正装置接在系统参考输入信号之后、主反馈作用点之前的前向通道上，如图 6－5 所示；② 对扰动信号进行测量、转换后接入系统，形成一条对扰动影响进行补偿的附加通道，如图 6－6 所示。

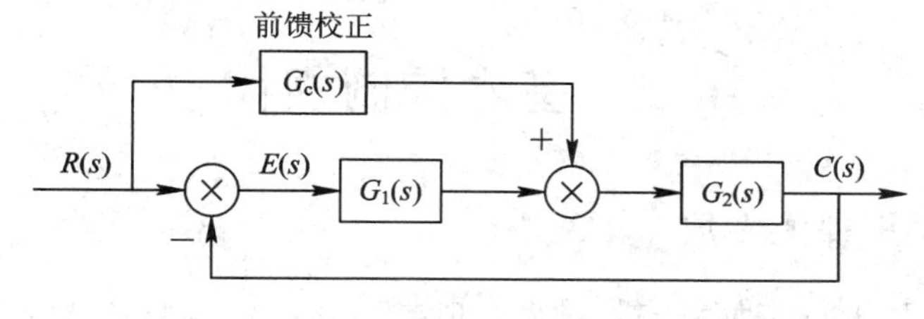

图 6－5　输入补偿的前馈控制

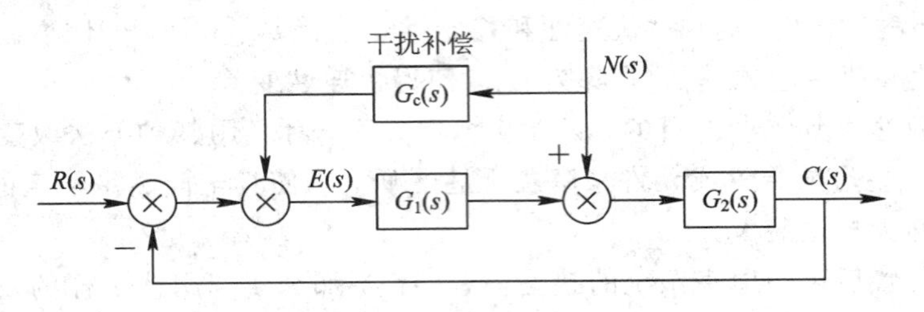

图 6-6 扰动补偿的前馈控制

2. 校正方式的选择

在控制系统设计中，常用的校正方式为串联校正和反馈校正两种。在工程应用中，究竟选哪种校正方式，取决于原系统的物理结构、信号是否便于取出和加入、系统中信号的性质、系统中各点功率的大小、技术实现的方便性、可供选用的元件、抗干扰性要求、经济性要求、环境使用条件以及设计者的经验等因素。而采用三种校正方式的合理变换效果会更好，通过结构图的变换，一种连接方式可以等效转换成另一种连接方式，它们之间的等效性决定了系统的综合与校正的非唯一性。由于串联校正通常是由低能量向高能量部位传递信号，加上校正装置本身的能量损耗，必须进行能量补偿。因此，串联校正装置通常由有源网络或元件构成，即其中需要有放大元件。

一般来说，串联校正设计比反馈校正设计简单，也比较容易对信号进行各种必要形式的变换。在直流控制系统中，由于传递的是直流电压信号，适于采用串联校正；在交流载波控制系统中，如果采用串联校正，一般应接在解调器和滤波器之后，否则由于参数变化和载频漂移，校正装置的工作稳定性会很差。串联校正装置又分无源和有源两类。无源串联校正装置通常由 RC 无源网络构成，结构简单，成本低廉，但信号在变换过程中会产生幅值衰减，且其输入阻抗较低，输出阻抗又较高，因此常常需要附加放大器，以补偿其幅值衰减，并进行阻抗匹配。为了避免功率损耗，无源串联校正装置通常安置在前向通路中能量较低的部位。有源串联校正装置由运算放大器和 RC 网络组成，其参数可以根据需要调整，因此在工业自动化设备中，经常采用由电动(或气动)单元构成的 PID 控制器(或称 PID 调节器)，它由比例单元、微分单元和积分单元组合而成，可以实现各种要求的控制规律。

在实际控制系统中，还广泛采用反馈校正装置。反馈校正由高能量向低能量部位传递信号，校正装置本身不需要放大元件，因此需要的元件较少，结构比串联校正装置简单，基于上述原因，串联校正装置通常加在前向通道中能量较低的部位，而反馈校正则正好相反。从反馈控制的原理出发，反馈校正可以消除校正回路中元件参数的变化对系统性能的影响，因此，若原系统随着工作条件的变化其某些参数变化较大时，采用反馈校正效果会更好些。此外，反馈校正还可消除系统原有部分参数波动对系统性能的影响，在性能指标要求较高的控制系统设计中，常常兼用串联校正与反馈校正两种方式。

6.2 基本控制规律

6.2.1 PID 控制规律的发展

PID 控制规律本身是一种基于对“过去”“现在”和“未来”信息估计的简单但却有效的控

制算法。由于其算法简单、鲁棒性能好、可靠性高等优点，同时，其历史悠久，生命力旺盛，被广泛应用于工业过程控制中。

控制规律的发展经历了以下几个阶段。

第一个阶段：十七世纪中叶至二十世纪二十年代。

机器工业的发展对控制提出了要求。反馈的方法首先被提出，在研究气动和电动记录仪的基础上发现了比例和积分作用，它们的主要调节对象是火炉的温度和蒸汽机的阀门位置等。调节方式类似于Bang-Bang继电控制，精度比较低，控制器的形式是P和PI。

第二个阶段：二十世纪二十年代至四十年代。

1935年，泰勒仪器公司发现了微分的作用，微分作用的发现具有重要的意义，它能直观地实现对慢系统的控制，并能对该系统的动态性能进行调节，与先期提出的比例和积分作用成为主要的调节部件。

第三个阶段：1942年至今。

1942年和1943年，泰勒仪器公司的Nichols等人分别在开环和闭环的情况下，用实验方法研究了比例、积分和微分这三部分在控制中的作用，首次提出了PID控制规律参数整定的问题，随后有许多公司和专家投入到这方面的研究中。经过多年的努力，特别是近年来随着各种现代控制技术的发展，PID控制规律的应用并没有被削弱，相反，新技术的出现对于PID控制技术的发展起了很大的推动作用。一方面，各种新的控制思想不断被应用于PID控制规律的设计中，设计出具有PID结构的新控制器，PID控制技术被注入了新的活力。另一方面，某些新控制技术的发展要求更精确的PID控制，从而刺激了PID控制规律设计与参数整定技术的发展，在PID控制规律的调整方面取得了很多成果，诸如最优PID控制(Optimal PID)、预估PID控制(Predictive PID)、自适应PID控制(Adaptive PID)、自校正PID控制(Self-tuning PID)、模糊PID控制(Fuzzy PID)、神经网络PID控制(Neural PID)、非线性PID控制(Nonlinear PID)等高级控制策略。随着现代工业的发展，人们面临的被控对象越来越复杂，对于PID控制系统的精度和可靠性的要求越来越高，这对PID控制技术提出了严峻的挑战，但是PID控制技术并不会过时，它必将和先进控制策略相结合向高精度、高性能、智能化的方向发展。

确定校正装置的具体形式时，应先了解校正装置所需提供的控制规律，以便选择相应的元件。包含校正装置在内的控制规律，常常采用比例、微分、积分等基本控制规律，或者这些基本控制规律的某些组合，如比例-微分、比例-积分、比例-积分-微分等，以实现对被控对象的有效控制。

6.2.2　比例(P)控制规律

比例控制是一种最简单的控制方式。具有比例控制规律的控制器，称为比例控制器，也称P控制器，其输出与输入误差信号成比例关系，如图6-7所示。P控制器实质上是一个具有可调增益的放大器。在信号变换过程中，P控制器只改变信号的增益而不影响其相位。在串联校正中，加大控制器增益K_p，可以提高系统的开环增益，减小系统稳态误差，从而提高系统的控制精度，但会降低系统的相对稳定性，甚至可能造成闭环系统不稳定，即当仅有比例控制时系统输出存在稳态误差(Steady-state

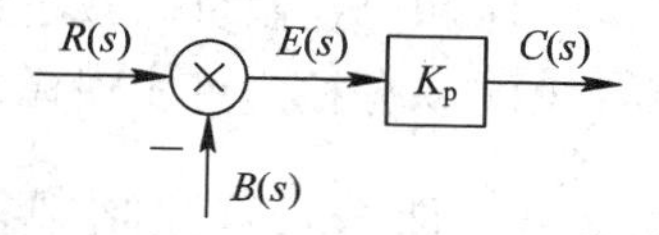

图6-7　P控制器

Error)。因此，在系统校正设计中，很少单独使用比例控制规律。

(1) P控制器的传递函数和时域表达式如下：

$$G_c(s)=\frac{C(s)}{E(s)}=K_p,\ u(t)=K_pe(t)$$

(2) P控制器的对数频率特性如下：

$$G_c(j\omega)=K_p,\ L_c(\omega)=20\lg K_p,\ \varphi_c(\omega)=0$$

式中，K_p 为比例系数或增益。

P控制器的作用是调节系统的开环增益，其主要作用如下：

(1) 在保证系统稳定的前提下，提高开环增益可以提高系统的响应速度和稳定精度，减小稳态误差，但是却不能从根本上消除静差。

(2) 若比例系数过大，也会使系统产生较大的超调，使振荡次数增多，调节时间加长，甚至造成系统的不稳定。

(3) 若比例系数过小，系统响应会迟缓，快速性降低。

6.2.3　积分(I)控制规律

在积分控制中，控制器的输出与输入误差信号的积分成正比关系，如图6-8所示。如果进入稳态后存在稳态误差，则称这个控制系统是有稳态误差的，简称有差系统(System with Steady-state Error)。为了消除稳态误差，在控制器中必须引入"积分项"，其对误差的作用取决于时间的积分，随着时间的增加，积分作用会增大。这样，即便误差很小，积分作用也会随着时间的增加而加大，它推动控制器的输出增大而使稳态误差进一步减小，直到等于零。因此，比例+积分(PI)控制器，可以使系统在进入稳态后无稳态误差。

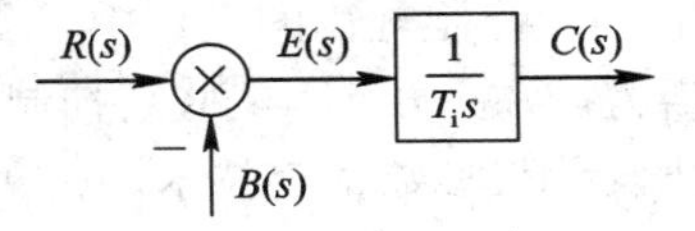

图6-8　积分控制器

积分控制的传递函数如下：

$$G_c(s)=\frac{1}{T_i s},\ c(t)=\frac{1}{T_i}\int_0^t e(t)\mathrm{d}t$$

其中，T_i 为可调的积分时间常数。

积分控制器的主要作用如下：

(1) 积分控制具有"记忆"功能，当输入信号由非零变为零时，积分控制仍然有不为零的输出，单独引入积分控制将可能造成系统结构不稳定，在工程上一般不单独使用积分控制器。

(2) 积分控制可以减小系统的稳态误差，提高系统控制精度。

(3) 积分控制可实现无差控制。

6.2.4　微分(D)控制规律

在微分控制中，控制器的输出与输入误差信号的微分(即误差的变化率)成正比关系。自动控制系统在克服误差的调节过程中可能会出现振荡甚至失稳。其原因是存在有较大惯性组件(环节)或滞后(delay)组件，具有抑制误差的作用，其变化总是落后于误差的变化。解决的办法是使抑制误差作用的变化"超前"，即在误差接近零时，抑制误差的作用就应该是零，需要增加“微分项”，但是微分控制作用只对动态过程起作用，而对稳态过程没有影响，且对系统噪声非常敏感，所以单一的 D 控制器在任何情况下都不适宜与被控对象串联起来单独使用。这样，具有比例＋微分的控制器就能够提前使抑制误差的控制作用等于零，甚至为负值，从而避免了被控量的严重超调，所以对有较大惯性或滞后的被控对象，比例＋微分(PD)控制器能改善系统在调节过程中的动态特性。微分控制在控制系统中能起到预测误差变化趋势的作用。

6.2.5　比例-积分(PI)控制规律

具有比例-积分控制规律的控制器，称为 PI 控制器。在实际的控制系统中，PI 控制器主要用来改善系统的稳定性能。积分控制效果的强弱取决于积分时间常数 T_i，增大 T_i，积分作用减弱，有利于减小超调和振荡，使系统更加稳定，但是同时会延长系统消除静差的时间；减小 T_i，系统稳定性降低，振荡次数增多，可能导致系统不稳定。

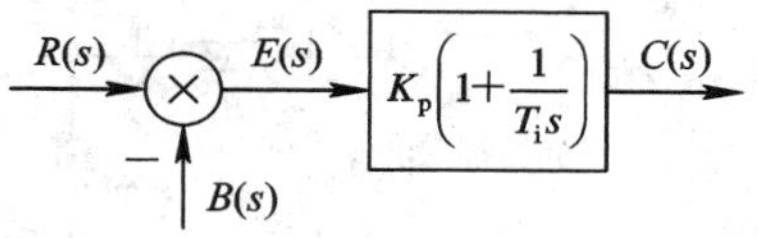

PI 控制器如图 6－9 所示。

图 6－9　PI 控制器

PI 控制的传递函数为

$$G_c(s) = K_p\left(1 + \frac{1}{T_i s}\right)$$

式中，K_p 为比例系数或增益；T_i 为积分时间常数。

PI 控制器的有源与无源网络实现方式如图 6－10 所示。

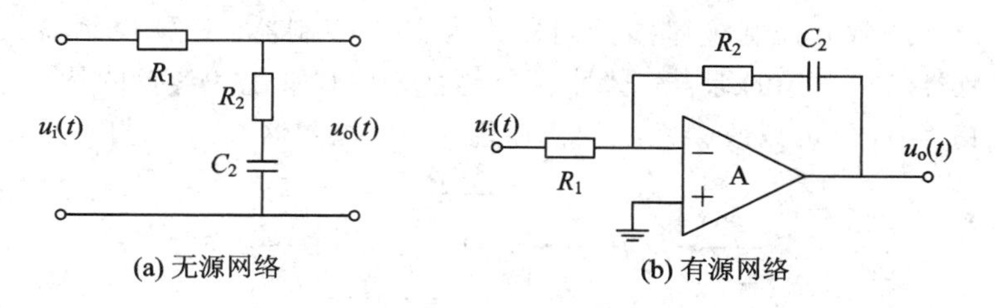

图 6－10　有源与无源网络构成的 PI 控制器结构图

PI 控制器的主要作用为：在比例控制调节增益的基础上，其中的积分控制可提高系统的稳定精度，但是会降低系统的快速性。与比例控制相结合，可提高快速性。

6.2.6　比例-微分(PD)控制规律

PD 控制器中的微分控制规律能反映输入信号的变化趋势，产生有效的早期修正信号，增加系统的阻尼程度，从而改善系统的稳定性。在串联校正时，可使系统增加一个 $-1/\tau$ 的开环零点，提高系统的相角裕量，因而有助于系统动态性能的改善。PD 控制器如图6－11 所示。

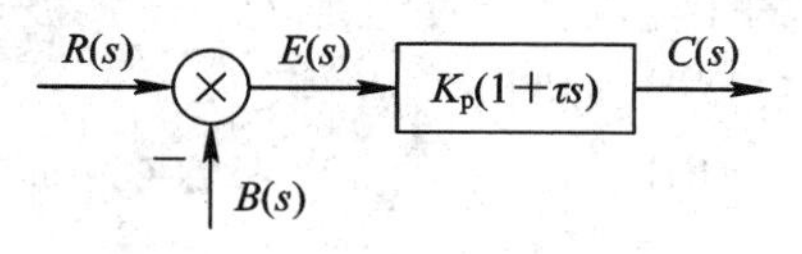

图 6－11　PD 控制器

PD 控制的传递函数为

$$G_c(s) = K_p(1 + \tau s)$$

式中，K_p 为比例系数或增益，τ 为微分时间常数。

PD 控制器的主要作用如下：

(1) 在控制器仅引入比例项往往是不够的，比例项的作用仅是放大误差的幅值，微分控制可以提高系统的稳定性与快速性，如减小超调量、缩短调节时间等。

(2) 微分时间常数必须选择合适才能获得满意的控制效果。如果过大或者过小，反而会使系统超调量变大，调节时间增长甚至不稳定。

(3) PD 控制器中的微分控制作用与误差变化率成正比，可根据误差的变化趋势来对误差进行超前修正。

在实际控制系统中，PD 控制器主要用来改善系统的动态性能。

PD 控制器的有源与无源网络实现方式如图 6-12 所示。

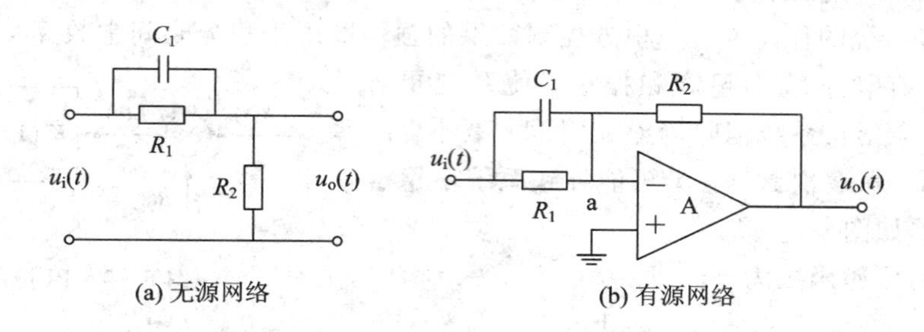

图 6-12　有源与无源网络构成的 PD 控制器结构形式图

6.2.7　比例-积分-微分(PID)控制规律

具有比例-积分-微分控制规律的控制器称为 PID 控制器。PID 控制器的控制是 PI 控制器与 PD 控制器控制效果的综合，这种组合具有三种基本规律各自的特点，即 PI 可以提高系统的稳态精度，PD 可以改善系统的快速性。PID 控制器如图 6-13 所示。

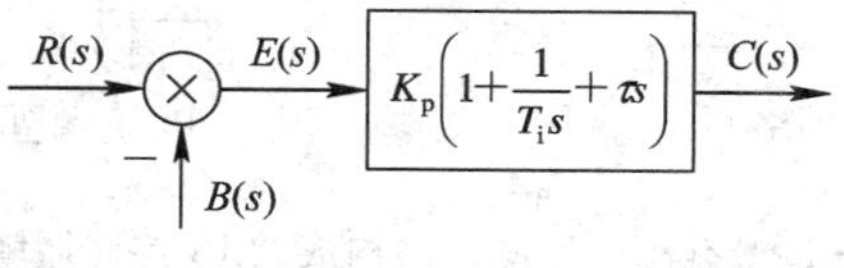

图 6-13　PID 控制器

理想 PID 控制器的传递函数为

$$G(s)=\frac{C(s)}{E(s)}=K_p\left(1+\frac{1}{T_i s}+\tau s\right)$$

PID 控制器与 P 控制器和 PD 控制器比较，在相同误差输入时具有更大的控制输出；与 PI 控制器一样增加了一个零极点来提高稳态性能，但增加了两个负实部零点来提高动态性能，如图 6-14 所示。

PID 控制器的频率特性(为简单起见，假设 $K_p=1$)为

$$G_c(j\omega)=1+\frac{1}{jT_i\omega}+jT_d\omega=\frac{1+j\dfrac{\omega}{\omega_i}-\dfrac{\omega^2}{\omega_i\omega_d}}{j\dfrac{\omega}{\omega_i}}\qquad\left(\omega_i=\frac{1}{T_i},\ \omega_d=\frac{1}{T_d}\right)$$

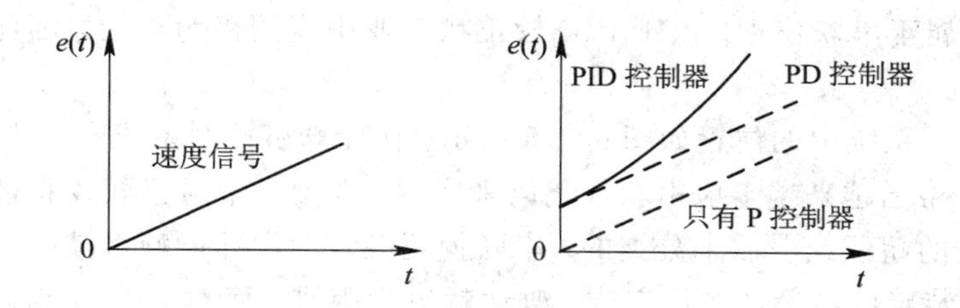

图 6-14　PID 控制器与 P 控制器、PD 控制器比较

$$L_c(\omega) = 20\lg\sqrt{\left(1-\frac{\omega^2}{\omega_i\omega_d}\right)^2+\frac{\omega^2}{\omega_i^2}} - 20\lg\frac{\omega}{\omega_i}, \quad \varphi_c(\omega) = \arctan\frac{\dfrac{\omega}{\omega_i}}{1-\dfrac{\omega^2}{\omega_i\omega_d}} - 90°$$

通常在 PID 控制器中 $\omega_i < \omega_d$（即 $T_i > T_d$），图 6-15 为频段区域图。

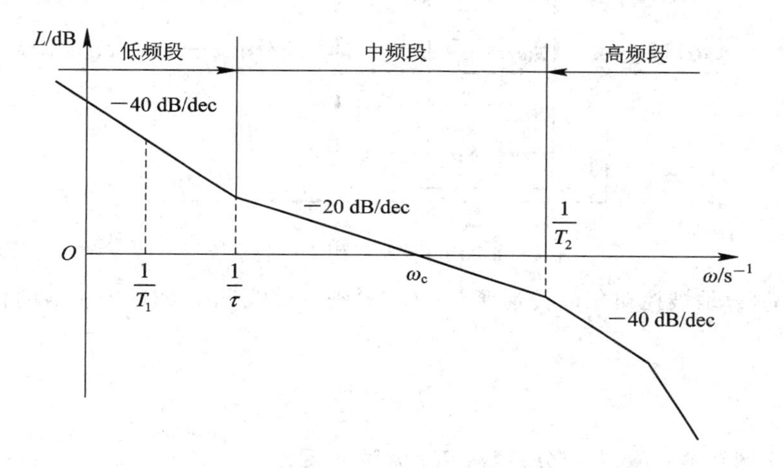

图 6-15　频段区域图

在低频段，PID 控制器的作用与 PI 控制器的作用类似，积分控制作用改善了系统的稳态性能，PID 控制器的对数幅频特性近似为

$$L_c(\omega) = \begin{cases} -20\lg\omega\dfrac{\omega}{\omega_i}, & (\omega \ll \omega_i) \\ 0, & (\omega_i < \omega < \omega_d) \\ 20\lg\dfrac{\omega}{\omega_d}, & (\omega \gg \omega_d) \end{cases}$$

在中频段，PID 控制器的作用与 PD 控制器的作用类似，微分控制作用有效地提高了系统的动态性能，PID 控制器的对数幅频特性近似为

$$L_c(\omega) = \begin{cases} -20\lg\omega\dfrac{\omega}{\omega_i}, & (\omega \ll \omega_i) \\ 0, & (\omega_i < \omega < \omega_d) \\ 20\lg\dfrac{\omega}{\omega_d}, & (\omega \gg \omega_d) \end{cases}$$

在机电装备工程应用中，常采用由比例(P)、积分(I)和微分(D)控制策略形成的校正装置作为系统的控制器，统称为 PID 校正或 PID 控制。PID 控制器是串联在系统的前向通

道中的，因而也属于串联校正。由于 PID 校正在工业中应用极为广泛，因此认识它的特性十分重要。

PID 控制器在系统中的位置如图 6－16 所示。在计算机控制系统广为应用的今天，PID 控制器的控制策略已越来越多地由软件代码来实现。在上一节对串联校正装置的介绍中是根据其相频特性的超前或滞后来分类的，串联校正装置的设计依赖于被控制系统数学模型的确定性，校正装置已经设计制作完成，改动就较为困难，而对 PID 控制器的划分则更注重其控制规律的作用，它不仅适合于数学模型已知的系统，也可用于许多被控对象数学模型的结构和参数难以确定，或有时变因素的系统。PID 控制器的自身参数在控制过程中也允许不断调整，极为灵活。

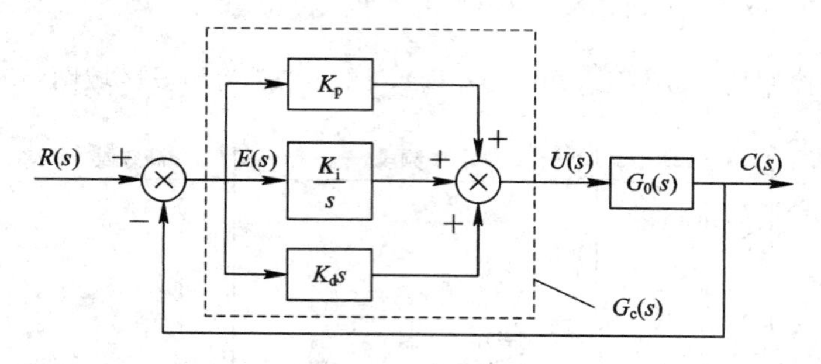

图 6－16　PID 控制器用于控制系统

图中的 $G_0(s)$ 是被控对象的传递函数，$G_c(s)$ 则是虚线框中 PID 控制器的传递函数，表达式如下：

$$G_c(s)=K_p+\frac{K_i}{s}+K_d s$$

式中，K_p 为比例系数；K_i 为积分系数；K_d 为微分系数。

使用时，PID 控制器的传递函数也经常表示成以下形式：

$$G_c(s)=K_p\left(1+\frac{1}{T_i s}+T_d s\right)$$

式中，K_p 为比例系数；T_i 为积分时间常数，$T_i=\dfrac{K_p}{K_i}$；T_d 为微分时间常数，$T_d=\dfrac{K_d}{K_p}$。

若 $\dfrac{4\tau}{T_i}<1$，则 PID 控制器的传递函数还可写成

$$G_c(s)=\frac{K_p}{T_i}\cdot\frac{(\tau_1 s+1)(\tau_2 s+1)}{s}$$

由式可见，当利用 PID 控制器进行串联校正时，除可使系统的型别提高一级外，还将提供两个负实零点。与 PI 控制器相比，PID 控制器除了同样具有提高系统稳态性能的优点外，还多提供一个负实零点，从而在提高系统动态性能方面具有更大的优越性，因此在工业过程控制系统中广泛使用 PID 控制器。PID 控制器各部分参数的选择，在系统的现场调试中最后确定。通常，应使积分(I)部分发生在系统频率特性的低频段，以提高系统的稳态性能；而使微分(D)部分发生在系统频率特性的中频段，以改善系统的动态性能。PID 控制器的有源与无源网络实现形式如图 6－17 所示。

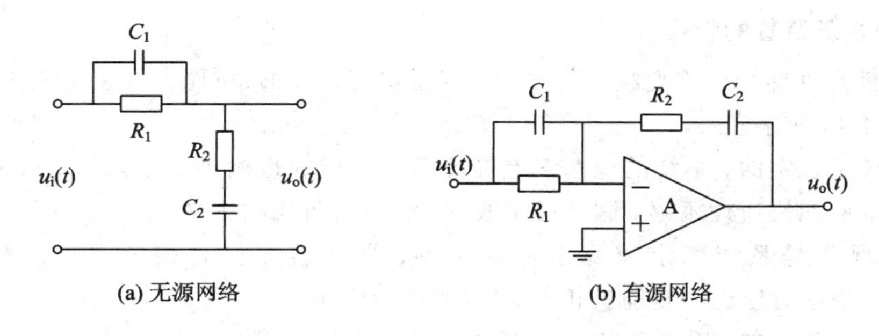

图 6 - 17　有源与无源网络构成的 PID 控制器结构形式图

6.3　常用无源校正装置及其特性

本节集中介绍常用无源校正网络的电路分类、电路形式、传递函数、对数频率特性及零、极点分布图，以便控制系统校正时使用。

6.3.1　分类与特征

1. 常用校正装置的分类

根据是否有源，校正装置主要分为有源和无源两大类，如图 6 - 18 所示。

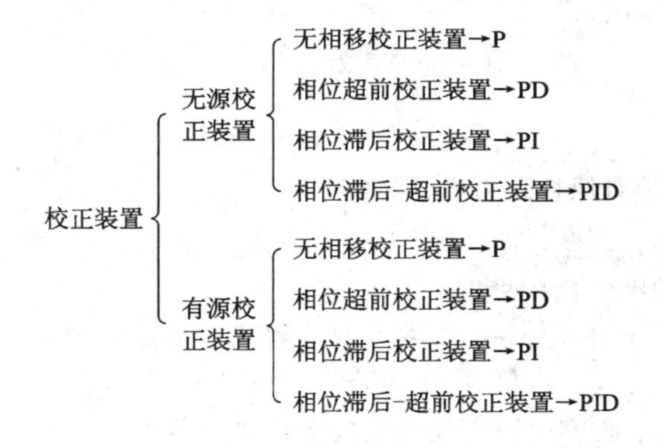

图 6 - 18　校正装置分类

根据校正装置的相位特性，校正装置可分为相位超前校正装置、相位滞后校正装置和相位滞后-超前校正装置。无相移校正装置主要完成比例控制功能，由于功能单一，不在系统校正设计中单独使用。

(1) 相位超前校正装置。校正装置输出信号在相位上超前于输入信号，即校正装置具有正的相角特性，称为相位超前校正装置，对系统的校正称为超前校正。

(2) 相位滞后校正装置。校正装置输出信号在相位上落后于输入信号，即校正装置具有负的相角特性，称为相位滞后校正装置，对系统的校正称为滞后校正。

(3) 相位滞后-超前校正装置。若校正装置在某一频率范围内具有负的相角特性，而在另一频率范围内却具有正的相角特性，称为相位滞后-超前校正装置，对系统的校正称为滞后-超前校正。

2. 常用校正装置的特征

一个不满足性能指标需要校正的系统，则说明其开环Bode图曲线也是不满足要求的，通常分为以下几种情况：

(1) 系统是稳定的，系统的稳态误差等稳态性能指标也满足要求，但系统的动态指标不满足要求，例如快速性不够，因此必须改变Bode图曲线的中频部分，如提高穿越频率。还有一种情况就是系统稳定或稳定裕量不够，那么就要提高相位的稳定裕量，如图6-19(a)所示。这时应选用超前校正，即比例-微分作用。

(2) 系统是稳定的，系统的快速性等动态性能指标也满足要求，但稳态性能不够，同时应维持高频性能不变，如图6-19(b)所示，这时应采用滞后校正，即比例-积分作用。

(3) 系统是稳定的，但无论是穿越频率及相位稳定裕量等动态性能指标，还是稳态误差e_{ss}等稳态指标都不够，这时应综合超前校正和滞后校正的特点，采用滞后-超前校正，即比例-积分-微分作用，如图6-19(c)所示。

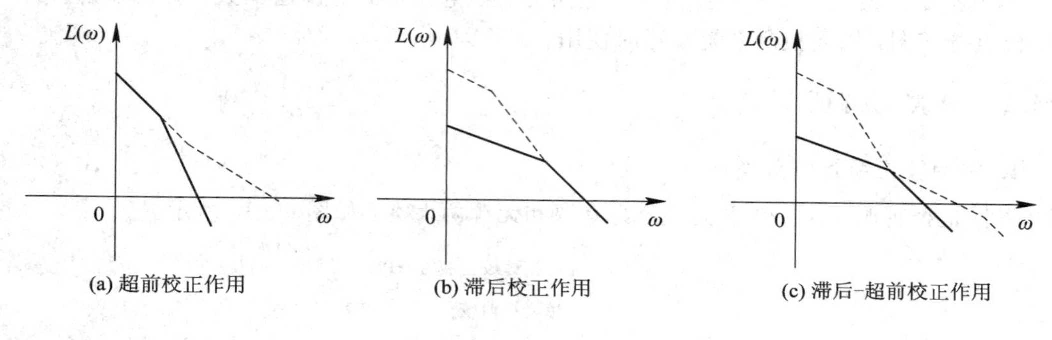

图6-19　校正效果

3. 无源校正装置与有源校正装置的特征

(1) 无源校正网络：阻容元件。

优点：校正元件的特性比较稳定。

缺点：由于输出阻抗较高而输入阻抗较低，需要另加放大器并进行隔离；没有放大增益，只有衰减。

(2) 有源校正网络：阻容电路+线性集成运算放大器。

优点：带有放大器，增益可调，使用方便灵活。

缺点：特性容易漂移。

6.3.2　无源超前校正装置

1. 校正特性

图6-20是无源超前网络的电路图及其零、极点分布图。由RC网络组成的超前校正装置，如果输入信号源的内阻为零，且输出端的负载阻抗为无穷大，则该装置的传递函数为

$$aG_c(s)=\frac{1+aTs}{1+Ts} \tag{6-1}$$

其中，$a=\dfrac{R_1+R_2}{R_2}>1$，$T=\dfrac{R_1R_2}{R_1+R_2}C$。

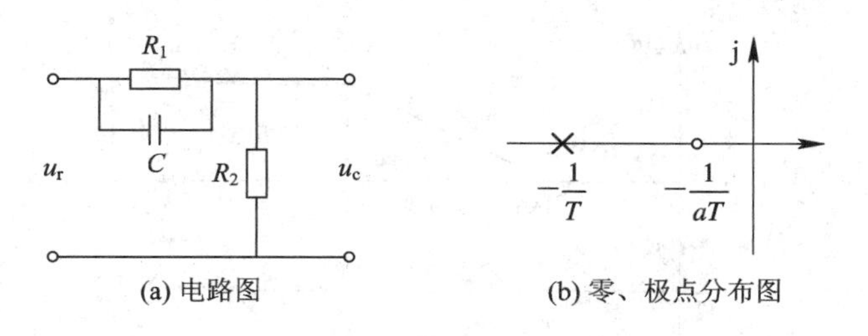

图 6-20　无源超前网络

通常，a 称为分度系数，T 叫作时间常数。由式(6-1)可见，采用无源超前网络(图 6-20(a))进行串联校正时，整个系统的开环增益要下降到原来的 $1/a$ 倍，因此需要提高放大器增益加以补偿。超前网络的零、极点分布图见图 6-20(b)，由于 $a>1$，故超前网络的负实零点总是位于其负实极点之右，两者之间的距离由常数 a 决定。改变 a 和 T 的数值，超前网络的零、极点可在 s 平面的负实轴上任意移动。

其零、极点形式为 $G(s)=\dfrac{s-z}{s-p}$，其中，$z=-\dfrac{1}{aT}$，$p=-\dfrac{1}{T}$。零点更靠近原点，对输入信号有明显的微分作用，该装置又称为微分校正装置。

根据式(6-1)，超前网络 $aG_c(s)$ 的对数频率特性，即 Bode 图如图 6-21 所示。显然，超前网络对频率在 $\dfrac{1}{aT}\sim\dfrac{1}{T}$ 之间的输入信号有明显的微分作用，在该频率范围内，输出信号相角比输入信号相角超前，超前网络的名称由此而得。

在图 6-21 的 Bode 图相频曲线中出现了一个正的相位角，称为最大超前角 φ_m。

$$\varphi_m = \arcsin\frac{a-1}{a+1} \tag{6-2}$$

最大超前角 φ_m 所对应的频率 ω_m 是两个转折频率 $\dfrac{1}{aT}$ 和 $\dfrac{1}{T}$ 的几何中心。

$$\omega_m = \frac{1}{T\sqrt{a}} \tag{6-3}$$

设计中，最大超前角 φ_m 确定后，可由式(6-2)求出系数 a。

$$a = \frac{1+\sin\varphi_m}{1-\sin\varphi_m} \tag{6-4}$$

ω_m 确定后，可由式(6-3)求出时间常数 T。

$$T = \frac{1}{\omega_m\sqrt{a}} \tag{6-5}$$

由式(6-4)和式(6-5)可以计算出超前校正的两个转折频率 $\dfrac{1}{aT}$ 和 $\dfrac{1}{T}$。

$$\omega_1 = \frac{1}{aT} \tag{6-6}$$

$$\omega_2 = \frac{1}{T} \tag{6-7}$$

* 几何中心的具体分析过程如下：

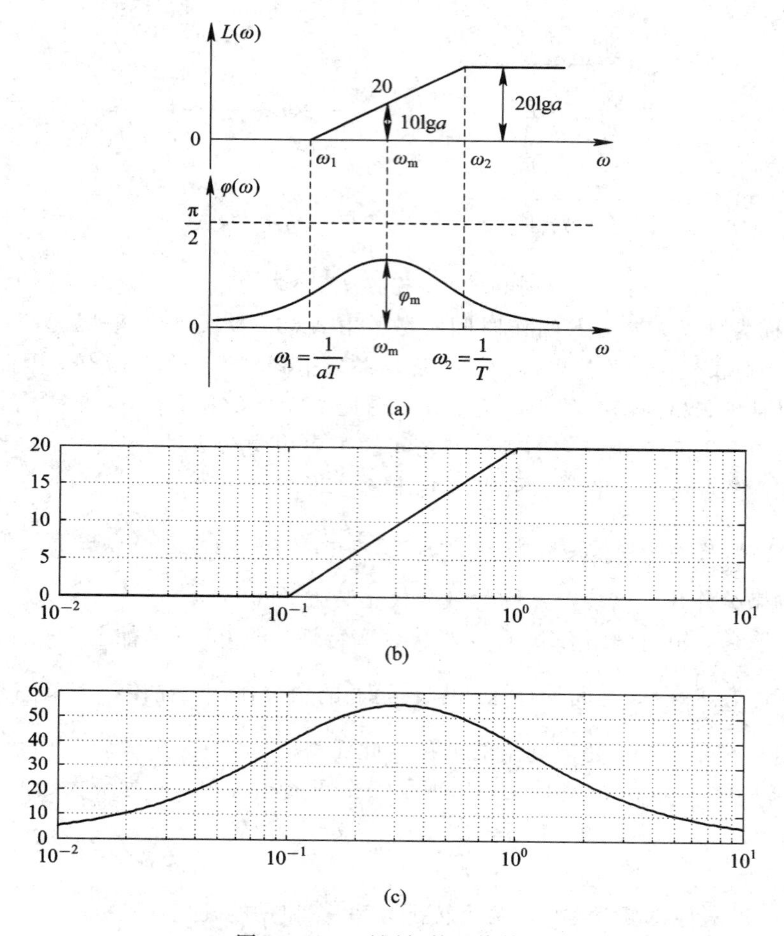

图 6 - 21　无源超前网络特性

已知超前网络式(6 - 1)的相角为

$$\varphi_c(\omega) = \arctan(aT\omega) - \arctan(T\omega) = \arctan\frac{(a-1)T\omega}{1+aT^2\omega^2}$$

最大超前相角处于频率$\frac{1}{aT}$和$\frac{1}{T}$的几何中心，对相角求导，并令其为零，得对应的最大超前角频率为

$$\omega_m = \frac{1}{T\sqrt{a}}$$

进而求得最大超前角满足

$$\varphi_m = \arctan\frac{a-1}{2\sqrt{a}} = \arcsin\frac{a-1}{a+1}$$

上式表明：最大超前角仅与分度系数 a 有关。a 值选得越大，超前网络的微分效应越强。为了保持较高的系统信噪比，实际选用的 a 值一般不超过 20。此外，由图 6 - 21 可以明显看出ω_m处的对数幅频值为

$$20\lg\left|\frac{1}{a}G(j\omega)\right| = 20\lg\sqrt{1+(T\omega)^2} - 20\lg\sqrt{1+(aT\omega)^2}$$

设 ω_1 为频率 $\frac{1}{aT}$ 及 $\frac{1}{T}$ 的几何中心，则应有

$$\lg\omega_1 = \frac{1}{2}\left(\lg\frac{1}{aT} + \lg\frac{1}{T}\right)$$

进而求出 $\omega_1 = 1/T\sqrt{a}$，与 ω_m 相等，ω_m 正好处于频率 $1/aT$ 和 $1/T$ 的几何中心。

超前校正装置的主要作用是产生足够大的超前角 φ_m，对原系统有两个好处，一是超前角有利于增加相位裕量 γ，从而使系统过大的超调量下降，稳定性得到改善；二是宽裕的相位裕量可以使穿越频率 ω_c 增大，从而使系统的带宽增加，动态响应能力得到改善。

图 6-22 为超前校正装置加到被校正系统后的效果图。曲线 L'' 所示是校正系统，可以看到原系统的穿越频率为 ω_c，相位裕量 $\gamma=0$，这显然不够。加入串联超前校正装置，使新的穿越频率 ω_c' 位于产生最大超前角 φ_m 的 ω_m 处，此处有足够的相位裕量 γ'，同时新的穿越频率处的中频渐近线斜率由 -40 dB/dec 变为 -20 dB/dec。这一系列措施使系统过大的超调量减小，稳定性改善，同时，穿越频率的增大也使系统的带宽增加，调节时间 t_s 减小。

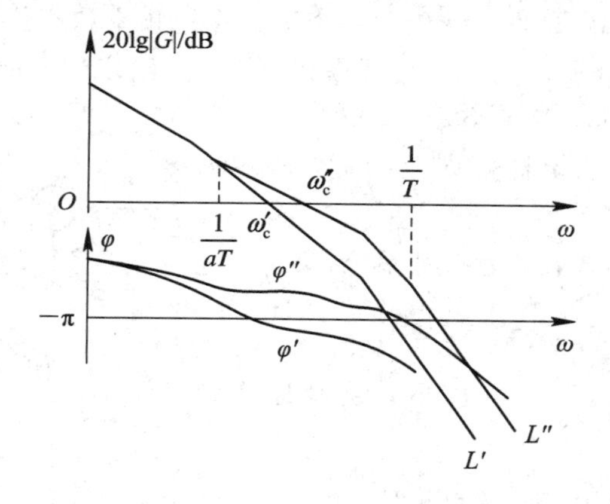

图 6-22　超前校正的效果

中频段渐近线斜率由 -40 dB/dec 变为 -20 dB/dec 这一点很重要。如果未校正系统穿越频率处的斜率原为 -60 dB/dec，则串联校正的作用不大。

从该效果图中我们可以得到串联校正装置设计的要点是，使校正后系统新的穿越频率 ω_c' 位于产生最大超前角 φ_m 的 ω_m 处，从而最大限度地发挥最大超前角的作用。

2. 校正步骤

超前校正装置设计的一般步骤如下：

① 根据给定的系统稳态误差指标或静态误差系数，确定系统的开环增益 K。

② 根据已经确定的开环增益 K，绘制原系统 $G_0(s)$ 的 Bode 图 $L_0(\omega)$ 和 $\varphi_0(\omega)$，从 Bode 图上量取其幅值穿越频率 ω_c 处的相位裕量 γ。比较给定的指标要求 ω_c' 和 γ'，确定是否需要且是否能够采用串联超前校正。如果可行，则进行下一步。

③ 根据要求的相位裕量 γ' 和实际的相位裕量 γ，计算最大的超前角 φ_m。

$$\varphi_m = \gamma' - \gamma + \Delta \tag{6-8}$$

式中，Δ 是用于补偿因穿越频率增大而带来的相位滞后增量，一般地，$\Delta=5°\sim12°$。

④ 计算系数 a。

$$a = \frac{1+\sin\varphi_m}{1-\sin\varphi_m}$$

⑤ 从图 6-21 中知道，超前校正装置在 ω_m 处的幅值提升了 $10\lg a$(dB)，因此在原系统幅频曲线 $L_0(\omega)$上量取幅频值为 $-10\lg a$(dB)所在的频率点，校正后该频率点上的幅频值为 0，因而确定该频率为校正后系统新的穿越频率 ω_c'。

⑥ 计算超前校正装置 $G_c(s)$的两个转折频率 ω_1 和 ω_2，由式(6-5)计算时间常数 T，由式(6-6)和式(6-7)计算 ω_1 和 ω_2。

⑦ 至此，串联超前校正装置的传递函数 $G_c(s)$的各参数均已得到。

$$G_c(s) = \frac{aTs+1}{Ts+1}(a>1)$$

画出 $G_c(s)$的 Bode 图 $L_c(\omega)$和 $\varphi_c(\omega)$。

⑧ 得到校正后系统的开环传递函数为

$$G(s) = G_0(s)G_c(s)$$

画出校正后系统 $G(s)$的 Bode 图，并校验系统新的穿越频率和相位裕量是否满足要求。

例 6-1　如图 6-23 所示为一单位反馈控制系统，给定的性能指标如下：单位斜坡输入时的稳态误差 $e_{ss}=0.05$，相位裕量 $\gamma=50°$。

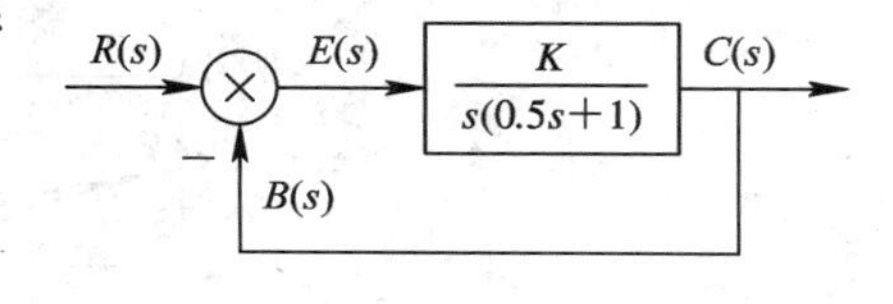

图 6-23　例 6-1 图

解　① 根据给定的系统稳态误差指标，确定系统的开环增益 K。

因为 $G_0(s)$是标准形式，且为Ⅰ型系统，所以

$$K = \frac{1}{e_{ss}} = \frac{1}{0.05} = 20$$

② 根据已经确定的开环增益 K，绘制原系统 $G_0(s)$的 Bode 图。

从 Bode 图中可以看出，$\omega>2$，近似求得

$$\omega_c = 6.3 \text{ rad/sec}$$

$$\gamma = 180° + \varphi(\omega_c) \approx 18°$$

不满足系统要求，需要采用串联超前校正，考察穿越频率 ω_c 处的斜率为 -40 dB/dec，超前校正后，将变成 -20 dB/dec，因此可以采用串联超前校正。

③ 根据式(6-8)计算最大超前角 φ_m。

$$\varphi_m = \gamma' - \gamma + \Delta = 50° - 18° + 5° = 37°$$

④ 由式(6-4)计算 a。

$$a = \frac{1+\sin\varphi_m}{1-\sin\varphi_m} = \frac{1+\sin 37°}{1-\sin 37°} = 4.02$$

⑤ $10\lg a \approx 6$(dB)，在原系统幅频曲线 $L_0(\omega)$上量取幅值为 -6 dB 的频率点 $\omega \approx 9$ rad/sec，确定该频率为校正后系统新的穿越频率 ω_c'。

⑥ 计算超前校正装置 $G_c(s)$的两个转折频率 ω_1 和 ω_2，由式(6-5)计算时间常数 T：

$$T = \frac{1}{\omega_m\sqrt{a}} \approx 0.0556$$

由式(6-6)和式(6-7)计算 ω_1 和 ω_2：

$$\omega_1 = \frac{1}{aT} = \frac{1}{4.02 \times 0.0556} \approx 4.5$$

$$\omega_2 = \frac{1}{T} = \frac{1}{0.0556} \approx 18$$

⑦ 至此，串联超前校正装置的传递函数 $G_c(s)$ 的各参数均已得到。

$$G_c(s) = \frac{aTs+1}{Ts+1} = \frac{2.222s+1}{0.0556s+1}$$

画出 $G_c(s)$ 的 Bode 图 $L_c(\omega)$ 和 $\varphi_c(\omega)$。

⑧ 得到校正后的系统的开环传递函数：

$$G(s) = G_0(s)G_c(s) = \frac{20}{s(0.5s+1)} \cdot \frac{2.222s+1}{0.0556s+1}$$

画出校正后系统的 Bode 图（图 6-24），量取系统新的穿越频率 ω_c' 和新的相位裕量 γ'：$\omega_c'=9$，$\gamma'=50°$，满足设计要求。

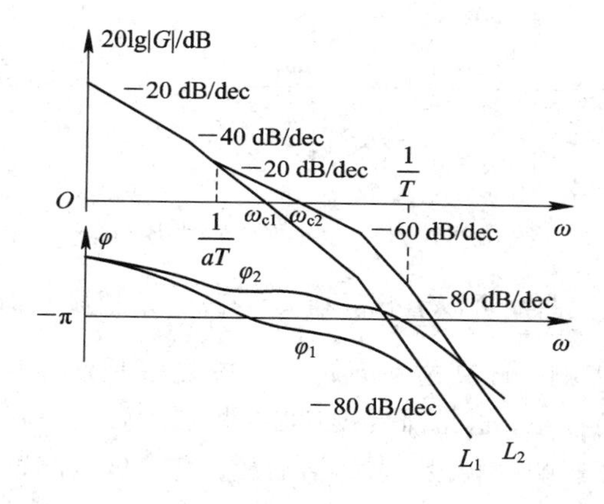

图 6-24　校正后系统 Bode 图

6.3.3　无源滞后校正装置

1. 校正特性

在控制系统中，采用具有滞后相角特性的校正装置进行校正，称为滞后校正。滞后校正通过改变原系统低频区的形状来改变系统的稳态性能，从而使系统获得足够的相角裕量，并使高频段衰减。无源滞后网络电路图如图 6-25 所示。

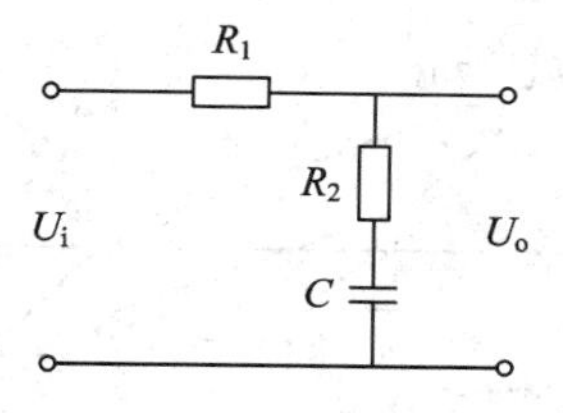

图 6-25　无源滞后网络电路图

滞后校正装置的传递函数为

$$G_c(s) = \frac{Ts+1}{\beta Ts+1}\ (\beta > 1) \tag{6-9}$$

校正装置的两个转折频率为$\frac{1}{\beta T}$和$\frac{1}{T}$，由于$\beta>1$，则$\frac{1}{\beta T}<\frac{1}{T}$，所以积分先起作用。与超前校正装置类似，最大滞后角φ_m发生在最大滞后频率ω_m处，且ω_m正好是$\frac{1}{\beta T}$和$\frac{1}{T}$的几何中心，即$\omega_m=\frac{1}{\sqrt{\beta}T}$。其Bode图如6-26所示。

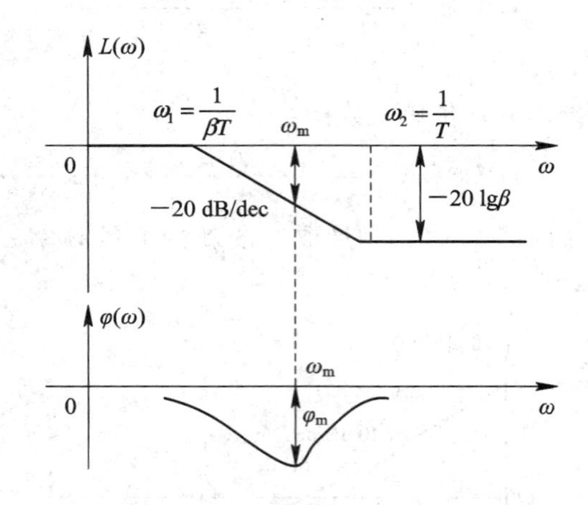

图 6-26　滞后校正网络特性 Bode 图

从Bode图的幅频特性曲线可以看出，在$\omega=\frac{1}{\beta T}\sim\frac{1}{T}$频段具有相位滞后，相位滞后会给系统特性带来不良的影响。解决这一问题的措施之一是使滞后校正的零、极点靠得很近，使之产生的滞后相角很小，这是滞后校正零、极点配置的原则之一；还可以使滞后零、极点靠近原点，尽量不要影响中频段，这是滞后校正零、极点配置的原则之二。

从Bode图的幅频特性曲线可以看出，滞后校正的高频段是负增益，因此滞后校正对系统中的高频噪声有削弱作用，可增强抗干扰能力。利用滞后校正的这一低通滤波所造成的高频衰减特性可降低系统的截止频率，提高相位裕量，改善系统的瞬态性能。在这种情况下，应避免使校正装置的最大滞后角发生在系统的穿越频率附近。

注意："超前校正"是利用超前网络的超前特性，但"滞后校正"并不是利用相位滞后特性，而是利用其高频衰减特性。在这一点上，滞后校正相对于超前校正来说，具有完全不同的概念。图6-27为滞后校正装置加到被校正系统后的效果图。

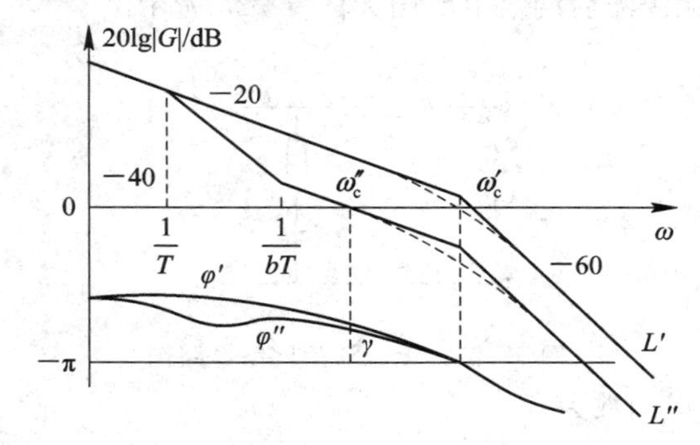

图 6-27　滞后校正效果

2. 校正步骤

滞后校正装置设计的一般步骤如下：

① 根据给定的系统稳态误差指标或静态误差系数，确定系统的开环增益 K。

② 根据已确定的开环增益 K 绘制原系统 $G_0(s)$ 的 Bode 图 $L_0(\omega)$ 和 $\varphi_0(\omega)$，从 Bode 图上量取其幅值穿越频率 ω_c 和 γ。比较给定的指标要求 ω_c' 和 γ'，确定是否需要且是否能够采用串联滞后校正。

③ 如果原系统的相位裕量不满足要求，则在原系统相频曲线上 $\varphi_0(\omega)$ 上寻找(量取)相频值满足下式要求的频率点，这一频率将作为新的穿越频率 ω_c'。该点处的相角为

$$\varphi = -180° + \gamma' + \Delta \tag{6-10}$$

式中：Δ 是用于补偿滞后校正的副作用，即引入滞后校正所带来的相位滞后，一般可取 $\Delta \approx 5° \sim 12°$。

④ 量取未校正系统在新的穿越频率 ω_c' 处的幅值 $L_0(\omega_c')$，由于校正后该频率处的幅频值为 0，故要利用滞后校正装置的中高频衰减特性来做到这一点，即利用衰减后

$$L_0(\omega_c') = 20\lg\beta$$

求得

$$\beta = 10^{\frac{L_0(\omega_c')}{20}} \tag{6-11}$$

⑤ 选择滞后校正装置的两个转折频率 ω_1 和 ω_2。为了避免滞后校正装置相位滞后的影响，应使最大相位滞后角 φ_m 远离穿越频率 ω_c'，一般可取第二个转折频率为

$$\omega_2 = \frac{1}{T} = \left(\frac{1}{10} \sim \frac{1}{5}\right)\omega_c' \tag{6-12}$$

求得

$$T = \frac{1}{\omega_2} \tag{6-13}$$

因此，第一个转折频率

$$\omega_1 = \frac{1}{\beta T} \tag{6-14}$$

⑥ 至此，滞后串联校正装置的传递函数 $G_c(s)$ 的各参数均已得到。

⑦ 得到校正后的系统的开环传递函数为 $G(s) = G_0(s)G_c(s)$。画出校正后系统 $G(s)$ 的 Bode 图，并校验系统新的穿越频率 ω_c' 和新的相位裕量 γ' 是否满足要求，如果不满足要求，重新调整参数 ω_2，然后按照设计指标重新校正。

例 6-2　设某系统如图 6-28 所示，要求系统的静态速度误差系数 $K_v \geqslant 5$，相角稳定裕量 $\gamma' \geqslant 40°$，为满足系统性能指标的要求，试设计串联滞后校正装置。

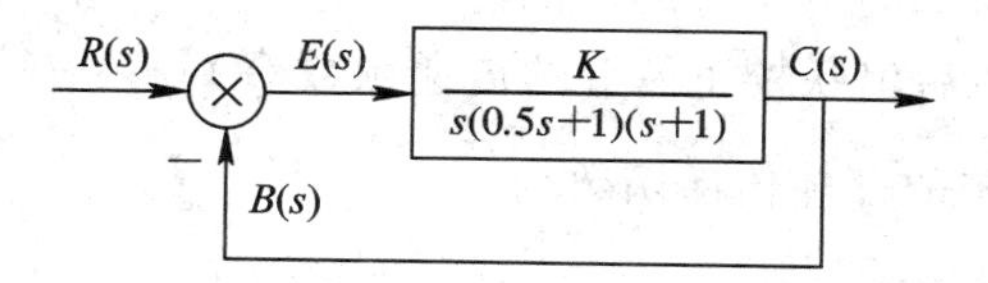

图 6-28　例 6-2 图

解　① 确定系统的开环增益 K。因为给定的 $G_0(s)$ 已是标准形式，所以 $K = K_v = 5$。

② 传递函数为

$$G_0(s)=\frac{5}{s(s+1)(0.5s+1)}$$

绘制原系统 $G_0(s)$的 Bode 图，如图 6-29 所示。从 Bode 图中可以看出原系统是不稳定的，量得穿越频率 $\omega_c\approx2.4$ rad/sec，相位裕量 $\gamma\approx-20°$，不满足要求，需要校正。选择何种校正装置，是超前还是滞后，通常应结合动态性能指标考虑。本题中虽未对穿越频率提出要求，但由于 ω_c 右边的渐近线已达−60 dB/dec，采用超前校正很难使相位裕量满足要求，故应该采用滞后校正。

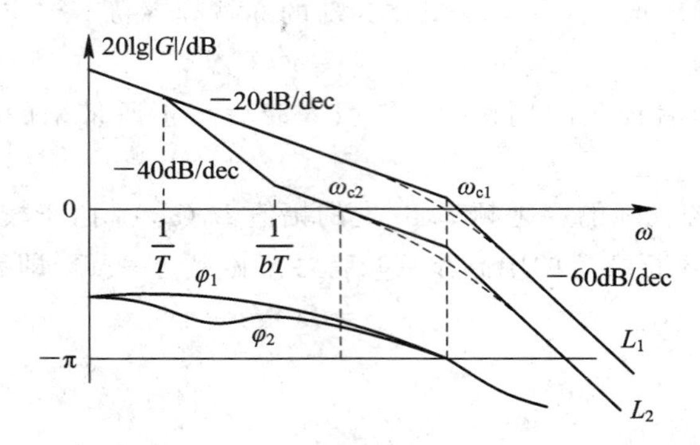

图 6-29　例 6-2 的 Bode 图

③ 在原系统相频曲线上 $\varphi_0(\omega)$上寻找(量取)相频值满足下式要求的频率点：

$$\varphi=-180°+\gamma'+\Delta=-180°+40°+12°=-128°$$

通过量取，找到符合该相角的频率为 $\omega\approx0.5$。这一频率将作为新的穿越频率 ω_c'。

④ 量取未校正系统在新的穿越频率 ω_c' 处的幅值 $L_0(\omega_c')\approx20$ dB，利用滞后校正装置的中高频衰减特性来做到这一点，即衰减后

$$L_0(\omega_c')=20\lg\beta$$

求得

$$\beta=10^{\frac{L_0(\omega_c')}{20}}=10$$

⑤ 选择滞后校正装置的两个转折频率 ω_1 和 ω_2。为了避免滞后校正装置的相位滞后的影响，应使最大相位滞后角 φ_m 远离穿越频率 ω_c'，即

$$\omega_2=\frac{1}{T}=\frac{1}{5}\omega_c'=0.1$$

因此，第一个转折频率为

$$\omega_1=\frac{1}{\beta T}=\frac{1}{100}$$

⑥ 至此，可以写出滞后串联校正装置的传递函数 $G_c(s)=\dfrac{10s+1}{100s+1}$。

⑦ 得到校正后的系统的开环传递函数为

$$G(s)=G_0(s)G_c(s)=\frac{5}{s(s+1)(0.5s+1)}\cdot\frac{10s+1}{100s+1}$$

画出校正后系统 $G(s)$的 Bode 图(图 6-29)，并校验系统新的穿越频率 ω_c' 和新的相位裕量 γ'：$\omega_c'\approx0.5$，$\gamma'\approx45°$，满足设计要求。

6.3.4　无源滞后-超前校正装置

1. 校正特性

通过前面的分析知道，超前校正和滞后校正各有特点。超前校正使得系统带宽增加，动态性能得到改善，但对稳态性能改善却很小。滞后校正可使稳态性能获得很大改善，但对动态性能改善却很小，甚至可能会使系统带宽降低。换言之，只采用超前校正或滞后校正难以同时满足系统的动态和稳态性能要求。要做到这一点，可以采用滞后-超前校正，它能同时改善系统的稳定性、动态性能和稳态性能，满足较高的性能要求。

滞后-超前校正实质上是综合了滞后和超前校正各自的特点，即利用超前部分来改善系统的动态性能，利用滞后部分来改善系统的稳态性能和稳定性，从而达到了全面改善系统各项性能指标的目的。无源滞后-超前网络电路图如图6－30 所示。

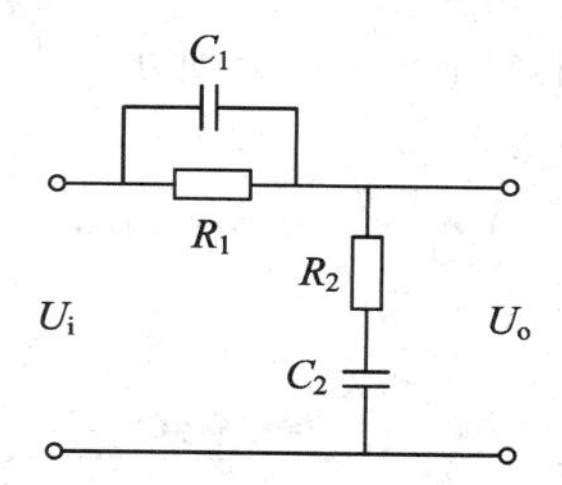

图 6－30　无源滞后-超前网络电路图

滞后-超前校正装置的传递函数为

$$G_c(s)=\frac{T_1s+1}{aT_1s+1}\cdot\frac{T_2s+1}{\frac{T_2}{a}s+1}\ (a>1) \tag{6-15}$$

式中，第一个因子$\frac{T_1s+1}{aT_1s+1}$是校正装置的滞后部分；第二个因子$\frac{T_2s+1}{\frac{T_2}{a}s+1}$是校正装置的超前部分，其 Bode 图如 6－31 所示。

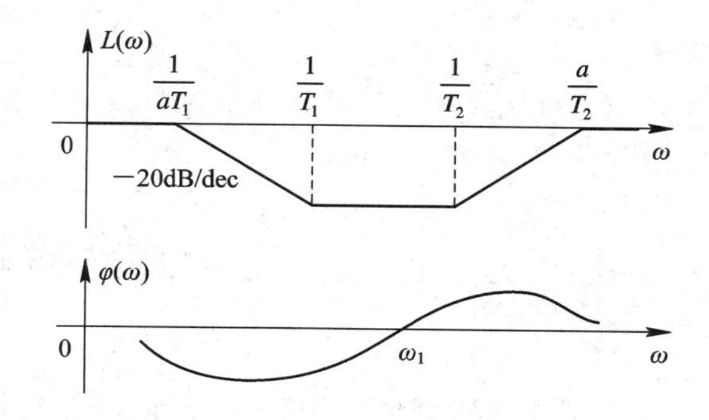

图 6－31　滞后-超前校正装置的伯德图

滞后-超前校正设计的一般步骤如下：

① 根据对 K_v 的要求确定系统的开环增益 K。

② 画出未校正系统的 Bode 图。

③ 画出校正后系统的穿越频率 ω_c'。

④ 确定校正装置的滞后部分传递函数。

⑤ 确定校正装置的超前部分的传递函数。

⑥ 将两部分的传递函数进行组合。

⑦ 得到校正后的系统的开环传递函数。

例 6-3 设单位反馈控制系统的开环传递函数为 $G_0(s)=\dfrac{K}{s(s+1)(0.5s+1)}$。要求校正后的系统满足下列性能指标：相位裕量 $\gamma'\geqslant 50°$，幅值裕量 $K_g\geqslant 10$ dB，静态误差系数 $K_v\geqslant 10$。试设计滞后-超前校正装置。

解 ① 根据对 K_v 的要求确定系统的开环增益 K。

$$K = K_v = 10$$

② 画出未校正系统的 Bode 图，如图 6-32 所示。由图中 $L_0(\omega)$ 和 $\varphi_0(\omega)$ 曲线可见，系统的穿越频率 $\omega_c=2.7$。

$$\gamma = 180° + \varphi(\omega_c) = 180° - 90° - \arctan\omega_c - \arctan 0.5\omega_c = -33°$$

则该系统不稳定。

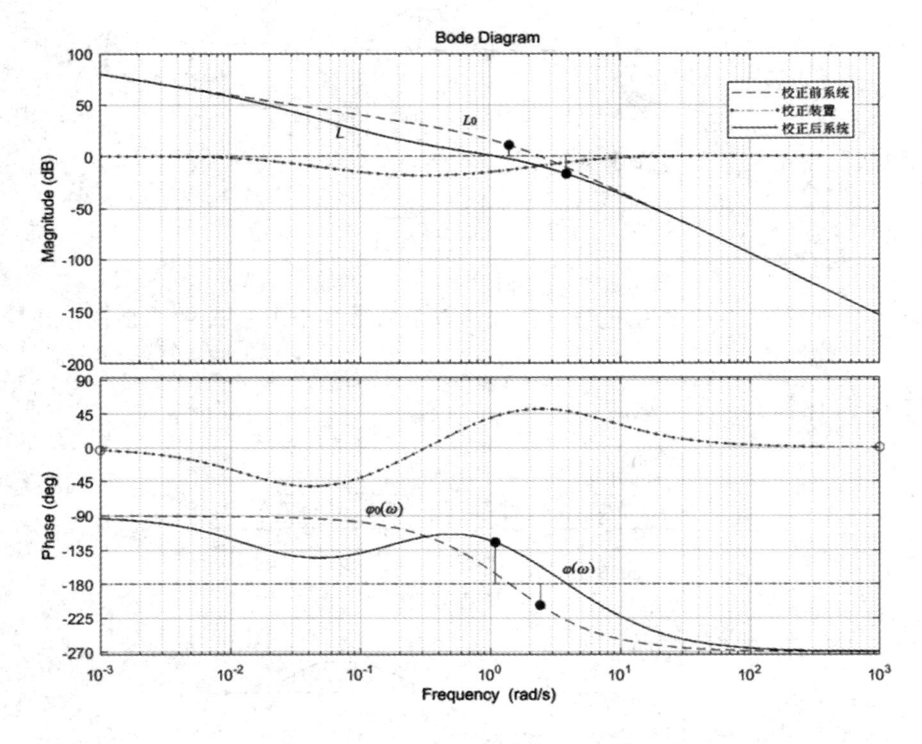

图 6-32　例 6-3 系统的 Bode 图

③ 确定校正后系统的穿越频率 ω_c'。从未校正系统 $\varphi_0(\omega)$ 曲线可见，当 $\omega=1.5$ 时，相位角为 $-180°$，处于临界稳定。从校正装置超前部分的能力看，可以产生 $50°$ 的相位超前角，因此选择新的穿越频率 $\omega_c'=1.5$。

④ 确定校正装置的滞后部分。为了减小滞后校正部分相位滞后的副作用，滞后部分的

第二个转折频率应远小于穿越频率 ω_c'，设为

$$\frac{1}{T_1}=\frac{1}{10}\omega_c'=0.15$$

得

$$T_1=\frac{1}{0.15}=6.67$$

系数 a 的确定要结合滞后部分的衰减和超前部分的提升来计算，由于超前部分的设计尚未进行，可以先根据经验试定 a 值，然后根据最后的检验结果确定是否合适。为简单起见，先选择 $a=10$，则有

$$\frac{1}{aT_1}=0.015$$

得

$$aT_1=\frac{1}{0.015}=66.7$$

因此，校正装置滞后部分的传递函数为

$$G_{c1}(s)=\frac{6.67s+1}{66.7s+1}$$

⑤ 确定校正装置的超前部分，从图 6－32 中量取未校正系统在 $\omega=1.5$ 处的幅值为 13 dB，因该频率是校正后的穿越频率 ω_c'，故应通过校正装置使其降为 0 dB。这相当于校正装置的幅频曲线在该频率处的幅值为－13 dB。因此，过点(1.5，－13 dB)作一斜率为＋20 dB/dec 的直线，而该直线与 $-20\lg a=-20$ dB 水平线及 0 dB 的两个交点就是超前部分的两个转折频率，由图 6－32 可见：$\frac{1}{T_2}\approx0.7$，得 $T_2=\frac{1}{0.7}=1.43$ 和 $\frac{T_2}{a}=0.143$。

因此，校正装置超前部分的传递函数为

$$G_{c2}(s)=\frac{1.43s+1}{0.143s+1}$$

⑥ 将两部分的传递函数合在一起，得滞后-超前校正装置的传递函数为

$$G_c(s)=G_{c1}(s)G_{c2}(s)=\frac{6.67s+1}{66.7s+1}\cdot\frac{1.43s+1}{0.143s+1}$$

⑦ 校正后的系统的开环传递函数为

$$G(s)=\frac{10}{s(s+1)(0.5s+1)}\cdot\frac{6.67s+1}{66.7s+1}\cdot\frac{1.43s+1}{0.143s+1}$$

校正后的 Bode 图见 6－32，$L(\omega)$和 $\varphi(\omega)$由图中量取，得校正后系统的相位裕量 $\gamma'\approx 50°$，幅值裕量 $K_g'\approx16$ dB，均满足设计要求，系数 $a=10$ 是可行的。

由本题可见，手工方式设计滞后-超前校正装置的计算比较烦琐，误差也比较大，通常需要反复计算，因此需要采用计算机辅助方式进行。

6.3.5　无源超前、滞后和滞后-超前校正装置的比较

前面通过例题分别介绍了超前、滞后和滞后-超前校正装置设计的详细步骤，从中可以看出，在设计中应灵活运用各种校正装置的特点来达到设计目的，满足设计指标的要求。三种无源校正方案的特点比较如下：

(1) 超前校正主要是利用相位超前角；而滞后校正主要是利用其高频衰减特性。

(2) 超前校正增大了相位裕量和频宽，这意味着快速性指标的改善。在不需要过高的快速性指标的情况下，应采用滞后校正。

(3) 滞后校正改善了稳态性指标，但并不能改善快速性指标，甚至还可能使其减小，使动态响应变得缓慢。

(4) 如果需要兼顾稳定性、快速性和准确性等性能指标，可以使用滞后-超前校正。

实际控制系统中广泛采用无源网络进行串联校正，但在放大器级间接入无源校正网络后，由于负载效应问题，有时难以实现期望的控制规律。此外，复杂网络的设计和调整也不方便，因此，有时需要采用有源校正装置，在工业控制中尤其如此。常用的有源校正装置，除测速发电机及其与无源网络的组合，以及 PID 控制器外，通常把无源网络接在运算放大器的反馈通路中形成有源网络，以实现系统要求的控制规律。

表 6-3 为常用无源校正网络。

表 6-3 常用无源校正网络

电路图	传递函数	对数幅频渐进特性
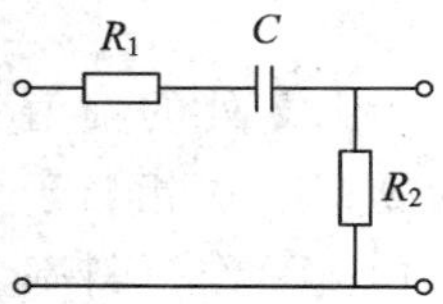 R_1, C, R_2	$\dfrac{T_2 s}{T_1 s+1}$ $T_1=(R_1+R_2)C$ $T_2=R_2C$	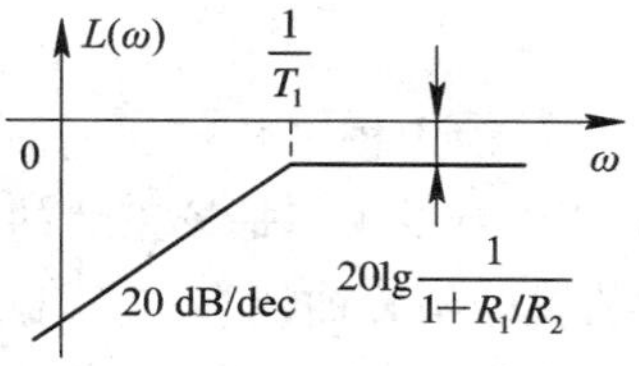 $L(\omega)$, $\frac{1}{T_1}$, 0, ω, 20 dB/dec, $20\lg\frac{1}{1+R_1/R_2}$
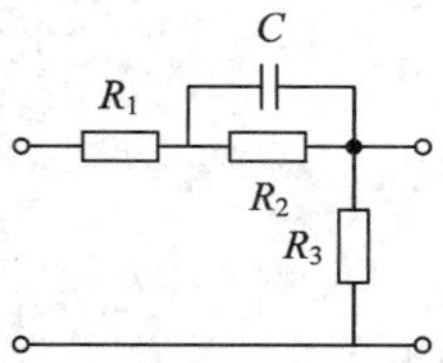 C, R_1, R_2, R_3	$G_1\dfrac{T_1 s+1}{T_2 s+1}$ $G_1=\dfrac{R_3}{R_1+R_2+R_3}$ $T_1=R_2C$ $T_2=\dfrac{(R_1+R_3)R_2}{R_1+R_2+R_3}C$	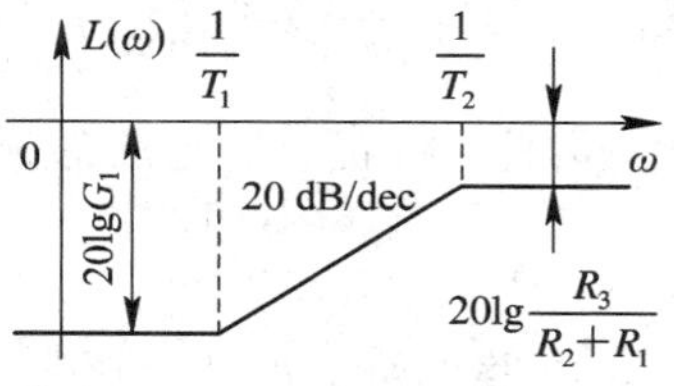 $L(\omega)$, $\frac{1}{T_1}$, $\frac{1}{T_2}$, 0, ω, $20\lg G_1$, 20 dB/dec, $20\lg\frac{R_3}{R_2+R_1}$
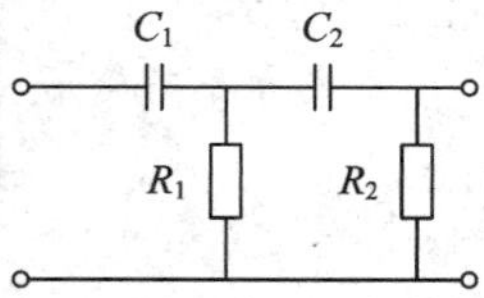 C_1, C_2, R_1, R_2	$\dfrac{T_1T_2s^2}{T_1T_2s^2+(T_1+T_2+R_1C_2)s+1}$ $\approx\dfrac{T_1T_2s^2}{(T_1s+1)(T_2s+1)}$ (R_1C_2 可忽略时) $T_1=R_1C_1$ $T_2=R_2C_2$	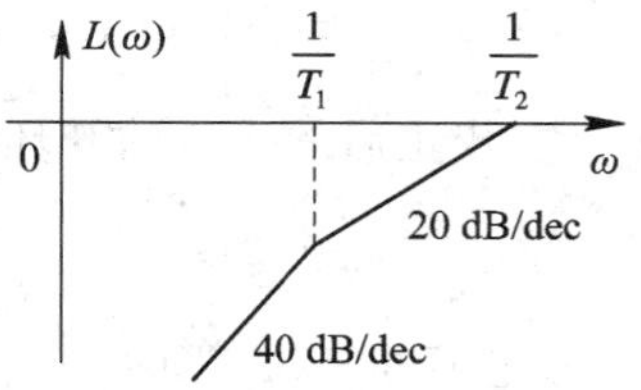 $L(\omega)$, $\frac{1}{T_1}$, $\frac{1}{T_2}$, 0, ω, 20 dB/dec, 40 dB/dec
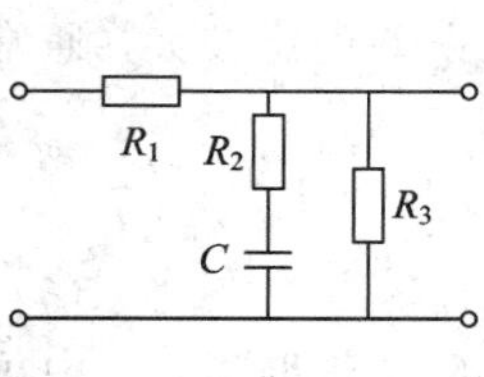 R_1, R_2, R_3, C	$G_0\dfrac{T_2 s+1}{T_1 s+1}$ $G_0=\dfrac{R_3}{R_1+R_3}$ $T_1=\left(R_2+\dfrac{R_1R_3}{R_1+R_3}\right)C$ $T_2=R_2C$	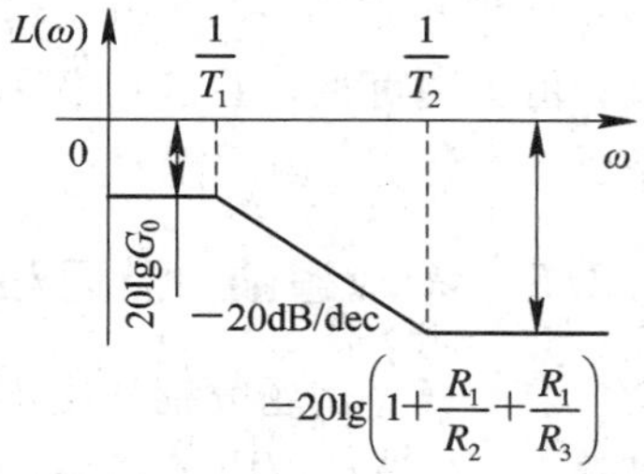 $L(\omega)$, $\frac{1}{T_1}$, $\frac{1}{T_2}$, 0, ω, $20\lg G_0$, -20dB/dec, $-20\lg\left(1+\frac{R_1}{R_2}+\frac{R_1}{R_3}\right)$

续表

电路图	传递函数	对数幅频渐进特性
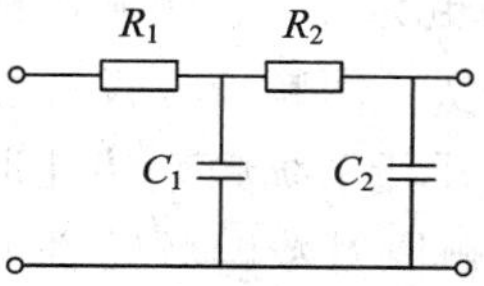 R_1 R_2 C_1 C_2	$\dfrac{1}{T_1T_2s^2+\left[T_2\left(1+\dfrac{R_1}{R_2}\right)+T_1\right]s+1}$ $T_1=R_1C_1$ $T_2=R_2C_2$	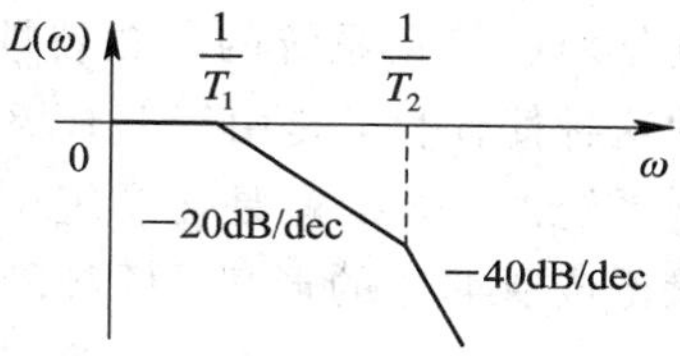 $L(\omega)$ $\frac{1}{T_1}$ $\frac{1}{T_2}$ 0 ω −20dB/dec −40dB/dec
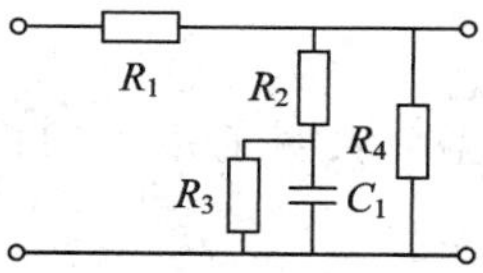 R_1 R_2 R_3 R_4 C_1	$\dfrac{1}{G_0}\cdot\dfrac{T_2s+1}{T_1s+1}$ $G_0=1+\dfrac{R_1}{R_2+R_3}+\dfrac{R_1}{R_4}$ $T_2=\left(\dfrac{R_2R_3}{R_2}+R_3\right)C$ $T_1=\dfrac{1+R_1/R_2+R_1/R_4}{1+R_1/(R_2+R_3)+R_1/R_4}T_2$	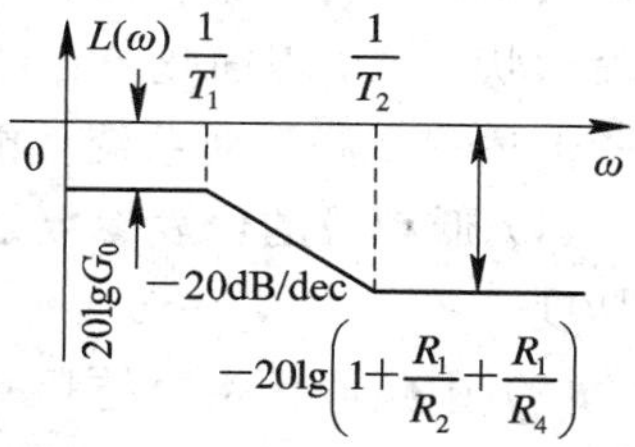 $L(\omega)$ $\frac{1}{T_1}$ $\frac{1}{T_2}$ 0 ω $20\lg G_0$ −20dB/dec $-20\lg\left(1+\frac{R_1}{R_2}+\frac{R_1}{R_4}\right)$
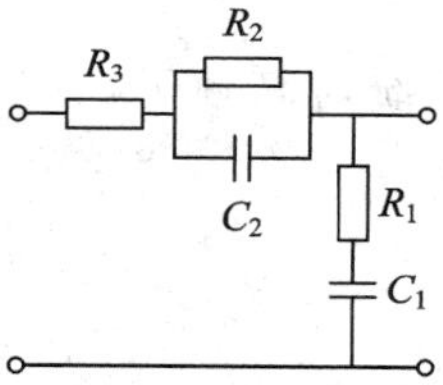 R_2 R_3 C_2 R_1 C_1	$\dfrac{(T_1s+1)(T_2s+1)}{T_1T_2\left(1+\dfrac{R_3}{R_1}\right)s^2+\left[T_2+T_1\left(1+\dfrac{R_2}{R_1}+\dfrac{R_3}{R_1}\right)\right]s+1}$ $T_1=R_1C_1$ $T_2=R_2C_2$	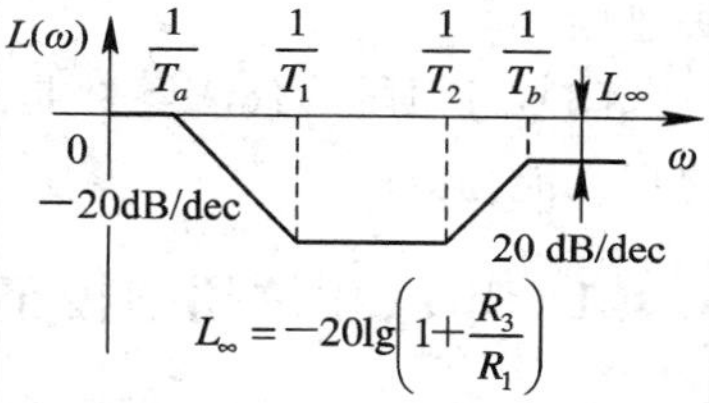 $L(\omega)$ $\frac{1}{T_a}$ $\frac{1}{T_1}$ $\frac{1}{T_2}$ $\frac{1}{T_b}$ L_∞ 0 ω −20dB/dec 20 dB/dec $L_\infty=-20\lg\left(1+\frac{R_3}{R_1}\right)$
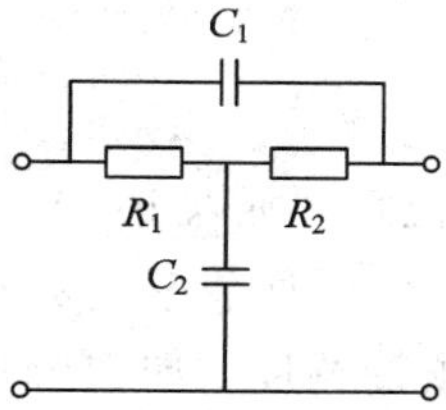 C_1 R_1 R_2 C_2	$\dfrac{T_1T_2s^2+T_2s+1}{T_1T_2s^2+\left[T_1\left(1+\dfrac{R_1}{R_2}\right)+T_2\right]s+1}$ $T_1=\dfrac{R_1R_2}{R_1+R_2}C_2$ $T_2=(R_1+R_2)C_1$	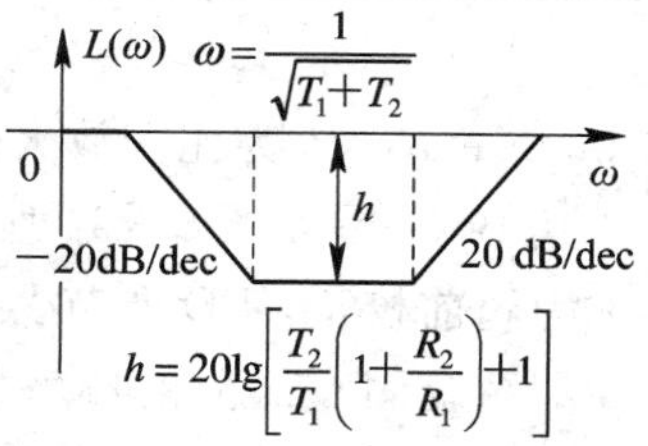 $L(\omega)$ $\omega=\frac{1}{\sqrt{T_1+T_2}}$ 0 ω h −20dB/dec 20 dB/dec $h=20\lg\left[\frac{T_2}{T_1}\left(1+\frac{R_2}{R_1}\right)+1\right]$

6.4　频率响应法进行串联校正设计

在线性控制系统中，常用的校正装置设计方法有分析法和综合法两种。

分析法又称试探法。用分析法设计校正装置比较直观，在物理上易于实现，但要求设计者有一定的工程设计经验，设计过程带有试探性。目前工程技术界多采用分析法进行系统设计。

综合法又称期望特性法。这种设计方法从闭环系统性能与开环系统特性密切相关这一概念出发，根据规定的性能指标要求确定系统期望的开环特性形状，然后与系统原有的开环特性相比较，从而确定校正方式、校正装置的形式和参数。综合法有广泛的理论意义，但校正装置传递函数可能相当复杂，在物理上难以准确实现。

不论是分析法还是综合法，其设计过程一般仅适用于最小相位系统。

在频域内进行系统设计，是一种间接设计方法，因为设计结果满足的是一些频域指标，而不是时域指标。然而，在频域内进行设计又是一种简便的方法，在 Bode 图上虽然不能严格定量地给出系统的动态性能，但却能方便地根据频域指标确定校正装置的参数，特别是对已校正系统的高频特性有要求时，采用频域法校正较其他方法更为方便。频域设计的这种简便性，是由于开环系统的频率特性与闭环系统的时间响应有关。用频域法设计控制系统的实质，就是在系统中加入频率特性形状合适的校正装置，使开环系统频率特性形状变成所期望的形状：低频段增益充分大，以保证稳态误差要求；中频段对数幅频特性的斜率一般为－20 dB/dec，并占据充分宽的频带，以保证具备适当的相角裕量；高频段增益尽快减小，以削弱噪声影响，若系统原有部分高频段已符合该种要求，则校正时可保持高频段形状不变，以简化校正装置的形式。

上述三个频段对系统性能的影响总结如下：

(1) 低频段的代表参数是斜率和高度，它们反映系统的型别和增益，表明了系统的稳态精度。

(2) 中频段是指穿越频率附近的一段区域。代表参数是斜率、宽度(中频宽)、幅值穿越频率和相位裕量，它们反映系统的最大超调量和调整时间，表明了系统的相对稳定性和快速性。

(3) 高频段的代表参数是斜率，表征了闭环系统的复杂性，反映系统对高频干扰信号的衰减能力。

6.4.1　串联相位超前校正

图 6-33 为一比例微分校正装置，也称为 PD 调节器，其传递函数为

$$G(s) = -K(Ts+1)$$

式中，$K=R_1/R_0$ 为比例放大倍数，$T=R_0C_0$ 为微分时间常数。

其 Bode 图如图 6-34 所示。从图可见，PD 调节器提供了超前相位角，所以 PD 校正也称为超前校正。PD 调节器的对数渐近幅频特性的斜率为＋20 dB/dec，因而将它的频率特性和系统固有部分的频率特性相加后可提高相位裕量，增加系统频带宽度，加快响应速度。

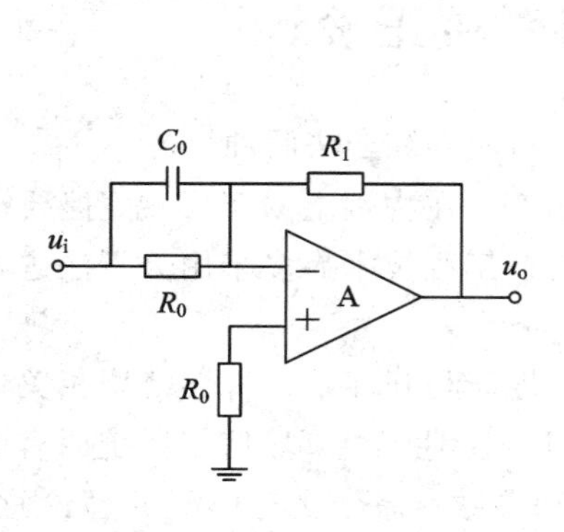

图 6-33　PD 调节器

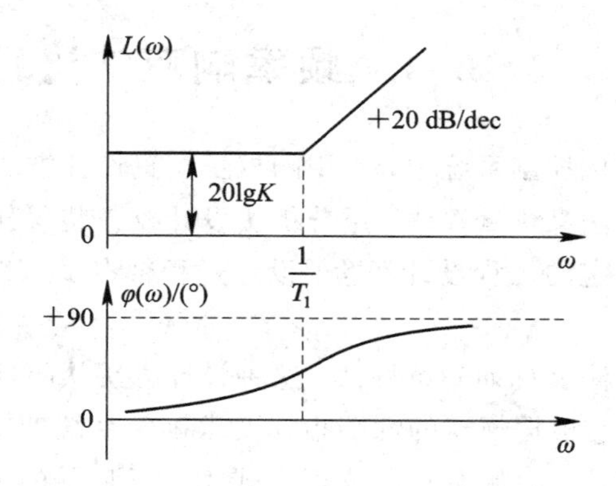

图 6-34　PD 调节器的 Bode 图

总之，利用超前网络或 PD 控制器进行串联校正的基本原理，是利用超前网络或 PD

控制器的相角超前特性。只要将超前网络的交接频率$\frac{1}{aT}$和$\frac{1}{T}$选在待校正系统截止频率的两旁，并适当选择参数 a 和 T，就可以使已校正系统的截止频率和相角裕量满足性能指标的要求，从而改善闭环系统的动态性能。闭环系统的稳态性能要求可以通过选择已校正系统的开环增益来保证。PD 校正的作用主要体现在两方面：

（1）使系统的中、高频段特性上移，幅值穿越频率增大，系统的快速性提高。

（2）PD 调节器提供一个正的相位角，使相位裕量增大，改善了系统的相对稳定性。但是，由于高频段上升，则降低了系统的抗干扰能力。

例 6－4　设图 6－35 所示系统的开环传递函数为

$$G(s) = \frac{K}{s(T_1 s + 1)(T_2 s + 1)}$$

其中，$T_1=0.2$，$T_2=0.01$，$K=35$，采用 PD 调节器($K=1$，$T=0.2$ s)对系统作串联校正。试比较系统校正前后的性能。

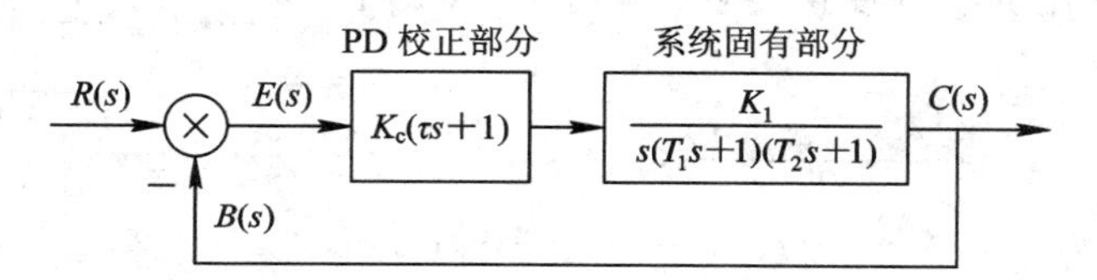

图 6－35　具有 PD 校正的控制系统

解　原系统的 Bode 图如图 6－36 中的曲线 I 所示。特性曲线以－40 dB/dec 的斜率穿越 0 dB 线，穿越频率 $\omega_c=13.5$ dB，相位裕量 $\gamma=12.3°$。

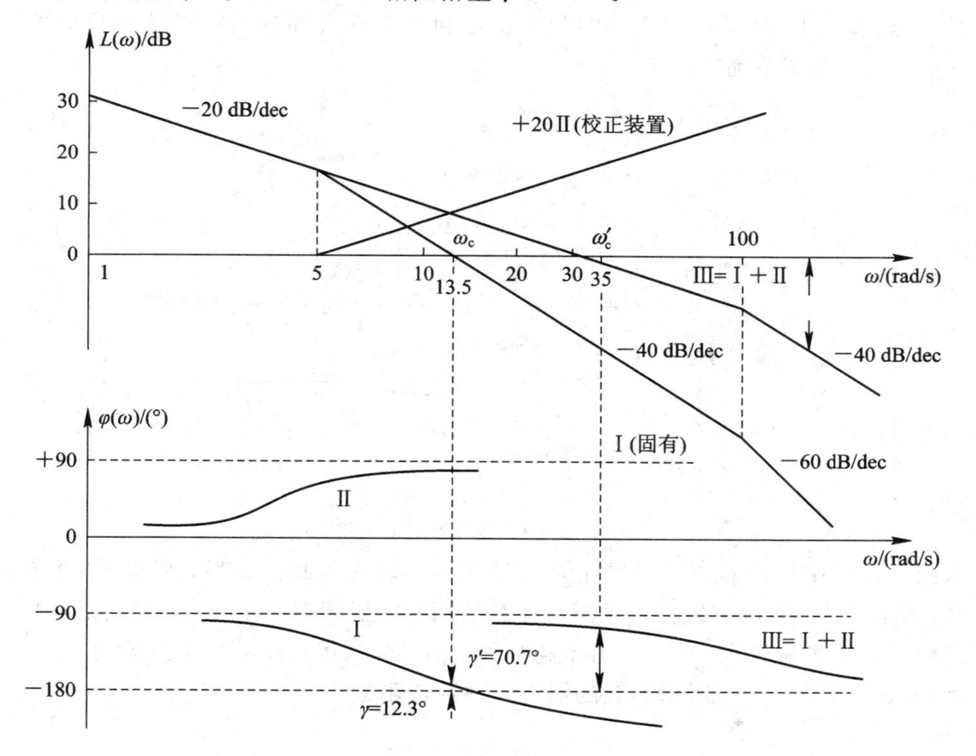

图 6－36　PD 校正对系统性能的影响

采用 PD 调节器校正，其传递函数 $G_c(s)=0.2s+1$，Bode 图为图 6-36 中的曲线Ⅱ。校正后的曲线如图 6-36 中的曲线Ⅲ。

由图可见，增加 PD 校正装置后：

(1) 低频段，$L(\omega)$的斜率和高度均没变，所以不影响系统的稳态精度。

(2) 中频段，$L(\omega)$的斜率由校正前的 −40 dB/dec 变为校正后的 −20 dB/dec，相位裕量由原来的 12.3°提高为 70.7°，提高了系统的相对稳定性；穿越频率 ω_c 由 13.5 变为 35，快速性得以提高。

(3) 高频段，$L(\omega)$的斜率由校正前的 −60 dB/dec 变为校正后的 −40 dB/dec，系统的抗高频干扰能力下降。

综上所述，PD 校正将改善系统的稳定性和快速性，但是抗高频干扰能力下降。

6.4.2 串联相位滞后校正

图 6-37 为一比例积分校正装置，也称为 PI 调节器，其传递函数为

$$G_c(s)=\frac{K_c(T_cs+1)}{T_cs}$$

式中，$K_c=R_1/R_0$ 为比例放大倍数，$T_c=R_1C_1$ 为积分时间常数。

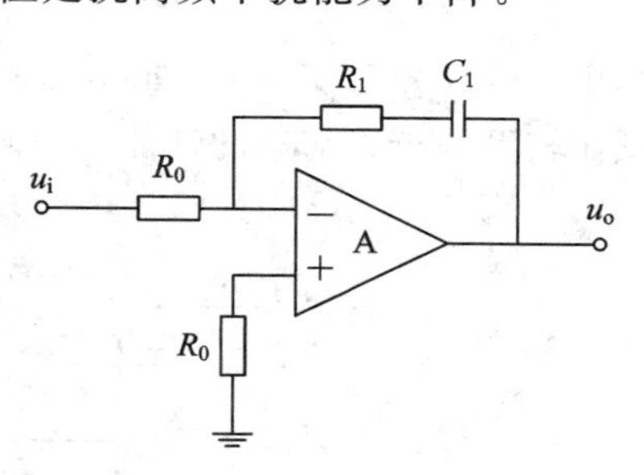

图 6-37 PI 调节

其 Bode 图如图 6-38 所示。从图可见，PI 调节器提供了负的相位角，所以 PD 校正也称为滞后校正。PI 调节器的对数渐近幅频特性在低频段的斜率为 −20 dB/dec，因而将它的频率特性和系统固有部分的频率特性相加可以提高系统的型别，即提高系统的稳态精度。

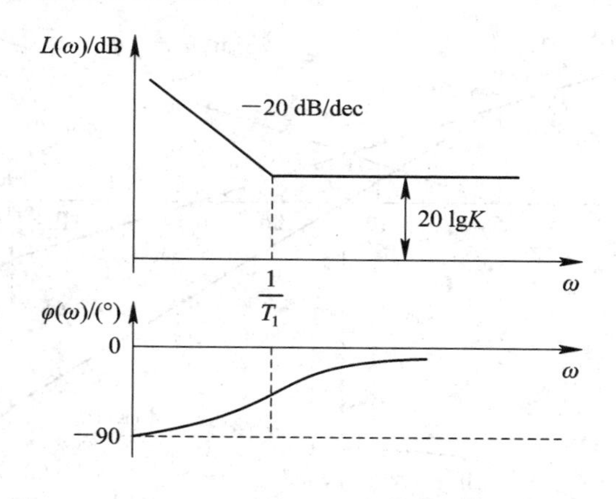

图 6-38 PI 调节器的 Bode 图

从相频特性中可以看出，PI 调节器在低频产生较大的相位滞后，所以 PI 调节器串入系统时，要注意将 PI 调节器转折频率放在系统固有转折频率的左边，并且要远一些，这样对系统稳定性的影响较小。但是，由于高频段上升，降低了系统的抗干扰能力。

例 6-5 设图 6-39 所示系统的固有开环传递函数为

$$G(s)=\frac{K_1}{(T_1s+1)(T_2s+1)}$$

其中，$T_1=0.33$，$T_2=0.036$，$K_1=3.2$。采用 PI 调节器（$K=1.3$，$T=0.33s$）对系统作串联校正，试比较系统校正前后的性能。

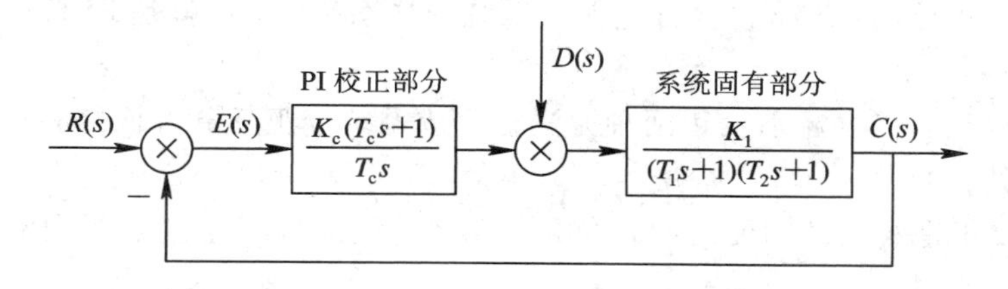

图 6－39　具有 PI 校正的控制系统

解　原系统的 Bode 图如图 6－40 中的曲线Ⅰ所示。特性曲线低频段的斜率为 0 dB，显然是有差系统。穿越频率 $\omega_c=9.5$ dB，相位裕量 $\gamma=88°$。

采用 PI 调节器校正，其传递函数 $G_c(s)=\dfrac{1.3(0.33s+1)}{0.33s}$，Bode 图为图 6－40 中的曲线Ⅱ。校正后的曲线如图 6－40 中的曲线Ⅲ。

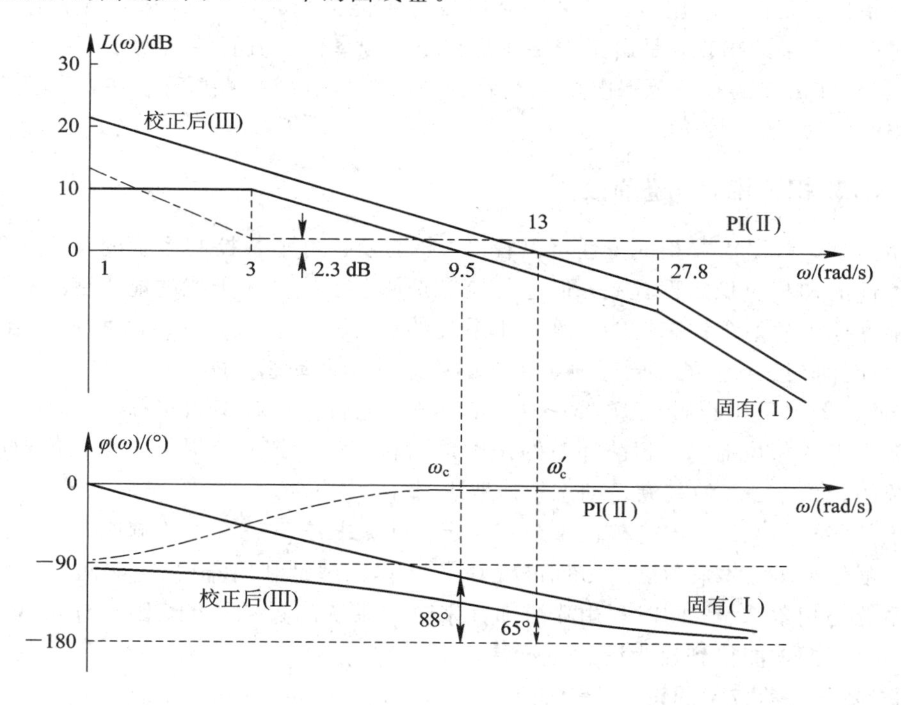

图 6－40　PI 校正对系统性能的影响

由图 6－40 可见，增加 PI 校正装置后：

（1）在低频段，$L(\omega)$的斜率由校正前的 0 变为校正后的＋20 dB/dec，系统由 0 型变为Ⅰ型，系统的稳态精度提高。

（2）在中频段，$L(\omega)$的斜率不变，但由于 PI 调节器提供了负的相位角，相位裕量由原来的 88°减小为 65°，降低了系统的相对稳定性；穿越频率 ω_c 有所增大，快速性略有提高。

（3）在高频段，$L(\omega)$的斜率不变，对系统的抗高频干扰能力影响不大。

综上所述，PI 校正虽然对系统的动态性能有一定的副作用，使系统的相对稳定性变差，但它却能使系统的稳态误差大大减小，显著改善系统的稳态性能，而稳态性能是系统在运行中长期起着作用的性能指标，往往是首先要求保证的。因此，在许多场合，宁愿牺牲一点动态性能指标的要求，也要首先保证系统的稳态精度，这就是PI校正得到广泛应用的原因。

串联滞后校正与串联超前校正两种方法在完成系统校正任务方面是相同的，它们也存在以下不同之处：

(1) 超前校正是利用超前网络的相角超前特性，而滞后校正则是利用滞后网络的高频幅值衰减特性。

(2) 为了满足严格的稳态性能要求，当采用无源校正网络时，超前校正要求一定的附加增益，而滞后校正一般不需要附加增益。

(3) 对于同一系统，采用超前校正的系统带宽大于采用滞后校正的系统带宽。从提高系统响应速度的观点来看，希望系统带宽越大越好；与此同时，带宽越大则系统越易受噪声干扰的影响，因此如果系统输入端噪声电平较高，一般不宜选用超前校正。

最后指出，在有些应用方面，采用滞后校正可能会出现时间常数大到不能实现的结果。这种不良后果的出现，是由于需要在足够小的频率值上安置滞后网络第一个交接频率 $1/T$，以保证在需要的频率范围内产生有效的高频幅值衰减特性所致。在这种情况下，最好采用串联滞后-超前校正。

6.4.3 串联相位滞后-超前校正

由超前校正和滞后校正的特性可以看出，超前校正可加快控制系统的反应速度，使系统的动态性能和相对稳定性提高，但它的缺点是使系统抗高频干扰的能力变差；而滞后校正能大幅度地提高系统稳态性能，但会使系统的反应速度变慢。将这两种方法结合起来，形成滞后-超前校正，就可以同时改善系统的稳态性能和动态性能。

在Bode图上采用滞后-超前校正时，滞后环节能将截止频率向左移，从而减小了系统在截止频率点的相位滞后，超前环节的作用是在新的截止频率处提供一个相位超前量，以增大系统的相位裕量，使其满足动态性能要求。

对于某些控制系统，当待校正系统不稳定，且要求校正后系统的响应速度、相角裕量和稳态精度较高时，才采用滞后-超前校正。其基本原理是利用滞后-超前网络的超前部分来增大系统的相角裕量，同时利用滞后部分来改善系统的稳态性能，因设计过程复杂，常常需要多次试探才能得到较为满意的效果。

串联滞后-超前校正的设计步骤如下：

(1) 根据稳态性能要求确定开环增益 K。

(2) 绘制待校正系统的对数幅频特性，求出待校正系统的截止频率 ω_c'、相角裕量 γ 及幅值裕量 h(dB)。

(3) 在待校正系统对数幅频特性上，选择斜率从 -20 dB/dec 变为 -40 dB/dec 的交接频率作为校正网络超前部分的交接频率 ω_b。ω_b 的这种选法，可以降低已校正系统的阶次，且可保证中频区斜率为期望的 -20 dB/dec，并占据较宽的频带。

(4) 根据响应速度要求，选择系统的截止频率 ω_c' 和校正网络衰减因子 $1/a$。要保证已校正系统的截止频率为所选的 ω_c''，下列等式应成立：

$$-20\lg a + L'(\omega_c'') + 20\lg T_b\omega_c'' = 0 \tag{6-16}$$

式中，$L'(\omega_c'') + 20\lg T_b\omega_c''$ 可由待校正系统对数幅频特性的 -20 dB/dec 延长线在 ω_c'' 处的数值确定。因此，由式(6-16)可以求出 a 值。

(5) 根据相角裕量要求估算校正网络滞后部分的交接频率 ω_a。

(6) 校验已校正系统的各项性能指标。

例 6-6　设待校正系统的开环传递函数为

$$G_0(s) = \frac{K_v}{s\left(\frac{1}{6}s+1\right)\left(\frac{1}{2}s+1\right)}$$

设计校正装置，满足以下性能指标：

(1) 在最大指令速度为 180°/s 时，相位滞后误差不超过 1°；

(2) 相角裕量为 $45°\pm3°$；

(3) 幅值裕量不低于 10 dB；

(4) 动态过程调节时间不超过 3 s。

解　首先确定开环增益。由题意，取 $K=K_v=180\text{s}^{-1}$，然后画出未校正系统的对数幅频特性，如图 6-41 所示。由图得 $\omega_c'=12.6$(rad/s)，再算出 $\gamma=-55.5°$，$h=-30$ dB，说明系统不稳定。由于待校正系统在截止频率处的相角滞后远小于 $-180°$ 且对响应速度有一定要求，故应优先考虑采用串联滞后-超前校正。

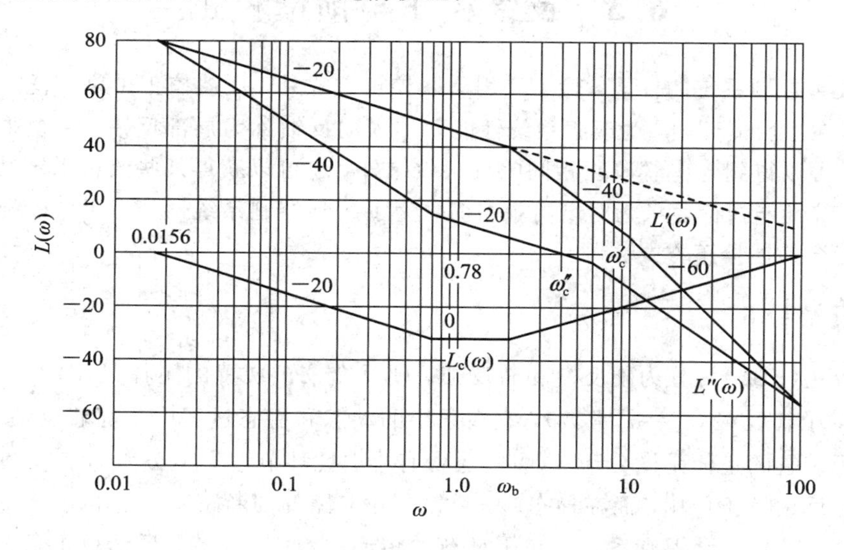

图 6-41　系统对数幅频特性

根据 $t_s\leqslant3$ s，$\gamma''=45°$ 的指标要求，求出 $\omega_c''\geqslant3.2$(rad/s)，考虑到中频区斜率要求为 -20 dB/dec，故 $3.2<\omega_c''<6$(rad/s)。由于 -20 dB/dec 的中频区应占据一定宽度，故 $\omega_c''=3.5$(rad/s)，进而算出 $1/a=0.02\Rightarrow a=50$。为了利用滞后-超前网络的超前部分，取 $\omega_b=2$ rad/s，待校正装置对数幅频特性在 $\omega\leqslant6$ rad/s 的区间，斜率均为 -20 dB/dec。于是：

$$G_c(s) = \frac{(1+T_a s)(1+T_b s)}{(1+aT_a s)\left(1+\frac{T_b}{a}s\right)}$$

相应地，已校正系统的频率特性为

$$G_c(j\omega)G_0(j\omega)=\frac{180(1+j\omega/\omega_a)}{j\omega\left(1+\frac{j\omega}{6}\right)\left(1+\frac{j50\omega}{\omega_a}\right)(1+j\omega/100)}$$

根据上式，利用相角裕量指标要求，可以确定校正网络参数ω_a。已校正系统的相角裕量为

$$\gamma''=57.7^\circ+\arctan\left(\frac{3.5}{\omega_a}\right)-\arctan\left(\frac{175}{\omega_a}\right)$$

由于要求 $\gamma''=45^\circ$，则 $\arctan\left(\frac{3.5}{\omega_a}\right)=77.3^\circ$，从而求得$\omega_a=0.78$ rad/s。这样已校正的中频宽度为 $H=6/0.78=7.69>5.83$。于是，校正网络和已校正系统的传递函数分别为

$$G_c(s)=\frac{(1+1.28s)(1+0.5s)}{(1+64s)(1-0.01s)}$$

$$G_c(s)G_0(s)=\frac{180(1+1.28s)}{s(1+0.167s)(1+64s)(1+0.01s)}$$

其对数幅频特性 $L_c(\omega)$和$L''(\omega)$已分别表示在图 6－41 中。最后，用计算的方法验算已校正系统的相角裕量和幅值裕量指标，求得 $\gamma''=45.5^\circ$，$h''=27$ dB，完全满足指标要求。

6.5 反馈校正与前馈校正

为了改善控制系统的性能，除了采用串联校正方式外，反馈校正也是广泛应用的一种校正方式。在主反馈环内，为改善系统性能而加入的反馈称为局部反馈。系统采用反馈校正后，除了可以得到与串联校正相同的校正效果外，还可以获得某些改善系统性能的特殊功能。当系统性能指标要求为时域特征量时，为了改善控制系统性能，还可以配置前置滤波器形成组合前馈校正方式。

6.5.1 反馈校正

反馈校正(FBC)可分为硬反馈和软反馈。硬反馈校正装置的主体是比例环节(可能还含有小惯性环节)，$G_c(s)=a$(常数)，它在系统的动态和稳态过程中都起着反馈校正作用；软反馈校正装置的主体是微分环节(可能还含有小惯性环节)，$G_c(s)=as$，它只在系统的动态过程中起反馈校正作用，而在稳态时，反馈校正支路如同断路，不起作用。

在图 6－42 中，设固有系统被包围环节的传递函数为 $G_2(s)$，反馈校正环节的传递函数为 $G_c(s)$，则校正后系统被包围环节的传递函数变为

$$\frac{X_2}{X_1}=\frac{G_2(s)}{1+G_c(s)G_2(s)}$$

反馈校正在系统中的作用如下：

(1) 可以改变系统被包围环节的结构和参数，使系统的性能达到所要求的指标。

① 对系统的比例环节 $G_2(s)=K$ 进行局部反馈。

• 当采用硬反馈，即 $G_c(s)=a$ 时，校正后的传递函数为 $G(s)=\frac{K}{1+aK}$，增益降低为

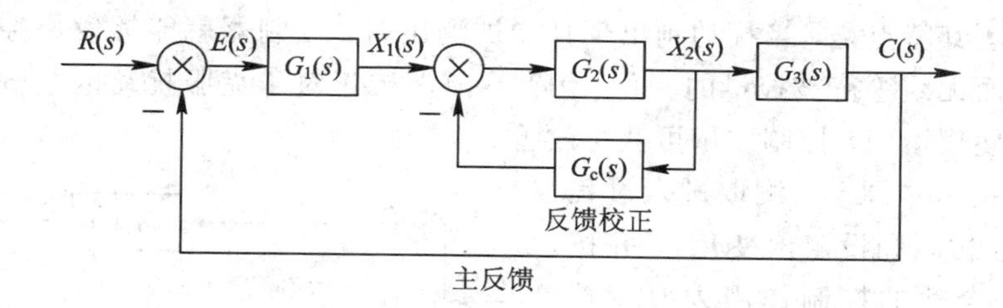

图 6-42　反馈校正在系统中的作用

$\frac{K}{1+aK}$倍，对于那些因为增益过大而影响系统性能的环节，采用硬反馈是一种有效的方法。

• 当采用软反馈，即 $G_c(s)=as$ 时，校正后的传递函数为 $G(s)=\frac{K}{1+aKs}$，比例环节变为惯性环节，惯性环节时间常数变为 aK，动态过程变得平缓。对于希望过渡过程平缓的系统，经常采用软反馈。

② 对系统的积分环节 $G_2(s)=K/s$ 进行局部反馈。

• 当采用硬反馈，即 $G_c(s)=a$ 时，校正后的传递函数为 $G(s)=\frac{K}{s+aK}=\frac{1/a}{\frac{1}{aK}s+1}$，含有积分环节的单元被硬反馈包围后，积分环节变为惯性环节，惯性环节时间常数变为 $1/(aK)$，增益变为 $1/a$。这样有利于系统的稳定，但稳态性能变差。

• 当采用软反馈，即 $G_c(s)=as$ 时，校正后的传递函数为 $G(s)=\frac{K/s}{1+aK}=\frac{k}{(aK+1)s}$，仍为积分环节，增益降为 $1/(1+aK)$倍。

③ 对系统的惯性环节 $G(s)=\frac{K}{Ts+1}$进行局部反馈。

• 当采用硬反馈，即 $G_c(s)=a$ 时，校正后的传递函数为 $G(s)=\frac{K}{Ts+1+aK}=\frac{K/(1+aK)}{\frac{T}{1+aK}s+1}$，惯性环节时间常数和增益均降为 $1/(1+aK)$，可以提高系统的稳定性和快速性。

② 当采用软反馈，即 $G_c(s)=as$ 时，校正后的传递函数为 $G(s)=\frac{K}{(T+aK)s+1}$，仍为惯性环节，时间常数增加为$(T+aK)$倍。

(2) 可以消除系统固有部分中不希望有的特性，从而削弱被包围环节对系统性能的不利影响。

当 $G_2(s)G_c(s)\gg 1$ 时，$\frac{X_2}{X_1}=\frac{G_2(s)}{1+G_c(s)G_2(s)}\approx\frac{1}{G_c(s)}$，所以被包围环节的特性主要由校正环节决定，但此时对反馈环节的要求较高。

6.5.2　前馈校正

前馈校正(FFC)是一种改善反馈控制不及时的方法，它是按引起被控量变化的扰动大小进行控制的。其特点是，当扰动刚出现且能被测出时，控制器就能够发出控制信号去克服这种扰动，而无须等待被控量的变化，因此，前馈校正对于克服扰动的影响比反馈校正来得快。如果使用恰当，控制质量可获得改善。

前馈校正的基本原理：测取进入过程的扰动量(外界扰动和设定值变化)，并按照其信号产生合适的控制作用去改变控制量。

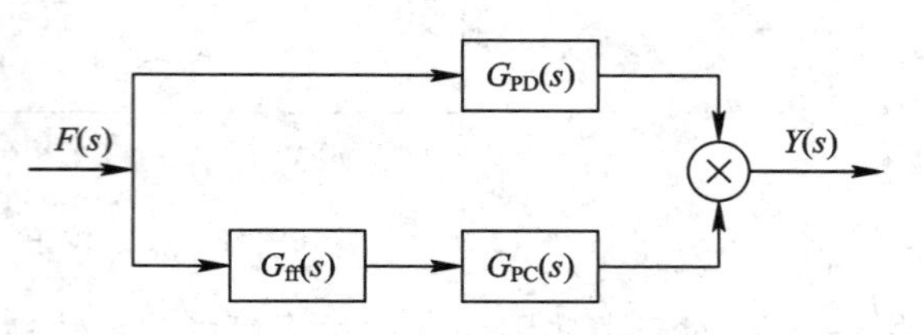

图 6-43 前馈校正方框图

前馈校正方框图如图 6-43 所示。

前馈校正系统传递函数为

$$\frac{Y(s)}{F(s)}=G_{PD}(s)+G_{ff}(s)G_{PC}(s)$$

式中，$G_{PD}(s)$为干扰通道，$G_{PC}(s)$为控制通道。完全补偿条件：$F(s)\neq 0$ 而 $Y(s)=0$ 时，

$$G_{ff}(s)=-\frac{G_{PD}(s)}{G_{PC}(s)}$$

例 6-7 换热器温度控制方案选择。

【方案一】 反馈校正(FBC)：用加热载体的流量控制被加热流体的温度，属于滞后控制，如图 6-44 所示。

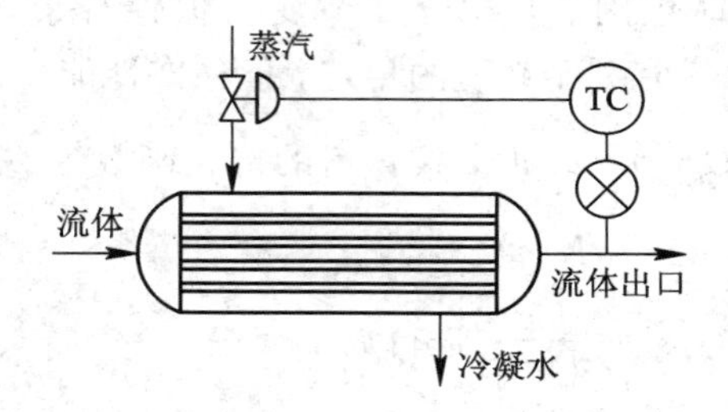

图 6-44 反馈换热器温度控制示意图

【方案二】 前馈校正(FFC)：按干扰量的变化来提前补偿其对被控量的影响。换热器进料量为出口温度的主要干扰量(可通过流量测量)，通过前馈调节器控制阀门，即用蒸汽变化补偿由于进料流量变化对出口温度的影响，属于超前控制，如图 6-45 所示。

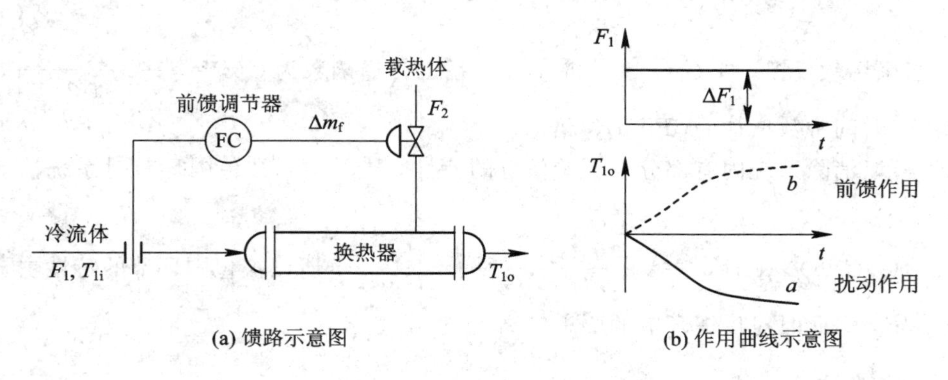

图 6-45 前馈换热器温度控制

反馈校正与前馈校正的特点区分如下：

1. 反馈校正的特点

(1) 反馈校正的本质是"基于偏差来消除偏差"。

(2) 无论扰动发生在哪里，被控量产生偏差后调节器才动作，控制不及时。

(3) 反馈校正系统构成闭环，存在稳定性的问题。

(4) 所有扰动都包围在闭环内，可消除多种扰动。

(5) 反馈校正系统中的调节规律包括 P、PI、PD、PID。

2. 前馈校正的特点

(1) 前馈控制器是"基于扰动来消除扰动对被控量的影响"，称为扰动补偿理论。

(2) 按干扰作用的大小进行控制，实施提前控制，控制及时。

(3) 前馈校正属于开环控制，不存在稳定性的问题，开环控制的控制效果不能通过反馈验证，因此对控制器设计的要求比较严格。

(4) 前馈控制器是一种根据对象特性设计的"专用"控制器。不同于反馈校正通用的 PID 算法，前馈校正算法依对象不同而不同。

(5) 只对被前馈可测不可控的主要扰动有校正作用，对其他扰动无法控制，具有一定的局限性。

前馈与反馈校正的性质比较如表 6-4 所示。

表 6-4　前馈与反馈校正的性质比较

馈路类型	控制依据	检测的信号	控制作用的发生时间
反馈	被控量的偏差	被控量	偏差出现后
前馈	扰动量的大小	扰动量	偏差出现前

由上述前馈校正与反馈校正的特点可以看出，单纯前馈校正具有明显的局限性：(1) 不能根据偏差进行控制效果检验；不能通过反馈不断地纠正偏差；(2) 前馈校正精度受模型精度影响 $G_{PD}(s)$、$G_{PC}(s)$；(3) 一个前馈校正只能处理一个扰动。因此，结合反馈、前馈校正的特点，取长补短，从而形成前馈-反馈校正方案(FFC-FBC)是工程技术中常用的方法。该方案对主要干扰进行前馈校正，实现校正及时；对其他干扰进行反馈校正，实现多干扰控制，形成如图 6-46 所示的结构，其完全补偿条件与单纯前馈校正相同，传递函数为

$$G_{ff}(s)=-\frac{G_{PD}(s)}{G_{PC}(s)}$$

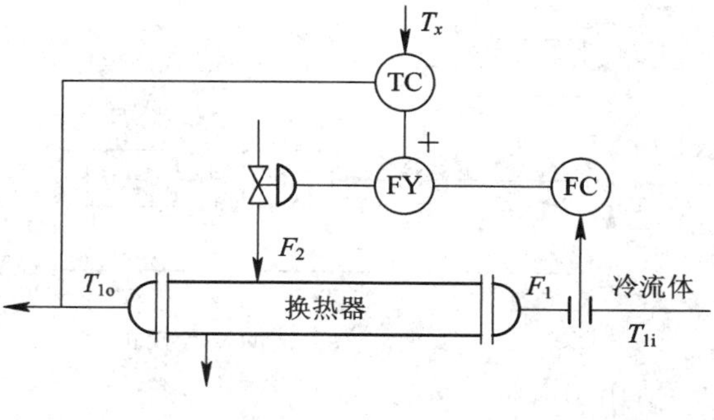

图 6-46　换热器温度控制前馈-反馈校正方案

图 6-46 所示的 FFC-FBC 结构具有明显的优点：

(1) FFC 只需对主要干扰进行前馈补偿，其余干扰由 FBC 完成；

(2) 由于 FBC 的偏差校正，对 FFC 的模型精度要求降低；

(3) 有模型变化的适应能力。

6.6 复合校正

串联校正和反馈校正是控制系统工程中两种常用的校正方法，在一定程度上可以使已校正系统满足给定的性能指标要求。然而，如果控制系统中存在强扰动，特别是低频强扰动，或者系统的稳态精度和响应速度要求很高，则一般的反馈控制校正方法难以满足要求。目前在工程实践中，例如在高速、高精度火炮控制系统中，广泛采用一种将前馈控制和反馈控制有机结合起来的校正方法，这就是复合校正。

6.6.1 复合校正的概念

为了减小或消除系统在特定输入作用下的稳态误差，可以提高系统的开环增益，或者采用高型别系统。但是，这两种方法都将影响系统的稳定性，且会降低系统的动态性能。当型别过高或开环增益过大时，甚至会使系统失去稳定。此外，通过适当选择系统带宽的方法，可以抑制高频扰动，但对低频扰动却无能为力；采用比例-积分反馈校正，虽可抑制来自系统输入端的扰动，但反馈校正装置的设计比较困难，且难以满足系统的高性能要求。如果在系统的反馈控制回路中加入前馈通路，组成一个前馈校正和反馈校正相组合的系统，只要系统参数选择得当，不但可以保持系统稳定，极大地减小乃至消除稳态误差，而且可以抑制几乎所有的可测量扰动，其中包括低频强扰动，这样的系统称为复合控制系统，相应的控制方式称为复合控制。把复合控制的思想用于系统设计，就是所谓的复合校正。在高精度的控制系统中，复合校正得到了广泛的应用。

复合校正中的前馈装置是按不变性原理进行设计的，可分为按输入补偿和按扰动补偿两种方式。

6.6.2 按输入补偿的复合校正

当系统的输入量可以直接或间接获得时，由输入端通过引入输入补偿这一控制环节，构成扰动补偿的复合控制系统，如图 6-47 所示。

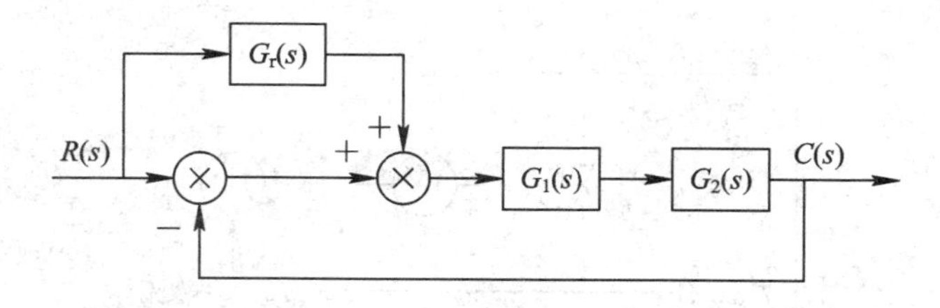

图 6-47 具有输入补偿的复合校正

由图 6-47 可知，扰动作用的输出为

$$C(s)=\frac{G_1(s)G_2(s)G_r(s)+G_1(s)G_2(s)}{1+G_1(s)G_2(s)}R(s)$$

扰动作用下的误差为

$$E(s)=R(s)-C(s)=\frac{1-G_1(s)G_2(s)G_r(s)}{1+G_1(s)G_2(s)}R(s)$$

如果满足 $1-G_1(s)G_2(s)G_r(s)=0$，即 $G_r(s)=1/G_1(s)G_2(s)$时，则系统完全复现输入信号(即 $E(s)=0$)，从而实现输入信号的全补偿。当然，要实现全补偿是非常困难的，但可以实现近似的全补偿，从而可大幅度地减小输入误差，改善系统的跟随精度。

具体设计时，可以选择$G_1(s)G_2(s)$(可加入串联校正装置 $G_r(s)$)的形式与参数，使系统获得满意的动态性能和稳态性能。然而，$G_r(s)=1/G_1(s)G_2(s)$的误差全补偿条件在物理上往往无法准确实现，因为对由物理装置实现的$G_1(s)G_2(s)$来说，其分母多项式次数总是大于或等于分子多项式的次数。因此在实际使用时，多在对系统性能起主要影响的频段内采用近似全补偿或者稳态全补偿，以使前馈补偿装置易于物理实现。

从补偿原理来看，由于前馈补偿实际上是采用开环控制方式去补偿可测量的扰动信号，因此，前馈补偿并不改变反馈控制系统的特性。从抑制扰动的角度来看，前馈控制可以减轻反馈控制的负担，所以反馈控制系统的增益可以取得小一些，有利于系统的稳定性。所有这些都是用复合校正方法设计控制系统的有利因素。

总之，采用前馈控制补偿扰动信号对系统输出的影响，是提高系统控制准确度的有效措施，但是，采用前馈补偿，首先要求扰动信号可以测量，其次要求前馈补偿装置在物理上是可实现的，并应力求简单。在实际应用中，多采用近似全补偿或稳态全补偿的方案。一般来说，主要扰动引起的误差，由前馈控制进行全部或部分补偿；次要扰动引起的误差，由反馈控制予以抑制。这样，在不提高开环增益的情况下，各种扰动引起的误差均可得到补偿，从而有利于兼顾提高系统稳定性和减小系统稳态误差的要求。此外，由于前馈控制是一种开环控制，因此要求构成前馈补偿装置的元部件具有较高的参数稳定性，否则将削弱补偿效果，并给系统输出造成新的误差。

6.6.3　按扰动补偿的复合校正

当系统的扰动量可以直接或间接获得时，可以采用按扰动补偿的复合校正，如图 6-48 所示。不考虑输入控制，即 $R(s)=0$ 时，扰动作用下的误差为

$$\begin{aligned}E(s)&=R(s)-C(s)=-C(s)\\&=-\frac{G_2(s)}{1+G_1(s)G_2(s)}D(s)-\frac{G_d(s)G_1(s)G_2(s)}{1+G_1(s)G_2(s)}D(s)\\&=-\frac{G_2(s)+G_d(s)G_1(s)G_2(s)}{1+G_1(s)G_2(s)}D(s)\end{aligned}$$

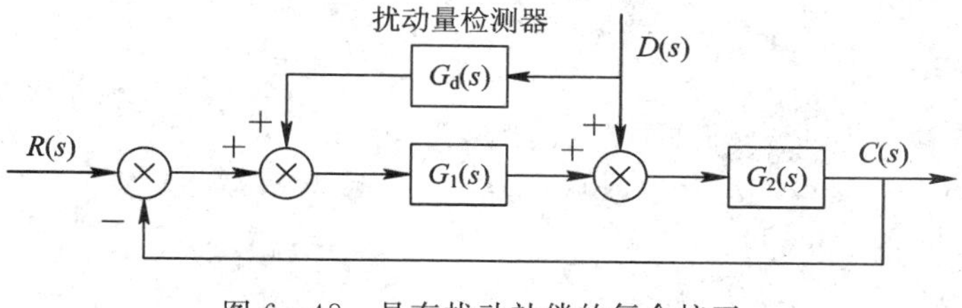

图 6-48　具有扰动补偿的复合校正

如果满足 $1+G_d(s)G_1(s)=0$，即 $G_d(s)=-1/G_1(s)$时，则系统因扰动而引起的误差已全部被补偿(即 $E(s)=0$)。同理，要实现全补偿是非常困难的，但可以实现近似的全补偿，从而可大幅度地减小扰动误差，显著地改善系统的动态和稳态性能。由于按扰动补偿的复合校正具有显著减小扰动稳态误差的优点，因此，在一些稳定性要求较高的场合得到广泛应用。

由于 $G(s)$一般均具有比较复杂的形式，故全补偿条件 $G_d(s)=-1/G_1(s)$的物理实现相当困难。在工程实践中，大多采用满足跟踪精度要求的部分补偿条件，或者在对系统性能起主要影响的频段内实现近似全补偿，以使 $G_d(s)$的形式简单并易于物理实现。

6.7　利用 MATLAB 对线性系统的校正分析与设计

6.7.1　控制器仿真比较

由于 PID 控制器具有良好的控制效果，因此在实际控制工程中得到了广泛的应用。下面通过一个例子来直观地说明比例、积分、微分环节的控制作用。

1. PI 控制器

PI 控制器即是比例-积分控制器，其输出与偏差的关系式为

$$u(t)=K_p\left[e(t)+\frac{1}{T_i}\int e(t)\mathrm{d}t\right] \tag{6-17}$$

其对应的传递函数式为

$$G_c(s)=\frac{U(s)}{E(s)}=K_p\left(1+\frac{1}{T_i s}\right) \tag{6-18}$$

而在当前条件下，系统的开环传递函数为

$$G(s)=10\left(\frac{K_p+\frac{K_i}{s}}{(s+1)(s+2)(s+3)(s+4)}\right) \tag{6-19}$$

其中，$K_i=\frac{K_p}{T_i}$。

而闭环传递函数为

$$\varphi(s)=\frac{G(s)}{1+G(s)} \tag{6-20}$$

以上就是基本的数学表达式，下面用 MATLAB 进行仿真。

MATLAB 程序如下：

```
Go=zpk([],[-1;-2;-3;-4],10);
Kp=[4.2,4.2,4.2,4.2,4.2];
Ti=[5,4,3,2.3,2];
hold on
for i=1:5;
Gc=tf(Kp(i)*[Ti(i),1]/Ti(i),[1,0]);
G=feedback(Gc*Go,1);
step(G);
```

```
end
gtext('Kp=4.2, Ti=5'); gtext('Kp=4.2, Ti=4');
gtext('Kp=4.2, Ti=3'); gtext('Kp=4.2, Ti=2.3');
gtext('Kp=4.2, Ti=2');
```

令 $K_p=4.2$，取 $T_i=5$，4，3，2.3，2 时的响应输出如图 6-49 所示。

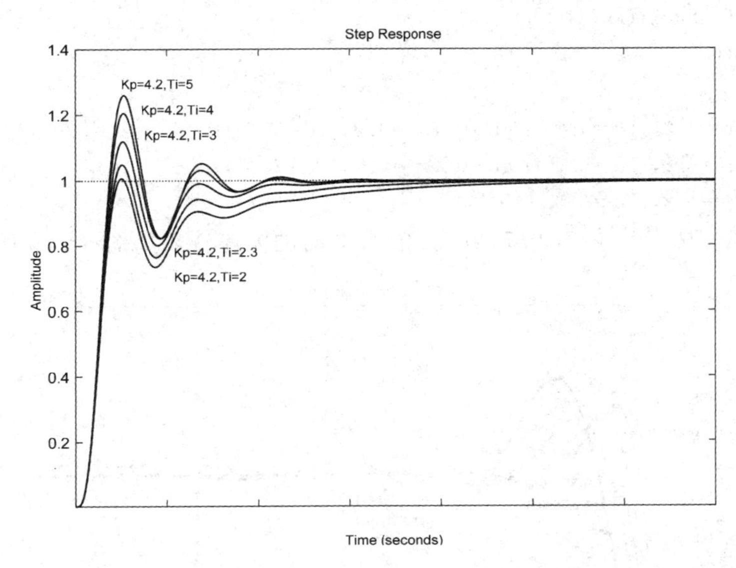

图 6-49 PI 控制器仿真图

由图可知，K_p 增大(即 T_i 减小)时稳态误差改变几乎为 0，可见稳态性能有显著改善，但动态性能有所下降。

2. PD 控制器

PD 控制器即是比例-微分控制器。理想的比例微分控制表达式为

$$u(t)=K_p\left[e(t)+T_d\frac{\mathrm{d}e(t)}{\mathrm{d}t}\right] \tag{6-21}$$

式中，K_p 为比例系数，T_d 为微分时间常数。

理想比例微分控制对应的传递函数为

$$G_c(s)=\frac{U(s)}{E(s)}=K_p[1+T_d s] \tag{6-22}$$

当前条件下，系统的开环传递函数为

$$G(s)=\frac{10(K_p+K_d s)}{(s+1)(s+2)(s+3)(s+4)} \tag{6-23}$$

其中，$K_d=K_p\times T_d$。

闭环传递函数为

$$\varphi(s)=\frac{G(s)}{1+G(s)}$$

以上就是基本的数学表达式，下面用 MATLAB 进行仿真。

MATLAB 程序如下：

```
Go=zpk([],[-1; -2; -3; -4],10);
```

```
Kp=[4.2, 4.2, 4.2, 4.2, 4.2];
Td=[1.0, 0.7, 0.5, 0.3, 0];
hold on
for i=1: 5
    Gc=tf(Kp(i)*[Td(i), 1], [1]);
    G=feedback(Gc*Go, 1);
    step(G);
end
gtext('Kp=4.2, Td=1.0'); gtext('Kp=4.2, Td=0.7');
gtext('Kp=4.2, Td=0.5'); gtext('Kp=4.2, Td=0.3');
gtext('Kp=4.2, Td=0');
```

令 $K_p=4.2$，取 $T_d=1.0$，0.7，0.5，0.3，0 时的响应输出如图 6-50 所示。

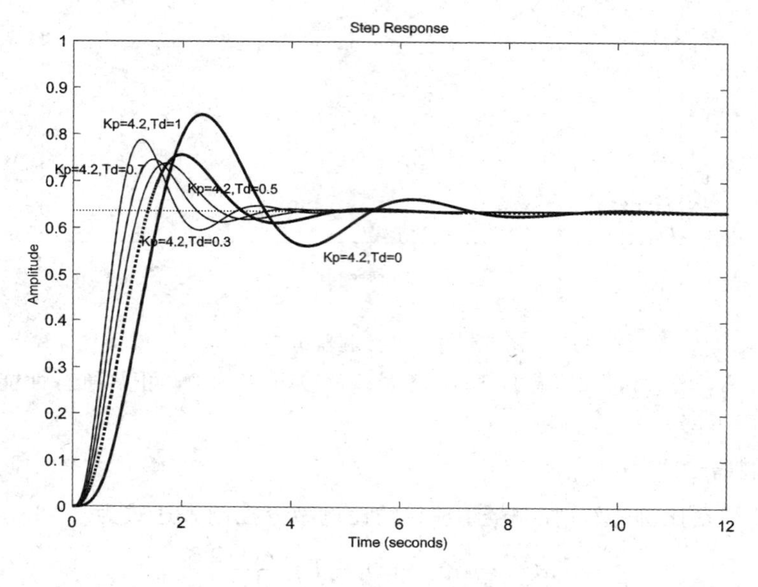

图 6-50　PD 控制器仿真图

可以看到，当微分时间常数 T_d 增大时，终值依旧不为 1 且几乎不变，即对系统的稳态性能改变不大，但上升时间和峰值时间、超调量有较大改变，即对系统的动态性能有很大改善。

3. PID 控制器

PID 控制器就是比例-积分-微分控制器，调节时 PI 和 PD 两者都起作用。

PID 控制器的表达式为

$$u(t)=K_p\left[e(t)+\frac{1}{T_i}\int_0^1 e(t)\,dt+T_d\frac{de(t)}{dt}\right] \tag{6-24}$$

式中，K_p 为比例系数，T_i 为积分时间常数，T_d 微分时间常数。

理想 PID 控制器的传递函数为

$$G_c(s)=\frac{U(s)}{E(s)}=K_p\left[1+\frac{1}{T_i s}+T_d s\right] \tag{6-25}$$

而在当前条件下，该系统的开环传递函数为

$$G(s)=\frac{10(K_p s+K_d s^2+K_i)}{s(s+1)(s+2)(s+3)(s+4)} \tag{6-26}$$

其中，$K_i=\frac{K_p}{T_i}$，$K_d=K_p\times T_d$。

闭环传递函数为

$$\varphi(s)=\frac{G(s)}{1+G(s)}$$

以上就是基本的数学表达式，下面用 MATLAB 进行仿真。

MATLAB 程序如下：

```
Go=zpk([], [-1; -2; -3; -4], 10);
Kp=[8.5, 4.2, 6.7, 6.7, 8.5];
Ti=[1.6, 2.3, 3.2, 1.9, 1.6];
Td=[0.4, 0.4, 0.37, 0.3, 0.3];
hold on
for i=1: 5
    Gc=tf(Kp(i) * [Td(i) * Ti(i), Ti(i), 1]/Ti(i), [1, 0]);
    G=feedback(Gc * Go, 1);
    step(G);
end
gtext('Kp=8.5, Ti=1.6, Td=0.4');
gtext('Kp=4.2, Ti=2.3, Td=0.4');
gtext('Kp=6.7, Ti=3.2, Td=0.37');
gtext('Kp=6.7, Ti=1.9, Td=0.3');
gtext('Kp=8.5, Ti=1.6, Td=0.3');
```

采用 PID 控制器在不同参数情况下的响应输出曲线如图 6-51 所示。

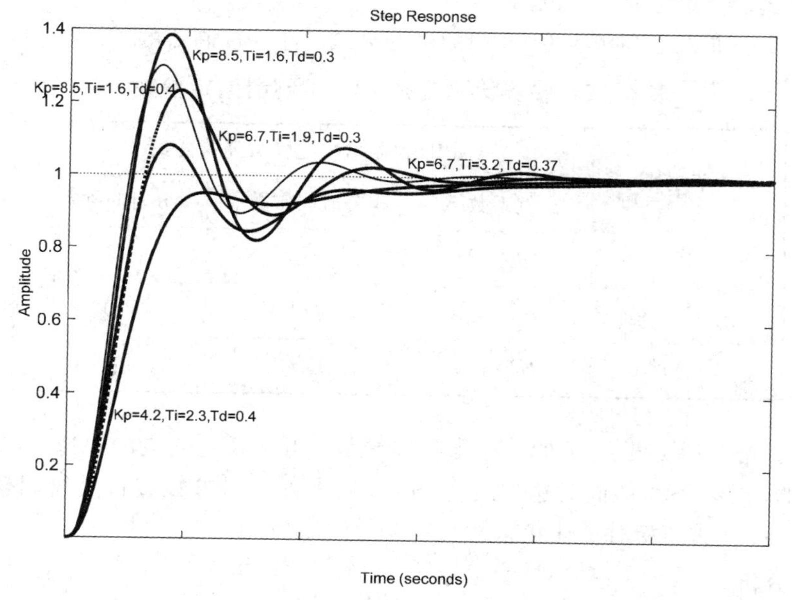

图 6-51　PID 控制器仿真图

综上，由图可以看到，PD调节器作用下系统的动态偏差最小，由于有微分的作用，可使比例增益增大，调节时间大大缩短，但因为无积分作用，系统仍有余差，只是比例增益增大，余差只是比例调节的一半左右；对于PID调节，系统最大偏差比PD调节稍差，但由于积分作用，使得系统没有了余差，同样因为积分作用，使得系统的振荡周期增长了。综合考虑而言，PID同时作用时的控制效果最佳。

同时要指出的是，这并不意味着在任何情况下对不同的被控对象采用三种组合调节作用都是合理的，如果P、I、D调节器的参数选择不合适，那么不仅不能发挥各自的作用和优点，反而会适得其反。所以，对于PID控制器的参数选择也是很关键的，由于篇幅有限，就不对此作深入研究了。

6.7.2 PID控制器的参数整定

PID控制器的参数整定是控制系统设计的重要内容之一。参数整定是指根据被控对象的特性及期望性能指标来综合确定控制器的比例、积分和微分系数大小及其比例关系。

在实际工程中，基于时域的PID参数的工程整定方法有临界比例度法、衰减曲线法和试凑法等。工程整定法可以在粗略已知环境状况和数学模型条件下，利用经验计算值直接进行在线整定与微调。工程整定法计算渐变，易于掌握和实施。

本节重点介绍临界比例度法。

1. 临界比例度法

临界比例度法适用于具有振荡特性的系统，通常要求系统的阶数大于等于三阶。其具体整定步骤如下：

(1) 将控制器置于纯比例状态，即只保留P功能且比例系数 K_p 适当，使系统稳定。

(2) 改变 K_p，直到系统输出等幅振荡。此时的 K_p' 称为临界稳定增益，对应的等幅振荡周期记为 T_k。

(3) 根据 K_p' 和 T_k，利用表6-5中的经验公式，计算控制器的 K_p、T_i 和 T_d。

表6-5　临界比例度法PID控制器整定参数

调节规律	PID控制器整定参数经验公式		
	比例系数 K_p	积分时间常数 T_i	微分时间常数 T_d
P	$K_p'/2$	∞	0
PI	$K_p'/2.2$	$T_k/1.2$	0
PID	$K_p'/1.7$	$T_k/2$	$T_k/8$

(4) 按照“先P后I最后D”的顺序来整定参数。由于系统响应的快速性与超调量指标之间是互斥的，二者不可能同时达到最优，所以通常需要对参数进行反复调整和比较，直到系统的动态过程达到相对最佳状态。

2. 系统分析

下面使用MATLAB对系统进行仿真分析。系统的Simulink模型如图6-52所示。

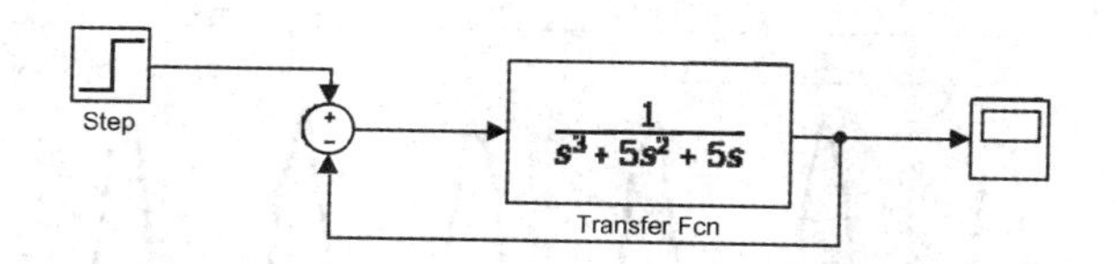

图 6-52　系统的 Simulink 模型

从图 6-53 的仿真曲线可以看出，$T_s>12$ s，该系统响应速度比较慢，惯性较大，对输入信号的反应迟钝，调节时间长，整体性能不好。下面使用 PID 调节器校正系统参数。

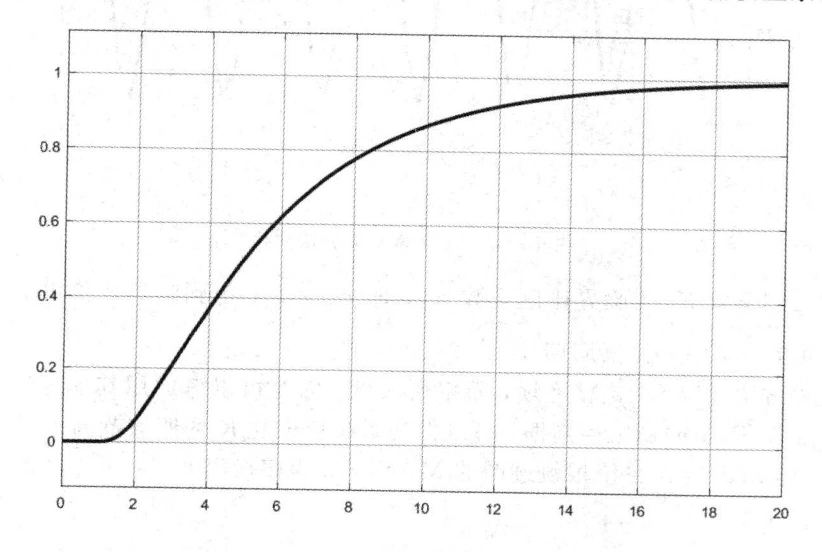

图 6-53　系统的单位阶跃响应曲线

3. 确定比例度和临界振荡周期

确定比例度时要消去积分(I)和微分(D)的作用，在只有比例作用时得到系统的等幅振荡曲线，该过程的 Simulink 仿真图如图 6-54 所示。

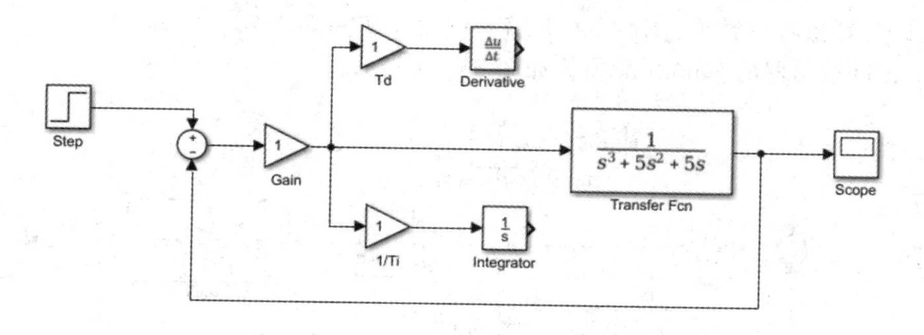

图 6-54　纯比例控制系统的 Simulink 仿真图

为了得到等幅振荡曲线时 K_p 的值，先把 K_p 设置为 1，然后不断增大 K_p 的值，并且观察示波器的仿真结果，直到控制系统出现临界振荡状态(得到等幅振荡曲线)。一般系统的阶跃响应持续 4～5 次振荡，就认为系统已经到临界振荡状态。

当把 K_p 设置为 25 时，系统的阶跃响应曲线为等幅振荡曲线，如图 6-55 所示。

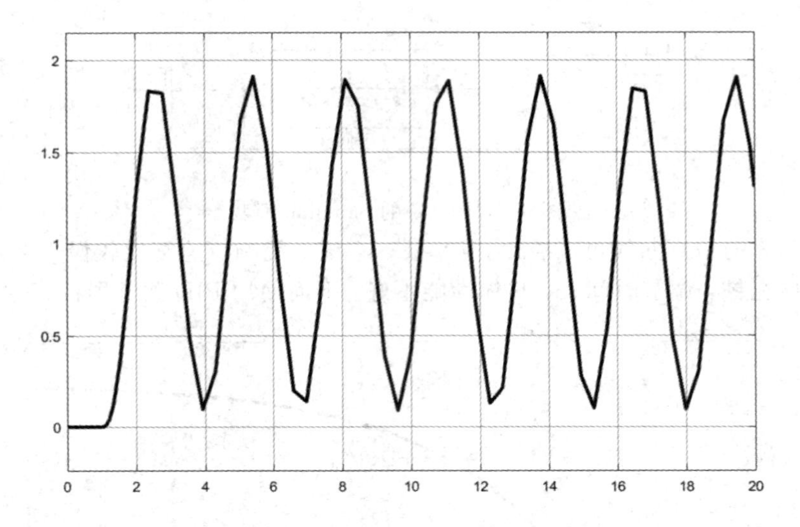

图 6-55　系统的等幅振荡曲线

此时的比例系数 K_p 为临界比例系数 K_p，即 $K_p=25$，得到临界比例度 $\delta_r=\frac{1}{K_p}=\frac{1}{25}$。从图 6-55 可看出，临界振荡周期 T_k 为 2.7。

由于这种方法获取 K_p 比较麻烦，效率比较低，因此可以考虑用其他方法来获取 K_p，例如，根据劳斯(Routh)稳定性判据，可以得到系统稳定的 K 的取值范围。

使用 MATLAB 绘制系统根轨迹图的 MATLAB 程序代码如下：

```
num=1;
den=[1 5 5 0];
G0=tf(num, den);
rlocus(G0)
```

4. PID 控制器参数整定

根据表 6-5，利用经验公式对参数进行整定仿真，并分析 PID 控制的效果。根据表 6-5，可以计算出各参数为：$K_p=14.7$，$T_i=1.35$，$T_d=0.3375$。

系统 PID 控制器的 Simulink 模型如图 6-56 所示。

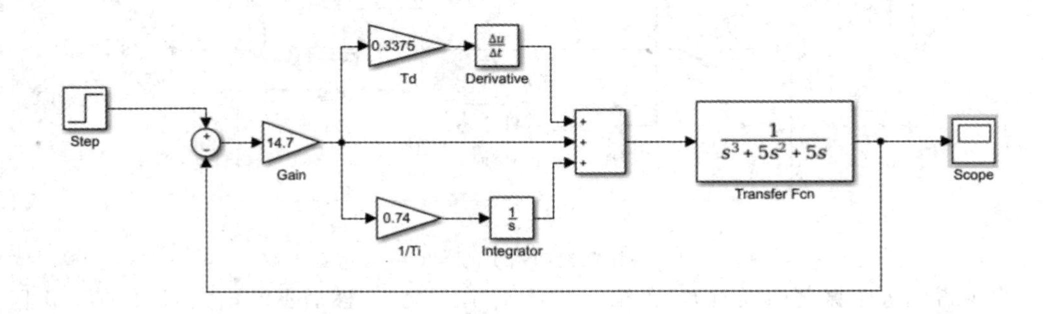

图 6-56　系统 PID 控制器的 Simulink 模型

从图 6-57 中分析可知，进行 PID 调节后，超调量 $\sigma\%=60\%$，$T_s=2$ s，虽然系统的多项指标都比较令人满意，但是还是有一些指标不太满意(例如超调量还是有点大)。从以上分析可以看出，仅仅根据经验公式进行PID参数整定是远远不够的，它只能给我们提供一个大致的参考量，并不一定是最佳的，因此有时还需要二次整定PID控制器的参数。

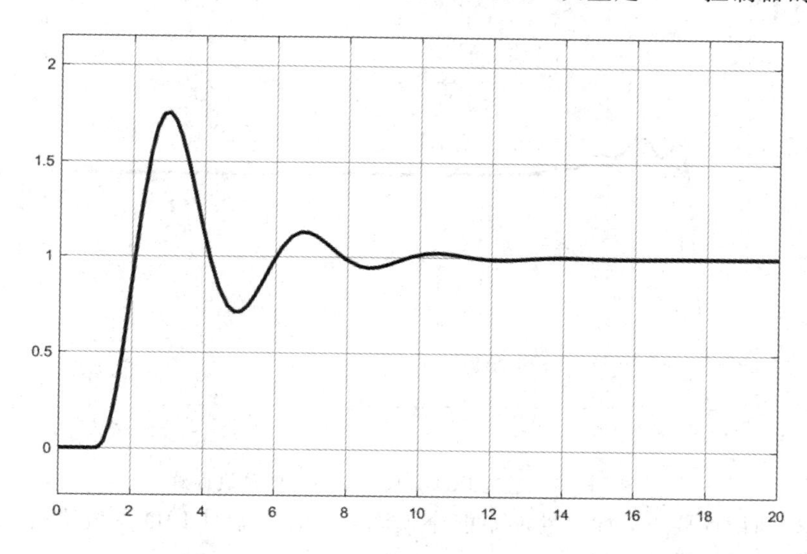

图6-57　系统PID调节时的仿真曲线

5. PID参数的二次整定

PID参数二次整定的方法是：

(1) 在通常情况下，增大比例系数 K_p 可以显著加快系统的响应速度，有助于提高系统的快速性和减少系统稳态误差，但过大的比例系数会产生较大的超调量，有可能引起振荡而使系统的稳定性变差。

(2) 增大积分时间常数 T_i(减小积分系数 K_i)将减小积分作用，有助于减小超调量、改善系统稳定性，但同时消除系统稳态误差的速度变慢。

(3) 增加微分时间常数 T_d 有利于加快系统的响应速度，提高系统的快速性，同时超调量减小可增强系统的稳定性，但对于干扰的抑制能力会减弱。

(4) 根据对系统性能的要求，有针对性地对PID参数整定，整定时按照先比例(P)、再积分(I)、后微分(D)的步骤进行。由于调整某个参数时会加强系统某一方面的性能，但同时可能会对系统另一方面的性能带来不利的影响，因此在控制器参数整定时要综合考虑参数改变给系统的稳定性、快速性、准确性三个方面带来的影响，努力找到系统各项参数性能之间的最佳平衡点，以取得令人满意的控制效果。

按照上述方法对PID参数进行二次整定：

适当增大系统的比例系数 K_p、积分时间常数 T_i 和微分时间常数 T_d。令 $K_p=55$，$T_i=1.7$，$T_d=0.5$，仿真曲线如图6-58所示。

从图中可以看出，此时系统的超调量 $\sigma\%=20\%$，调节时间 $T_s=2$ s，系统很快进入稳定工作区域，稳定性很理想，系统的总体性能令人满意。

总之，在使用临界比例度法对PID控制器进行参数整定时，可以考虑利用劳斯稳定性判据和根轨迹图迅速得到使系统临界稳定的临界比例度和振荡周期。其次，根据经验公式计算出PID控制器的各个参数值，利用Simulink进行仿真，进一步分析系统的各项性能指

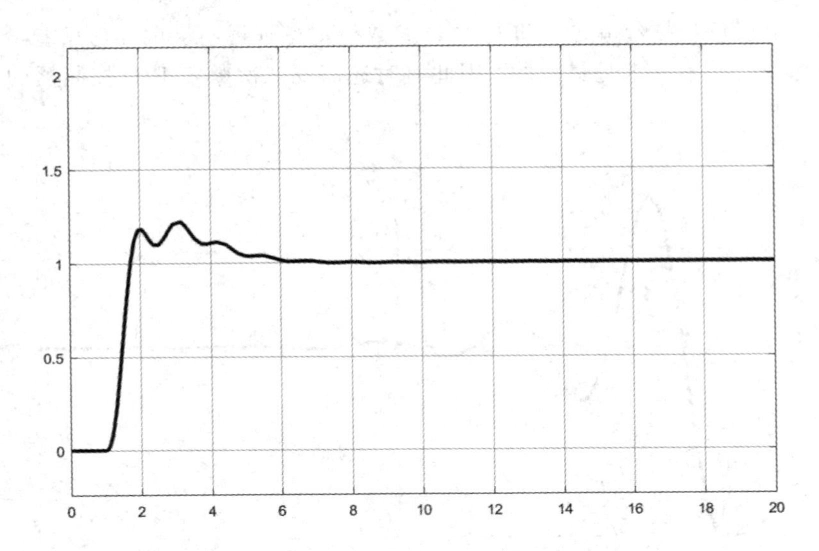

图 6 - 58　系统 PID 参数二次整定的仿真曲线

标是否能够达到设计要求，如果性能不能令人满意，应考虑对 PID 参数进行二次整定，直至系统各项性能指标满足要求。

这种 PID 参数整定方法在一定程度上避免了试凑参数时的盲目性，有很强的针对性，因此，采用这种方法可以比较快速而有效地找到最理想的 PID 参数，是一种行之有效的整定方法。

6.7.3 Simulink 建模

在一些实际应用中，如果系统的结构过于复杂，不适合用前面介绍的方法建模时可以使用功能完善的 Simulink 程序来建立新的数学模型。Simulink 是由 Math Works 软件公司于 1990 年为 MATLAB 提供的新的控制系统模型图形输入仿真工具。它具有两个显著的功能：Simul(仿真)与 Link(连接)，亦可以利用鼠标在模型窗口上"画"出所需的控制系统模型，然后利用 Simulink 提供的功能来对系统进行仿真或线性化分析。与 MATLAB 中的逐行输入命令相比，Simulink 输入更容易，分析更直观。

1. Simulink 建立系统模型

(1) Simulink 的启动：在 MATLAB 命令窗口的工具栏中单击按钮或者在命令提示符">>"下键入"simulink"命令，按回车键后即可启动 Simulink 程序。启动后软件自动打开 Simulink 模型库窗口，如图 6 - 59 所示。这一模型库中含有许多子模型库，如 Sources(输入源模块库)、Sinks(输出显示模块库)、Nonlinear(非线性环节)等。若想建立一个控制系统结构框图，则应该选择"File| New"菜单中的"Model"选项，或工具栏上的"New Model"按钮，打开一个空白的模型编辑窗口，如图 6 - 60 所示。

(2) 画出系统的各个模块：打开相应的子模块库，选择所需要的元素，用鼠标左键点中后拖到模型编辑窗口的合适位置。

(3) 给出各个模块参数：由于选中的各个模块只包含默认的模型参数，如默认的传递函数模型为 1/(s+1)的简单格式，必须修改才能得到实际的模块参数。要修改模块的参

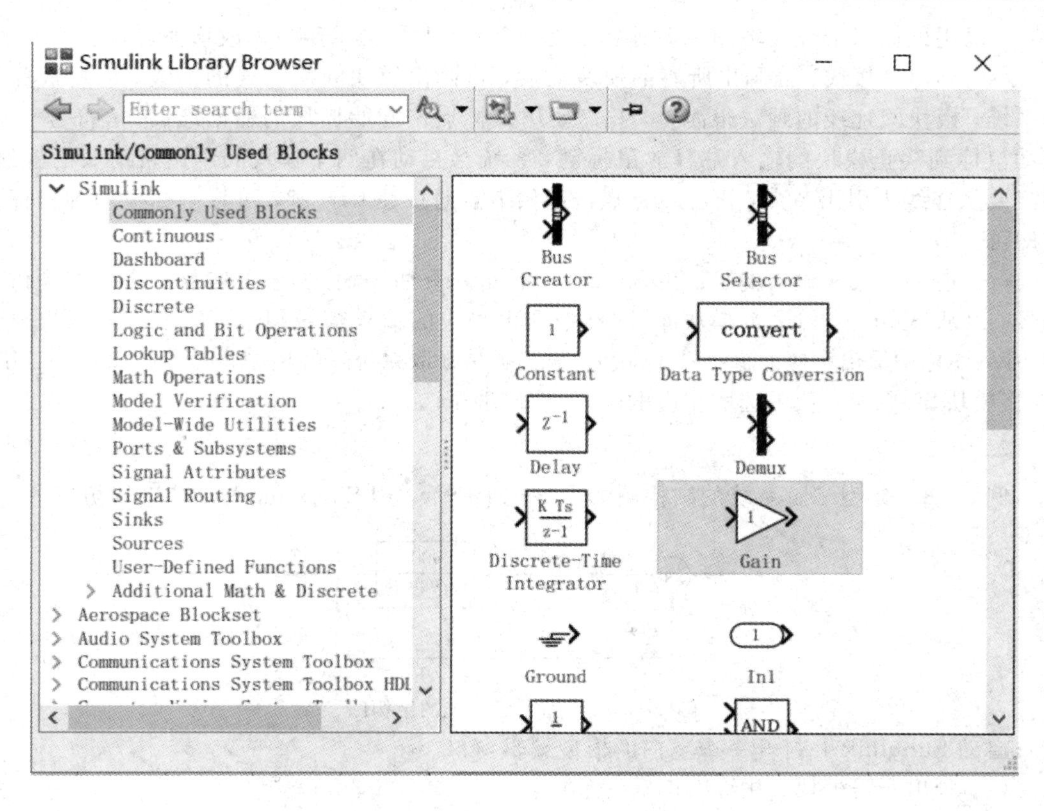

图 6－59　Simulink 模型库

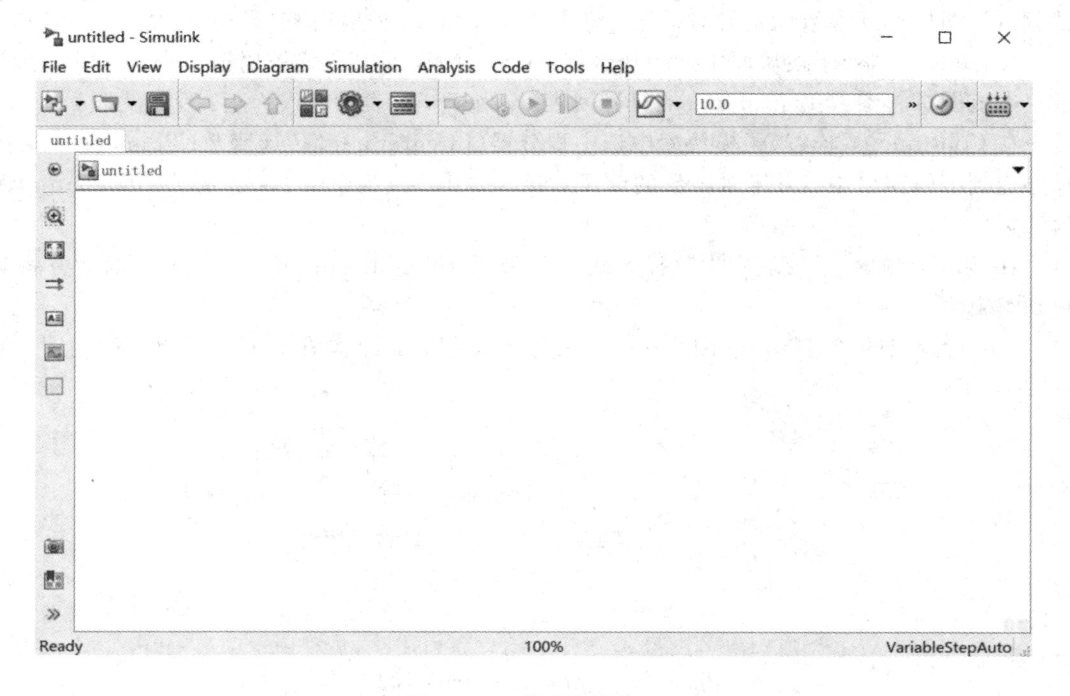

图 6－60　模型编辑窗口

数，可以用鼠标双击该模块图标，则会出现一个对话框，提示用户修改模块参数。

(4) 画出连接线：当画出所有的模块之后，再画出模块间所需要的连线，以构成完整的系统。模块间连线的画法很简单，只需要用鼠标点击起始模块的输出端(三角符号)，再拖动鼠标到终止模块的输入端释放鼠标键，系统会自动在两个模块间画出带箭头的连线。若需要从连线中引出节点，可在鼠标点击起始节点时按住 Ctrl 键，再将鼠标拖动到目标模块即可。

(5) 指定输入和输出端子：在 Simulink 下允许有两类输入/输出信号，第一类是仿真信号，可从 Sources(输入源模块库)图标中取出相应的输入信号端子，从 Sinks(输出显示模块库)图标中取出相应的输出端子即可。第二类是提取系统线性模型，则需打开 Connection(连接模块库)图标，从中选取相应的输入/输出端子。

2. 步骤练习

例 6-8　典型二阶系统的结构图如图 6-61 所示。用 Simulink 对系统进行仿真分析。

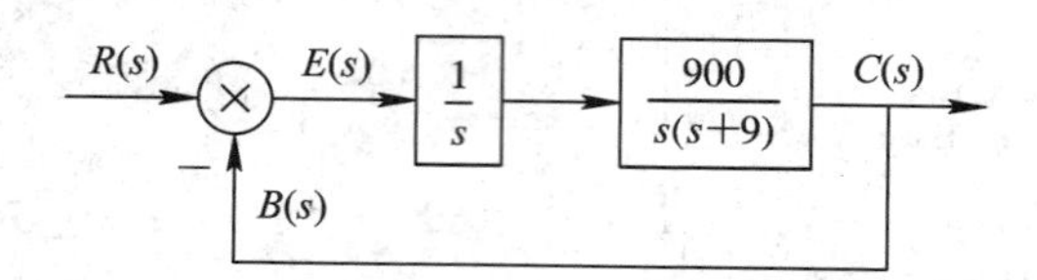

图 6-61　典型二阶系统的结构图

启动 Simulink 并打开一个空白的模型编辑窗口。

(1) 画出所需模块，并给出正确的参数。

在 Sources 子模块库中选中阶跃输入(Step)图标，将其拖入编辑窗口中，并用鼠标左键双击该图标打开参数设定的对话框，将参数 step time(阶跃时刻)设为 0。

在 Math(数学)子模块库中选中加法器(sum)图标，将其拖入编辑窗口中，并用鼠标左键双击该图标将参数 List of signs(符号列表)设为|+−(表示输入为正，反馈为负)。

在 Continuous(连续)子模块库中选中积分器(Integrator)和传递函数(Transfer Fcn)图标并拖到编辑窗口中，将传递函数的分子(Numerator)改为〔900〕，分母(Denominator)改为〔1，9〕。

在 Sinks(输出)子模块库中选择 Scope(示波器)和 Out1(输出端口模块)图标，并将其拖到编辑窗口中。

(2) 将画出的所有模块按图 6-61 用鼠标连接起来，即构成一个原系统的结构图，如图6-62 所示。

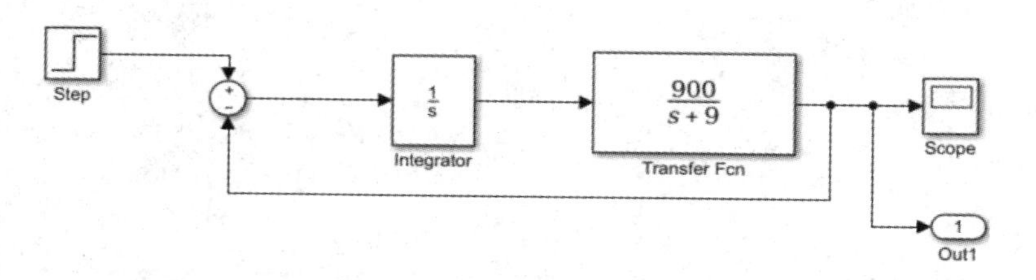

图 6-62　二阶系统的 Simulink 实现

(3) 选择仿真算法和仿真控制参数，启动仿真过程。

在编辑窗口中点击 Simulation|Simulation parameters 菜单，会出现一个参数对话框，在 solver 模板中设置响应的仿真范围 StartTime(开始时间)和 StopTime(终止时间)，仿真步长范围 Maxinum step size(最大步长)和 Mininum step size(最小步长)。本例中，StopTime 可设置为 2。

最后点击 Simulation|Start 菜单或相应的热键启动仿真。双击示波器，在弹出的图形上会实时地显示出仿真结果，如图 6-63 所示。

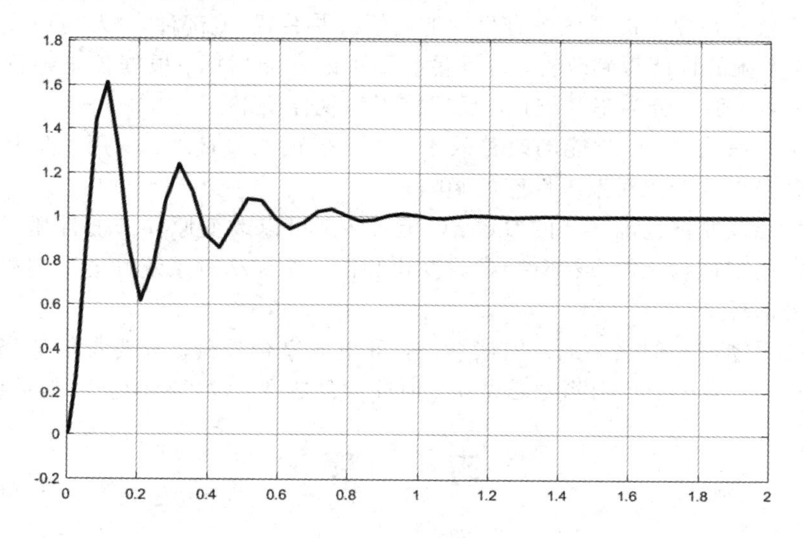

图 6-63　仿真结果示波器显示

在命令窗口中键入 whos 命令，会发现工作空间中增加了两个变量——tout 和 yout，这是因为 Simulink 中的 Out1 模块自动将结果写到了 MATLAB 的工作空间中。利用 MATLAB 命令 plot(tout，yout)可将结果绘制出来，如图 6-64 所示。比较图 6-63 和图 6-64，可以发现这两种输出结果是完全一致的。

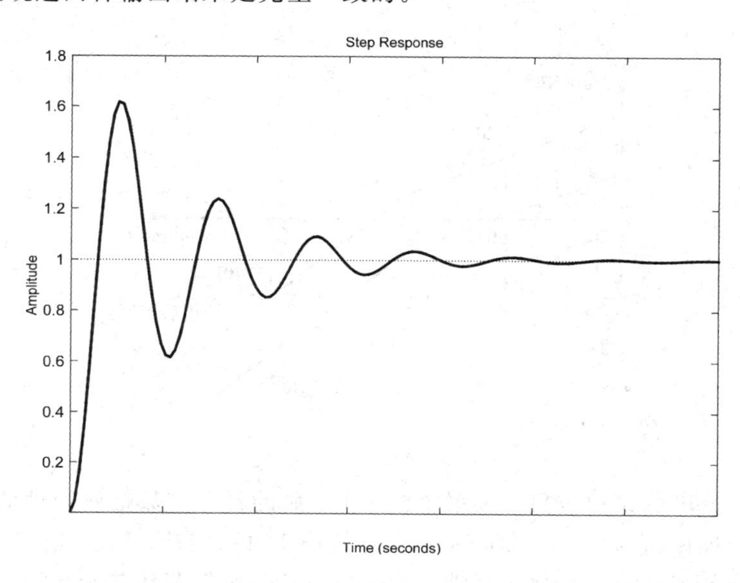

图 6-64　MATLAB 命令得出的系统响应曲线

通过对参数整定过程的仿真，我们能很清楚、直观地看出 P、I、D 各部分在控制中的作用，有助于深刻理解参数整定的原理和过程。在实际生产过程中，结合实际生产情况，理论结合实践，多思考，多练习，就能较快地掌握 PID 参数整定方法。

小结与要求

系统校正就是在原有的系统中有目的地增添一些装置(或部件)，人为地改变系统的结构和参数，使系统的性能得到改善，以满足所要求的性能指标。根据校正装置在系统中所处位置的不同，一般可分为串联校正、反馈校正和复合校正。

串联校正对系统结构、性能的改善效果明显，校正方法直观、实用，但无法克服系统中元件(或部件)参数变化对系统性能的影响。

反馈校正能改变被包围环节的参数、性能，甚至可以改变原环节的性质。这一特点使得反馈校正能用来抑制元件(或部件)参数变化和内、外扰动对系统性能的消极影响，有时甚至可取代局部环节。

在系统的反馈控制回路中加入前馈补偿，可组成复合控制。只要参数选择得当，则可以保持系统稳定，减小乃至消除稳态误差，但补偿要适度，过量补偿会引起系统振荡。

习　　题

6-1　什么是系统校正？系统校正有哪些类型？

6-2　PI 调节器调整系统的什么参数？它使系统在结构上发生怎样的变化？它对系统的性能有什么影响？如何减小它对系统稳定性的影响？

6-3　PD 控制为什么又称为超前校正？它对系统的性能有什么影响？

6-4　图 6-65 为某单位负反馈系统校正前、后的开环对数幅频特性曲线，比较系统校正前后的性能变化。

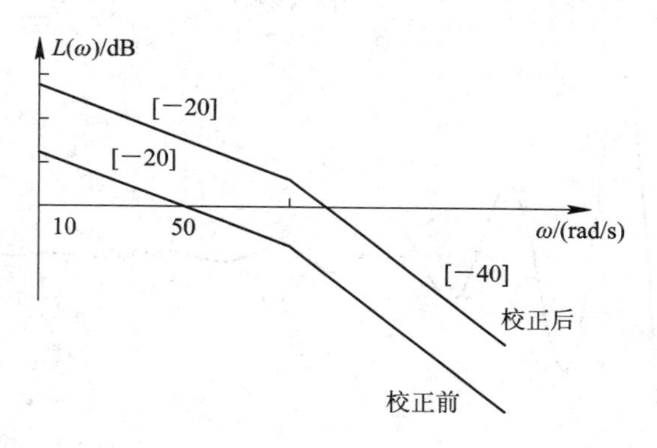

图 6-65　题 6-4 图

6-5　图 6-66 为某单位负反馈系统校正前、后的开环对数幅频特性曲线，写出系统校正前、后的开环传递函数 $G_1(s)$ 和 $G_2(s)$；分析校正对系统动、静态性能的影响。

6-6　试分别叙述利用比例负反馈和微分负反馈包围振荡环节所起的作用。

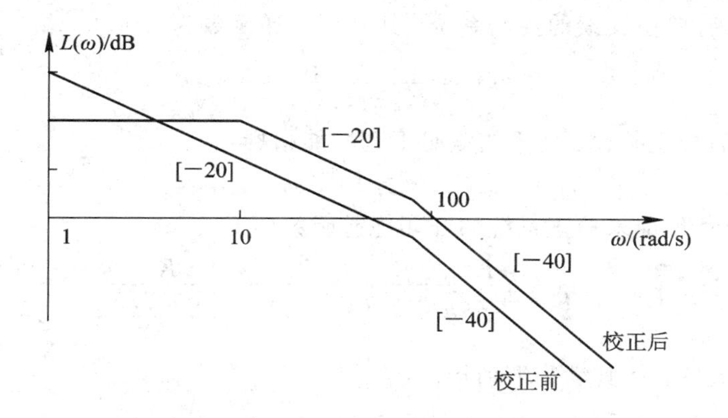

图 6-66　题 6-5 图

6-7　若对图 6-67 所示系统中的一个大惯性环节采用微分负反馈校正(软反馈)，试分析它对系统性能的影响。设图中 $K_1=0.2$，$K_2=1000$，$K_3=0.4$，$T=0.8\text{s}$，$\beta=0.01$。求：

(1) 未设反馈校正时系统的动、静态性能。

(2) 增设反馈校正时系统的动、静态性能。

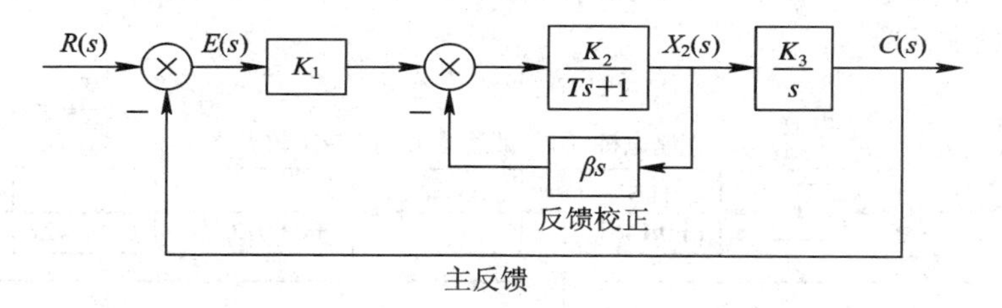

图 6-67　题 6-7 图

6-8　某Ⅰ型二阶系统结构如图 6-68 所示。

(1) 计算系统的速度稳态误差 e_{ss} 和相角裕量 γ；

(2) 采用串联校正方法，使校正后的系统仍为Ⅰ型二阶系统，速度稳态误差减小为校正前的 0.1，相角裕量 γ 保持不变，确定校正装置传递函数。

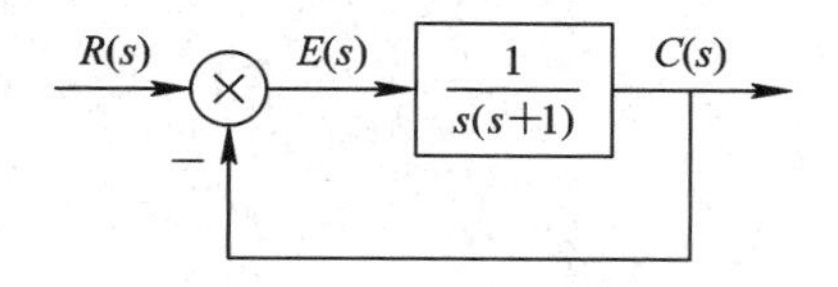

图 6-68　题 6-8 图

6-9　设未校正系统的开环传递函数为

$$G_0(s)=\frac{200}{s(0.05s+1)(0.01s+1)}$$

要求性能指标为 $K_v=200$，$M_p\leqslant 30\%$，$t_s\leqslant 0.5\ \text{s}$，确定该系统的期望频率特性。

6-10　设具有单位反馈的控制系统，其未校正时的开环传递函数为

$$G_0(s)=\frac{4K}{s(s+2)}$$

要求设计串联超前校正装置，使 $K_v=20$，$\gamma\geqslant 50^\circ$。

6-11　设具有单位反馈的控制系统，其开环传递函数为

$$G_0(s) = \frac{K}{s(s+1)(0.5s+1)}$$

要求设计串联滞后校正装置，使系统满足下列性能指标：

$$K_v = 5s^{-1},\ \gamma \geqslant 40°,\ \omega_c \geqslant 0.5s^{-1}$$

6-12　单位负反馈未校正系统的开环传递函数如下：

$$G_s(s) = \frac{K}{s(T^2s^2 + 2\xi Ts + 1)} = \frac{K}{s\left(\frac{s^2}{37^2} + \frac{2\times 0.57}{37}s + 1\right)}$$

试设计串联校正装置，使其满足下列指标：

$$K_v \geqslant 375,\quad \gamma = 48°,\quad \omega_c = 25s^{-1}$$

6-13　反馈校正设计举例：某高炮电气-液压跟踪系统为一个二阶无差系统，其原理方框图如图 6-69 所示。试设计反馈校正装置，并使系统满足下列性能指标：

(1) 系统在最大跟踪速度 18°/s 及最大跟踪加速度 $3°/s^2$ 时，系统的最大误差满足 $e_m < 0.42°$；

(2) 在单位阶跃信号作用下，系统的瞬态响应时间 $t_s \leqslant 1.2$ s；

(3) 超调量 $\sigma \leqslant 30\%$。

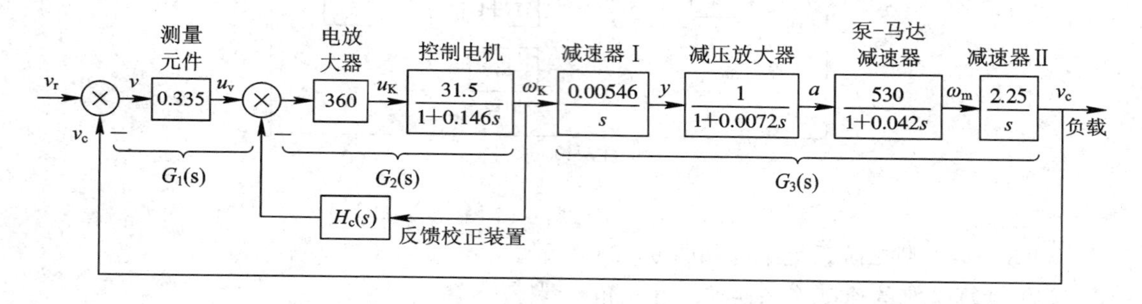

图 6-69　题 6-13 图

参考文献

[1] 王建辉，顾树生. 自动控制原理[M]. 2版. 北京：清华大学出版社，2014.
[2] 陈祥光，等. 自动控制原理及应用[M]. 2版. 北京：清华大学出版社，2016.
[3] 摆玉龙. 自动控制原理(双语教材)[M]. 2版. 北京：清华大学出版社，2018.
[4] 胡寿松. 自动控制原理[M]. 7版. 北京：科学出版社，2019.
[5] 胡寿松. 自动控制原理习题解析[M]. 3版. 北京：科学出版社，2018.
[6] GENE F F，et al. 李中华，等，译. 自动控制原理与设计[M]. 6版. 北京：电子工业出版社，2014.
[7] 梅晓榕. 自动控制原理[M]. 4版. 北京：科学出版社，2017.
[8] 赵忠，等. 自动控制原理[M]. 2版. 北京：清华大学出版社，2013.
[9] 孙炳达. 自动控制原理[M]. 4版. 北京：机械工业出版社，2016.
[10] 孔凡才，陈渝光. 自动控制原理与系统[M]. 4版. 北京：机械工业出版社，2018.
[11] 孟华. 自动控制原理[M]. 2版. 北京：机械工业出版社，2014.
[12] 李献，等. MATLAB/Simulink 系统仿真[M]. 2版. 北京：清华大学出版社，2017.
[13] 刘文定，谢克明. 自动控制原理[M]. 3版. 北京：机械工业出版社，2014.
[14] JOHN J D A，et al. 张武，等，译. 基于 MATLAB 的线性控制系统分析与设计[M]. 5版. 北京：机械工业出版社，2008.
[15] 李晓东. MATLAB R2016a 控制系统设计与仿真 35 个案例分析[M]. 北京：清华大学出版社，2018.